中等职业教育国家规划教材
全国中等职业教育教材审定委员会审定

# 化 学 基 础

(第二版)

旷英姿　主编

化学工业出版社
·北京·

本书是第二版,第一版自2002年出版至今,在中等职业院校化学工艺专业的化学基础教学中广为使用,已重印多次。本书是依据教育部2001年审定下发的"中等职业学校重点建设专业化学工艺专业主干课程教学大纲——化学基础课程教学大纲"编写的,以初中化学和物理知识为基础,打破原有的学科体系,将无机化学、有机化学、物理化学等基础化学知识有机地融合在一起。

本书共分为四篇,分别是化学原理和概念,元素知识,有机化合物,环境和能源。全书共分16章,每章后面都有思考和练习。本书的阅读材料,可拓展知识面,提高学生学习兴趣。

第二版基本保留了第一版的编写系统和格局,但在内容上进行了适当的调整和更新,注重化学知识的基础性、系统性以及与其他课程的衔接,同时也力图展现化学发展的新成果。

本书可供中等职业学校化学工艺类专业使用,也可作为其他中等专业学校、技工学校等有关专业的教材和参考书。

## 图书在版编目(CIP)数据

化学基础/旷英姿主编. —2版. —北京:化学工业出版社,2008.8 (2024.8重印)
ISBN 978-7-122-03308-6

Ⅰ.化… Ⅱ.旷… Ⅲ.化学 Ⅳ.06

中国版本图书馆CIP数据核字(2008)第102175号

---

责任编辑:杨 菁 陶艳玲　　　　　　装帧设计:刘丽华
责任校对:徐贞珍

出版发行:化学工业出版社(北京市东城区青年湖南街13号 邮政编码100011)
印　　装:河北延风印务有限公司
787mm×1092mm 1/16 印张18¾ 彩插1 字数464千字 2024年8月北京第2版第22次印刷

购书咨询:010-64518888　　　　　　售后服务:010-64518899
网　　址:http://www.cip.com.cn
凡购买本书,如有缺损质量问题,本社销售中心负责调换。

---

定　　价:45.00元　　　　　　　　　　　　　　　　　版权所有　违者必究

# 中等职业教育国家规划教材
## 出版说明

　　为了贯彻《中共中央国务院关于深化教育改革全面推进素质教育的决定》精神，落实《面向21世纪教育振兴行动计划》中提出的职业教育课程改革和教材建设规划，根据教育部关于《中等职业教育国家规划教材申报、立项及管理意见》（教职成［2001］1号）的精神，我们组织力量对实现中等职业教育培养目标和保证基本教学规格起保障作用的德育课程、文化基础课程、专业技术基础课程和80个重点建设专业主干课程的教材进行了规划和编写，从2001年秋季开学起，国家规划教材将陆续提供给各类中等职业学校选用。

　　国家规划教材是根据教育部最新颁布的德育课程、文化基础课程、专业技术基础课程和80个重点建设专业主干课程的教学大纲（课程教学基本要求）编写，并经全国中等职业教育教材审定委员会审定。新教材全面贯彻素质教育思想，从社会发展对高素质劳动者和中初级专门人才需要的实际出发，注重对学生的创新精神和实践能力的培养。新教材在理论体系、组织结构和阐述方法等方面均作了一些新的尝试。新教材实行一纲多本，努力为教材选用提供比较和选择，满足不同学制、不同专业和不同办学条件的教学需要。

　　希望各地、各部门积极推广和选用国家规划教材，并在使用过程中，注意总结经验，及时提出修改意见和建议，使之不断完善和提高。

**教育部职业教育与成人教育司**
2001年10月

# 前　言

本书第一版自 2002 年出版至今，已在中等职业院校化学工艺专业的化学基础教学中广为使用，重印多次。从近六年教学第一线的信息反馈表明：本教材打破原有的学科体系，将无机化学、有机化学、物理化学等基础化学知识有机地融合在了一起，具有一定的实用性，满足了当前中职化学工艺专业对专业基础课程的教学要求；在内容的取舍方面充分考虑了中职教育化学工艺类专业培养目标所必需的化学基本知识、基本理论、基本运算和基本技能的讲述，同时降低了理论部分的难度，易于学生学习和掌握；注重理论与实践的紧密结合，所涉及的知识面较广。但在使用过程中也发现一些问题需要改进，如有机化学知识部分内容偏少；在编写及印刷时的疏漏及错误需要纠正。此外，教材是教学改革的体现，为适应中职教育"实用为主，够用为度"原则、教材使用更新的原则以及我们在教学实践中的经验，决定在第一版的基础上，对本教材进行如下修订：

(1) 教材基本保留第一版的编写系统和格局，仍为"化学原理和概念"、"元素知识"、"有机化合物"与"环境和能源"四篇，但在内容上进行了适当的调整和更新，注重化学知识的基础性、系统性以及与其他化学课程的衔接，同时也力图展现化学发展的新成果。

(2) 将原来"第七章　化学热力学初步"提前到第五章，同时将本章化学反应的标准摩尔吉布斯函数［变］($\Delta_r G_m^{\ominus}$)与平衡常数的关系放至"化学反应速率和化学平衡"一章，这样有利于知识的衔接。

(3) 第十三章"烃的衍生物"中新增了"苯胺"内容和"杂环化合物"一节；第十五章增加了"绿色化学"一节，第十六章增加了"原油和天然气储量"内容。

(4) 本教材为方便学生自学以及使学生能复习、巩固各章知识，各章都有学习目标、本章小结和形式多样的习题；本书中注有"＊"号部分为选学内容，各校可根据需要灵活取舍，使教学安排具有弹性。

(5) 采用中华人民共和国国家标准 GB 3102—93 所规定的符号和单位。

本版教材由旷英姿和沐光荣编写。全书由旷英姿统一修改定稿。本书在修订过程中得到了湖南化工职业技术学院等院校老师的支持和帮助，提供了不少素材和修改建议。化学工业出版社为本书的编辑出版做了大量的工作。在此谨向他们致以诚挚的谢意。

由于我们水平所限，修订版中仍难免有不妥之处，敬请同行和读者批评指正。

编者<br>
2008 年 4 月

# 第一版前言

本教材是依据教育部2001年审定下发的"中等职业学校重点建设专业化学工艺专业主干课程教学大纲——化学基础课程教学大纲"编写的。

本书内容以初中化学和物理知识为基础,打破原有的学科体系,将无机化学、有机化学、物理化学等基础化学知识有机地融合在一起,在编写过程中充分考虑了中等职业教育化工专业培养目标及职业教育的特点。在内容的安排上既满足了专业所必需的化学基本知识、基本理论、基本运算和基本技能的需要,同时我们也降低了理论部分的难度,对理论的阐述力求做到通俗易懂、简明精炼,避开复杂的数学公式的推导,着重定义及数学表达式的物理意义以及使用条件的阐述。突出了能力和素质的培养,使所学知识转化为技能,增强解决问题的能力。

该教材注重理论与实践的紧密结合,列举了许多例子说明化学与生产、生活的密切联系,同时安排一定数量的课堂演示实验和学生实验;该书所涉及的知识面广,不仅讲述了一些与现代科技、现代国防和现代工农业生产有关的化学知识,而且在各章(除第15、16章外)后面还附有阅读材料,介绍部分在化学科学上有卓越贡献的科学家及其他与化学有关的科普知识;该教材还增设了环保和能源两章内容,这对于增强学生的环保意识和开发利用新能源、重视节能具有重要意义。

本教材为方便学生有目的的自学以及使学生能复习、巩固本章知识,各章都有学习目标、本章小结和形式多样的习题;本书中注有"﹡"号部分为选学内容,各校可根据需要选择讲授;小字部分则可供学生自学。

本教材所使用的符号和单位,一律采用中华人民共和国国家标准 GB 3102—93 所指定的符号和单位。

本书适用于中等职业学校化学工艺类专业,也可作为其他中等专业学校、技工学校等有关专业的教材或参考书。

本书由湖南化工职业技术学院旷英姿主编。各章执笔者为:江西省化工学校杨国荣(第4~9章)、上海信息技术学校沐光荣(第12~15章)、旷英姿(第1~3、10、11、16章及学生实验、附录等)。全书由旷英姿统稿。

本书由吉林化工学校胡学贵担任主审;全国石化行业中专教学指导委员会基础化学课程组组长潘茂椿同志自始至终参与了该书的策划和指导工作;在编写过程中,湖南省化工职业技术学院老师、领导提出了许多宝贵的意见和建议,并给予了大力的支持;我们在编写时也曾参考了相关的教材和专著,在此一并深表谢忱。参考文献列于书末尾。

由于编者水平有限,加上编写时间仓促,书中难免有错误和不足之处,敬请读者和同行们批评指正,以便修改。

编者

2002 年 3 月

# 目 录

**绪论** ································································································ 1
 一、化学的研究对象 ··················································································· 1
 二、化学的分支 ······················································································· 1
 三、化学与人类文明 ··················································································· 1
 四、化学与国民经济 ··················································································· 2
 五、化学基础课程的任务和学习方法 ································································· 3

## 第一篇　化学原理和概念

**第一章　化学基本量及其计算** ·············································································· 5
 第一节　物质的量 ······················································································ 5
  一、物质的量及其单位 ··········································································· 5
  二、摩尔质量 ······················································································ 6
  三、有关物质的量的计算 ········································································ 6
 第二节　气体的摩尔体积 ·············································································· 7
  一、气体的摩尔体积 ············································································· 7
  二、有关气体摩尔体积的计算 ··································································· 8
 第三节　溶液浓度的表示方法及计算 ································································· 9
  一、物质的量浓度 ················································································ 9
  二、有关物质的量浓度的计算 ··································································· 9
 第四节　根据化学方程式的计算 ····································································· 10
  一、化学方程式 ·················································································· 10
  二、根据化学方程式的计算 ···································································· 11
 本章小结 ································································································ 13
 思考与练习 ···························································································· 14
 【阅读材料】创立分子学说的阿伏伽德罗 ························································· 15

**第二章　原子结构与元素周期律** ········································································· 17
 第一节　原子的构成　同位素 ······································································· 17
  一、原子的构成 ·················································································· 17
  二、同位素 ······················································································· 18
 第二节　原子核外电子的排布 ······································································· 18
  一、原子核外电子运动的特征 ································································· 18
  二、原子核外电子的排布 ······································································ 19
 第三节　元素周期律 ················································································· 21
  一、核外电子排布的周期性变化 ······························································· 21
  二、原子半径的周期性变化 ···································································· 21

三、元素主要化合价的周期性变化 ··················································· 21
　第四节　元素周期表 ············································································· 22
　　一、元素周期表的结构 ······································································ 22
　　二、周期表中主族元素性质的递变规律 ············································ 23
　　三、元素周期表的应用 ······································································ 25
　本章小结 ································································································ 25
　思考与练习 ··························································································· 26
　【阅读材料】　元素周期表的终点在哪里 ··········································· 27

# 第三章　化学键与分子结构

　第一节　化学键 ··················································································· 29
　　一、离子键 ························································································ 29
　　二、共价键 ························································································ 30
　第二节　分子的极性 ············································································· 32
　第三节　分子间力和氢键 ····································································· 32
　　一、分子间力 ···················································································· 33
　　二、氢键 ···························································································· 33
　第四节　晶体的基本类型 ····································································· 34
　　一、晶体的特征 ················································································ 34
　　二、晶体的基本类型 ········································································ 35
　本章小结 ································································································ 37
　思考与练习 ··························································································· 38
　【阅读材料】　单独两次获得诺贝尔奖的化学家鲍林 ······················· 39

# 第四章　气体、液体和溶液

　第一节　理想气体 ················································································ 42
　　一、理想气体状态方程式 ·································································· 42
　　二、混合气体定律 ············································································ 42
　第二节　液体和溶液 ············································································· 44
　　一、饱和蒸气压 ················································································ 44
　　二、沸点 ···························································································· 45
　　三、溶解度 ························································································ 45
　　四、拉乌尔（Raoult）定律以及溶液的沸点和凝固点 ···················· 48
　　五、亨利（Henry）定律 ·································································· 50
　第三节　相、相变化和相图 ································································· 51
　　一、相和相平衡 ················································································ 51
　　二、相图 ···························································································· 51
*第四节　蒸馏（或分馏）原理 ································································ 53
*第五节　表面现象 ·················································································· 54
　　一、表面张力 ···················································································· 54
　　二、表面活性剂 ················································································ 55
　　三、吸附现象 ···················································································· 56
　本章小结 ································································································ 56

思考与练习 ································································································ 58
　　【阅读材料】 物质的其他聚集状态 ····································································· 59

## 第五章　化学热力学初步 ·········································································· 61
### 第一节　基本概念和术语 ·········································································· 61
　　一、系统和环境 ···················································································· 61
　　二、系统的性质 ···················································································· 62
　　三、状态和状态函数 ············································································· 62
　　四、过程和途径 ···················································································· 63
　　五、热力学能 ······················································································· 63
　　六、热和功 ·························································································· 64
### 第二节　热力学第一定律及其应用 ····························································· 65
　　一、热力学第一定律 ············································································· 65
　　二、焓 ································································································ 66
　　三、热容 ····························································································· 67
　　四、热力学第一定律对理想气体的应用 ····················································· 69
### 第三节　热化学 ······················································································ 71
　　一、化学反应的热效应 ·········································································· 71
　　二、热化学方程式 ················································································ 72
　　三、标准摩尔生成焓和标准摩尔燃烧焓 ····················································· 73
### 第四节　热力学第二定律 ·········································································· 74
　　一、热力学第二定律的表达 ···································································· 74
　　二、熵的初步概念 ················································································ 75
　　三、吉布斯（Gibbs）函数 ······································································ 76
　本章小结 ······························································································ 78
　思考与练习 ··························································································· 79
　【阅读材料】 对伪科学"热死论"的批判 ····················································· 82

## 第六章　化学反应速率和化学平衡 ······························································ 84
### 第一节　化学反应速率 ············································································· 84
　　一、反应速率的表示方法 ······································································· 84
　　二、质量作用定律 ················································································ 84
　　三、影响化学反应速率的因素 ································································· 85
### 第二节　化学反应的限度——化学平衡 ······················································· 87
　　一、可逆反应与化学平衡 ······································································· 87
　　二、平衡常数 ······················································································· 88
### 第三节　化学平衡的移动 ·········································································· 90
　　一、化学平衡移动原理 ·········································································· 90
　　二、化学反应速率和化学平衡移动原理在化工生产中的应用 ························· 91
　本章小结 ······························································································ 92
　思考与练习 ··························································································· 93
　【阅读材料】 影响多相化学反应的因素 ······················································ 95

## 第七章　电解质溶液和离子平衡 ································································· 96
### 第一节　电解质的解离 ············································································· 96

  一、强电解质和弱电解质 ·············································· 96
  二、弱电解质的解离平衡 ·············································· 97
  三、解离度 ································································ 98
 第二节 衡量电解质导电性能的参数 ······································ 100
  一、电导及电导率 ······················································ 100
  二、摩尔电导率 ·························································· 101
 第三节 离子反应和离子方程式 ·············································· 101
  一、离子反应和离子方程式 ·········································· 101
  二、离子反应发生的条件 ·············································· 102
 第四节 水的解离和溶液的pH ················································ 103
  一、水的离子积常数 ··················································· 103
  二、溶液的酸碱性和pH ··············································· 103
  三、酸碱指示剂 ·························································· 105
 第五节 盐类的水解 ······························································ 105
  一、盐类的水解 ·························································· 105
  二、影响盐类水解的因素和盐类水解的应用 ··················· 107
 第六节 沉淀与溶解平衡 ························································ 107
  一、溶度积 ································································ 108
  二、溶度积规则及应用 ················································ 109
 本章小结 ············································································ 110
 思考与练习 ········································································ 111
 【阅读材料】 人体血液的缓冲作用 ·········································· 114

## 第八章 氧化还原反应和电化学基础 ······································ 115
 第一节 氧化还原反应 ··························································· 115
  一、氧化还原反应 ······················································· 115
  二、氧化剂和还原剂 ··················································· 116
 第二节 原电池 ···································································· 117
  一、原电池的工作原理 ················································ 117
  二、有关原电池的几个基本概念 ··································· 118
 第三节 电极电势 ································································· 119
  一、电极电势的测定 ··················································· 119
  二、标准电极电势的应用 ············································· 120
  三、影响电极电势的因素 ············································· 121
 第四节 电解 ······································································· 122
  一、电解的原理 ·························································· 122
  二、电解的应用 ·························································· 123
 本章小结 ············································································ 124
 思考与练习 ········································································ 125
 【阅读材料】 金属在土壤中由微生物引起的腐蚀 ····················· 128

## 第九章 配位化合物 ······························································ 130
 第一节 配位化合物的基本概念 ············································· 130
  一、配合物的定义 ······················································· 130

二、配合物的组成 ... 131
　　三、配合物的命名 ... 132
　第二节　配合物的稳定性 ... 133
　　一、配离子在水溶液中的解离平衡 ... 133
　　二、配位平衡的移动 ... 133
　第三节　配合物的应用 ... 135
　本章小结 ... 136
　思考与练习 ... 137
　【阅读材料】　氰化物及含氰废水的处理 ... 138

## 第二篇　元素知识

第十章　常见非金属元素及其化合物 ... 141
　第一节　卤素 ... 141
　　一、氯气 ... 141
　　二、氯化氢、盐酸 ... 143
　　三、重要的盐酸盐 ... 144
　　四、氯的含氧酸及其盐 ... 145
　　五、卤素的性质比较 ... 146
　　六、卤离子的检验 ... 148
　第二节　氧和硫 ... 148
　　一、氧、臭氧、过氧化氢 ... 149
　　二、硫 ... 150
　　三、硫化氢 ... 151
　　四、二氧化硫、亚硫酸及其盐 ... 152
　　五、硫酸及其盐 ... 152
　　六、硫酸根离子的检验 ... 154
　第三节　氮 ... 154
　　一、氮气 ... 155
　　二、氨和铵盐 ... 155
　　三、硝酸及其盐 ... 157
　第四节　碳和硅 ... 158
　　一、碳及其氧化物 ... 158
　　二、碳酸盐和碳酸氢盐 ... 159
　　三、重要的碳化物 ... 160
　＊四、硅及其重要化合物 ... 160
　本章小结 ... 163
　思考与练习 ... 165
　【阅读材料】　氟、碘与人体健康 ... 170

第十一章　常见金属元素及其化合物 ... 171
　第一节　金属通论 ... 171
　　一、金属键 ... 171

二、金属的物理性质 ······ 172
　　三、金属的化学性质 ······ 172
　　四、金属的冶炼 ······ 173
　第二节　金属的腐蚀与防腐 ······ 174
　　一、金属的腐蚀 ······ 174
　　二、防止金属腐蚀的方法 ······ 175
　第三节　钠、镁、钙、铝及其重要化合物 ······ 176
　　一、钠和钠的化合物 ······ 176
　　二、镁、钙和它们的化合物 ······ 179
　　三、铝和铝的化合物 ······ 181
　第四节　硬水及其软化 ······ 183
　　一、硬水和软水 ······ 183
　　二、硬水的危害 ······ 183
　　三、硬水的软化 ······ 183
　第五节　铬、锰、铁及其重要化合物 ······ 184
　　一、铬和铬的化合物 ······ 184
　　二、锰和锰的化合物 ······ 185
　　三、铁和铁的化合物 ······ 186
　第六节　铜、银、锌、汞及其重要化合物 ······ 188
　　一、铜和铜的化合物 ······ 188
　　二、银和银的化合物 ······ 189
　　三、锌和锌的化合物 ······ 190
　　四、汞和汞的化合物 ······ 191
　本章小结 ······ 191
　思考与练习 ······ 192
　【阅读材料】微量金属元素和人体健康 ······ 194

## 第三篇　有机化合物

第十二章　烃 ······ 197
　第一节　概述 ······ 197
　　一、有机化合物 ······ 197
　　二、有机化合物的特性 ······ 197
　　三、有机化合物的分类 ······ 198
　　四、有机物的来源 ······ 198
　第二节　甲烷　烷烃 ······ 199
　　一、甲烷 ······ 199
　　二、烷烃 ······ 201
　第三节　乙烯　烯烃 ······ 203
　　一、乙烯 ······ 204
　　二、烯烃 ······ 205
　第四节　乙炔　炔烃 ······ 206
　　一、乙炔 ······ 206

二、炔烃 ……………………………………………………………………… 207
　第五节　苯　芳香烃 ………………………………………………………… 207
　　一、苯 …………………………………………………………………… 208
　　二、芳香烃 ……………………………………………………………… 209
　本章小结 ………………………………………………………………………… 210
　思考与练习 ……………………………………………………………………… 210
　【阅读材料一】　烯烃和炔烃的系统命名及其同分异构 …………………… 212
　【阅读材料二】　化学致癌物 ………………………………………………… 213

# 第十三章　烃的衍生物 …………………………………………………………… 214

　第一节　氯乙烷　氯乙烯 …………………………………………………… 214
　　一、氯乙烷 ……………………………………………………………… 214
　　二、氯乙烯 ……………………………………………………………… 215
　第二节　乙醇　乙醚 ………………………………………………………… 215
　　一、乙醇 ………………………………………………………………… 215
　　二、乙醚 ………………………………………………………………… 217
　第三节　乙醛　丙酮 ………………………………………………………… 217
　　一、乙醛 ………………………………………………………………… 217
　　二、丙酮 ………………………………………………………………… 218
　第四节　乙酸　乙酸乙酯 …………………………………………………… 218
　　一、乙酸 ………………………………………………………………… 219
　　二、乙酸乙酯 …………………………………………………………… 220
　第五节　苯酚 ………………………………………………………………… 220
　第六节　硝基苯　苯胺 ……………………………………………………… 221
　　一、硝基苯 ……………………………………………………………… 221
　　二、苯胺 ………………………………………………………………… 221
　第七节　杂环化合物 ………………………………………………………… 221
　　一、杂环化合物的分类 ………………………………………………… 221
　　二、杂环化合物的命名 ………………………………………………… 221
　第八节　油脂　尿素 ………………………………………………………… 222
　　一、油脂 ………………………………………………………………… 222
　　二、尿素 ………………………………………………………………… 223
　本章小结 ………………………………………………………………………… 223
　思考与练习 ……………………………………………………………………… 224
　【阅读材料一】　乙醇的生理作用 …………………………………………… 226
　【阅读材料二】　肥皂和合成洗涤剂 ………………………………………… 227

# 第十四章　其他常见有机物 ……………………………………………………… 228

　第一节　糖类 ………………………………………………………………… 228
　　一、单糖 ………………………………………………………………… 228
　　二、低聚糖 ……………………………………………………………… 229
　　三、多糖 ………………………………………………………………… 229
　第二节　蛋白质 ……………………………………………………………… 230
　　一、蛋白质的组成 ……………………………………………………… 230

二、蛋白质的性质 ……………………………………………………………… 231
　第三节　高分子化合物 …………………………………………………………… 231
　　一、高分子化合物的基本概念 …………………………………………………… 231
　　二、高分子化合物的特性 ………………………………………………………… 232
　　三、常见高分子材料 ……………………………………………………………… 233
　＊四、新型高分子材料 ……………………………………………………………… 235
　本章小结 …………………………………………………………………………… 236
　思考与练习 ………………………………………………………………………… 237
　【阅读材料】　食品添加剂 ………………………………………………………… 237

## 第四篇　环境和能源

＊第十五章　化学与环境 ……………………………………………………………… 239
　第一节　环境和环境问题 ………………………………………………………… 239
　第二节　环境污染 ………………………………………………………………… 239
　　一、大气污染 ……………………………………………………………………… 240
　　二、水体污染 ……………………………………………………………………… 241
　　三、其他污染 ……………………………………………………………………… 242
　第三节　"三废"处理 ……………………………………………………………… 243
　　一、废气的处理 …………………………………………………………………… 243
　　二、废水的处理 …………………………………………………………………… 244
　　三、废渣的处理 …………………………………………………………………… 244
　第四节　绿色化学 ………………………………………………………………… 245
　　一、绿色化学的提出 ……………………………………………………………… 245
　　二、绿色化学的定义 ……………………………………………………………… 245
　　三、绿色化学的特点 ……………………………………………………………… 245
　　四、绿色化学的十二项原则 ……………………………………………………… 246
　　五、当前绿色化学的研究重点 …………………………………………………… 246
　本章小结 …………………………………………………………………………… 246
　思考与练习 ………………………………………………………………………… 247
　【阅读材料】　有机农业与有机食品 ……………………………………………… 248

＊第十六章　能源 ……………………………………………………………………… 250
　第一节　能源的分类和能量的转化 ……………………………………………… 250
　　一、能源的分类 …………………………………………………………………… 250
　　二、能量的转化 …………………………………………………………………… 250
　第二节　煤炭的综合利用 ………………………………………………………… 250
　　一、煤的焦化 ……………………………………………………………………… 251
　　二、煤的气化 ……………………………………………………………………… 251
　　三、煤的液化 ……………………………………………………………………… 251
　第三节　石油和天然气 …………………………………………………………… 252
　　一、石油 …………………………………………………………………………… 252
　　二、天然气 ………………………………………………………………………… 253

         三、原油和天然气储量 ········································· 253
　　第四节　核能 ················································· 254
　　第五节　化学电源 ············································· 254
         一、锌-锰干电池 ········································· 255
         二、铅蓄电池 ············································ 255
         三、银-锌电池 ··········································· 256
         四、燃料电池 ············································ 256
　　第六节　新能源的开发 ········································· 256
         一、太阳能 ·············································· 256
         二、生物质能 ············································ 256
         三、氢能 ················································ 257
　　本章小结 ····················································· 258
　　思考与练习 ··················································· 258

## 学生实验 ························································· 260
　　实验一　配制一定物质的量浓度的溶液（2课时） ··················· 260
　　实验二　化学反应速率和化学平衡（2课时） ······················· 261
　　实验三　电解质溶液（2课时） ··································· 262
　　实验四　氧化还原反应和电化学（2课时） ························· 264
　　实验五　配位化合物（1课时） ··································· 265
　　实验六　卤素、氧、硫及其重要化合物（2课时） ··················· 266
　　实验七　氮、碳、硅的重要化合物（2课时） ······················· 267
　　实验八　钠、镁、钙、铝及其重要化合物（2课时） ················· 269
　　实验九　铬、锰、铁的重要化合物（2课时） ······················· 270
　　实验十　铜、银、锌、汞的重要化合物（2课时） ··················· 271
　　实验十一　乙烯、乙炔的制备和性质（2课时） ····················· 273
　　实验十二　乙醇、乙醛、乙酸、苯酚的性质（4课时） ··············· 274
　　实验十三　碳水化合物和蛋白质的性质（2课时） ··················· 276

## 附录 ····························································· 278
　　附录一　国际单位制（SI） ······································ 278
　　附录二　一些弱酸、弱碱的解离常数（298K） ····················· 278
　　附录三　酸、碱、盐溶解性表（293K） ··························· 279
　　附录四　一些难溶电解质的溶度积常数（298K） ··················· 279
　　附录五　一些有机物的标准摩尔燃烧焓（298K） ··················· 280
　　附录六　一些物质的标准热力学数据（298K） ····················· 280
　　附录七　标准电极电势（298K） ································· 281
　　附录八　常见配离子的稳定常数（298K） ························· 282

## 参考文献 ························································· 283

## 元素周期表 ······················································· 284

# 绪 论

## 一、化学的研究对象

在人们周围世界中存在着的万物和现象是形形色色、多种多样的。它们之间不管有多大的差别，但有一点是完全相同的，这就是它们归根结底都是客观存在的物质。如矿物岩石、空气、水、食盐、糖和我们在实验室接触的各种化学试剂，以及微观世界中的原子、电子等都是物质。物质总是处在不断地运动和变化之中，例如金属的生锈、岩石的风化、塑料和橡胶制品的老化以及在实验室中我们见到的各种化学反应等。

化学是一门自然科学，它的研究对象是物质的化学变化。物质的化学变化取决于物质的化学性质，而化学性质又由物质的组成和结构所决定。所以化学研究的对象是物质的组成、结构和性质。不仅如此，物质的化学变化还同外界条件有关，因此研究物质的化学变化，一定要同时研究变化发生的外界条件。另外在化学变化过程中常伴有物理变化（如光、热、电等），这样一来在研究物质化学变化的同时还必须注意研究相关的物理变化。

综上所述，化学是研究物质的组成、结构、性质及其变化规律和变化过程中能量关系的科学。

## 二、化学的分支

化学成为学科已有约三百年的历史。随着人们所研究的分子种类、研究手段和任务的不同。在19世纪交替之际，化学已逐渐形成了无机化学、有机化学、物理化学、分析化学等分支学科。

化学学科在其发展过程中还与其他学科交叉结合形成多种边缘学科，如生物化学、农业化学、环境化学、医学化学、材料化学、高分子化学、矿物化学、土壤化学、地球化学、放射化学、计算化学、激光化学、星际化学等。

20世纪中叶，由于一方面高分子化学和元素有机化学理论的成熟以及化工发展的促进；另一方面计算机技术、激光技术等先进研究手段的引入，化学发展速度大大加快。到20世纪末期，化学在基本理论、研究经验的积累、研究手段和方法的应用、研究领域的广度、应用范围等方面都达到了较高的水平。

## 三、化学与人类文明

化学科学发展的历史，是一部人类逐步深入认识物质组成、结构、变化的历史，也是一部合成、创造更多新物质，推动社会经济发展和促进人类文明发展的历史。可以说化学是打开物质世界的钥匙，是人类创造新物质的工具。人类社会自有史以来，就有化学记载。钻木取火，用火烧煮熟食物，烧制陶器，冶炼青铜器和铁器等，都是化学技术的应用。正是这些应用，又极大地促进了社会生产力的发展，使人类不断发展进步。在漫长的时间里，炼丹术士和炼金术士们，为求得长生不老的仙丹，开始了最早的化学实验。这一时期积累了许多物质间化学变化的知识，为化学的进一步发展准备了丰富的素材。

我国是世界文化发达最早的国家之一，在化学方面有过许多重大的发明创造。远在六千多年前，我们的祖先就能烧制精美的陶器；早在三千多年前的商代，就已掌握了青铜的冶炼和铸造技术；两千多年前就能冶炼钢铁。造纸、瓷器和火药是中国古代化学工艺的三大发明，早就闻名于世。其他如酿造、油漆、染色、制糖、制革、食品和制药等化学工艺，在我国历史上都有令人瞩目的重大成就。

化学与人们的衣、食、住、行以及健康密切相关。化学工作者借助于化学工业制造出数不胜数的化学产品。色泽鲜艳、质量上乘的服装面料是化学染料、合成纤维对化学的一大贡献；粮食、蔬菜的丰收和品质的提升，有赖于化肥、农药、除草剂等的生产和使用；现代建筑所用的石灰、水泥、油漆、胶黏剂、装饰材料、玻璃和塑料等都是化工产品；现代交通工具，不仅需要汽油、柴油做动力燃料，还需要添加剂、防冻剂、润滑油和合成橡胶等，这些都是石油化工产品。此外，人们需要的药品、洗涤剂、牙膏、美容化妆品等日常生活必不可少的用品，也是化学产品。这些化学制品和化学物质几乎渗透到人类生产和生活的各个方面，使人类的生活更加丰富，更加方便。可以说我们的生活离不开化学，我们生活在化学的世界里。

化学贯穿于人类的衣、食、住、行与环境的相互作用之中。在正常情况下，环境物质与人体之间保持着的动态平衡，使人能够正常生存。但是，当环境中某些有毒有害物质增加时，轻则影响人的生活质量，重则危及人类生存。例如，现代社会中，有的化学物质在使用后被排到环境中，然后在环境中发生一系列的迁移或转化过程，有的转化成各种元素，再次进入循环，再次被人类利用，但也有的不发生变化，直接进入环境或变成有害物质进入环境，造成环境污染；有的通过各种途径进入人体，危害人类健康。

在相当长的时期里，人们只知道一味地向自然索取，过度消耗资源，引起全球的许多严峻环境问题，如空气污染、气候异常、臭氧层破坏、淡水资源枯竭、水污染、水土流失、沙漠化、物种灭绝等。如果这些问题不能及时解决，任其发展的话，那将会影响人类的可持续发展，人类将会走到生存的尽头。

当前，世界所面临的挑战有环境问题、人口控制问题、健康问题、能源问题、资源与可持续发展问题等。化学家们希望从化学的角度，通过化学方法解决其中的问题，化学家已经意识到在严峻的环境问题中，尤其是造成污染的各种因素中，化学工业生产排放的废物及废弃化学品对环境造成影响最大，并积极参与环境污染问题的研究和治理。

可以说，无论是过去还是将来，化学与人类文明始终紧密地联系在一起。同时，人们也逐渐认识到，环境问题的最终解决，还需要依靠科技进步，很多环境污染的防治要依靠化学方法。

**四、化学与国民经济**

化学与国民经济各个部门，也有非常密切的关系。农业发展的首要问题是保证全民族的食物安全和提高食物品质；其次是保护并改善农业生态环境，为农业持续发展奠定基础。化学将在研制高效肥料和高效农药，特别是与环境友好的生物肥料和生物农药以及开发新型农业生产资料诸方面发挥巨大作用。化学还将在克服和治理土地荒漠化、干旱及盐碱地等农业生态系统问题方面发挥重要作用。随着对农业科学研究的重视，农业和食品中的化学问题研究，已经引起越来越多化学工作者的关注。

在工业现代化和国防现代化方面化学的作用更为突出。现代化的工业不仅急需研制各种性能的金属材料、非金属和高分子材料，还需研制高性能的催化剂，以开发新工艺。化学在解决能源这一人类面临的重大问题方面也作出了贡献。煤、石油和天然气的开发和综合利用，减缓我国能源紧张和降低环境污染的压力。21世纪我国核能利用将进一步发展，而化学研究涉及核能生产的各个方面。现代的国防和科学技术更需要耐高温、耐腐蚀、耐辐射等特殊性能的金属、合成材料、高纯物质以及高能燃料等，以满足导弹、飞机、卫星的制造和尖端技术的应用。

21世纪我国的材料科学与工业的发展，化学也发挥着关键作用。第一，化学将不断提高基础材料如钢铁、水泥和通用有机高分子材料及复合材料的质量与性能；第二，化学工作者将制造各类新材料，如电子信息材料、生物医用材料、新型能源材料、生态环境材料和航天航空材料等，特别要指出的是，晶体材料的设计理论和方法研究，是我国化学发展的一个重要且富有成效的领域，在21世纪它将会有更大的发展；第三，我国是世界稀土资源大国，但其中一大半是以资源或初级产品方式出口国外，这种局面在未来的几年中将转变。我国化学家在2010年前将在稀土分离理论和高纯稀土分离、新型稀土磁学材料、发光材料等方面的研究中，取得具有国际领先水平、良好应用前景和独创性的基础研究成果和具有自主产权的重大关键技术，使我国的资源优势转化为产业优势。

21世纪化学将在控制人口数量、克服疾病和提高人类的生存质量等人口与健康诸方面进一步发挥重大作用。在攻克高死亡率和高致残的心脑血管病、肿瘤、高血脂和糖尿病以及艾滋病等疾病的进展中，化学工作者将不断研制包括基因疗法在内的新药物和新方法。此外，由于老年病在21世纪将成为影响我国人口生存质量的主要问题之一，因此，化学工作者在揭示老年病机理，开发和研制诊断及治疗老年性疾病药物和提高老年人的生活质量方面正作出积极贡献。同时，我国化学和医药工作者在针对肿瘤和神经系统等重要疾病的创新药物研究中，也在努力研制和优化新药，建立具有自主知识产权的新药产业。中药是我国的宝贵遗产，化学研究将在揭示中药的有效成分，揭示多组分药物的协同作用机理方面发挥巨大作用，从而加速中医药走向世界，实现产业化，成为我国经济新的增长点。

## 五、化学基础课程的任务和学习方法

化学基础是中等职业学校化学工艺专业的一门重要专业基础课程。通过学习该课使学生掌握所必备的化学基本知识、基本理论、基本技能和学习化学的基本方法，并为学生继续学习专业知识和职业技能奠定基础。

要学好化学，第一，要正确理解并牢固掌握化学用语、基本概念和基本理论。从本质上来认识物质的性质及其变化规律；第二，在学习常见元素及其化合物的知识时，要分清主次，掌握规律。例如，当学习无机化合物时，应紧密联系元素周期律和元素周期表；而当学习有机化合物时，应以官能团为依据，然后通过对各种物质性质的比较、概括和归纳，从而系统掌握元素及其化合物的知识；第三，要结合工农业生产实际和生活实际，运用所学到的化学知识来解释现象和解答问题；第四，化学是一门以实验为基础的科学，通过化学实验，能加深理解，巩固所学到的基础知识和基本理论，训练基本技能。因此学习化学时应该重视化学实验。

最后还要强调的一点，就是同学们不要习惯于单纯地死记教材内容，而要认真钻研教材，力求做到融会贯通，在理解的基础上掌握学过的内容。在学习过程中遇到困难时，除及时向教师和同学请教外，最好是学会利用各种参考资料，培养自己分析问题和解决问题的能力。

# 第一篇 化学原理和概念

## 第一章 化学基本量及其计算

【学习目标】

掌握物质的量的基本概念及其计算；掌握气体摩尔体积概念、溶液浓度的表示方法及计算；掌握根据化学方程式计算的方法。

物质之间发生的化学反应，实际上是组成它们的粒子（分子、原子和离子等）之间的反应。而这些粒子极小，肉眼看不见，也难以称量。但在实际操作中取用的物质，都是可以称量的。这说明称量的物质不是几个粒子，而是庞大数目粒子的集合体。为了研究和应用的方便，需要把我们用肉眼看不见的微观粒子与可称量的宏观物质联系起来。1971年，第十四届国际计量大会决定在国际单位制[①]中引入第六个基本物理量——物质的量。

### 第一节 物 质 的 量

**一、物质的量及其单位**

物质的量表示的是物质基本单元数目量的多少，用符号 $n$ 表示，单位名称是摩尔，符号为 mol。1mol 物质中究竟含有多少基本单元数呢？国际单位制中规定：1mol 任何物质所含的基本单元数与 0.012kg 碳-12[②] 所含的原子数目相等。基本单元可以是原子、分子、离子、电子及其他微粒或者是这些微粒的特定组合体。

实验测得，0.012kg 碳-12 中约含 $6.02×10^{23}$ 个碳原子，这个数值称为阿伏伽德罗常数，用符号 $N_A$ 表示，即 $N_A=6.02×10^{23} mol^{-1}$。

分析物质的量的定义可知：如果某物质中所含的基本单元数与阿伏伽德罗常数相等，这种物质的量就是 1mol。例如：

1mol 氧原子含有 $6.02×10^{23}$ 个氧原子；

1mol 氧分子含有 $6.02×10^{23}$ 个氧分子；

1mol 氢氧根离子含有 $6.02×10^{23}$ 个氢氧根离子；

$2×6.02×10^{23}$ 个水分子是 2mol 水分子；

$5×6.02×10^{23}$ 个铁离子是 5mol 铁离子。

应当注意：(1) 在用摩尔做单位表示物质的量时，必须指明基本单元的名称。例如不能笼统地说 1mol 氧；(2) 1mol 任何物质都含有 $N_A$ 个基本单元，但这些物质的质量都互不相同，就好像一千颗黄豆和一千粒小麦的质量不同一样。

---

[①] 国际单位制，即 SI。目前国际上规定了七个基本量及其单位，见书末附录一。

[②] 碳-12，即 $^{12}_{6}C$，原子核内含有 6 个质子和 6 个中子，用该原子的质量作为相对原子质量的标准。

物质的量（$n$）与基本单元数目（$N$）、阿伏伽德罗常数（$N_A$）之间的关系如下：

$$物质的量 = \frac{物质的基本单元数目}{阿伏伽德罗常数}$$

即
$$n = \frac{N}{N_A} \tag{1-1}$$

式(1-1)表明，物质的量与物质的基本单元数成正比。所以，要比较几种物质的基本单元数目的多少，只要比较它们的物质的量的数值大小即可。

## 二、摩尔质量

单位物质的量的物质所具有的质量叫做该物质的摩尔质量，用符号 $M$ 表示。

$$M = \frac{m}{n} \tag{1-2}$$

物质的量的单位是 mol，质量的常用单位是 g，摩尔质量的常用单位是 $g \cdot mol^{-1}$。

当基本单元确定后，其摩尔质量就很容易求得。从摩尔定义可知，1mol $^{12}C$ 原子的质量是 0.012kg（12g），即碳原子的摩尔质量：

$$M = 12 g \cdot mol^{-1}$$

我们已知，1个碳原子和1个氧原子的质量之比为 12∶16。1mol 碳原子与 1mol 氧原子所含的数目相同，都是 $6.02 \times 10^{23}$。而 1mol 的 $^{12}C$ 原子为 12g，那么，1mol 氧原子的质量就是 16g。可以推知，任何元素原子的摩尔质量在以 $g \cdot mol^{-1}$ 为单位时，数值上等于其相对原子质量。例如，氢原子的摩尔质量为 $1g \cdot mol^{-1}$，硫原子的摩尔质量为 $32g \cdot mol^{-1}$。

同理，还可以推出分子、离子或其他基本单元的摩尔质量。即：任何物质的摩尔质量在以 $g \cdot mol^{-1}$ 为单位时，数值上等于其相对基本单元质量。例如：

氧分子的摩尔质量 $M_{O_2} = 32 g \cdot mol^{-1}$

水分子的摩尔质量 $M_{H_2O} = 18 g \cdot mol^{-1}$

硫酸分子的摩尔质量 $M_{H_2SO_4} = 98 g \cdot mol^{-1}$

氢氧根离子的摩尔质量 $M_{OH^-} = 17 g \cdot mol^{-1}$

电子的质量极其微小，失去或得到的电子质量可以忽略不计。

## 三、有关物质的量的计算

物质的量（$n$）、物质的摩尔质量（$M$）和物质的质量（$m$）三者之间有如下关系：

$$物质的量 = \frac{物质的质量}{摩尔质量}$$

即
$$n = \frac{m}{M} \tag{1-3}$$

而 $n = \frac{N}{N_A}$，因此 $\frac{N}{N_A} = n = \frac{m}{M}$

可见，通过物质的量，把单个的、肉眼看不见的微粒和可称量的物质紧密地联系起来了，这给化学的研究和应用带来了极大的方便。

**1. 已知物质的质量，求物质的量及其基本单元数**

【例 1-1】 计算 90g 水的物质的量是多少？并计算含有多少个水分子？

**解** 水的相对分子质量是 18，其 $M_{H_2O} = 18 g \cdot mol^{-1}$，根据式(1-3)，90g 水的物质的量为：

$$n_{H_2O} = \frac{m_{H_2O}}{M_{H_2O}} = \frac{90g}{18 g \cdot mol^{-1}} = 5 mol \quad 其分子个数为：$$

$$N_{H_2O} = n_{H_2O} N_A = 5\text{mol} \times 6.02 \times 10^{23} \text{mol}^{-1} = 3.01 \times 10^{24}$$

答：90g $H_2O$ 的物质的量是 5mol；含有 $H_2O$ 分子的数目是 $3.01 \times 10^{24}$。

2. 已知物质的量，求其质量

【例 1-2】 0.5mol NaOH 的质量是多少克？

**解** NaOH 的相对分子质量是 40，其 $M_{NaOH} = 40\text{g} \cdot \text{mol}^{-1}$，根据式(1.3)，0.5mol NaOH 的质量为：

$$m_{NaOH} = n_{NaOH} M_{NaOH} = 0.5\text{mol} \times 40\text{g} \cdot \text{mol}^{-1} = 20\text{g}$$

答：0.5mol NaOH 的质量是 20g。

【例 1-3】 多少克铁和 3g 碳的原子数相同？

**解** 铁和碳的相对原子质量分别是 56 和 12，则 $M_{Fe} = 56\text{g} \cdot \text{mol}^{-1}$，$M_C = 12\text{g} \cdot \text{mol}^{-1}$，故 3g 碳的物质的量为：

$$n_C = \frac{m_C}{M_C} = \frac{3\text{g}}{12\text{g} \cdot \text{mol}^{-1}} = 0.25\text{mol}$$

只有当物质的量相等时，它们所含的粒子数才相等，所以，铁的物质的量也应为 0.25mol。

即 $n_{Fe} = 0.25\text{mol}$。

$$m_{Fe} = n_{Fe} M_{Fe} = 0.25\text{mol} \times 56\text{g} \cdot \text{mol}^{-1} = 14\text{g}$$

答：14g 铁和 3g 的碳原子数相同。

## 第二节 气体的摩尔体积

### 一、气体的摩尔体积

我们已经知道，1mol 的任何物质都含有相同的基本单元数，那么，1mol 物质的体积是否相同呢？见表 1-1。

表 1-1 20℃时 1mol 某些固态或液态物质的体积

| 物质 | 碳 | 铝 | 铁 | 水 | 硫酸 | 蔗糖 |
| --- | --- | --- | --- | --- | --- | --- |
| 体积/cm³ | 3.4 | 10 | 7.1 | 18 | 54.1 | 215.5 |

从上表可知，1mol 的固态或液态物质，它们的体积是不相同的。这是因为对固态或液态的物质来说，构成它们微粒间的距离是很小的，那么，1mol 固态或液态物质的体积主要取决于原子、分子或离子的大小。构成不同物质的原子，分子或离子的大小是不同的，所以 1mol 不同物质的体积也就有所不同。

对于气体来说，情况就不同了。气体的体积与温度和压力密切相关。因此，比较气体体积的大小，必须在同温同压下进行。

为便于研究，人们规定温度为 273.15K（0℃）❶ 和压力为 $1.01325 \times 10^5$ Pa（1atm）❷ 时的状况叫做标准状况。

我们把标准状况下，单位物质的量的气体所占有的体积，叫做气体摩尔体积，用 $V_{m,0}$

---

❶ 国际单位制（SI）中温度用绝对温标（$T$）表示，其单位为开尔文（K）。它与摄氏温度（$t$）的关系是：$T = 273.15 + t$。

❷ SI 制中压力（$p$）的单位是帕斯卡，简称帕（Pa）。它是指每平方米的压力为 1 牛顿（N）（1Pa=1N·m⁻²）。过去也用大气压（atm）作为压力单位，1atm=$1.01325 \times 10^5$Pa=101.325kPa。

表示，常用单位是 L·mol$^{-1}$。

标准状况下气体的摩尔体积（$V_{m,0}$）与标准状况下气体占有的体积（$V_0$，常用单位 L）和物质的量（$n$）三者之间的关系是：$V_{m,0}=\dfrac{V_0}{n}$

标准状况下气体的密度：$\rho_0=\dfrac{M}{V_{m,0}}$

则
$$V_{m,0}=\dfrac{M}{\rho_0} \tag{1-4}$$

根据式(1-4)，可计算出在标准状况下，一些气体的摩尔体积。见表1-2。

表 1-2　几种气体在标准状况下的摩尔体积

| 气体 | 摩尔质量 $M$/(g·mol$^{-1}$) | 密度 $\rho_0$/(g·L$^{-1}$) | 摩尔体积 $V_{m,0}$/(L·mol$^{-1}$) |
|---|---|---|---|
| $H_2$ | 2.016 | 0.0899 | 约 22.4 |
| $N_2$ | 28.01 | 1.2507 | 约 22.4 |
| $O_2$ | 32.00 | 1.429 | 约 22.4 |
| $CO_2$ | 44.01 | 1.964 | 约 22.4 |

大量的实验证明：在标准状况下，任何气体的摩尔体积都约为 22.4L·mol$^{-1}$。

为什么1mol固体、液体的体积各不相同，而1mol气体在标准状况下所占有的体积都相同呢？这主要是因为气体分子间有较大的距离。在通常情况下，气体分子间的平均距离（约 $4\times10^{-9}$m）是分子直径（约 $4\times10^{-10}$m）的十倍左右。由此可知，气体体积主要取决于分子间的平均距离，而不像液体或固体那样，体积取决于微粒的大小。由于在同温、同压下，不同气体分子间的平均距离几乎是相等的，所以，在标准状况下，1mol 不同气体所占的体积都相等，都约为 22.4L。

由此可以推论，即在相同的温度和压力下，相同体积的任何气体都含有相同数目的分子，这就是阿伏伽德罗定律。

## 二、有关气体摩尔体积的计算

1. 已知气体的质量，计算在标准状况下气体的体积

【例 1-4】　5.5g 氨在标准状况时的体积是多少升？

**解**　氨的相对分子质量是 17，其 $M_{NH_3}=17$g·mol$^{-1}$，则 5.5g 氨的物质的量为：

$$n_{NH_3}=\dfrac{m_{NH_3}}{M_{NH_3}}=\dfrac{5.5\text{g}}{17\text{g·mol}^{-1}}=0.32\text{mol} \quad \text{其体积为：}$$

$$V_0=n_{NH_3}V_{m,0}=0.32\text{mol}\times22.4\text{L·mol}^{-1}=7.2\text{L}$$

答：5.5g 氨在标准状况时的体积是 7.2L。

2. 已知标准状况下气体的体积，计算气体的质量

【例 1-5】　在标准状况下，1.12L $CO_2$ 气体的质量是多少克？

**解**　已知 $CO_2$ 气体在标准状况下所占有的体积 $V_0=1.12$L，则：

$$n_{CO_2}=\dfrac{V_0}{V_{m,0}}=\dfrac{1.12\text{L}}{22.4\text{L·mol}^{-1}}=0.05\text{mol}$$

$$m_{CO_2}=n_{CO_2}M_{CO_2}=0.05\text{mol}\times44\text{g·mol}^{-1}=2.2\text{g}$$

答：在标准状况下，1.12L $CO_2$ 气体的质量是 2.2g。

3. 已知标准状况下气体的体积和质量，计算相对分子质量

【例 1-6】　在标准状况下，200mL 的容器所含的 CO 气体的质量是 0.25g，计算 CO 的

相对分子质量。

**解** 已知 $m_{CO}=0.25\text{g}$，在标准状况下 CO 所占有的体积 $V_0=200\text{mL}=0.2\text{L}$，则 CO 的摩尔质量为：

$$M_{CO}=\frac{m_{CO}}{n_{CO}}=\frac{m_{CO}}{V_0}\times V_{m,0}=\frac{0.25\text{g}}{0.2\text{L}}\times 22.4\text{L}\cdot\text{mol}^{-1}=28\text{g}\cdot\text{mol}^{-1}$$

即 CO 的相对分子质量为 28。

答：CO 气体的相对分子质量为 28。

## 第三节 溶液浓度的表示方法及计算

溶液组成的表示方法有多种。我们在初中化学中学习过溶质的质量分数，应用这种表示浓度的方法，可以了解和计算一定质量的溶液中所含溶质的质量。但是，在实际工作中取用溶液时，一般不是去称它的质量而是量它的体积。下面介绍一种在生产和科研中最常用的表示溶液组成的方法——物质的量浓度。

### 一、物质的量浓度

单位体积溶液中所含溶质的物质的量叫做溶质的物质的量浓度，简称浓度，用符号 $c$ 表示，单位是 $\text{mol}\cdot\text{L}^{-1}$。

$$物质的量浓度=\frac{溶质的物质的量}{溶液的体积}$$

即

$$c=\frac{n}{V} \tag{1-5}$$

例如，在 1L NaOH 溶液中含有 0.1mol NaOH，那么，该 NaOH 溶液的物质的量浓度就为 $0.1\text{mol}\cdot\text{L}^{-1}$。又如 29.3g 的 NaCl 溶解在适量水里配制成 1L 溶液时，这种 NaCl 溶液的物质的量的浓度就是 $0.5\text{mol}\cdot\text{L}^{-1}$。该溶液的配制方法如下：在天平上称取 29.3g 固体 NaCl，放在烧杯里，用适量蒸馏水使它完全溶解，将制得的溶液小心注入 1000mL 容量瓶（图 1-1）中。用少量蒸馏水洗涤烧杯内壁 2~3 次，每次洗液都要注入容量瓶中。震荡容量瓶里的溶液使之混合均匀。然后缓慢地把蒸馏水直接注入容量瓶直到液面接近刻度 2~3cm 处。改用胶头滴管加水到瓶颈刻度处，使溶液的凹面正好与刻度相平，塞紧瓶塞，反复摇匀即可。

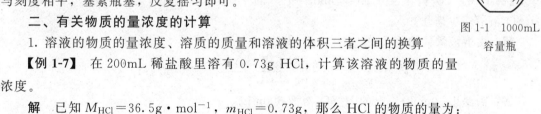

图 1-1 1000mL 容量瓶

### 二、有关物质的量浓度的计算

1. 溶液的物质的量浓度、溶质的质量和溶液的体积三者之间的换算

【例 1-7】 在 200mL 稀盐酸里溶有 0.73g HCl，计算该溶液的物质的量浓度。

**解** 已知 $M_{HCl}=36.5\text{g}\cdot\text{mol}^{-1}$，$m_{HCl}=0.73\text{g}$，那么 HCl 的物质的量为：

$$n_{HCl}=\frac{m_{HCl}}{M_{HCl}}=\frac{0.73\text{g}}{36.5\text{g}\cdot\text{mol}^{-1}}=0.02\text{mol}$$

又已知 $V_{HCl}=200\text{mL}=0.2\text{L}$（注意：这里的体积单位一定要将毫升化为升），根据式 (1-5)，有：$c_{HCl}=\frac{n_{HCl}}{V_{HCl}}=\frac{0.02\text{mol}}{0.2\text{L}}=0.1\text{mol}\cdot\text{L}^{-1}$

答：该盐酸溶液的物质的量浓度是 $0.1\text{mol}\cdot\text{L}^{-1}$。

【例 1-8】 计算配制 $0.1\text{mol}\cdot\text{L}^{-1}$ 的 NaOH 溶液 500mL，需要 NaOH 多少克？

**解** 已知 $c_{NaOH}=0.1\text{mol}\cdot\text{L}^{-1}$，$V_{NaOH}=500\text{mL}=0.5\text{L}$，$M_{NaOH}=40\text{g}\cdot\text{mol}^{-1}$，则：
$$n_{NaOH}=c_{NaOH}V_{NaOH}=0.1\text{mol}\cdot\text{L}^{-1}\times0.5\text{L}=0.05\text{mol}\quad\text{其质量为：}$$
$$m_{NaOH}=n_{NaOH}M_{NaOH}=0.05\text{mol}\times40\text{g}\cdot\text{mol}^{-1}=2\text{g}$$

答：配制 $0.1\text{mol}\cdot\text{L}^{-1}$ 的 NaOH 溶液 500mL，需要 2g NaOH。

### 2. 质量分数与物质的量浓度之间的换算

同一种溶液，其浓度可以用质量分数（$w$）和物质的量浓度（$c$）来表示。二者可通过密度（$\rho$）来进行换算。

设某溶液体积为 1L（即 1000mL），质量分数为 $w$，物质的量浓度为 $c$，溶液的密度为 $\rho$（常用单位 $\text{g}\cdot\text{mL}^{-1}$），溶质的摩尔质量为 $M$。那么，用质量分数和物质的量浓度两种方法表示溶液的组成时，1L 溶液中所含溶质的质量是相等的，可得：

$$1000\text{mL}\times\rho\times w=c\times1\text{L}\times M$$

$$c=\frac{1000\text{mL}\cdot\text{L}^{-1}\times\rho\times w}{M} \tag{1-6}$$

**【例 1-9】** 质量分数为 0.37、密度为 $1.19\text{g}\cdot\text{mL}^{-1}$ 的盐酸溶液的物质的量浓度是多少？

**解** 已知盐酸溶液的 $w=0.37$，$\rho=1.19\text{g}\cdot\text{mL}^{-1}$，$M_{HCl}=36.5\text{g}\cdot\text{mol}^{-1}$，据式(1-6)，有：

$$c_{HCl}=\frac{1000\text{mL}\cdot\text{L}^{-1}\times\rho\times w}{M_{HCl}}=\frac{1000\text{mL}\cdot\text{L}^{-1}\times1.19\text{g}\cdot\text{mL}^{-1}\times0.37}{36.5\text{g}\cdot\text{mol}^{-1}}=12.06\text{mol}\cdot\text{L}^{-1}$$

答：该盐酸溶液的物质的量浓度为 $12.06\text{mol}\cdot\text{L}^{-1}$。

### 3. 有关溶液稀释的计算

在溶液中加入溶剂后，溶液的体积增大而浓度减小的过程，叫做溶液的稀释。溶液稀释后，溶液的质量、体积和浓度都发生了变化，但溶质的量保持不变。

设稀释前溶液中溶质的物质的量为：$n_1=c_1V_1$，

稀释后溶液中溶质的物质的量为：$n_2=c_2V_2$。溶液稀释的关系式为：

$$c_1V_1=c_2V_2 \tag{1-7}$$

应用上述关系式时，$c_1$ 和 $c_2$，$V_1$ 和 $V_2$ 各自必须用同一单位。

用同一溶质的两种不同浓度的溶液相混合来配制所需浓度的溶液时，同样遵守"混合前后溶质的量不变"的原则。

**【例 1-10】** 实验室要配制 $3.0\text{mol}\cdot\text{L}^{-1}$ 的 $H_2SO_4$ 溶液 3L，需要 $18.0\text{mol}\cdot\text{L}^{-1}$ 的 $H_2SO_4$ 溶液多少毫升？

**解** 由溶液稀释的关系式 $c_1V_1=c_2V_2$ 得：

$$V_1=\frac{c_2V_2}{c_1}=\frac{3.0\text{mol}\cdot\text{L}^{-1}\times3\text{L}}{18.0\text{mol}\cdot\text{L}^{-1}}=0.5\text{L}=500\text{mL}$$

答：需要 $18.0\text{mol}\cdot\text{L}^{-1}$ 的 $H_2SO_4$ 溶液 500mL。

## 第四节 根据化学方程式的计算

### 一、化学方程式

化学方程式是用化学式来表示化学反应的式子。每一个化学方程式都是根据实验结果得出来的，它表示一个真实的化学反应；还具体地表明了参加反应的物质（反应物）和反应后生成的物质（生成物）以及这些物质间量的关系。

书写化学方程式的步骤如下：

① 将反应物的化学式写在式子的左边，生成物的化学式写在式子的右边，中间暂时划一短线，各反应物之间用"＋"号相连，如：

$$Al(OH)_3 + H_2SO_4(稀) \longrightarrow Al_2(SO_4)_3 + H_2O$$

② 用观察法给各化学式配上适当的系数，使短线两边的各种元素原子的总数完全相等，然后将短线改成等号。这个过程叫做化学方程式的配平。如：

$$2Al(OH)_3 + 3H_2SO_4(稀) = Al_2(SO_4)_3 + 6H_2O$$

③ 在等号的上面或下面注明必要的反应条件，如加热（用"△"表示）、催化剂、压力、光照等。生成物中有气体的，在其化学式右边用"↑"标明；生成物中有沉淀的，在其化学式的右边用"↓"标明。如：

$$2KClO_3 \xrightarrow[\triangle]{MnO_2} 2KCl + 3O_2\uparrow$$

$$CaCl_2 + Na_2CO_3 = CaCO_3\downarrow + 2NaCl$$

**二、根据化学方程式的计算**

化学方程式既表达化学反应中各物质质和量的变化，又体现这些物质间量的关系。根据这种定量的关系，可以进行一系列化学计算。在初中已学过运用质量比来进行计算，本节介绍运用物质的量的比来进行计算。

化学方程式中，各物质的系数比既表示它们基本单元数之比，也表示物质的量之比。又根据物质的量的意义，还可以得到各物质间其他多种数量关系。例如：

$$2H_2 \quad + \quad O_2 \xrightarrow{点燃} 2H_2O$$

基本单元数之比　　　　　　　2　：　1　：　2
物质的量之比　　　　　　　2mol　：　1mol　：　2mol
物质的质量之比　　　　　　2×2g　：　1×32g　：　2×18g
标准状况下气体的体积之比　2×22.4L：1×22.4L

可根据需要选择以上合适的数量关系，来解决实际的计算问题。

**【例 1-11】** 实验室用 130g 锌与足量稀硫酸反应，能生成硫酸锌多少克？

**解**　设生成的硫酸锌的质量为 $x$。

方法一：利用质量比来进行计算。

$$Zn \quad + \quad H_2SO_4 \quad = \quad ZnSO_4 \quad + \quad H_2\uparrow$$

65g　　　　　　　　　　161g
130g　　　　　　　　　　$x$

$$65g : 161g = 130g : x \quad x = \frac{161g \times 130g}{65g} = 322g$$

方法二：利用物质的量比来进行计算。已知 $M_{Zn} = 65g \cdot mol^{-1}$，$M_{ZnSO_4} = 161g \cdot mol^{-1}$。

$$Zn \quad + H_2SO_4 = \quad ZnSO_4 \quad + \quad H_2\uparrow$$

1mol　　　　　　　　　　1mol
$\dfrac{130g}{65g \cdot mol^{-1}}$　　　　　　　　$\dfrac{x}{161g \cdot mol^{-1}}$

$$1mol : \frac{130g}{65g \cdot mol^{-1}} = 1mol : \frac{x}{161g \cdot mol^{-1}} \quad x = 322g$$

答：能生成硫酸锌 322g。

根据化学方程式进行计算时，各物质的单位不一定都要统一换算成克或摩尔，可根据已知条件具体分析。但同种物质的单位必须一致。

**【例 1-12】** 使 4mol 的氯酸钾加热催化完全分解,产生氯化钾多少克?在标准状况下,可得氧气多少升?

**解** 设产生氯化钾 $x$。在标准状况下,可得氧气的体积为 $y$。

$$2KClO_3 \xrightarrow[\triangle]{MnO_2} 2KCl + 3O_2\uparrow$$

$$2\text{mol} \qquad\qquad 2\times 74.5\text{g} \quad 3\text{mol}\times 22.4\text{L}\cdot\text{mol}^{-1}$$

$$4\text{mol} \qquad\qquad\quad x \qquad\qquad\qquad y$$

$2\text{mol}:4\text{mol}=2\times 74.5\text{g}:x \qquad x=298\text{g}$

$2\text{mol}:4\text{mol}=3\text{mol}\times 22.4\text{L}\cdot\text{mol}^{-1}:y \qquad y=134.4\text{L}$

答:产生氯化钾 298g,在标准状况下可制得氧气 134.4L。

**【例 1-13】** 完全中和 1L 0.5mol·L$^{-1}$ NaOH 溶液,需要 1mol·L$^{-1}$ H$_2$SO$_4$ 溶液多少升?

**解** 设中和 1L 0.5mol·L$^{-1}$ NaOH 溶液,需要 1mol·L$^{-1}$ H$_2$SO$_4$ 溶液的体积为 $x$。

$$2NaOH + H_2SO_4 == Na_2SO_4 + 2H_2O$$

$$2\text{mol} \qquad\qquad 1\text{mol}$$

$$1\text{L}\times 0.5\text{mol}\cdot\text{L}^{-1} \quad x\times 1\text{mol}\cdot\text{L}^{-1}$$

$2\text{mol}:1\text{L}\times 0.5\text{mol}\cdot\text{L}^{-1}=1\text{mol}:1\text{mol}\cdot\text{L}^{-1}\times x \qquad x=0.25\text{L}$

答:需要 1mol·L$^{-1}$ H$_2$SO$_4$ 溶液 0.25L。

在实际生产和科学实验中,利用化学方程式计算所得的是产品的理论产量,由于实际生产中原料往往不纯,再加上操作过程中还会有损耗等,产品的实际产量总是低于理论产量;原料的实际消耗量总是高于理论用量。它们的关系可用原料利用率和产品的产率来表示:

$$原料利用率=\frac{理论消耗量}{实际消耗量}\times 100\% \tag{1-8}$$

$$产品产率=\frac{实际产量}{理论产量}\times 100\% \tag{1-9}$$

**【例 1-14】** 工业上用煅烧石灰石来生产生石灰。问:

(1) 若煅烧 CaCO$_3$ 的质量分数为 0.94 的石灰石 5t,能得到生石灰多少吨?

(2) 若实际得到的生石灰 2.53t,生石灰的产率是多少?

(3) 若每生产 1t 生石灰,实际用去 1.98t 的石灰石,则石灰石的利用率是多少?

**解** (1) 原料中纯 CaCO$_3$=5t$\times$0.94=4.7t。设能得到 CaO 的质量为 $x$;

$$CaCO_3 \xrightarrow{煅烧} CaO + CO_2\uparrow$$

$$100\text{t} \qquad 56\text{t}$$

$$4.7\text{t} \qquad x$$

$100\text{t}:56\text{t}=4.7\text{t}:x, \quad x=2.63\text{t}$

(2) 依题意,CaO 的实际产量为 2.63t,据式(1-9) 得:

$$CaO\text{ 的产率}=\frac{实际产量}{理论产量}\times 100\%=\frac{2.53\text{t}}{2.63\text{t}}\times 100\%=96.2\%$$

(3) 从(1)中得知生产 2.63t 生石灰,理论上消耗石灰石 5t,所以每生产 1t 生石灰,理论上消耗石灰石 $\frac{5\text{t}}{2.63\text{t}}\times 1\text{t}=1.9\text{t}$,实际消耗为 1.98t,据式(1-8) 得:

$$石灰石的利用率=\frac{理论消耗量}{实际消耗量}\times 100\%=\frac{1.9\text{t}}{1.98\text{t}}\times 100\%=96\%$$

答:能得到生石灰 4.7t,CaO 的产率为 96.2%,石灰石的利用率为 96%。

## 本 章 小 结

(1) 物质的量

① 摩尔（mol）是表示物质的量的基本单位，每摩尔物质所含的基本单元（分子、原子、离子等）数为阿伏伽德罗常数（$N_A$）个。

② 摩尔质量：单位物质的量的物质所具有的质量。任何物质的摩尔质量在以 $g \cdot mol^{-1}$ 为单位时，数值上等于其相对基本单元质量。

③ 物质的量（$n$）、物质的摩尔质量（$M$）和物质的质量（$m$）三者之间有如下关系：

$$n(\text{mol})=\frac{m(\text{g})}{M(\text{g} \cdot \text{mol}^{-1})}$$

(2) 气体摩尔体积

标准状况：温度为 273.15K（0℃）和压力为 $1.01325 \times 10^5$ Pa（1atm）的条件。

气体摩尔体积（$V_{m,0}$）：在标准状况下，单位物质的量的气体所占有的体积。常用单位是 $L \cdot mol^{-1}$。在标准状况下，任何气体的摩尔体积都约为 $22.4 L \cdot mol^{-1}$。

标准状况下气体的摩尔体积（$V_{m,0}$）与标准状况下气体占有的体积（$V_0$，常用单位 L）和物质的量（$n$）三者之间的关系是：

$$V_{m,0}=\frac{V_0}{n}$$

(3) 溶液组成的表示方法和计算

物质的量浓度（$c$）：单位体积溶液中所含溶质的物质的量，常用单位为 $mol \cdot L^{-1}$。

$$c(\text{mol} \cdot \text{L}^{-1})=\frac{n(\text{mol})}{V(\text{L})}$$

(4) 质量分数与物质的量浓度之间的换算

同一种溶液，其浓度可以用质量分数（$w$）和物质的量浓度（$c$）来表示。二者可通过密度（$\rho$）来进行换算：

$$c=\frac{1000\text{mL} \cdot \text{L}^{-1} \times \rho \times w}{M}$$

(5) 有关溶液稀释的计算

溶液稀释的关系式为：$c_1V_1=c_2V_2$

应用上述关系式时，$c_1$ 和 $c_2$，$V_1$ 和 $V_2$ 各自必须用同一单位。

(5) 根据化学方程式的计算

根据化学方程式，可以计算反应中各物质的质量、物质的量和气体体积等。计算原则是各物质的系数比等于物质的量之比。

根据化学方程式计算出的结果为理论值，但在实际生产中，对于产品来说，实际产量总是小于理论产量；对于原料来说，实际消耗量总是大于理论消耗量。它们的关系可用原料利用率和产品的产率来表示：

$$\text{原料利用率}=\frac{\text{理论消耗量}}{\text{实际消耗量}} \times 100\%$$

$$\text{产品产率}=\frac{\text{实际产量}}{\text{理论产量}} \times 100\%$$

## 思 考 与 练 习

1. 填空题

(1) 物质的量相等的 CO 和 $O_2$，其质量比是_____，所含分子个数比是_____。所含的氧原子个数比是_____。

(2) 在标准状况下，5.6L 氢气的物质的量为_____，所含的氢分子数为_____。

(3) 在标准状况下，与 4.4g 二氧化碳体积相等的氮气的物质的量为_____，质量为_____。

(4) 配制浓度为 $0.5mol·L^{-1}$ NaOH 溶液 1000mL，需要称取固体 NaOH 的质量是_____。取该溶液 20mL，其物质的量浓度为_____，物质的量为_____，质量是_____。

2. 选择题

(1) 摩尔是（    ）。

(a) 物质的质量单位　(b) 物质的量　(c) 物质的量的单位　(d) $6.02×10^{23}$ 个微粒

(2) 质量相同的下列物质中，含分子数目最多的是（    ）。

(a) HCl　(b) $H_2O$　(c) $H_2SO_4$　(d) $HNO_3$

(3) 0.5mol 氢气含有（    ）。

(a) 0.5 个氢分子　(b) 1 个氢原子　(c) $3.01×10^{23}$ 个氢分子　(d) $3.01×10^{23}$ 个氢原子

(4) 下列各组物质中在同温同压下，含分子数相同的是（    ）。

(a) 1L 氢气和 1L 氧气　　　(b) 0.5mol 氢气和 8g 氧气
(c) 1g 氢气和 1g 氧气　　　(d) 1L 氢气和 1mol 氧气

(5) 下列说法正确的是（    ）。

(a) 1mol 任何气体的体积都是 22.4L

(b) 1mol 氢气的质量是 2g，它所占的体积是 22.4L

(c) 在标准状况下，1mol 任何物质所占的体积都约是 22.4L

(d) 在标准状况下，1mol 任何气体所占的体积都约是 22.4L

(6) 物质的量相同的锌和铝跟足量盐酸反应，所生成的氢气在标准状况下的体积比是（    ）。

(a) 2∶3　(b) 3∶2　(c) 1∶1　(d) 65∶27

3. 是非题（下列叙述中对的打"×"，错的打"√"）

(1) 71g 氯相当于 2mol 氯（    ）。

(2) 某物质如果含有阿伏伽德罗常数个基本单元，则该物质的质量就是 1mol（    ）。

(3) 117gNaCl 溶解在 1L 水中，所得溶液的浓度为 $2mol·L^{-1}$（    ）。

(4) 在物质的量浓度为 $3mol·L^{-1}$ 的 NaOH 溶液中取出 2mL，其浓度仍是 $3mol·L^{-1}$（    ）。

4. 计算题

(1) 计算 1mol 下列各种物质的质量

① Fe　② He　③ $O_2$　④ P　⑤ $Al_2O_3$　⑥ $H_2SO_4$　⑦ $Ca(OH)_2$　⑧ $Na_2SO_4$

(2) 计算下列物质的物质的量

①1kgS  ②0.5kgMg  ③14gCO  ④234gNaCl  ⑤100kgCaCO$_3$

(3) 0.5mol H$_2$ 和 0.5mol O$_2$ 所含的分子数相等吗？0.5g H$_2$ 和 0.5g O$_2$ 哪一个分子数目多？

(4) 现有9g水，71g氯气，0.1mol 的二氧化碳和在标准状况下 4.48L 的氯化氢，其中含分子数最多的是哪一种？为什么？

(5) 在标准状况下，1.4g N$_2$ 与多少克 SO$_2$ 所占的体积相同？4.48L CO$_2$ 与多少克 H$_2$S 所含的分子数目相同？

(6) 在标准状况下，2.24L 的某气体质量是 3.2g，计算该气体的相对分子质量。

(7) 配制 0.2mol·L$^{-1}$ 下列物质的溶液各 200mL，需用下列物质各多少克？
①H$_2$SO$_4$  ②HCl  ③KOH  ④Na$_2$CO$_3$

(8) 计算实验室常用的质量分数为 0.65、密度为 1.4g·mL$^{-1}$ 的浓硝酸物质的量浓度。要配制 2mol·L$^{-1}$ 的硝酸 100mL，需用这种浓硝酸多少毫升？

(9) 标准状况下，1体积水能溶解 400 体积的氨，测得密度为 0.98g·mL$^{-1}$。求此氨水的质量分数和物质的量浓度。

(10) 在实验室里使稀盐酸与锌反应，在标准状况时生成氢气 3.36L，计算需要消耗 HCl 和 Zn 的物质的量各为多少？

(11) 把含 CaCO$_3$ 质量分数为 0.9 的大理石 100g 与足量的盐酸反应（杂质不反应），在标准状况下，能生成 CO$_2$ 多少毫升？

(12) 中和 4g 的 NaOH，用去 25mL 的盐酸，计算这种盐酸的物质的量浓度。

(13) 有待测浓度的 H$_2$SO$_4$ 溶液 25mL，加入 20mL 1mol·L$^{-1}$ 的 NaOH 溶液后呈碱性，再滴入 1mol·L$^{-1}$ 的 HCl 溶液 5mL 恰好中和。计算该 H$_2$SO$_4$ 溶液的物质的量浓度。

(14) 用黄铁矿生产硫磺。黄铁矿中含质量分数为 84% 的 FeS$_2$，经隔绝空气加热，生产 1t 硫磺，理论上需黄铁矿多少吨？如实际生产中用去 4.8t，问原料的利用率是多少？（提示：FeS$_2$ === FeS + S）

(15) 6.5g 的镁和 20mL 质量分数为 0.37（密度为 1.19g·cm$^{-1}$）的浓盐酸反应，在标准状况下可生成多少升氢气？若只收集到 2.2L，问氢气的产率是多少？

**【阅读材料】**

## 创立分子学说的阿伏伽德罗

意大利化学家、物理学家阿伏伽德罗（Amedeo Avogadro 1776～1856年）出生于都灵市一个律师家庭。1792年进都灵大学法律系学习，1796年取得法学博士学位后，从事律师工作多年。1800年弃法从理，十分勤奋地学习数学和物理学。1809年被聘为维切利皇家学院的数学和物理学教授。1822年成为意大利的数学和物理首席教授。

阿伏伽德罗在化学上的重大贡献是建立分子学说。1809年法国化学家盖·吕萨克发表了气体进行化学反应时，其体积成简单整数比的定律，即盖·吕萨克定律。盖·吕萨克很赞赏道尔顿的原子论，于是将自己的化学实验结果与原子论相对照，他发现原子论认为化学反应中各种原子以简单数目相结合的观点可以由自己的实验而得到支持，于是他提出了一个新的假说：在同温同压下，相同体积的不同气体含有相同数目的原子。当道尔顿得知盖·吕萨克的这一假说后，立即公开表示反对。他认为不同元素的原子大小不会一样，其质量也不一样，因而相同体积的不同气体不可能含有相同数目的原子。盖·吕萨克认为自己的实验是精确的，不能接受道尔顿的指责，于是双方展开了学术争论。为了使道尔顿原子论走出困境，阿伏伽德罗提出分子学说，其基本论点是：（1）许多气体分子是由两个原子组成的，如氧气、氮气，它们绝非是单原子的。（2）在同温、同压下，同体积的气体有同数个分子。虽然，阿伏伽德罗的分子学说是正确的，解决了道尔顿原子论与盖·吕萨克定律的矛盾，然而在他提出分子论后的50年里，却遭到了冷遇。因为原子这一概念及其理论被多数化学家所接受，并被广泛地运用来推动化学的发展。尽管阿伏伽德罗作了再三的努力，但是还是没有如愿，直到他1856年逝世，分子假说仍然没有被大多数化学家所承认。直到1860年，阿伏伽德罗的学生康尼查罗把老师的学说写成《化学哲学教程概要》的小册子，并在德国卡尔斯鲁厄欧洲化学家学术讨论会上散发，才引起著名化学家迈尔等的注意和承认。之后，阿伏伽德罗学说才被化学界所接受。如今，阿伏伽德罗的同温同压下同体积气体有同数个分子已被实验证明，故这一假说已称作阿伏伽德罗定律。现在，一摩尔物质所含的分子个数已被测定为 $6.02\times10^{23}$，为了纪念阿伏伽德罗的伟大功绩，被命名为阿伏伽德罗常数。

# 第二章　原子结构与元素周期律

> 【学习目标】
> 　　了解原子的组成、核外电子的运动状态和核外电子的排布规律；理解原子结构和元素周期律的关系。

## 第一节　原子的构成　同位素

### 一、原子的构成

公元前 5 世纪，古希腊哲学家德谟克利特提出：万物都是由极小的不可分割的微粒结合起来的，他把这个微粒叫做"原子"，意思就是不可再分的原始粒子。由于当时生产力低下，不具备实验为基础的科学研究，因此认为，原子不可再分。随着生产力的迅速发展，推动了科学的进展，人们对客观世界的认识也不断深入。19 世纪初，人们发现，原子虽小，但仍能再分。科学实验证明，原子由原子核和核外电子组成。原子核带正电荷，居于原子的中心，电子带负电荷，在原子核周围空间作高速运动。原子核所带的正电荷数（简称核电荷数）与核外电子所带的负电荷数相等，所以整个原子是电中性的。原子很小，原子核更小，它的半径小于原子的万分之一，它的体积只占原子体积的几千亿分之一。

原子核发现以后，科学家又进一步证明，原子核仍可再分。科学实验证实，原子核由质子和中子构成。质子带一个单位正电荷，中子不带电荷，因此原子核所带的电荷数（$Z$）由核内质子数决定。即：

核电荷数（$Z$）＝质子数＝核外电子数

质子的质量为 $1.6726\times10^{-27}$ kg，中子的质量为 $1.6748\times10^{-27}$ kg，电子的质量很小，仅为质子质量的 1/1837，所以，电子的质量主要集中在原子核上。质子和中子的质量很小，计算不方便，因此，通常用它们的相对质量。

实验测得，作为原子量标准的碳—12 原子的质量是 $1.9927\times10^{-26}$ kg，它的 1/12 为 $1.6606\times10^{-27}$ kg。质子和中子对它的相对质量分别为 1.007 和 1.008，取近似整数值为 1。如果忽略电子的质量，将原子核内所有的质子和中子的相对质量取近似整数值加起来，所得的数值，称质量数，用符号 $A$ 表示。中子数用符号 $N$ 表示。则：

质量数（$A$）＝质子数（$Z$）＋中子数（$N$）

已知上述三个数值中的任意两个，就可以推算出另一个数值来。

例如：已知硫原子的核电荷数为 16，质量数为 32，则

硫原子的中子数＝$A-Z$＝32－16＝16

归纳起来，如以 X 代表一个质量数为 $A$、质子数为 $Z$ 的原子，那么，构成原子的粒子间的关系可以表示如下：

$$\text{原子}\,{}_{Z}^{A}X\begin{cases}\text{质子}\ Z\ \text{个}\\ \text{中子}\ (A-Z)\ \text{个}\\ \text{核外电子}\ Z\ \text{个}\end{cases}$$

## 二、同位素

元素是具有相同核电荷数（即质子数）的同一类原子的总称。即同种元素原子的质子数相同，那么中子数、质量数是否相同呢？科学实验证明，中子数、质量数不一定相同。例如，氢原子就有三种不同的原子，它们的名称、符号和构成等见表 2-1。

表 2-1　氢原子的三种原子的构成

| 名称 | 符号 | 俗称 | 质子数 | 中子数 | 电子数 | 质量数 |
|---|---|---|---|---|---|---|
| 氕（音撇） | $^1_1H$ 或 H | 氢（普通氢） | 1 | 0 | 1 | 1 |
| 氘（音刀） | $^2_1H$ 或 D | 重氢 | 1 | 1 | 1 | 2 |
| 氚（音川） | $^3_1H$ 或 T | 超重氢 | 1 | 2 | 1 | 3 |

这种具有相同质子数，而中子数不同的同种元素的不同原子互称为同位素。许多元素都有同位素。同位素有的是天然存在的，有的是人工制造的；有的具有放射性，而有的没有放射性。上述 $^1_1H$、$^2_1H$、$^3_1H$ 是氢的三种同位素，其中 $^2_1H$、$^3_1H$ 是制造氢弹的材料。铀元素有 $^{234}_{92}U$、$^{235}_{92}U$、$^{238}_{92}U$ 等多种同位素，$^{235}_{92}U$ 是制造原子弹的材料和核反应的燃料。碳元素有 $^{12}_{6}C$、$^{13}_{6}C$ 和 $^{14}_{6}C$ 等几种同位素，而 $^{12}_{6}C$ 就是我们将它的质量当做原子量标准的那种碳原子。利用放射性同位素可以给金属制品探伤。在医疗方面，可以利用某些同位素放射出的射线治疗癌肿等。

同一元素的各种同位素虽然质量数不同，物理性质有差异，但它们的化学性质几乎完全相同。在天然存在的元素里，不论是游离态还是化合态，各种同位素原子含量（又称丰度）一般是不变的。我们平常所说的某种元素的相对原子质量，是按各种天然同位素原子的相对原子质量和丰度算出来的平均值。例如，元素氯有 $^{35}_{17}Cl$ 和 $^{37}_{17}Cl$ 两种同位素，通过下列数据即可计算出氯元素相对原子质量：

| 符号 | 同位素的相对原子质量 | 丰度 |
|---|---|---|
| $^{35}_{17}Cl$ | 34.969 | 75.77% |
| $^{37}_{17}Cl$ | 36.966 | 24.23% |

$$34.969 \times 75.77\% + 36.966 \times 24.23\% = 35.453$$

即 Cl 的相对原子质量为 35.453。

同理，根据同位素原子的质量数和丰度，也可以计算出该元素的近似相对原子质量。

## 第二节　原子核外电子的排布

电子是质量很小的带负电荷的微粒，它在原子这样小的空间（直径约 $10^{-10}$ m）做高速的运动。它的运动跟普通物体有什么不同？有什么特殊规律？现在对这些问题做些初步的探讨。

### 一、原子核外电子运动的特征

汽车在公路上奔驰，人造卫星按一定轨道围绕地球旋转，都可以测定或根据一定的数据计算出它们在某时刻所在的位置，并描画出它们的运动轨迹。但是，核外电子是微观粒子，质量极小，它在原子核外极小的空间内作高速运动（接近光速）。因此，核外电子的运动没有上述宏观物体那样确定的轨道，我们不能测定或计算出它在某一时刻所在的位置，也不能描画它的运动轨迹。只能用统计的方法描述它在核外空间某区域出现机会的多少（数学上称为概率）。

为了便于理解，我们用假想的给氢原子照相的比喻来说明。氢原子核外仅有一个电子，为了在一瞬间找到电子在氢原子核外的确定位置，我们设想有一架特殊的照相机，可以用它来给氢原子照相，记录下氢原子核外一个电子在不同瞬间所处的位置。先给某个氢原子拍五张照片。得到如图 2-1 所示的不同图像。图上的＋表示原子核，小黑点表示电子。

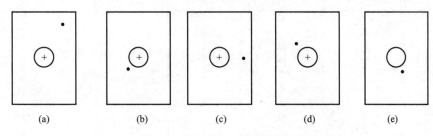

图 2-1 氢原子的 5 次瞬间照相

然后继续给氢原子拍照，拍上近千万张，并将这些照片对比研究，这样，我们就获得一个印象：电子好像是在氢原子核外作毫无规律的运动，一会儿在这里出现，一会儿在那里出现。如果我们将这些照片叠印，就会看到如图 2-2 所示的图像。

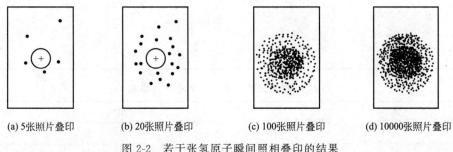

图 2-2 若干张氢原子瞬间照相叠印的结果

图像说明，对氢原子的照片叠印张数越多，就越能使人形成一团"电子云雾"笼罩原子核的印象，这种图像被形象地称为"电子云"。电子云图像中，小黑点较密集的地方表示电子在该空间单位体积内出现的概率大，小黑点较稀疏的地方表示电子在该空间单位体积内出现的概率小。图 2.2(d) 就是在通常状况下氢原子电子云的示意图，从图中可见，氢原子核外的电子云呈球形对称，在离核越近处单位体积的空间中电子出现的机会越多，在离核越远处单位体积的空间中电子出现的机会越小。

必须明确，电子云中的许许多多小黑点绝不表明核外有许许多多的电子，它只是形象地表明氢原子仅有的一个电子在核外空间出现的统计情况。

## 二、原子核外电子的排布

我们知道，随着原子核电荷数的增加，核外电子数目也增加。那么，在含有多个电子的原子中，这些电子在核外是怎样排布的呢？近代原子结构理论认为，在含有多个电子的原子中，电子的能量并不相同，能量低的，在离核近的区域运动；能量高的，在离核远的区域运动。通常用电子层来表明这种离核远近不同的区域。把能量最低、离核最近的叫第一层（电子层的序数 $n=1$），能量稍高、离核稍远的叫第二层（$n=2$），由里向外依此类推，叫第三（$n=3$）、四（$n=4$）、五（$n=5$）、六（$n=6$）、七（$n=7$）层。也可依此用 K、L、M、N、O、P、Q 等符号来表示。这样，电子就可以看成是在能量不同的电子层上运动的。目前已知最复杂的原子，其电子层不超过七层。

核外电子的分层运动，又叫核外电子的分层排布。下面将核电荷数从 1～20 的元素原子和 6 个稀有气体元素原子的电子排布情况列入表 2-2 和表 2-3 中。

表 2-2　核电荷数 1~20 的元素原子的核外电子排布

| 核电荷数 | 元素名称 | 元素符号 | 各电子层电子数 | | | |
| --- | --- | --- | --- | --- | --- | --- |
| | | | K | L | M | N |
| 1 | 氢 | H | 1 | | | |
| 2 | 氦 | He | 2 | | | |
| 3 | 锂 | Li | 2 | 1 | | |
| 4 | 铍 | Be | 2 | 2 | | |
| 5 | 硼 | B | 2 | 3 | | |
| 6 | 碳 | C | 2 | 4 | | |
| 7 | 氮 | N | 2 | 5 | | |
| 8 | 氧 | O | 2 | 6 | | |
| 9 | 氟 | F | 2 | 7 | | |
| 10 | 氖 | Ne | 2 | 8 | | |
| 11 | 钠 | Na | 2 | 8 | 1 | |
| 12 | 镁 | Mg | 2 | 8 | 2 | |
| 13 | 铝 | Al | 2 | 8 | 3 | |
| 14 | 硅 | Si | 2 | 8 | 4 | |
| 15 | 磷 | P | 2 | 8 | 5 | |
| 16 | 硫 | S | 2 | 8 | 6 | |
| 17 | 氯 | Cl | 2 | 8 | 7 | |
| 18 | 氩 | Ar | 2 | 8 | 8 | |
| 19 | 钾 | K | 2 | 8 | 8 | 1 |
| 20 | 钙 | Ca | 2 | 8 | 8 | 2 |

表 2-3　稀有气体元素原子的电子层排布

| 核电荷数 | 元素名称 | 元素符号 | 各电子层的电子数 | | | | | |
| --- | --- | --- | --- | --- | --- | --- | --- | --- |
| | | | K | L | M | N | O | P |
| 2 | 氦 | He | 2 | | | | | |
| 10 | 氖 | Ne | 2 | 8 | | | | |
| 18 | 氩 | Ar | 2 | 8 | 8 | | | |
| 36 | 氪 | Kr | 2 | 8 | 18 | 8 | | |
| 54 | 氙 | Xe | 2 | 8 | 18 | 18 | 8 | |
| 86 | 氡 | Rn | 2 | 8 | 18 | 32 | 18 | 8 |

从表 2-2、表 2-3 可见，核外电子的分层排布是有一定规律的。

首先，各电子层最多容纳的电子数目是 $2n^2$。即 K 层（$n=1$）为 $2\times1^2=2$ 个；L 层（$n=2$）为 $2\times2^2=8$ 个；M 层（$n=3$）为 $2\times3^2=18$ 个；N 层（$n=4$）为 $2\times4^2=32$ 个等。

其次，最外层电子数目不超过 8 个（K 层为最外层时不超过 2 个）。

最后，次外层电子数目不超过 18 个，倒数第三层电子数目不超过 32 个。

科学研究还发现核外电子总是尽先排布在能量最低的电子层里，然后再由里往外，依此排布在能量逐步升高的电子层里。即按 K，L，M 电子层的顺序，先后依此排满电子。

以上几点是互相联系的，不能独立地理解。例如，当 M 层不是最外层时，最多可以排布 18 个电子，而当它是最外层时，则最多可以排布 8 个电子。又如，当 O 层为次外层时，就不是最多排布 $2\times5^2=50$ 个电子，而是最多排布 18 个电子。

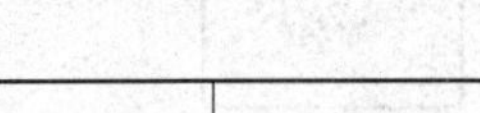

知道原子的核电荷数和电子层排布以后，我们可以画出原子结构示意图。例如，图 2-3 是钠原子和氯原子的结构示意图。+11 表示原子核及核内有 11 个质子，弧线表示电子层，弧线上面的数字表示该层的电子数。

图 2-3　钠原子和氯原子原子结构示意图

# 第三节 元素周期律

为了认识元素之间的相互联系和内在规律,把核电荷数1~18的元素原子的核外电子排布、原子半径和一些化合价列成表(见表2-4)来加以讨论。为了方便,人们按核电荷数由小到大的顺序给元素编号,这种序号,叫做该元素的原子序数。显然,原子序数在数值上与这种原子的核电荷数相等。表2-4就是按原子序数的顺序编排的。

## 一、核外电子排布的周期性变化

从表2-4可以看出,原子序数从1~2的元素,即从氢到氦,有一个电子层,电子由一个增到2个,达到稳定结构。原子序数从3~10的元素,即从锂到氖,有两个电子层,最外层电子从一个递增到8个,达到稳定结构。原子序数从11~18的元素,即从钠到氩,有三个电子层,最外层电子也从1个递增到8个,达到稳定结构。如果我们对18号以后的元素继续研究下去,同样可以发现,每隔一定数目的元素,会重复出现原子最外层电子数从1个递增到8个的情况。也就是说,随着原子序数的递增,元素原子的最外层电子排布呈周期性的变化。

## 二、原子半径的周期性变化

从表2-4可以看出,由碱金属Li到卤素F,随着原子序数的递增,原子半径由152pm(皮米。$1pm=10^{-12}m$)递减到71pm,即原子半径由大逐渐变小。再由碱金属Na到卤素Cl,随着原子序数递增,原子半径又是从大(180pm)逐渐变小(99pm)。如果把所有的元素按原子序数递增的顺序排列起来,将会发现,随着原子序数的递增,元素的原子半径发生周期性的变化。

## 三、元素主要化合价的周期性变化

从表2-4可以看到,从原子序数为11到18的元素在极大程度上重复着从3到10的元素所表现的化合价的变化,即正价从+1(Na)逐渐递变到+7(Cl),以稀有气体元素零价结束。从中部的元素开始有负价,负价从-4(Si)递变到-1(Cl)。如果研究18号元素以后的元素的化合价,同样可以看到与前面18种元素相似的变化。也就是说,元素的化合价随着原子序数的递增呈现周期性的变化。

表2-4 元素性质随着核外电子周期性的排布而呈周期性的变化

| 原子序数 | 1 | 2 | 3 | 4 | 5 | 6 | 7 | 8 | 9 |
|---|---|---|---|---|---|---|---|---|---|
| 元素名称 | 氢 | 氦 | 锂 | 铍 | 硼 | 碳 | 氮 | 氧 | 氟 |
| 元素符号 | H | He | Li | Be | B | C | N | O | F |
| 电子层结构 | )1 | )2 | ))2 1 | ))2 2 | ))2 3 | ))2 4 | ))2 5 | ))2 6 | ))2 7 |
| 原子半径/pm | 37 | 122 | 123 | 89 | 82 | 77 | 75 | 74 | 71 |
| 化合价 | +1 | 0 | +1 | +2 | +3 | +4,-4 | +5,-3 | -2 | -1 |
| 原子序数 | 10 | 11 | 12 | 13 | 14 | 15 | 16 | 17 | 18 |
| 元素名称 | 氖 | 钠 | 镁 | 铝 | 硅 | 磷 | 硫 | 氯 | 氩 |
| 元素符号 | Ne | Na | Mg | Al | Si | P | S | Cl | Ar |
| 电子层结构 | )))2 8 | )))2 8 1 | )))2 8 2 | )))2 8 3 | )))2 8 4 | )))2 8 5 | )))2 8 6 | )))2 8 7 | )))2 8 8 |
| 原子半径/pm | 160 | 186 | 160 | 143 | 117 | 110 | 102 | 99 | 191 |
| 化合价 | 0 | +1 | +2 | +3 | +4,-4 | +5,-3 | +6,-2 | +7,-1 | 0 |

总结上述各点，得出如下结论：元素的性质随着元素原子序数的递增而呈周期性的变化。这个规律叫做元素周期律。

## 第四节　元素周期表

根据元素周期律，把现在已知的一百多种元素中电子层数目相同的各种元素，按原子序数递增的顺序从左到右排成横行，再把不同横行中最外层的电子数相同的元素按电子层数递增的顺序由上而下排列纵行，这样得到的一个表，叫做元素周期表。元素周期表实际上就是周期律的具体表现形式，它反映了元素之间相互联系的规律，它所显示出来的各种元素性质递变的规律，对我们学习和研究化学有很大帮助。

元素周期表的形式有好几种，其中最常用的是长式周期表（见书后：元素周期表）。在元素周期表里，每种元素一般都占一格，在每一格里，均标有元素符号、元素名称、原子序数和相对原子质量等。下面我们介绍长式周期表的有关知识。

**一、元素周期表的结构**

1. 周期

元素周期表中有 7 个横行，每个横行是一个周期，所以一共有 7 个周期。具有相同电子层数，并按照原子序数递增的顺序排列的一系列元素，成为一个周期。周期表的序数就是该周期元素原子具有的电子层数。例如，第一周期的元素氢和氦都只有一个电子层，第二周期的元素从锂到氖都有两个电子层。

各周期表里元素的数目并不相同，第一周期只有 2 种元素，第二、三周期各有 8 种元素，这三个周期称为短周期。第四、五周期各有 18 种元素，第六周期有 32 种元素，这三个周期称为长周期。第七周期从理论上推算也应有 32 种元素，但到目前为止只发现 26 种，还没有填满，称为不完全周期。

除第一周期外，同一周期中，从左到右，各元素原子最外层的电子数都是从 1 个逐渐增加到 8 个。除第一周期从气态元素氢开始，第七周期尚未填满外，其余各周期的元素都是从活泼的金属元素——碱金属开始，逐渐过渡到活泼的非金属元素——卤素，最后以稀有气体元素结束。

第六周期中从 57 号元素镧 La 到 71 号元素镥 Lu，这 15 种元素的性质非常相似，称为镧系元素。为了使表的结构紧凑，将镧系元素放在周期表的同一格里，并按原子序数递增的顺序，把它们单独列在表的下方。

第七周期中从 89 号元素锕到 103 号元素铹，这 15 种元素的性质也非常相似，称为锕系元素，它们在表中也只占一格，并按原子序数递增的顺序也单独列在表的下方。锕系元素中铀（U）后面的元素多数是人工进行核反应制得的元素，叫做超铀元素。

2. 族

族又分 A 族（我国将 A 族也称为主族）和 B 族（我国将 B 族也称为副族）。周期表里有 18 个纵行。除第 8，9，10 三个纵行合称为第ⅧB 族元素外，其余 15 个纵行，每个纵行标作一族。由短周期元素和长周期元素共同构成的族，叫做主族；完全由长周期元素构成的族，叫做副族。主族元素在族的序数（习惯用罗马数字表示）后面标一个 A 字，如ⅠA，ⅡA…，主族元素族的序数与该族元素原子的最外层电子数相同。副族元素标 B 字，如ⅠB，ⅡB…。在整个周期表里，有 8 个主族，8 个副族。

8 个主族，每一个主族又有一个名称：第ⅠA 族，叫做"碱金属族"；第ⅡA 族，叫做

"碱土金属"族；第ⅢA族，叫做"硼族"；第ⅣA族，叫做"碳族"；第ⅤA族，叫做"氮族"；第ⅥA族，叫做"氧族"；第ⅦA族，叫做"卤素族"；第Ⅷ A族是稀有气体元素，化学性质非常不活泼，在通常情况下不发生化学变化，其化合价为零。

副族元素位于周期表的中部，又叫做过渡元素。过渡元素都是金属元素。

### 二、周期表中主族元素性质的递变规律

元素周期表是根据元素周期律，也就是根据元素性质的周期性变化而排成的。因此，从元素周期表，我们就可以更有系统地来认识元素性质变化的规律性，以便能更好地学习和掌握元素的性质。

1. 主族元素的金属性和非金属性的递变

元素的金属性通常指它的原子失去电子的能力。元素的非金属性通常是指它的原子获得电子的能力。原子的最外层电子数越少，电子层数越多，原子半径越大，原子越易失去电子，元素的金属性越强；原子的最外层电子数越多，电子层数越少，原子半径越小，原子越易得到电子，元素的非金属性越强。

我们还可从元素的单质跟水或酸起反应置换出氢的难易，元素最高价氧化物的水化物（氧化物间接或直接跟水生成的化合物）——氢氧化物的碱性强弱，来判断元素金属性的强弱；从元素氧化物的水化物的酸性强弱，或从跟氢气生成气态氢化物的难易，来判断元素非金属性的强弱。原子序数为3～18的元素及其化合物递变规律见表2-5。

**表2-5 原子序数3～18各元素及其化合物递变规律**

| 原子序数 | 3 | 4 | 5 | 6 | 7 | 8 | 9 | 10 |
|---|---|---|---|---|---|---|---|---|
| 元素名称(符号) | 锂(Li) | 铍(Be) | 硼(B) | 碳(C) | 氮(N) | 氧(O) | 氟(F) | 氖(Ne) |
| 最外层电子数 | 1 | 2 | 3 | 4 | 5 | 6 | 7 | 8 |
| 电子层数 | 2 | 2 | 2 | 2 | 2 | 2 | 2 | 2 |
| 金属性和非金属性 | 活泼金属 | 金属 | 非金属 | 非金属 | 非金属 | 活泼非金属 | 最活泼非金属 | 稀有气体 |
| 最高价氧化物的水化物 | $LiOH$ | $Be(OH)_2$ | $H_3BO_3$ | $H_2CO_3$ | $HNO_3$ | | | |
| 水化物的酸碱性 | 强碱性 | 碱性 | 弱酸性 | 弱酸性 | 强酸性 | | | |
| 气态氢化的分子式 | | | | $CH_4$ | $NH_3$ | $H_2O$ | $HF$ | |
| 原子序数 | 11 | 12 | 13 | 14 | 15 | 16 | 17 | 18 |
| 元素名称(符号) | 钠(Na) | 镁(Mg) | 铝(Al) | 硅(Si) | 磷(P) | 硫(S) | 氯(Cl) | 氩(Ar) |
| 最外层电子数 | 1 | 2 | 3 | 4 | 5 | 6 | 7 | 8 |
| 电子层数 | 3 | 3 | 3 | 3 | 3 | 3 | 3 | 3 |
| 金属性和非金属性 | 活泼金属 | 活泼金属 | 两性元素 | 非金属 | 非金属 | 较活泼非金属 | 活泼非金属 | 稀有气体 |
| 最高价氧化物的水化物 | $NaOH$ | $Mg(OH)_2$ | $Al(OH)_3$ ($H_3AlO_3$) | $H_2SiO_3$ | $H_3PO_4$ | $H_2SO_4$ | $HClO_4$ | |
| 水化物的酸碱性 | 强碱性 | 碱性 | 两性 | 弱酸性 | 酸性 | 强酸性 | 最强酸 | |
| 气态氢化的分子式 | | | | $SiH_4$ | $PH_3$ | $H_2S$ | $HCl$ | |

从表2-5可见，在同一周期中，各元素的原子核外电子层数虽然相同，但从左到右，核电荷数依次增多，原子半径逐渐减小，原子失去电子的能力逐渐减弱，得到电子的能力逐渐增强（稀有气体除外），说明，从左到右元素的金属性逐渐减弱，而非金属性逐渐增强。

元素最高价氧化物对应水化物的碱性越强，它的金属性也越强；元素对应氧化物的水化

物的酸性越强，它的非金属性也越强。从表2-5中可见，同一周期元素从左到右元素的最高价氧化物对应水化物碱性逐渐减弱，酸性逐渐增强。另外，元素单质与水或酸越易发生反应置换出氢气，它的金属性越强；元素单质越易与氢气反应，生成气态氢化物的热稳定性越强，它的非金属性也越强。因此，从左到右，元素的金属性逐渐增强，非金属性逐渐减弱。表2-6是ⅠA族（碱金属）和ⅦA族元素某些性质变化情况。

表2-6　ⅠA（碱金属）和ⅦA族元素性质变化情况

| | 元素名称（符号） | 核电荷数 | 电子层数 | 原子半径/pm | 元素名称（符号） | 核电荷数 | 电子层数 | 原子半径/pm | |
|---|---|---|---|---|---|---|---|---|---|
| 金属性逐渐增强 ↓ | 锂(Li) | 3 | 2 | 152 | 氟(F) | 9 | 2 | 64 | 非金属性逐渐增强 ↑ |
| | 钠(Na) | 11 | 3 | 186 | 氯(Cl) | 17 | 3 | 99 | |
| | 钾(K) | 17 | 4 | 227 | 溴(Br) | 35 | 4 | 114 | |
| | 铷(Rb) | 37 | 5 | 248 | 碘(I) | 53 | 5 | 133 | |
| | 铯(Ce) | 55 | 6 | 265 | 砹(At) | 85 | 6 | | |
| | 钫(Fr) | 87 | 7 | | | | | | |

从表2-6中可见，同一主族中，从上到下电子层数逐渐增多，原子半径逐渐增大，失电子能力逐渐增强，得电子能力逐渐减弱。所以同一主族从上到下各元素的金属性逐渐增强，非金属性逐渐减弱。

综上所述，可将ⅠA～ⅦA族元素的金属性和非金属性的变化规律，概括于表2-7中。如果我们沿着周期表中硼、硅、碲、砹跟铝、锗、锑、钋之间划一条折线（分界线，见表2-7）。折线的左面是金属元素，右面是非金属元素。左下方是金属性最强的元素，右上方是非金属性最强的元素。由于元素的金属性和非金属性没有严格的界线，位于折线附近的元素，既表现出某些金属性质，又表现出某些非金属性质。

表2-7　ⅠA～ⅦA族元素金属性和非金属性的递变

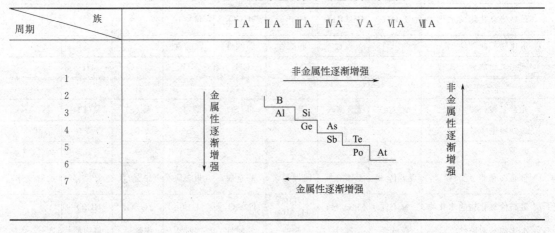

### 2. 元素化合价的递变

元素的化合价与原子的电子层结构有密切关系，特别是与最外层电子数目有关，有些元素的化合价还与它们原子的次外层或倒数第三层的部分电子有关。一般我们把能够决定化合价的电子，即参加化学反应的电子称为价电子。主族元素原子的最外层电子都是价电子。在周期表中，由于主族元素的最外层电子数，即价电子数与主族的族序数相同，因此，主族元素的最高正化合价等于它所在族的序数（除O，F）。非金属元素的最高正化合价和它的负化合价绝对值的代数和等于 8。因为非金属元素的最高正化合价，等于原子所失去或偏移的最外层上的电子数；而它的负化合价，则等于原子最外层达到 8 个电子稳定结构所需要得到的电子数。例如氮元素处于第 5 主族，那么，该元素原子的最外层电子数，即价电子数为 5，氮元素的最高正化合价是 5，它的负化合价是 −3。

副族和第Ⅷ族元素化合价比较复杂，这里不作讨论。

总之，元素的性质是由原子结构决定的，元素在周期表中的位置可反映元素的原子结构和一定的性质。所以，根据元素在周期表中的位置，我们可以很容易地来推断某一个元素的性质。例如，我们要推断原子序数为 16 的硫元素的性质，硫的原子结构示意见图 2-4。从图 2-4 可分析得出以下结论。

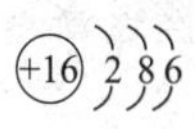

图 2-4 硫的原子结构示意

① 根据原子的电子层数等于周期序数，最外层上的电子数等于所在主族序数，可知，硫元素在周期表中处于第三周期，第ⅥA族，由于最外层电子数已达 6 个，它在化学反应中易获得电子，所以是一个非金属元素。

② 根据最外层电子数等于最高正化合价可知，硫元素的最高正化合价为 +6 价，最高价氧化物的化学式是 $SO_3$，最高价氧化物对应水化物的化学式为 $H_2SO_4$，具有酸性。

③ 硫元素是第ⅥA族的非金属元素，能生成气态氢化物，负化合价为 −2，故气态氢化物的化学式为 $H_2S$，热稳定性较好。

### 三、元素周期表的应用

历史上，为了寻求各种元素及其化合物间的内在联系和规律性，许多人进行了各种尝试。1869 年，俄国化学家门捷列夫在前人探索的基础上，总结出元素周期律，并编制出第一张元素周期表（当时只发现 63 种元素），它是元素周期律和周期表的最初形式。直到 20 世纪原子结构理论的逐步发展之后，元素周期律和元素周期表才发展成为现在的形式。

运用元素周期律和元素在周期表中的位置及相邻元素的性质关系，可以推断元素的一般性质，预言和发现新元素，寻找和制造新材料等。例如，在门捷列夫编制周期表的时候，当时还有许多元素没有发现，他根据元素周期律，在表里留出了好些空格，并根据空格周围元素的性质，预言了几种未知元素（如原子序数为 21、31 和 32 等元素）的性质，以后这些元素陆续被发现了，根据实验测得的这些元素的性质与门捷列夫所预言的非常相似。

元素周期表对工农业生产具有一定的指导作用。因为周期表中位置靠近的元素性质相近，这样为人们寻找新材料提供了一定的线索。例如通常在农药中常含有氟、氯、硫、磷、砷等元素，这些元素都位于周期表的右上角。对这个区域的元素的化合物进行研究，有助于制造新品种的农药。又如在金属与非金属的分界线附近寻找半导体材料，在过渡元素中选择良好的催化剂材料以及耐高温、耐腐蚀的合金材料等。

## 本 章 小 结

(1) 原子结构

① 原子的构成：原子由原子核和核外电子构成。
② 同位素：具有相同质子数和不同中子数的同一元素的原子互称同位素。
③ 核外电子的运动特征——电子云。
④ 核外电子的排布：在多电子原子中，核外电子是分层排布的。各电子层容纳一定数目的电子。

(2) 元素周期律和元素周期表

① 元素的性质随着元素原子序数的递增而呈周期性变化的规律叫做元素周期律。

② 根据元素周期律，把元素按原子序数递增的顺序以一定规律排列，形成元素周期表。

在周期表中，具有相同电子层数，并按照原子序数递增的顺序排列的一系列元素，成为一个周期。周期表中每个纵行叫做一个族（第ⅧB族包括三个纵行）。在整个周期表里，共分 8 个周期，16 个族。

在周期表中元素性质的递变规律：同一周期中，从左到右，元素的金属性逐渐减弱，非金属性逐渐增强。同一主族中，从上到下，元素的金属性逐渐增强，非金属性逐渐减弱。

## 思考与练习

1. 填空题

(1) $^{35}_{17}Cl$ 原子中含有_____个质子，_____个中子，_____个电子，质量数是_____，其原子结构示意图为_____。

(2) 填表

| 原子序数 | 元素符号 | 电子层结构 | 周期 | 族 | 最高正价 | 最高价氧化物水化物化学式及酸碱性 | 气态氢化物的化学式 |
|---|---|---|---|---|---|---|---|
| 16 | | | | | | | |
| | | 2 8 2 | | | | | |
| | | | 二 | | 5 | | |

(3) $^{24}_{12}Mg$、$^{25}_{12}Mg$、$^{40}_{19}K$、$^{40}_{20}Ca$、$^{23}_{11}Na$，其中：

(a) 互为同位素的是_____和_____；

(b) 质量数相等，但不能互称同位素的是_____和_____；

(c) 中子数相等，但质子数不相等的是_____和_____。

(4) 除第一和第七周期外，每一周期的元素都是从_____元素开始，以_____元素结束。

(5) 同一周期的主族元素，从左到右，金属性逐渐_____，非金属性逐渐_____；同一主族元素从上到下，金属性逐渐_____，非金属性逐渐_____；金属性最强的元素在周期表的_____方，非金属性最强的元素在周期表的_____方。

(6) 某主族元素 R，它的最高价氧化物的化学式是 $RO_3$，气态氢化物里含氢 5.88%，该元素的相对原子质量是_____，该元素是_____。

2. 选择题

(1) 下列关于 $^{17}_{8}O$ 的叙述错误的是（　　）。

(a) 质子数为 8　　　(b) 中子数为 8　　　(c) 电子数为 8　　　(d) 质量数为 17

(2) 某二价阴离子，核外有 18 个电子，中子数为 16，质量数为（　　）。

(a) 16　　　　　　(b) 18　　　　　　(c) 32　　　　　　(d) 34

(3) 和氖原子有相同电子层结构的微粒是（　　）。

(a) $Na^+$　　　　　(b) $Cl^-$　　　　　(c) $Ar$　　　　　(d) $Na$

3. 是非题（下列叙述中对的打"×"，错的打"√"）

(1) 人们已经发现110种元素，所以说就是发现了110种原子。（　　）

(2) 原子中电子数目决定了元素的种类。（　　）

(3) 2H、2H$^+$、H$_2$、$^2_1$H这些符号都代表氢，它们没有什么区别。（　　）

(4) 因为电子的质量很小，它又以极高的速度在原子核外很小的空间内运动，所以，原子核外电子的运动是杂乱无章的。（　　）

(5) 氢原子核外只有一个电子层，若这层有两个电子，达到稳定结构，氢原子就变成了氦原子。（　　）

4. 问答题

(1) 原子核外电子的运动对比普通物体的运动有什么特点？

(2) 画出 $_{15}$P、$_{18}$Ar、$_{13}$Al$^{3+}$、$_{17}$Cl$^-$ 的结构示意图。

(3) 随着原子序数的递增，原子半径和元素的化合价有什么变化？

(4) 元素周期表里共有几个周期？几个族？什么是长周期、短周期和不完全周期？什么叫主族、副族？

(5) 比较下列各对元素哪一种元素表现出更强的金属性或非金属性？

K和Na，B和Al，P和Cl，O和S。

(6) 根据元素在周期表中的位置，判断下列各组化合物的水溶液，哪个酸性较强？哪个碱性较强？

H$_2$CO$_3$ 和 H$_3$BO$_3$（硼酸），H$_3$PO$_4$ 和 HNO$_3$，Ca(OH)$_2$ 和 Mg(OH)$_2$，④Al(OH)$_3$ 和 Mg(OH)$_2$。

5. 计算题

计算下列元素的相对原子质量：

氧元素：$^{16}_8$O 占 99.759%，$^{17}_8$O 占 0.037%，$^{18}_8$O 占 0.204%；

银元素：$^{107}_{47}$Ag 占 51.35%，$^{109}_{47}$Ag 占 48.65%。

【阅读材料】

## 元素周期表的终点在哪里

1869年，俄国化学家门捷列夫将当时已发现的63种元素列成元素周期表，并留下一些空格，预示着这些元素的性质。在元素周期表的指导下，人们"按图索骥"找出了这些元素。

元素种类到底是否有限？周期表是否有终点？这是科学家们，也是广大化学爱好者所关心的问题。

20世纪30～40年代，发现了92号元素，有人就提出92号是否是周期表的最后一种元素。然而从1937年起，人们用人工合成法在近50年时间又合成近20种元素，元素周期尾巴越来越长了。这时又有人预言，105号元素该是周期表的尽头了，其理由是核电荷越来越大，核内质子数也越来越大，质子间的排斥力将远远超过核子间作用力，导致它发生蜕变。然而不久，又陆续合成了106～109号元素。这些元素存在的时间很短，如107号元素半衰期只有2微秒。照此计算是否周期表到尽头了？然而从20世纪90年代以来，又有一些元素陆续合成。1994年德国重离子研究中心西尔古德·霍夫曼教授领导的国际科研小组首先发现和证实：第111号元素是存在的。2004年10月将化学元素111正式被命名为"Roentgenium"（Rg，铑）。铑是一种人工合成的放射性元素，它的原子序数是111，属于过渡金属元素之一。Rg属于超重元素、超铀元素、超锕元素。现时所发现的惟一一种同位素的半衰期约15毫秒，之后衰变成为第109号元素镀。第111号元素系过渡金属1B族的成员，所以其化学性质预计和金、银、铜等1B族金属类似。

德国重离子研究中心在用锌同位素轰击铅同位素的实验中，于1996年2月获得了第112号元素的原子，化学符号是Uub。Uub是一种人工合成的放射性化学元素，属于过渡金属之一。日本理化研究所2004年9月28日宣布，该所研究人员成功合成了第113号元素，化学符号是Uut。研究人员利用线型加速器，使第30号元素锌原子加速，轰击第83号元素铋原子。研究人员每秒钟让2.5万亿个锌原子轰击铋原子，如此实验持续了80天，共轰击1700亿亿次，结果合成了第113号元素。

第114号元素是一种人工合成（1998年合成）的放射性化学元素，它的化学符号是Uuq，可能是金属态，银白色或灰色。

俄罗斯杜布纳联合核研究所于2003年9月发布消息称，他们已成功合成了门捷列夫元素周期表上的第115号元素，化学符合是Uup，它是一种人工合成的放射性化学元素，可能是金属态，银白色或灰色。

俄罗斯杜布纳联合核研究所于2000年合成了元素周期表上的第116号元素，化学符号是Uuh，它是一种人工合成的放射性化学元素，可能是金属态，银白色或灰色。

理论的惟一检验标准是实践，能否不断合成新元素至今还是一个谜，科学家将上天（如到月球）入地（如海底）或反复在粒子加速器中进行实验，希望合成新元素，其结果会如何，人们正拭目以待。

更有趣的是，有些科学家提出元素周期表还可以向负方向发展，这是由于科学上发现了正电子、负质子（反质子），在其他星球上是否存在由这些反质子和正电子以及中子组成的反原子呢？这种观点若有朝一日被实践证实，周期表当然可以出现核电荷数为负数的反元素，向负向发展也就顺理成章了。

# 第三章 化学键与分子结构

【学习目标】
　　理解离子键和共价键的概念和特征；了解分子间作用力的类型和氢键的概念；了解物质性质和分子间作用力的关系；了解晶体基本类型和特征。

## 第一节 化 学 键

　　原子既然能结合成分子，原子之间必然存在着相互作用，这种相互作用不仅存在于直接相邻的原子之间，而且也存在于分子内的非直接相邻的原子之间。前一种相互作用比较强烈，破坏它要消耗较大的能量，它是使原子互相联结成分子的主要因素。这种相邻的两个或多个原子之间强烈的相互作用，叫做化学键。化学键的主要类型有离子键、共价键和金属键。本节学习离子键和共价键，金属键将在后面章节作介绍。

### 一、离子键

1. 离子键的形成

　　活泼金属和活泼非金属很容易反应，它们的原子可以失去和得到电子而趋向于使核外电子层结构形成稳定状态。

　　例如：金属钠在氯气中燃烧生成氯化钠的反应 $2Na+Cl_2 =\!=\!= 2NaCl$

　　钠原子的最外层只有 1 个电子，容易失去，氯原子最外层有 7 个电子，容易得到 1 个电子，从而使最外层都达到 8 个电子的稳定结构。当钠与氯气反应时，钠原子的最外电子层的 1 个电子转移到氯原子的最外电子层上去。这时钠原子因失去了 1 个电子形成了带正电荷的钠离子（$Na^+$），它具有类似氖原子的稳定结构。而氯原子因得到了 1 个电子形成带负电荷的氯离子（$Cl^-$），具有类似氩原子的稳定结构。

　　钠离子和氯离子之间依靠静电吸引而相互靠近。随着两种离子的逐渐接近，两者之间的电子和电子、原子核和原子核的相互排斥作用也逐渐增强，当两种离子接近至一定距离时，吸引和排斥作用达到平衡，于是阴、阳离子都在一定的平衡位置上振动，形成了稳定的化学键。像氯化钠这样，凡由阴、阳离子间通过静电作用所形成的化学键叫做离子键。

　　在化学反应中，一般是原子的最外层电子发生变化，为简便起见，可以在元素符号周围用小黑点·（或×）来表示原子的最外层电子，这种式子叫做电子式。例如：

$$H\cdot \quad Na\cdot \quad \cdot Mg\cdot \quad \cdot \overset{..}{\underset{..}{O}}\cdot \quad :\overset{..}{\underset{..}{Cl}}\cdot$$
氢原子　钠原子　镁原子　氧原子　氯原子

　　也可以用电子式来表示物质形成的过程。例如，氯化钠的形成过程用电子式表示如下：

$$Na\times +\cdot \overset{..}{\underset{..}{Cl}}: \longrightarrow Na^+[\times \overset{..}{\underset{..}{Cl}}:]^-$$

　　活泼金属（如钾、钠、钙）和活泼非金属（如氯、溴、氧等）反应生成化合物时，都形成离子键。例如，溴化镁和氧化钙都是由离子键结合成的：

$$:\!\ddot{B}\!r\cdot + \times Mg\times + \cdot\ddot{B}r: \longrightarrow [:\!\ddot{B}\!r\times]^- \; Mg^{2+} \; [\times\!\ddot{B}\!r:]^-$$

$$\times Ca\times + \cdot\cdot\ddot{O}\cdot\cdot \longrightarrow Ca^{2+} \; [\times\!\ddot{O}\!\times]^{2-}$$

以离子键结合成的化合物称为离子化合物。绝大多数的盐、碱和金属氧化物都是离子化合物。

2. 离子键的特征

离子键的本质是阴、阳离子之间的静电作用,它具有以下特征。

(1) 没有方向性　离子的电荷分布是球形对称的,由于静电作用力是无方向性的,所以,阴、阳离子可以在任何方向互相结合。

(2) 没有饱和性　一个阳离子在空间允许范围内,可以和尽可能多的阴离子结合。同样,阴离子也要和尽可能多的阳离子结合。例如,在氯化钠晶体[如图 3.6(a)]中,可见 $Na^+$（或 $Cl^-$）吸引任何方向上的 $Cl^-$（或 $Na^+$）形成离子键。由于离子空间的限制,每个 $Na^+$ 周围结合着 6 个 $Cl^-$,而每个 $Cl^-$ 周围结合着 6 个 $Na^+$。如果在空间三个方向继续延伸下去,最后就形成了巨大的 NaCl 离子晶体。因此,并不存在有单个的氯化钠分子（只有气态时才有单个的 NaCl 分子存在）。化学式 NaCl 只代表晶体中 $Na^+$ 和 $Cl^-$ 的数量比。通常使用的氯化钠的相对分子质量,也仅仅是对化学式而言的。

## 二、共价键

上面介绍的是活泼金属元素与活泼非金属元素以离子键结合形成离子化合物。当由同一种非金属原子,或性质相近的两种非金属原子结合成分子时,由于它们的原子核对电子的吸引力相等或相近,电子就不可能从一个原子转移到另一个原子。实际上,这一类分子是通过共价键来形成的。

1. 共价键的形成

我们以氢分子为例来说明共价键的形成。在通常状况下,当一个氢原子和另一个氢原子接近时,就相互作用而生成氢分子。

$$H + H \Longrightarrow H_2$$

在形成氢分子的过程中,由于两个氢原子吸引电子的能力相等,所以电子不是从一个氢原子转移到另一个氢原子上,而是在两个氢原子间共用两个电子,形成共用电子对。这两个共用的电子在两个原子核周围运动。因此,在氢分子中每个氢原子都好像具有类似氦原子的稳定结构。氢分子的生成可以用电子式表示为:

$$H\cdot + \times H \longrightarrow H\!\times\!H$$

在化学上常用一根短线来表示一对共用电子对,因此氢分子又可表示为:H—H,这种表示形式称为氢分子的结构式。

像氢分子那样,原子间通过共用电子对所形成的化学键,叫做共价键。非金属元素的原子之间都是以共价键相结合。例如下列分子由共价键结合而成:

| 分子式 | 电子式 | 结构式 |
|---|---|---|
| $Cl_2$ | $:\!\ddot{C}\!l\!:\!\!\overset{\times\times}{\underset{\times\times}{C}}\!l\!\times$ | Cl—Cl |
| HCl | $H\!\times\!\ddot{C}\!l\!:$ | H—Cl |
| $H_2O$ | $H\!\times\!\overset{..}{\underset{H}{O}}\!:$ | $\overset{O}{\underset{H\quad H}{\diagup\diagdown}}$ |
| $N_2$ | $\!\times\!\!\overset{\times}{\underset{\times}{N}}\!\!\times\!N\!:$ | N≡N |
| $CO_2$ | $:\!\ddot{O}\!:\!C\!:\!\ddot{O}\!:$ | O=C=O |

上述分子内原子间只有一对共用电子对,又称为单键;$CO_2$ 分子内的碳、氧原子间有两对共用电子对,则是双键,碳形成两个双键;$N_2$ 分子内有三对共用电子对,形成叁键。

与离子键不同,共价键是具有饱和性和方向性的化学键。

2. 共价键的属性

键长、键能、键角称为共价键的属性,或称为共价键的参数。

在分子中,两个成键的原子间的核间距离叫做键长。例如,H—H 键长 $0.74\times10^{-10}$ m(图 3-1),C—C 键长 $1.54\times10^{-10}$ m,Cl—Cl 键长 $1.98\times10^{-10}$ m。一般地说,两个原子之间所形成的键越短,键就越强,键越牢固。

由于 $H_2$ 分子比 H 原子稳定,则 $H_2$ 分子比 H 原子的能量低,所以在 H 原子形成 $H_2$ 分子的过程中,要放出热量。例如,1mol H 原子和 1mol H 原子作用生成 1mol $H_2$ 分子,放出 436kJ 能量。相反,要使 1mol $H_2$ 分子分裂为 2mol H 原子,也要吸收 436kJ 的能量。这个能量就是 H—H 键的键能。不同的原子形成的化学键,它们的结合力不同,则键能也不同。键能越大,表示化学键越牢固,含有该键的分子越稳定。表 3-1 列出了某些共价键能的数值。

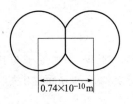

图 3-1 H—H 键的键长

表 3-1 某些共价键的键能 ($kJ \cdot mol^{-1}$)

| 键 | 键能 | 键 | 键能 |
|---|---|---|---|
| H—H | 436 | C—H | 413 |
| Cl—Cl | 243 | O—H | 463 |
| Br—Br | 193 | N—H | 391 |
| I—I | 152 | H—Cl | 431 |
| C—C | 346 | H—I | 299 |

水分子的结构式表示为:,水分子中两个 O—H 键间的夹角是 104°30′,这种分子中键和键之间的夹角叫做键角。例如,二氧化碳分子中两个 C=O 键成直线,夹角是 180°,甲烷分子中两个 C—H 键间的夹角是 109°28′。如图 3-2 所示。

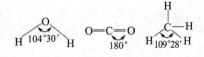

图 3-2 $H_2O$、$CO_2$、$CH_4$ 分子中的键角

3. 非极性键和极性键

以共价键形成的化合物称为共价分子。它包括单质分子和化合物分子。

在一些非金属单质分子中,存在同种原子形成的共价键,由于两个原子吸引电子的能力相同,共用电子对不偏向任何一个原子,成键的原子不显电性。这样的共价键叫做非极性共价键,简称非极性键。如 H—H 键、Cl—Cl 键就是非极性键。

在不同的非金属元素的原子所形成的化合物分子中,由于不同种类的原子吸引电子的能力不同,共用电子对必然偏向于吸引电子能力强的一方,因此吸引电子能力较强的原子就带部分负电荷,吸引电子能力较弱的原子就带部分正电荷。这样的共价键叫做极性共价键,简称极性键。例如,在 H—Cl 分子中,Cl 原子吸引电子的能力比 H 原子强,共用电子对偏向于 Cl 原子一方,使 Cl 原子相对地显负电性,H 原子相对地显正电性,因此,HCl 分子中的 H—Cl 键是极性键。同样,$H_2O$ 分子中的 H—O 键也是极性键。

化合物中键的类型并不一定是单一的,例如,在 NaOH 中,$Na^+$ 和 $OH^-$ 之间是离子键，而 OH⁻ 中 H、O 原子之间是共价键。电子式为：

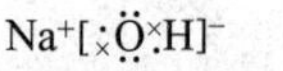

$$Na^+[\overset{..}{\underset{..}{:O:}}H]^-$$

在前面介绍的共价键中，共用电子对都是由成键的两个原子共同提供的，即每个原子提供一个电子。还有一类特殊的共价键，共用电子对是由一个原子或离子单方面提供而与另一个原子或离子（不需要提供电子）共用。这样的共价键叫做配位键。配位键是有极性的。配位键用 A→B 表示，其中 A 是单方面提供电子的一方，B 是接受电子的一方。如铵根离子（$NH_4^+$）中就存在有配位键：

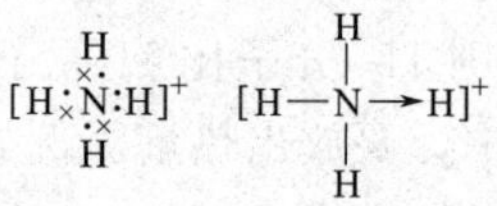

$$[H:\overset{H}{\underset{H}{N}}:H]^+ \quad [H-\overset{H}{\underset{H}{N}}\rightarrow H]^+$$

$NH_4^+$ 中氮原子与其中三个氢原子各提供的一个电子形成三个 N—H 共价键，还有一个是氮原子单方面提供的一对电子与氢原子共用形成配位键，即 N→H 键。

## 第二节 分子的极性

在氢分子里，两个氢原子是以非极性键结合的，共用电子对不偏向于任何一个原子，从整个分子看，分子里电荷分布是对称的，这样的分子叫做非极性分子。以非极性键结合而成的分子都是非极性分子，如 $H_2$、$O_2$、$Cl_2$、$N_2$ 等。

以极性键结合的双原子分子，如在 HCl 分子里，Cl 原子和 H 原子是以极性键结合的，共用电子对偏向于 Cl 原子，因此 Cl 原子一端带有部分负电荷，氢原子一端带有部分正电荷，整个分子的电荷分布不对称，这样的分子叫做极性分子。以极性键结合的双原子分子都是极性分子。

以极性键结合的多原子分子，可能是极性分子，也可能是非极性分子，这取决于分子的组成和分子中各键的空间排列。

例如，二氧化碳是直线型分子（见图 3-2），两个氧原子对称地分布在碳原子的两侧。在 $CO_2$ 分子中，氧原子吸引电子的能力大于碳原子，共用电子对偏向于氧原子一方，氧原子带部分负电荷，因此，C=O 键是极性键。但从 $CO_2$ 分子总体来看，两个 C=O 键是对称排列的，其极性互相抵消，整个分子没有极性。所以，二氧化碳是非极性分子。

水分子不是直线形的，而是属于 V 形结构（见图 3-2），两个 O—H 键之间的键角约为 104°30′，其中 O—H 键是极性键。从水分子整体来看，两个 O—H 键不是对称排列的，其极性不能相互抵消，所以水分子是极性分子。四氯化碳分子中，四个 C—Cl 键都是极性键，但碳原子位于正四面体的中心（见 3-3），四个氯原子位于四个顶点（C—Cl 键的夹角是 109°28′），对称地排列在碳原子的周围，故 $CCl_4$ 是非极性分子。

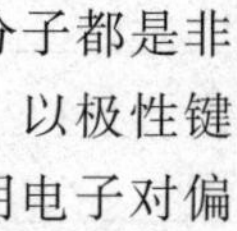

图 3-3 四氯化碳分子

总之，多原子分子是否具有极性，由分子的组成和分子中各键的空间排列所决定。

## 第三节 分子间力和氢键

化学键讨论的是分子内原子之间的相互作用，那么，分子与分子之间是否也存在相互作用呢？本节讨论分子间力，并介绍一种特殊的分子间力——氢键。

## 一、分子间力

经验告诉我们,在温度足够低时,许多气体能凝聚为液体,甚至凝结为固体,这说明分子间存在着一种相互吸引的作用,即分子间力。1837年,荷兰物理学家范德华(J. D. Van der Waals)首先对分子间力进行了研究,因此分子间力又称为范德华力。

分子间力一般包括三部分,即色散力、诱导力和取向力。非极性分子之间的作用力是色散力;极性分子和非极性分子间的作用力有诱导力和色散力两种;而极性分子之间的作用力有取向力、诱导力和色散力三种。

从能量上来看,分子间力比化学键要小得多。化学键键能在 $125.4 \sim 836 \text{kJ} \cdot \text{mol}^{-1}$,而分子间力的能量约为 $10 \sim 40 \text{kJ} \cdot \text{mol}^{-1}$。例如,HCl 分子的 H—Cl 键的键能为 $431 \text{kJ} \cdot \text{mol}^{-1}$,而 HCl 分子间的能量为 $21.14 \text{kJ} \cdot \text{mol}^{-1}$。

分子间作用的范围较小(在 $300 \sim 500 \text{pm}$ 范围内较显著)。所以固态时分子间作用力较大,液态次之,而气态时分子间力很小。

分子间力的大小对物质的熔点、沸点、溶解度等物理性质有一定的影响。分子间力越大,物质的熔点、沸点就越高。这主要是因为物质熔化或气化,需要吸收能量克服分子间力(指共价分子)。如果分子间的作用力越大,即克服分子间引力,使物质熔化或气化所需要的能量就越大,物质的熔点、沸点就越高。一般地说,组成和结构相似的物质,随着相对分子质量的增大,其分子间力也增大,熔点、沸点也随之升高。例如,卤素单质的熔点和沸点随相对分子质量的增大而升高,能说明这一规律,见表 3-2。

表 3-2 卤素单质的熔点和沸点

| 卤素单质 | $F_2$ | $Cl_2$ | $Br_2$ | $I_2$ |
|---|---|---|---|---|
| 相对分子质量 | 38.00 | 70.90 | 159.80 | 253.80 |
| 熔点/K | 53.38 | 172 | 265.8 | 386.5 |
| 沸点/K | 84.86 | 238.4 | 331.8 | 457.4 |

相对分子质量增大,熔点、沸点升高

人们从大量的实验事实总结出了"相似相溶"的规律,即"结构相似的物质,易于互相溶解","极性分子易溶于极性溶剂中,非极性分子易溶于非极性溶剂中"。这是由于当溶质、溶剂的结构相似时,溶解前后,分子间力变化较小的缘故。

例如,结构相似的乙醇($CH_3COOH$)和水($H_2O$)可以互溶;非极性分子 $I_2$ 易溶于非极性溶剂 $CCl_4$,而难溶于水。

## 二、氢键

有些氢化物的熔点、沸点的递变规律与以上规律不完全相符。见表 3-3。

表 3-3 某些氢化物的沸点

| 氢化物 | 相对分子质量 | | 沸点/K | | 氢化物 | 相对分子质量 | | 沸点/K | |
|---|---|---|---|---|---|---|---|---|---|
| $H_2O$ | 18 | 相对分子质量增大 | 373 | 沸点升高 | HF | 20.00 | 相对分子质量增大 | 293 | 沸点升高 |
| $H_2S$ | 34 | | 212 | | HCl | 36.45 | | 188 | |
| $H_2Se$ | 81 | | 232 | | HBr | 80.90 | | 206 | |
| $H_2Te$ | 130 | | 271 | | HI | 127.90 | | 238 | |

从上表可见，相对分子质量较小的 $H_2O$ 和 HF 出现了沸点较高的反常现象。其原因是 $H_2O$ 和 HF 分子之间除上面所述分子间力外，还存在着一种特殊的作用力——氢键。

现以水为例来说明氢键的形成。在水分子中，由于氧原子吸引电子的能力比氢强得多，H—O 键极性很强，共用电子对强烈地偏向氧原子一端，氢原子的电子被氧原子所吸引，几乎成了完全带正电荷的质子。于是，这个半径很小，带正电荷，近似质子的氢原子，能够和带负电荷的另一水分子中的氧原子之间产生静电引力（O—H…O）。

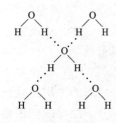

图 3-4　$H_2O$ 分子间的氢键的形成

图 3-4 为 $H_2O$ 分子间氢键的形成。

像这样，当氢原子与吸引电子能力很强的元素（如 F、O、N）的原子结合时，它能与另一分子中吸引电子能力很强、带负电荷的原子之间产生的静电吸引力叫做氢键。除上述 $H_2O$ 分子间能形成氢键外，其他如氨（$NH_3$）分子之间、氟化氢（$H_2O$）分子之间也能形成氢键。

正是由于某些氢化物分子间有氢键存在，增大了分子间的吸引力，当它们的分子汽化时，除要克服分子间力外，还必须破坏氢键，这需要消耗较多的能量，使得它们比只存在有分子间力的同类物质的熔点、沸点要高。这是因为固体熔化或液体汽化时，除了要克服分子间作用力，还必须克服分子间的氢键，从而需要消耗较多的能量的缘故。例如，卤素氢化物的沸点为：

| 氢化物 | HF | HCl | HBr | HI |
| --- | --- | --- | --- | --- |
| 沸点/℃ | 20 | −84 | −67 | −35 |

氟化氢沸点的反常现象就是由于 HF 分子间存在氢键所致。

实际上，氢键不是化学键，而是一种特殊的分子间作用力。这种作用力的能量一般在 $41.8 kJ·mol^{-1}$ 以下，与分子间力相近，但比化学键的能量弱得多。

在极性溶剂中，如果溶质分子与溶剂分子之间能形成氢键，则溶质在溶剂中的溶解度将增大，例如，$NH_3$ 在 $H_2O$ 中的溶解，由于 $NH_3$ 分子和 $H_2O$ 分子之间能形成氢键，所以 $NH_3$ 极易溶于水中。

能够形成氢键的物质有很多，除以上提到的水、氨和氟化氢等无机物外，还有如醇、胺、羧酸等有机物以及在生命过程中，具有重要意义的基本物质，如蛋白质、脂肪与糖等都有氢键。DNA 双螺旋结构中也有大量氢键相连而成稳定的复杂结构。所以了解氢键对物质性质的影响具有重要意义。

## 第四节　晶体的基本类型

原子、分子和离子按一定的方式相互聚集可以形成气体、液体、固体等状态的物质。其中，固体不仅具有一定体积，而且还具有一定形状。固体物质又分为晶体和非晶体两大类。绝大多数固体属于晶体。

### 一、晶体的特征

1. 具有一定的几何外形

例如，食盐晶体具有立方体形；石英晶体是六方柱体形；明矾晶体则是八面体形（见图3-5）。非晶体，例如，玻璃、橡胶、沥青和松香等，则没有一定的几何外形，故称为无定形体。

2. 有固定的熔点

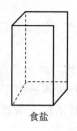 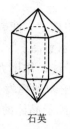 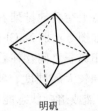

食盐　　　　　　　石英　　　　　　　　明矾

图 3-5　几种晶体的外形

晶体在一定的温度下转变为液体，这个温度叫做该晶体的熔点或叫做该液体的凝固点（对水来说，称为冰点）。加热晶体达到熔点即开始熔化，继续加热，温度保持不变，只有待晶体完全熔化后，温度才开始上升，这说明，晶体具有固定的熔点。而非晶体没有固定的熔点，它的熔化是由固态逐渐软化，流动性增加，最后变成液体。从软化到完全熔化，这个过程要经历一个较宽的温度范围。

3. 各向异性

晶体的许多物理性质具有方向性。例如石墨的层向电导率比垂直于层向的电导率高出 $10^4$ 倍；晶体破碎时，特别容易沿着某一平面裂开。如云母特别容易沿着某一方向的平面分裂成薄片。非晶体是各向同性的，例如当打碎一块玻璃时，它不会沿着一定的方向破裂，而是得到形状不同的碎片。

晶体和非晶体之间并无绝对界线。同一物质在不同条件下既可形成晶体，也可形成非晶体。如自然界中有很完整的二氧化硅晶体——石英（俗称水晶）存在，也有二氧化硅的非晶体——燧石存在。有些物质，如炭黑为粉末状，并无规整的外形，但实际上它们也是由极微小的晶体聚集而成的。晶体和非晶体也可以相互转化，如玻璃经加热冷却反复处理可转化为晶态玻璃。金属经特殊处理，则可制得非晶态金属或金属玻璃，它们具有许多金属材料所不具备的特性，如既具有较高的强度，又有很好的韧性、优良的耐腐蚀性和磁性。

晶体和非晶体性质的差异，主要是由内部结构决定的。应用 X 射线研究晶体的结构表明，组成晶体的粒子（分子、原子、离子），以确定位置的点在空间有规则地排列。这些点按一定规则排列所形成的几何图形称为晶格，如图 3-6(b) 所示。每个粒子在晶格中所占有的位置称为晶格结点。非晶体的微粒在空间的排列是不规则的。

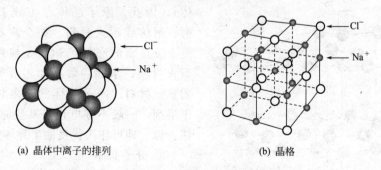

(a) 晶体中离子的排列　　　　　　　　(b) 晶格

图 3-6　NaCl 的晶体结构示意

## 二、晶体的基本类型

根据组成晶体的微粒，以及微粒之间的作用力，可将晶体的基本类型分为以下四种：离子晶体、原子晶体、分子晶体和金属晶体（金属晶体将在第十一章第一节中介绍）。

### 1. 离子晶体

在晶格结点上交替地排列着阳离子和阴离子，两者之间通过离子键结合而形成的晶体叫做离子晶体。如图 3-4 是 NaCl 的晶体结构示意图。

由于阴、阳离子之间存在着较强的离子键，作用力较大，因此，离子晶体一般具有较高的熔点、沸点和较大的硬度、密度，难以压缩和挥发。多数离子晶体易溶于极性溶剂（如 $H_2O$），其水溶液或熔融状态能导电。属于离子晶体的物质通常有活泼金属的盐、碱和氧化物等。

### 2. 原子晶体

在晶格结点上排列着原子，原子间以共价键结合而形成的晶体叫做原子晶体。例如金刚石的晶体，见图 3-7。

在金刚石晶体中，每个碳原子都被相邻的四个碳原子包围，处于四个碳原子的中心，以共价键与这四个碳原子结合，成为正四面体结构。这种正四面体结构向空间延伸，形成三维网状结构的巨型"分子"。常见的原子晶体还有可作半导体元件的硅和锗，以及金刚砂（SiC）、石英（$SiO_2$）等。

图 3-7 金刚石的晶体结构

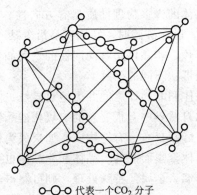

○—○代表一个 $CO_2$ 分子

图 3-8 固态二氧化碳晶体结构

在原子晶体中，由于原子间的共价键结合力很强，破坏它所需的能量很高，因此这类晶体具有很高的熔点和硬度（金刚石的熔点高达 3843K，硬度为 10，是自然界中最硬的晶体），因此，原子晶体在工业上常被用作耐磨、耐熔或耐火材料。如金刚石、金刚砂都是十分重要的磨料；$SiO_2$ 是应用极为广泛的耐火材料；水晶、紫晶和玛瑙等，是工业上的贵重材料。原子晶体的延展性较差，不溶于溶剂，一般不导电，但某些原子晶体如硅、锗、镓、砷可作为优良的半导体材料。

### 3. 分子晶体

在晶格结点上排列着分子，分子间以分子间作用力互相结合的晶体叫做分子晶体。通常，非金属单质（如卤素、氧等），非金属化合物（$NH_4Cl$ 除外）和大多数有机化合物的固体为分子晶体。例如，固态二氧化碳

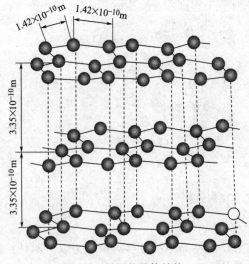

图 3-9 石墨的晶体结构

（干冰）就是一种典型的分子晶体（见图3-8）。

由于分子间作用力很弱，只要供给较少的能量，分子晶体就会被破坏，因此分子晶体的硬度较小，熔点、沸点较低，挥发性大，在常温下多数以气态或液态存在。即使在常温下呈固态的，其挥发性大，蒸气压高，常具有升华性，如碘（$I_2$）、萘（$C_{10}H_8$）等。分子是电中性的，所以分子晶体无论是固态、熔融态还是液态都不导电，它们都是性能较好的绝缘材料。

需要说明的是，有些晶体，如石墨是介于原子晶体、金属晶体和分子晶体之间的一种过渡型晶体。石墨具有层状结构（见图3-9），在每一层内，碳原子排列成六边形，一个六边形排列成平面的网状结构，每一个碳原子都跟其他3个碳原子以共价键相结合，键长为$1.42×10^{-10}$m。同一平面层中，有可以流动的电子，使石墨具有良好的导电性和传热性。

在工业上用石墨制作电极和冷却器。此外，由于同一平面层上的碳原子间结合力很强，极难破坏，所以石墨的化学性质很稳定，熔点也很高。在石墨晶体中，层与层之间以微弱的分子间力结合，因此石墨片层之间容易滑动，性质柔软，可用作固体润滑剂和铅笔芯。

## 本 章 小 结

（1）化学键

在原子结合成分子的时候，相邻的两个或多个原子之间强烈的相互作用——化学键。

常见化学键的主要类型：

化学键 { 离子键 , 共价键 { 非极性键, 极性键 } }

① 离子键　阴、阳离子间通过静电作用所形成的化学键叫做离子键。

② 共价键　原子间通过共用电子对所形成的化学键叫做共价键。

非极性键：同种原子形成共价键，共用电子对不偏向任何一个原子，这样的共价键叫做非极性共价键。

极性键：不同种原子形成共价键，共用电子对偏向吸引电子能力强的原子一方，这样的共价键叫做极性键。

共价键具有键能、键长、键角等属性。

（2）非极性分子和极性分子

① 双原子分子的极性决定于键的极性。

② 以极性键结合的多原子分子，可能是极性分子，也可能是非极性分子，这取决于分子的组成和分子中各键的空间排列。

（3）分子间力和氢键

① 分子间力　分子间存在着的一种相互吸引作用，称为分子间力，也叫做范德华力。

分子间力一般包括三部分，即色散力、诱导力和取向力。非极性分子之间的作用力是色散力；极性分子和非极性分子间的作用力有诱导力和色散力两种；而极性分子之间的作用力有取向力、诱导力和色散力三种。

从能量上来看，分子间力比化学键要小得多。分子间力的大小对物质的熔点、沸点、溶解度等物理性质有一定的影响。

② 氢键  氢原子与吸引电子能力很强的元素（如 F、O、N）的原子结合时，它与另一分子中吸引电子能力很强、带负电荷的原子之间产生的静电吸引力叫做氢键。

氢键不是化学键，而是一种特殊的分子间作用力。由于氢键的存在，使得某些氢化物比只存在有分子间力的同类物质的熔、沸点要高。

（4）晶体的基本类型

① 晶体的特征：晶体具有规整的几何外形、固定的熔点和各向异性。

② 晶体的基本类型：根据组成晶体的微粒的种类及微粒之间的作用不同，可将晶体分为离子晶体、分子晶体、原子晶体和金属晶体（以后将要学到）。

③ 组成晶体微粒的种类及粒子间的作用不同列于下表：

| 晶体类型 | 晶格结点上的质点 | 结合力 | 晶体特征 | 举 例 |
| --- | --- | --- | --- | --- |
| 离子晶体 | 阴离子和阳离子 | 离子键 | 硬而脆，熔、沸点高，在水溶液中或熔态下能导电 | $NsCl$、$MgO$、$KBr$ |
| 原子晶体 | 原子 | 共价键 | 硬度大，熔点、沸点高，不导电 | 金刚石、$SiO_2$、$SiC$ |
| 分子晶体 | 分子 | 分子间力 | 硬度小，熔、沸点低，固态、熔态不导电 | $H_2O$、$Cl$、$NH_3$、$CO_2$、$Cl_2$、$CCl_4$ |

## 思 考 与 练 习

1. 选择题

(1) 根据原子序数，下列哪组原子能以离子键结合（    ）。

(a) 6 与 15    (b) 8 与 16    (c) 11 与 17    (d) 10 与 16

(2) 下列说法正确的是（    ）。

(a) 阴、阳离子间通过静电作用所形成的化学键叫做共价键

(b) 键能越大，共价键越牢固

(c) 键长越长，共价键越牢固

(d) 共价键是极性键

(3) 下列物质中，既有离子键，又有共价键的是（    ）。

(a) $NaOH$    (b) $CO_2$    (c) $KCl$    (d) $H_2$

(4) 下列说法错误的是（    ）。

(a) 以极性键结合的双原子分子一定是极性分子

(b) 以非极性键结合的双原子分子一定是非极性分子

(c) 含有极性键的分子一定是极性分子

(d) 含有极性键的分子不一定是极性分子

(5) 下列分子间不能形成氢键的是（    ）。

(a) $HF$    (b) $H_2O$    (c) $NH_3$    (d) $CH_4$

(6) 下列固体物质中，组成晶体的微粒是分子的是（    ），是离子的是（    ），是原子的是（    ）。

(a) 金刚石    (b) 食盐    (c) 干冰    (d) 冰

2. 是非题（下列叙述中对的打"×"，错的打"√"）

(1) 具有极性的共价键分子，一定是极性分子。（    ）

(2) 极性键组成极性分子，非极性键组成非极性分子。（    ）

(3) 非极性分子中的化学键，一定是非极性的共价键。（　　）
(4) 多原子分子中，若其中的共价键为极性键，则分子不一定是极性分子。（　　）
(5) 氢键就是氢和其他元素间形成的化学键。（　　）

3. 填表

| 物　　质 | 晶格结点上的粒子 | 粒子间的作用力 | 晶体类型 | 熔点（高或低） |
|---|---|---|---|---|
| KCl | | | | |
| $SiO_2$ | | | | |
| $CO_2$（固） | | | | |
| $H_2O$（固） | | | | |

4. 简答题

(1) 用电子式表示 NaBr、$CaCl_2$ 离子键的形成过程。

(2) 用电子式和结构式表示 $Br_2$、HF、$H_2S$ 和 $NH_3$ 分子。

(3) 稀有气体为什么不能形成双原子分子？

(4) 下列分子中哪些是非极性分子？哪些是极性分子？
①$Cl_2$；②HF；③$H_2O$；④$CS_2$（键角180°）；⑤$CCl_4$。

(5) 为什么 $H_2O$ 是极性分子，而 $CO_2$ 是非极性分子？

(6) 做下面的实验：在酸式滴定管中注入 30mL 蒸馏水，夹在滴定管夹上，滴定管下端放一大烧杯。打开活塞，让水慢慢下流如线状。把摩擦带电的玻璃棒或塑料棒接近水流，观察水流的方向有无变化。根据这个实验，可以得出什么结论？如用四氯化碳代替水作上述实验，有什么现象发生？

(7) 组成离子晶体、分子晶体、原子晶体的微粒各是什么？这些微粒通过什么样的键或作用力结合成晶体？

(8) 为什么氯单质的熔点和沸点很低，而氯化钠的熔点和沸点很高？

(9) 为什么石墨质软而金刚石却非常坚硬？

【阅读材料】

## 单独两次获得诺贝尔奖的化学家鲍林

美国化学家鲍林（Linus Carl Pauling，1901～1995年）出生于俄勒冈州波特兰市一个药剂师家中。1922年毕业于俄勒冈州立大学并获得化学工程学士学位。1925年获得加州理工学院哲学博士学位。1926年去欧洲，曾在玻尔实验室工作过。1927年回到加州大学理工学院，1930年再次出国，在布拉格实验室工作。1931年升任教授。他是美国科学院院士和其他许多科学学会的成员。

鲍林在化学上的主要贡献与成就有：提出了杂化轨道理论，以解释 $CH_4$ 的正四面体结构和碳原子四个键的等价问题。该理论认为碳原子和其他原子形成共价键时，所用的轨道不是原来纯粹的 s 轨道和 p 轨道，而是二者经混杂、叠加而成的"杂化轨道"，这种杂化轨道在能量和方向上的分配是对称均衡的。杂化轨道理论，很好地解释了甲烷的正四面体结构。此外，他还测定了一些化合物的键长、键角等。他最早提出电负性概念，并用实验测定元素电负性的数值。鲍林在20世纪30年代提出了共振理论，这一理论为认识分子和晶体的结构与性质以及化学键的本质方面，起了相当重要的作用。从1951年起，鲍林与其他科学家共同研究氨基酸和多肽链。他们发现在蛋白质分子中，由于氢键的作用可形成两种螺旋体，一种是 α 螺旋体，一种是 γ 螺旋体。这为以后发现 DNA 结构提供了理论基础。

鲍林著作甚多，主要著有《化学键的本质》、《量子力学导论》、《分子构造》、《线光谱结构》、《大学化学》、《普通化学》等。由于鲍林对化学键本质的研究以及应用化学键理论阐明复杂物质的结构获得成功，而于 1954 年获得诺贝尔化学奖。

鲍林教授不仅是一位杰出的化学家，也是一位坚强的和平战士。他坚决反对把科技成果用于战争，特别反对核战争。他倾注了很多时间和精力研究防止战争、保卫和平等问题。1955 年，鲍林和世界知名的大科学家爱因斯坦、罗素、约里奥·居里、玻恩等，签署了一个宣言，呼吁科学家应共同反对发展毁灭性武器，反对战争，保卫和平。1957 年 5 月，鲍林起草了《科学家反对核试验宣言》。在这个宣言的号召下，短短几个月内，就有 49 个国家的 11000 余名科学家签名。1958 年，他写了《不要再有战争》一书，书中以丰富的资料，说明了核武器对人类的重大威胁。

1959 年 8 月，鲍林参加了在日本广岛举行的禁止原子弹氢弹大会。由于鲍林对和平事业的贡献，他于 1962 年荣获了诺贝尔和平奖。

鲍林曾于 1973 年和 1981 年两次来我国访问和讲学，受到我国广大科学工作者的热情欢迎。

# 第四章　气体、液体和溶液

> 【学习目标】
> 　　理解理想气体概念和理想气体状态方程、混合气体定律，并能进行有关计算；了解液体的沸点、饱和蒸气压的概念；理解溶解度概念并能进行有关计算；理解拉乌尔定律和亨利定律；了解相变化类型及相平衡；*了解比表面、表面能和表面张力的概念；*了解吸附的有关概念。

　　人们日常接触的物质并不是单个的原子或分子，而是它们的聚集状态。在自然界中物质的聚集状态有三种：气态、液态和固态。

　　气态的基本特征是分子间的平均距离比分子的直径要大得多，所以分子间的相互作用力较小，因而气体分子热运动能克服分子间的作用力而充满任何形状的容器，并表现出较大的可压缩性。

　　固体的基本特征是组成固体的分子（或原子、离子）间距离很小，分子之间的吸引力很大，因此固体有一定的形状和体积，且很难被压缩。

　　液体的性质介于固体和气体的性质之间。其分子间的距离比气体分子间的距离小，而比固体分子间的距离大；相反，液体分子间的吸引力比气体分子间的吸引力大，而比固体分子间的吸引力小。因此，液体有一定的体积，而无一定的形状，较难被压缩。

　　在一定的温度和压力下，气、液、固三种状态可以互相转化。例如，水在 101.325kPa，273.15K 时结冰，是固态；373.15K 时沸腾汽化，是气态；273.15～373.15K 之间是液态。

　　相比之下，物质的三种聚集状态中，气体的性质最为简单。尤其随着压力的减小，一定量气体的体积增大，分子间的平均距离也随之加大，而分子间力则趋于减小。在压力很低时，分子间作用力往往可以小到忽略不计的程度。因此，与液体、固体相比，气体是最简单的一种聚集状态，故其宏观性质所表现出来的规律也简单得多。此外，由于气体具有良好的流动性和混合性，人们对气体的研究也最早，实验和理论所得到的成果也比较完整。在化工生产中往往要处理各种气体，因此了解它们的性质，掌握它们的规律是十分重要的。

　　气体有各种不同的性质，对纯气体来讲，压力、温度和体积是三个最基本的性质；混合气体还包括其组成。这些基本性质是可以直接测定的，常作为生产过程的主要指标和研究其他性质的基础。

　　由于分子的热运动，气体分子不断地与容器壁碰撞，对器壁产生作用力。单位面积器壁上所受的力称为压力。符号用"$p$"表示；在国际单位制（SI）中，压力的单位是帕斯卡，简称帕，符号"Pa"（$1Pa=1N \cdot m^{-2}$）表示。

　　气体的温度是定量地表示其冷热程度的物理量。在国际单位制（SI）中温度用绝对温标来度量，符号用"$T$"表示，单位是开尔文，简称开（K）。

　　气体的体积是指气体所占空间的大小，也就是盛气体的容器的容积，用符号"$V$"表示，国际单位制（SI）中单位为立方米，符号用"$m^3$"。

$$1m^3 = 1000L, \quad 1L = 1000mL$$

## 第一节 理想气体

### 一、理想气体状态方程式

人们通过大量实验，总结出在压力不太高和温度不太低时，气体的体积、压力与温度之间的关系如下：

$$pV = nRT \tag{4-1}$$

式中　　$p$——压力，单位 Pa；

$V$——体积，单位 $m^3$；

$T$——温度，单位 K；

$n$——物质的量，单位 mol；

$R$——摩尔气体常数，其值等于 $8.314 J \cdot mol^{-1} \cdot K^{-1}$，且与气体种类无关。

式（4-1）称为理想气体状态方程。只有理想气体才完全符合这个关系式。理想气体是一种假想气体，这种气体的分子之间没有吸引力，分子本身不占体积。实际上理想气体并不存在，它只是一种科学的抽象。但对于处于低压、高温下的实际气体来说，分子间距离很大，相互之间的作用力极为微弱，分子本身大小相对于整个气体的体积可以忽略。因此，可以近似地看成理想气体。

理想气体状态方程是非常有用的，利用它可以进行许多低压下气体的计算。

【**例 4-1**】　某氮气钢瓶的容积为 30.00L，当温度为 20℃时，测得瓶内的压力为 $1.013 \times 10^7 Pa$，试计算钢瓶内氮气的物质的量和质量。

**解**　依题意 $V = 30.00L = 0.03m^3$　$T = 273.15 + 20 = 293.15K$　$p = 1.013 \times 10^7 Pa$

据式（4-1）$pV = nRT$

$$n = \frac{pV}{RT} = \frac{1.013 \times 10^7 Pa \times 0.03 m^3}{8.314 J \cdot mol^{-1} \cdot K^{-1} \times 293.15K} = 124.69 mol$$

氮气的摩尔质量 $M = 28 g \cdot mol^{-1}$，所以

$$m = nM = 124.69 mol \times 28 g \cdot mol^{-1} = 3.49 \times 10^3 g$$

答：钢瓶内氮气物质的量为 124.69mol，质量为 $3.49 \times 10^3 g$。

【**例 4-2**】　碘钨灯的灯管体积为 8.50mL，里面封有 $1 \times 10^{-6} mol$ 碘，设灯点燃时灯管内的平均温度为 400℃，问当点燃时，碘蒸气的压力为多大？

**解**　$V = 8.50mL = 8.50 \times 10^{-6} m^3$　$n = 1 \times 10^{-6} mol$　$T = 273.15 + 400 = 673.15K$

据式（4-1）$pV = nRT$

$$p = \frac{nRT}{V} = \frac{1 \times 10^{-6} mol \times 8.314 J \cdot mol^{-1} \cdot K^{-1} \times 673.15K}{8.5 \times 10^{-6} m^3} = 6.58 \times 10^2 Pa$$

答：点燃时，碘蒸气压力为 $6.58 \times 10^2 Pa$。

### 二、混合气体定律

在日常生活和工业生产中所遇到的气体，往往是几种气体的混合物。例如空气中含有氧、氮、水蒸气和各种惰性气体。烟道废气中含有二氧化碳、氧、氮和水蒸气等。在低压下，混合气体可以当成理想气体来处理。

气体的特性是能够均匀地分布在它占有的全部空间，因此在任何容器的气体混合物中，只要不发生化学反应，就如同单独存在的气体一样，每一种气体都是均匀地分布在整个容器中，

占据与混合气体相同的体积。

混合气体中的某组分单独存在,并具有与混合气体相同的温度和体积时所产生的压力,称为该组分的分压力。

1807年,英国科学家道尔顿(Dalton)通过实验,提出了混合气体分压定律:混合气体的总压力等于其中各组分气体的分压力之和。该经验定律称为道尔顿分压定律,其数学表示式为:

$$p = p_1 + p_2 + p_3 + \cdots + p_i = \sum p_i \tag{4-2}$$

式中,$i$ 代表混合气体中的任一组分;$p_i$ 为任一组分的分压力;$p$ 为总压力。

由 (4-1) 式可知,理想气体的 $p = n\dfrac{RT}{V}$,混合气体中某组分 $i$ 的分压力 $p_i$ 与总压力 $p$ 之比可以从理想气体状态方程得出为:

$$\frac{p_i}{p} = \frac{n_i RT/V}{nRT/V} = \frac{n_i}{n}$$

令:
$$\frac{n_i}{n} = y_i$$

故:
$$p_i = y_i p \tag{4-3}$$

$y_i$ 称为该组分的摩尔分数。显然,混合气体中各组分的摩尔分数总和等于1。式(4-3)表明各组分的分压力也可由该组分的摩尔分数与总压力的乘积来获得。

【例 4-3】 某容器中含有 0.32mol 氨气、0.18mol 氧气和 0.70mol 氮气等气体的混合物。取样分析后,得知混合气体的总压为 1.33kPa。试计算各组分气体的分压。

解 $n = n_{NH_3} + n_{O_2} + n_{N_2} = 0.32\text{mol} + 0.18\text{mol} + 0.70\text{mol} = 1.20\text{mol}$

$$p_i = y_i p = \frac{n_i}{n} p$$

$$p_{NH_3} = \frac{n_{NH_3}}{n} p = \frac{0.32\text{mol}}{1.20\text{mol}} \times 1.33\text{kPa} = 354.7\text{Pa}$$

$$p_{O_2} = \frac{0.18\text{mol}}{1.20\text{mol}} \times 1.33\text{kPa} = 199.5\text{Pa}$$

$$p_{N_2} = \frac{0.70\text{mol}}{1.20\text{mol}} \times 1.33\text{kPa} = 775.8\text{Pa}$$

$p_{N_2}$ 也可由总压减去其他组分的分压求得:
$p_{N_2} = p - p_{NH_3} - p_{O_2} = 1330\text{Pa} - 354.7\text{Pa} - 199.5\text{Pa} = 775.8\text{Pa}$

答:$NH_3$、$O_2$、$N_2$ 的分压分别为 354.7Pa、199.5Pa、775.8Pa。

【例 4-4】 已知空气中的 $N_2$、$O_2$ 和 Ar 的体积百分数分别为 78%、21% 和 1%,试计算在标准状况下,空气中各组成气体的分压力。

解 依题意,100L 空气中含有 $N_2$ 78L,$O_2$ 21L,Ar 1L,在标准状况下,1mol 任何气体的体积都是 22.4L,即:

100L 空气的物质的量 $n_{空气} = \dfrac{100\text{L}}{22.4\text{L} \cdot \text{mol}^{-1}} = 4.46\text{mol}$

78L $N_2$ 的物质的量 $n_{N_2} = \dfrac{78\text{L}}{22.4\text{L} \cdot \text{mol}^{-1}} = 3.48\text{mol}$

21L $O_2$ 的物质的量 $n_{O_2} = \dfrac{21\text{L}}{22.4\text{L} \cdot \text{mol}^{-1}} = 0.94\text{mol}$

1L Ar 的物质的量 $n_{Ar} = \dfrac{1\text{L}}{22.4\text{L} \cdot \text{mol}^{-1}} = 0.045\text{mol}$

含 $N_2$ 的摩尔分数 $y_{N_2} = \dfrac{n_{N_2}}{n} = \dfrac{3.48\text{mol}}{4.46\text{mol}} = 0.78$

同理，空气中含 $O_2$ 和 Ar 的摩尔分数 $y_{O_2} = 0.21$，$y_{Ar} = 0.01$。

由此可见，在相同温度和压力下，混合气体中某气体的摩尔分数，等于它的体积分数，这是一个很有用的结论。于是利用分压定律可直接算出空气中各气体的分压为：

$p_{N_2} = y_{N_2} p = 0.78 \times 1.013 \times 10^5 \text{Pa} = 7.90 \times 10^4 \text{Pa}$

$p_{O_2} = y_{O_2} p = 0.21 \times 1.013 \times 10^5 \text{Pa} = 2.13 \times 10^4 \text{Pa}$

$p_{Ar_2} = y_{Ar} p = 0.01 \times 1.013 \times 10^5 \text{Pa} = 1.013 \times 10^3 \text{Pa}$

答：$N_2$、$O_2$、Ar 的分压分别为 $7.90 \times 10^4$ Pa、$2.13 \times 10^4$ Pa、$1.013 \times 10^3$ Pa。

## 第二节 液体和溶液

液体也是一种流体，其性质与气体、固体性质相差较大。液体具有一定的体积而无固定形状；通常，其可压缩性远比气体小得多而略大于固体。其根本原因是液体分子运动既不像气体分子那样呈现自由运动状态，也不像固体分子那样呈现出规则排列，如图 4-1 所示。

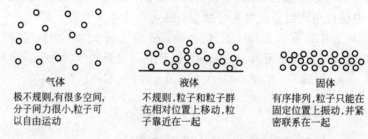

图 4-1 气体、液体、固体分子排列

从图中可见，物质处于固、液、气三态时，其微观粒子间距离是有差异的。

不同种液体相混合时，有的可以完全互溶，如乙醇和水；有的只能部分互溶，如水和苯胺；有的甚至基本不溶，如四氯化碳和水。这说明不同种液体分子间的相互作用很不相同。

### 一、饱和蒸气压

在敞开容器中，液体表面层分子将克服液体分子间的吸引力而逸出液体表面成为蒸气分子，这个过程称为蒸发。蒸发过程可以一直进行到全部液体都蒸发掉。而在密闭容器中液体的蒸发是有限度的。在一定温度下，液体分子以某种速率蒸发，同时蒸气分子与液面碰撞又进入液体，这个过程称为凝聚。实际上，蒸发和凝聚过程是同时进行的。只是开始蒸发的瞬间，只有逸出液面的分子，而没有进入液体的分子。蒸发开始后，蒸气的压力逐渐增大，进入液体的分子也就逐渐增多，即凝聚速率增加。在温度不变时，最终在单位时间内从液体表面逸出的分子数等于在同一表面上进入液体的分子数，换言之，液体的蒸发速率与蒸气的凝聚速率相等，即达到一个平衡状态。此时蒸气的量不再增加，系统中液体与其蒸气共存，蒸气具有恒定的压力。与液体建立平衡的蒸气称为饱和蒸气，饱和蒸气的压力就称为饱和蒸气压，简称蒸气压。

蒸气压的大小取决于液体的本性而与液体的量无关。例如 293K 时，水的蒸气压为 2.34kPa，酒精的蒸气压为 5.83kPa。蒸气压表示在一定温度下，液体分子向外逸出的趋势，即液体蒸发的难易程度，通常把蒸气压大的叫做易挥发物质，如乙醚、丙酮等；蒸气压小的叫难挥发物质，如甘油、乙二醇等。一般地说，液体的分子间作用力越小，液体越容易蒸发,其蒸气压越高。

液体的蒸气压总是随温度的升高而增大。例如,在不同温度时纯水的蒸气压为:

| 温度/K | 273 | 298 | 323 | 343 | 373 |
| --- | --- | --- | --- | --- | --- |
| 蒸气压/kPa | 0.610 | 3.17 | 12.3 | 31.2 | 101.3 |

蒸气压与温度的关系可以用作图的方法表示出来。以压力为纵坐标,温度为横坐标作图得图 4-2。图中曲线是液体的蒸气压曲线。线上的每一点代表的是相应的液体与蒸气在平衡状态时的温度和压力。从图中可见,温度升高,蒸气压增大。

## 二、沸点

在敞开容器中加热液体时,气化先在液体表面发生。随着温度的升高,液体的蒸气压将增大,当温度增加到蒸气压等于外界压力时,汽化不仅在液面上进行,并且也在液体内部发生。内部液体的汽化产生了大量气泡上升到液面,气泡破裂,逸出液体,这种现象叫做沸腾。液体在沸腾时的温度叫做液体的沸点。也就是说液体的蒸气压等于外界压力时的温度称为液体的沸点。如在 101.325kPa 压力下,水、乙醇和乙

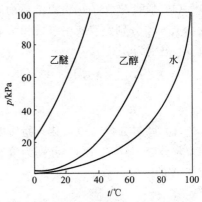

图 4-2 几种液体的饱和蒸气压曲线

醚的沸点分别为 100℃、78.5℃ 和 34.5℃。在沸腾过程中,液体所吸收的热量仅仅用来把液体转化为蒸气,温度仍保持恒定,直到液体全部汽化。

液体在一定外压下有固定的沸点。增大外压可使液体的沸点升高,日常生活中使用的高压锅即是这个原理。相反,降低外压可使液体在较低温度下沸腾。如我国昆明地势高,气压低,在这里水的沸点只有 96℃,西藏高原气压更低,水的沸点就更低了。

通常,不指明外压时,液体的沸点是指压力为 101.325kPa 下的沸腾温度,称正常沸点。

纯氯苯的正常沸点为 130℃,表明它相对于水来讲,其蒸气压比较低,较难挥发。

液体加热过程中经常遇到这样的问题:当液体加热到沸点时并不沸腾,而必须超过沸点后才能沸腾,这种现象称为过热,其液体称过热液体。过热现象对生产和实验是有害的,因为过热液体一旦沸腾便相当剧烈,液体往往大量溅出,造成事故。为减少过热现象的发生通常采用搅拌和加入沸石的方法。

## 三、溶解度

### 1. 溶液、溶质和溶剂

两种或两种以上物质混合形成的均匀、稳定的体系称溶液。在生活中常见的溶液有蔗糖溶液、碘酒、澄清石灰水、稀盐酸、盐水等。按照聚集状态,溶液可以分为三类:①气态溶液(气体混合物,如空气);②液态溶液(气体或固体在液态中溶解或液液相溶形成,简称溶液,如氨水、食盐水和酒精溶液等);③固态溶液(彼此呈分子分散的固体混合物,简称固溶体,如合金❶)。

溶液是由溶剂和溶质所组成,当气体或固体溶于液体时,通常把液体称为溶剂,把溶解的气体或固体称为溶质。当液体溶于液体时,通常把含量较多的液体称为溶剂,把含量较少

---

❶ 合金的定义见第十一章第二节。

的液体称为溶质。

以下所讨论的是液态溶液，没有特别指出溶剂时，便是以水作溶剂的水溶液。水溶液又可分为电解质溶液（如 NaCl 等）和非电解质溶液（如蔗糖等）。

2. 溶液组成的表示方法

溶液的性质与溶液的组成有关，溶液的组成发生变化，溶液的性质也随之改变，因此溶液的组成是溶液的重要特征。溶液组成的表示法很多，常用的有下列几种。

(1) 质量分数 ($w$)  以溶质的质量在全部溶液的质量中所占的分数来表示的溶液浓度。设 $m_B$、$m_A$ 分别为溶液中溶质和溶剂的质量，则溶质 B 的质量分数 $w_B$ 和溶剂 A 的质量分数 $w_A$ 分别为：

$$w_B = \frac{m_B}{m_A + m_B}, \quad w_A = \frac{m_A}{m_A + m_B}$$

$$w_A + w_B = 1。$$

(2) 摩尔分数 ($x$)  某一物质以物质的量与全部溶质和溶剂的物质的量之比为该溶质的摩尔分数。设 $n_A$ 和 $n_B$ 分别为溶液中溶剂和溶质的物质的量，则溶质 B 的摩尔分数 $x_B$ 和溶剂 A 的摩尔分数 $x_A$ 分别为：

$$x_B = \frac{n_B}{n_A + n_B}, \quad x_A = \frac{n_A}{n_A + n_B}$$

$$x_B + x_A = 1。$$

(3) 溶质 B 的质量摩尔浓度 ($b_B$)  质量摩尔浓度定义是每 1kg 溶剂中所含溶质的物质的量，单位为 $mol \cdot kg^{-1}$。设溶质的物质的量为 $n_B$ mol，溶剂的质量为 $m_A$ 克，则：

$$b_B = \frac{n_B}{m_A \times 10^{-3}}$$

(4) 物质的量浓度（简称浓度 $c_B$）  物质的量浓度的定义为每升溶液中所含溶质的物质的量，单位为 $mol \cdot L^{-1}$。详见第一章第三节。

以上这些溶液组成的不同表示方法都可以相互换算。

【**例 4-5**】 0.5mol 乙醇溶于 500g 水中所组成的溶液，其密度为 $0.992g \cdot cm^{-3}$，试用浓度、质量摩尔浓度、摩尔分数和质量分数来表示该溶液的组成（水的摩尔质量为 $18g \cdot mol^{-1}$，乙醇的摩尔质量为 $46g \cdot mol^{-1}$）

**解** 物质的量浓度：$c_{乙醇} = \dfrac{0.5 \text{mol}}{\dfrac{500\text{g} + 46\text{g} \cdot \text{mol}^{-1} \times 0.5\text{mol}}{0.992\text{g} \cdot \text{cm}^{-3}} \times 10^{-3}} = 0.948 \text{mol} \cdot \text{L}^{-1}$

质量摩尔浓度：$b_{乙醇} = \dfrac{0.5\text{mol}}{500 \times 10^{-3}\text{kg}} = 1.00 \text{mol} \cdot \text{kg}^{-1}$

摩尔分数：$x_{乙醇} = \dfrac{0.5\text{mol}}{0.5\text{mol} + \dfrac{500\text{g}}{18\text{g} \cdot \text{mol}^{-1}}} = 0.018$

$x_{水} = \dfrac{\dfrac{500\text{g}}{18\text{g} \cdot \text{mol}^{-1}}}{0.5\text{mol} + \dfrac{500\text{g}}{18\text{g} \cdot \text{mol}^{-1}}} = 0.982$

或 $x_{水} = 1 - x_{乙醇} = 1 - 0.018 = 0.982$

质量分数：$w_{乙醇} = \dfrac{46\text{g} \cdot \text{mol}^{-1} \times 0.5\text{mol}}{46\text{g} \cdot \text{mol}^{-1} \times 0.5\text{mol} + 500\text{g}} = 0.044$

$$w_{水} = \frac{500\text{g}}{46\text{g·mol}^{-1} \times 0.5\text{mol} + 500\text{g}} = 0.956$$

或 $w_{水} = 1 - w_{乙醇} = 1 - 0.044 = 0.956$

答：乙醇物质的量浓度为 $0.948\text{mol·L}^{-1}$；质量摩尔浓度为 $1.00\text{mol·kg}^{-1}$；摩尔分数 $x_{乙醇} = 0.018$，$x_{水} = 0.982$；质量分数 $w_{乙醇} = 0.044$，$w_{水} = 0.956$。

3. 溶解度

通常用溶解度来表示各种物质在一定条件下溶解能力的大小。物质的溶解度是指在一定的温度下，某种物质在100g水（溶剂）中制成饱和溶液时所溶解的量（g）。这也表明饱和溶液中，溶解的溶质量（g），达到了最多。例如在20℃时，100g水中最多可以溶解134.50g的KCl，则20℃时KCl的溶解度为134.50g。

气体的溶解度是指在一定的温度和压力下1体积溶剂中所能溶解气体的体积。例如在101.325kPa和20℃时1体积水能溶解0.031体积的氧气，则氧气的溶解度在101.325kPa和20℃时为$0.031\text{L}/1\text{LH}_2\text{O}$。

自然界中无绝对不溶的物质，只是溶解度有大有小。表4-1为某些固体物质的溶解度。液体和气体的溶解度也各不相同。例如，酒精和水能以任意比例混溶，而植物油和石油却几乎不溶于水。氨气和氯化氢是易溶于水的气体，而氢气是几乎不溶于水的气体。

大多数固体物质的溶解度随温度的升高而增加，见表4-1。

表4-1 某些固体物质的溶解度

| 物质名称 | 物质的溶解度/g | | | |
|---|---|---|---|---|
| | 273K | 283K | 293K | 303K |
| 碳酸钾 $K_2CO_3$ | 106.3 | 108.3 | 110.5 | 155.7 |
| 氯化钠 NaCl | 35.7 | 35.8 | 36.0 | 39.8 |
| 氯化铵 $NH_4Cl$ | 29.4 | 33.3 | 37.6 | 77.8 |
| 硝酸钾 $KNO_3$ | 13.5 | 20.9 | 31.5 | 247 |
| 碳酸钠 $Na_2CO_3$ | 5.0 | 9.0 | 19.4 | 42.5 |
| 氢氧化钙 $Ca(OH)_2$ | 0.185 | 0.176 | 0.165 | 0.077 |

从表中可见，多数固体物质的溶解度随着温度的升高而增加，如硝酸钾等；有些物质的溶解度受温度的影响很小，如食盐；也有少数物质的溶解度随着温度的升高而减小，如氢氧化钙等。

气体的溶解度随各种气体的性质、温度、压力而定。温度升高，气体的溶解度减小，见表4-2。

表4-2 某些气体在水中的溶解度（101.325kPa）

| 气体 | | $H_2$ | $O_2$ | $N_2$ | $CO_2$ | $Cl_2$ | $NH_3$ |
|---|---|---|---|---|---|---|---|
| 溶解度（升气体/升水） | 283K | 0.0215 | 0.0489 | 0.0235 | 1.71 | 4.91 | 1176 |
| | 293K | 0.0182 | 0.031 | 0.0154 | 0.879 | 2.26 | 702 |

压力对气体的溶解度影响较大，一般随压力的增大而增大；对液体、固体的溶解度影响较小。

4. 有关溶解度的计算

【例4-6】 在温度为100℃时，有500g饱和的硝酸钾溶液，如果把温度降低到0℃，能有多少克硝酸钾可从溶液中分离出来？（已知100℃和0℃时的硝酸钾溶解度分别为247g和13.5g）

**解** 因为溶解度的定义是100g水中所能溶解溶质的最多量（g），即溶液达到了饱和。设100℃时，500g饱和硝酸钾溶液中，溶有溶质 $x$ 克，溶剂水的质量为（500－$x$）克，列出比例式：

$$100\text{g}:(500-x)\text{g}=247\text{g}:x$$

经计算得： $x=356\text{g}$

溶剂水的质量为：500g－356g＝144g

然后求0℃时144g水最多能溶解硝酸钾的量（g）。设0℃时，144g水最多能溶解 $y$ 克硝酸钾。根据0℃时硝酸钾的溶解度，列出比例式：

$$100\text{g}:144\text{g}=13.5\text{g}:y$$

$$\therefore y=\frac{144\text{g}\times13.5\text{g}}{100\text{g}}=19.4\text{g}$$

所以析出的硝酸钾为356g－19.4g＝336.6g

答：能有336.6g硝酸钾从溶液中分离出来。

**【例 4-7】** 20℃时，把50g饱和硝酸钾溶液蒸干，得到12g硝酸钾，求硝酸钾的溶解度。

**解** 依题意，20℃时，有（50－12）g，即38g水中溶解了12g硝酸钾。现设硝酸钾在20℃时的溶解度为 $x$ 克。列出比例式：

$$38\text{g}:100\text{g}=12\text{g}:x$$

$$x=\frac{100\times12}{38}=31.6\text{g}$$

答：硝酸钾在20℃时的溶解度为31.6g。

由上述两例中可见，我们可以把溶质从溶液中分离出来，这个过程称为结晶。结晶是工业上提纯物质和分离混合物的一种重要方法。

要使物质从溶液中结晶出来，可以通过蒸发水分或是降低饱和溶液温度的方法来实现。究竟采用哪种方法，这要根据物质的溶解度和温度的关系来确定。

如果温度对于某种物质的溶解度影响不大，可以用蒸发水分的方法使溶质从溶液中结晶出来，例如在工业上用海水制取食盐时，就是采用阳光和风使海水自然蒸发掉的方法使氯化钠结晶出来，因为氯化钠在水中的溶解度受温度变化的影响极小。

如果温度对于物质的溶解度影响很大时，那就要根据不同情况，分别采用直接降温的方法使溶质结晶。例如在寒冷的冬季从晒盐的母液里冷冻出芒硝，就是采取天然剧烈降温的方法使芒硝结晶析出，因为芒硝的溶解度随温度的下降剧烈地减小，而母液中氯化钠等物质的溶解度随温度的下降几乎不变化，仍留在母液中。又如从不饱和的硫酸铜水溶液中，要使五水硫酸铜（$CuSO_4 \cdot 5H_2O$）结晶时，由于温度对其溶解度的影响远没有达到使之析出结晶的程度。这时就要采取先加热浓缩，蒸发掉部分水，然后冷却的方法使五水硫酸铜结晶析出。

### 四、拉乌尔（Raoult）定律以及溶液的沸点和凝固点

从溶液的性质上看，溶液可分为两大类：电解质溶液和非电解质溶液。本节讨论非电解质溶液。

溶液都是由溶质和溶剂组成。溶液的性质与纯溶剂不同，通常表现在溶液的蒸气压、沸点和凝固点上。

1. 拉乌尔定律

实验表明，在纯溶剂中加入难挥发的非电解质作溶质时，所得溶液的蒸气压要比纯溶剂的低。即在一定温度下，溶有难挥发性溶质的溶液的蒸气压总低于纯溶剂的蒸气压。纯溶剂蒸气压与溶液蒸气压的差值称为溶液蒸气压下降值。溶液越浓，所含溶质分子越多，溶液的蒸气下降得就越多。1887年法国科学家拉乌尔根据许多实验数据发现，在一定温度下，由难挥发性溶质组成的稀溶液，溶液的蒸气压 $p_A$ 等于纯溶剂的蒸气压 $p_A^*$ 与溶剂在溶液中的摩尔分数 $x_A$ 的乘积。这就是拉乌尔定律的内容，其数学表达式为：

$$p_A = p_A^* \cdot x_A \tag{4-4}$$

式中　　$p_A$——稀溶液中溶剂的蒸气压，单位 Pa；

$p_A^*$——纯溶剂 A 的蒸气压，单位 Pa；

$x_A$——溶液中溶剂 A 的摩尔分数。

若溶液中仅有溶剂 A 和溶质 B 两个组分，则 $x_A + x_B = 1$，上式可改写成

$$p_A = p_A^* (1 - x_B)$$

$$p_A = p_A^* - p_A^* x_B$$

$$p_A^* - p_A = p_A^* x_B$$

$$\frac{p_A^* - p_A}{p_A^*} = x_B \tag{4-5}$$

即稀溶液中溶剂蒸气压的降低值（$p_A^* - p_A$）与纯溶剂的蒸气压之比等于溶质的摩尔分数。式（4-5）是拉乌尔定律的另一种表达式。溶液的蒸气压下降只与溶剂中所含的溶质的粒子数有关，而与溶质的性质无关。

必须强调指出，拉乌尔定律是根据稀溶液的实验结果总结出来的，所以对大多数溶液来说，只有在浓度很低时，这个定律才适用。

【例 4-8】　25℃时水的饱和蒸气压为 3.17kPa，求在该温度下 250g 水中含有 4.3g 甘油溶液的蒸气压。已知甘油的相对分子质量为 92。

**解**　$n_{甘油} = \dfrac{4.3g}{92g \cdot mol^{-1}} = 0.047 mol$

$n_{水} = \dfrac{250g}{18g \cdot mol^{-1}} = 13.9 mol$

$x_{水} = \dfrac{13.9 mol}{13.9 mol + 0.047 mol} = 0.997$

根据式（4-4），甘油水溶液的蒸气压为：

$p_A = p_A^* x_A = 3.17 kPa \times 0.997 = 3.16 kPa$

答：甘油水溶液的蒸气压为 3.16kPa。

2. 溶液的沸点和凝固点

加入难挥发溶质后，引起溶液的蒸气压下降，显然，溶液的沸点就要高于纯溶剂的沸点。例如水在 100℃ 时的蒸气压是 101.325kPa，加入溶质后蒸气压降低，这时蒸气压低于 101.325kPa，虽然仍在 100℃，溶液不会沸腾。要使溶液沸腾则必须让温度升高，才能使溶液的蒸气压重又达到 101.325kPa，因此溶液的沸点总是高于纯溶剂的沸点，我们把这种现象叫做溶液的沸点上升，这是溶液蒸气压下降的必然结果。海水的沸点高于 100℃ 也就是这个道理。

固态物质和液态物质一样也能蒸发，一定温度下固态物质也有蒸气压。例如，在不同温度时冰的蒸气压为：

| 温度/K | 273 | 263 | 253 | 243 | 233 | 223 |
|---|---|---|---|---|---|---|
| 蒸气压/kPa | 0.610 | 0.260 | 0.103 | 0.038 | 0.0129 | 0.004 |

冰的蒸气压随温度的降低而下降。

纯物质的固态蒸气压等于它的液态蒸气压时的温度，称为该物质固态的熔点或液态的凝固点。物质的正常凝固点或熔点是指在压力为101.325kPa下，其液态和固态蒸气压相等时的温度。如纯水的蒸气压或冰的蒸气压在0℃（273K）时都是0.610kPa，则0℃就是水的凝固点或冰的熔点。如果在水中加入难挥发的溶质，将引起溶液的蒸气压下降，在0℃时，溶液的蒸气压必然低于冰的蒸气压，由于冰的蒸气压高于溶液的蒸气压，冰会融化成水，那么只有在更低的温度下（0℃以下的某一温度），才能使溶液的蒸气压与冰的蒸气压相等，该温度就是溶液的凝固点。显然这时的温度要低于纯溶剂的凝固点，我们把这种现象叫做溶液的凝固点下降，这也是溶液蒸气压下降的必然结果。

溶液的凝固点下降具有广泛的应用。例在寒冷的冬天，在汽车和坦克的散热水箱中加入甘油或乙二醇等物质作为防冻剂，就是利用溶液凝固点下降的原理，以降低冷却水的冻结温度。盐和冰、雪的混合物中，冰雪会吸热融化，而使温度降低，生活中，利用这一性质，撒盐可及时除去积雪；氯化钠和雪的混合物，温度可降低到−22℃，氯化钙和冰的混合物，可得−55℃的低温，均可用作冷却剂。

### 五、亨利（Henry）定律

压力对液体和固体物质的溶解度影响很小，但对气体的溶解度影响较大。1903年英国科学家亨利在研究稀溶液中挥发性溶质的蒸气压后，总结出一条定律——亨利定律：一定温度下，在稀溶液中，挥发性溶质在气态中的平衡分压与溶质在溶液中的摩尔分数成正比，即：

$$p_B = k x_B \tag{4-6}$$

式中 $p_B$——挥发性溶质在气相（"相"的有关概念见第四章第三节）中的平衡分压，单位为Pa；

$x_B$——挥发性溶质在溶液中的摩尔分数；

$k$——亨利常数，单位为Pa。

使用亨利定律时必须注意：

① 同拉乌尔定律一样，亨利定律只适用于稀溶液。

② 温度较高，压力较低时，在稀溶液中应用亨利定律能得到正确的结果。

③ 亨利定律只适用于溶质在气相和在溶液相中分子状态相同的情况。如果溶质分子在溶液中与溶剂分子形成了化合物，或者发生了聚合与电离，这时亨利定律就不适用了。例如，氯化氢在苯或三氯甲烷中，在气相和液相中都是HCl分子状态，故可使用亨利定律。但如果把氯化氢溶在水里，气相中是HCl分子，而在液相中是$H^+$和$Cl^-$，亨利定律便不能使用。

④ 对于混合气体在压力不大时，亨利定律对每一种气体都能分别使用。

⑤ 亨利常数$k$与溶液的温度、溶质及溶剂的性质有关。

拉乌尔定律和亨利定律都是以研究稀溶液总结出来的规律。它们的数学表达式的外形极为相似，但这两个定律有明显的区别：a. 拉乌尔定律是稀溶液中溶剂的蒸气压与溶剂在溶液中的摩尔分数成正比关系。而亨利定律是稀溶液中挥发性溶质的平衡分压与溶质在溶液中的摩尔分数成正比关系。b. 拉乌尔定律中的$p_A^*$只与溶剂的性质、温度有关，而亨利常数$k$不仅与溶剂性质、温度有关，还和溶质的性质有关。

那么，什么样的溶液是稀溶液呢？经验表明，一定温度和压力下，在一定温度范围内，当两个挥发性物质组成溶液时，若溶剂遵守拉乌尔定律，溶质遵守亨利定律，这样的溶液就是稀溶液。

**【例 4-9】** 将含 CO30％（体积分数）的煤气，用 25℃的水洗涤，问每用 1t 水能洗出多少 CO 气体多少千克？已知 25℃时，CO 在水中溶解的亨利常数 $k_{CO} = 5.79 \times 10^9 Pa$。

**解** 由式(4-6) $p_B = k_x x_B$ 可得

$$p_{CO} = k_{CO} x_{CO}$$

$$x_{CO} = \frac{p_{CO}}{5.79 \times 10^9} = \frac{0.30 \times 101325}{5.79 \times 10^9} = 5.25 \times 10^{-6}$$

$$x_{CO} = \frac{n_{CO}}{n_{CO} + n_{H_2O}} = \frac{\frac{m_{CO}}{M_{CO}}}{\frac{m_{CO}}{M_{CO}} + \frac{m_{H_2O}}{M_{H_2O}}} = \frac{\frac{m_{CO}}{28}}{\frac{m_{CO}}{28} + \frac{1000}{18}} = 5.25 \times 10^{-6}$$

解得
$$m_{CO} = 0.0082 kg$$

答：每吨水可洗出 CO 气体 0.0082kg。

## 第三节 相、相变化和相图

### 一、相和相平衡

我们常说气相、液相和固相，那么究竟什么是相？其实它们不同于气体、液体和固体的概念。例如，水和油的混合物为液体，但由于二者不相溶，因此为不同的两个相。

把系统内部具有完全相同的物理性质和化学组成的均匀部分称为相。如图 4-3 所示体系，其中有 NaCl 的水溶液，无论在何处取样，NaCl 水溶液的浓度都是一样的，物理性质（如密度、折光率等）也相同，这个水溶液是一相，称液相；浮在水面上的冰是一相，称固相；液面上的空气和水蒸气是一相，称气相。

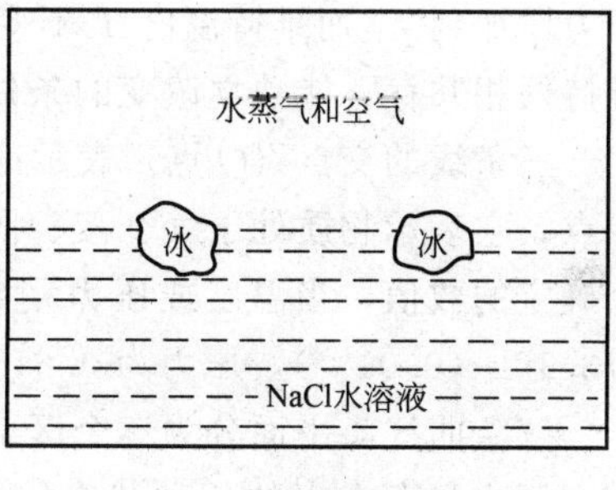

图 4-3 相的示意

气体混合物，不论是由几种气体组成，在一般情况下是均匀的，所以是一相；几种液体混合物，能够完全互溶的，是一相，如水和乙醇的溶液就是一相，不能完全互溶的，就不是一相，如水和油在一起，分成两个液层，就是两相；固体混合物，除了几种固体熔化后互相混合，凝固时能形成固态溶液的一相外例（例如合金），通常一种固体便是一相，无论粉碎得多么细，如糖和面粉混合时，为两相。在不同的相之间，有着明显的界面，可以用机械方法将它们分开。物质从一个相转到另一个相的过程，称为相变过程。如水（液相）加热蒸发转化为水蒸气（气相），水蒸气（气相）降温冷凝为水（液相），水（液相）再降温凝结为冰（固相），冰（固相）受热又熔化为水（液相）。某些物质还可以直接进行气固相的转化。如碘（$I_2$）晶体（固相）可升华为碘（$I_2$）蒸气（气相），将碘（$I_2$）蒸气（气相）降温则凝华为碘（$I_2$）晶体（固相）。

如果有两个以上的相共存，当各相的组成和数量不随时间而改变，可认为这些相之间已达到平衡，称为相平衡。

### 二、相图

将相平衡时温度、压力之间的关系用图形来表示，这种图就称为相平衡状态图，简称相

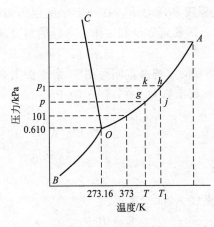

图 4-4　H$_2$O 的相图

图。图 4-4 是纯 H$_2$O（单组分[①]）的相图，它表示了温度、压力与物质状态之间的关系。在图中，OA 曲线为水的蒸气压曲线，代表水和蒸气的两相平衡关系。OA 线表示这个温度上各点和对应的压力下，水和蒸气能长久共存。A 点称临界点，即气液平衡端点。该点对应的温度和压力称为临界温度和临界压力。水的临界温度是 647K（374℃），高于这个温度时，不管使用多大的压力都不能使水蒸气液化，只有冷却到这个温度，然后加压才能出现液态；水的临界压力是 $2.21 \times 10^4$kPa，它表示在临界温度时，使水蒸气液化所需要的压力。OB 线是冰的蒸气压曲线，线上各点表示在该温度和压力下，两相才能长久共存。OC 线是水的凝固曲线，线上各点是水和冰达平衡时相应的压力和温度。这条线几乎与纵坐标平行，表明压力改变时水的凝固点变化不大。

三条曲线上的各点。都代表两相处于平衡。指定了温度，压力也就确定了。如要维持两相共存的状态，则不能同时独立地改变温度和压力，而只能沿着 OA、OB、OC 改变它们二者之一，否则会发生相变。例如，OA 线上的 g 点表明温度 T 时与水成平衡的蒸气压为 p，该平衡体系中水和蒸气两相共存，当温度由 T 增加到 $T_1$ 时，压力必须沿着 OA 线增加为和 h 对应的 $p_1$，假设压力维持 p 不变，则体系相当于 j 点，体系中的水将完全变为蒸气；如将压力增加到 $p_1$ 而维持温度 T 不变，相当于 k 点，体系中的蒸气将完全凝聚为水。所以，要维持两相共存，能独立改变的条件只有一个（温度或压力）。

三条线的交点（O 点）表示冰、水、水蒸气三相共存时的温度和压力，所以 O 点称三相点，它表示物质处于气、液、固平衡共存的状态，其条件比两相平衡苛刻得多，它只有一个确定的数值，当温度或压力稍有偏差，三相平衡即遭破坏。在三相点时，对应的温度为 273.16k（0.01℃），压力为 0.610kPa。

三条曲线将平面分为三个区（或面）：AOB 是气相区；AOC 是液相区；BOC 是固相区。每个区中只存在水的一种状态，称为单相。如在 AOC 区中，每一点相应的温度和压力下，水都呈液态。在单相区中，温度、压力可以在一定范围内同时改变而不引起状态变化（即相变），我们只有同时指定温度和压力，体系的状态才能完全确定。

以上可以概括为一种纯物质完整的相图应具有线（气固、液固、气液平衡曲线）、点（三相点、临界点）、面（固相区、液相区和气相区）三个特征。

其他物质也可以画出它们的单组分相图，研究相图可以掌握物质状态变化的规律。如从图 4-4 可见，在固相区里，高于三相点压力的任意点，当升高温度时固体必须经过液相区变为液体再转变为蒸气。但低于三相点压力的点，恒压下不断升温，并不经过液相区而直接从固态变为气态（即升华）。也就是说，只要其蒸气不超过三相点的压力，固体可以不经过液态而直接汽化为蒸气。显然，三相点的压力愈高，固态物质愈容易升华。碘（I$_2$）、三氯化铁（FeCl$_3$）、萘（C$_{10}$H$_8$）等物质在常压下加热就能升华便是这个道理。这些物质都可以用升华的办法提纯。

---

[①] 单组分：体系中每个可以单独分离出来，而且能在体外独立存在的纯物质。如 NaCl 水溶液体系，NaCl 和水是这个体系的两个组分。

表示二组分体系最多要有三个变量：温度、压力、组成，要用立体图即空间坐标系。但为了方便起见，往往指定一个变量恒定不变，观察其他两个变量之间的关系。一般化工生产都是在恒定压力下进行，从而影响相平衡的外界条件只有温度。在恒定压力下，表示双组分溶液沸点与组成关系的相图，叫沸点-组成（$T$-$x$）图。这种相图一般通过实验，得到在 101.325kPa 下沸腾时的温度和平衡气液两相组成的数据，再进行绘制的。下面以甲苯 $C_6H_5CH_3$（A）-苯 $C_6H_6$（B）系统为例，在 $p=101.325$kPa 下，根据混合物沸点 $T$ 与液相组成 $x_B$ 及气相组成 $y_B$ 的数据绘制成 $T$-$x_B$（$y_B$）图，见图 4-5。图中 $T_A$ 及 $T_B$ 分别为甲苯（A）及苯（B）的沸点。由于苯比甲苯容易挥发，因此甲苯较苯有较高的沸点。图中上边一条曲线 $V$ 代表溶液的沸点与蒸气相组成的关系，称气相线，又称露点线（一定组成的气体冷却到达线上温度时即开始凝结，好像产生露水一样）。下边的一条曲线 $L$，代表溶液的沸点与液相组成的关系，称液相线，又称泡点线（一定组成的溶液加热到达线上温度时即沸腾起来）。气相线以上为气相区，在此区域中只有蒸气相存在；液相线以下为液相区，在此区域只有液相存在。两线中间为气液两

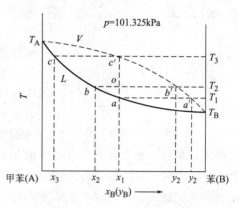

图 4-5　甲苯 $C_6H_5CH_3$（A）-苯 $C_6H_6$（B）系统的沸点-组成图

相平衡共存区域。如将组成为 $x_1$ 的溶液，在 101.325kPa 下加热，当温度达 $T_1$ 时，体系状态在 $a$ 点处，溶液开始沸腾，这时平衡蒸气的组成为 $a'$ 处（气相含苯为 $y_1$）；温度升高到 $T_2$ 时，体系状态在 $o$ 点处，经 $o$ 点作横坐标的平行线，交 $L$ 线于 $b$ 点，交 $V$ 线于 $b'$ 点，则液相含苯为 $x_2$，蒸气相含苯为 $y_2$。可见，溶液相的苯越来越少，而蒸气相的苯越来越多。温度升高到 $T_3$ 时，最后剩下的一点点溶液其组成在 $c$ 处（液相含苯为 $x_3$）。

溶液与单组分不同，单组分的沸点在固定的压力下是恒定的，而溶液的沸点在固定的压力下不是恒定的，它是一个温度区间，如上面所讨论的组成为 $x_1$ 的溶液，其沸点温度区间为 $T_1 \sim T_3$。

## *第四节　蒸馏（或分馏）原理

将溶液加热沸腾，液体便不断地变成蒸气，同时将蒸气冷凝，这样的过程称为蒸馏。蒸气冷凝液称馏出液，剩余的溶液称残液。利用液体混合物中各组分挥发性的不同，通过蒸馏可以把液体混合物中的组分粗略地分开。根据拉乌尔定律，馏出液中含易挥发性的组分较多，含难挥发性的组分较少，而残液中含难挥发性的组分较多，含易挥发的组分较少。若把馏出液再进行蒸馏，又产生蒸气，再将蒸气冷凝，这样反复地把馏出液不断冷凝分离和冷凝后再蒸馏的过程，称为分馏（也称精馏），通过分馏可以不断地从馏出液中得到纯的易挥发的组分，而难挥发的组分则留在残液中。

分馏操作一般在常压下进行，可用沸点-组成图来描述分馏的过程，如图 4-6 所示，由 A、B 二组分组成的溶液，其中 B 较 A 易挥发。将组成为 $x$ 的这种溶液在恒压下加热，当加热到 $T_1$ 时，体系状态到 $s_1$ 点，分为两相，气相 $g_1$ 点的组成为 $y_1$，液相 $l_1$ 点的组成为 $x_1$；将气相冷凝，而液相继续加热到 $T_2$ 时，体系状态到 $s_2$ 点，又分为两相，气相 $g_2$ 点的组成为 $y_2$，液相 $l_2$ 点的组成为 $x_2$；又将气相冷凝，液相继续加热到 $T_3$ 时，体系状态到 $s_3$ 点，

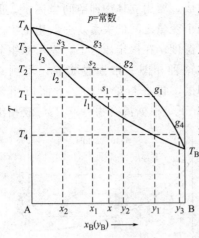

图 4-6 分馏过程示意

此时气相 $I_3$ 点含 B 组分就很少了。液相 $I_3$ 再继续加热下去，最后残液中便是纯 A 组分，沸点是 $T_A$。把每次冷凝后得到的馏出液再加热，又可分为液相和气相，再将气相冷凝，又得到馏出液。这样进行下去，在温度为 $T_4$ 时，气相在 $g_4$ 点的组成为 $y_3$，这时气相中含 B 组分已经很多，显然馏出液中 B 组分也就很多，最后得到纯 B 组分。

从图中可见，残液的沸点随 A 组分相对含量的增加而提高，馏出液的沸点随 B 组分相对含量的增加而降低。

工业上这种反复的部分汽化与部分冷凝是在精馏塔中进行的。塔内装有许多塔板，塔底装有加热器，塔顶装有冷凝器。操作时，将需要分离的混合物（或溶液）不断从塔的中部加入，蒸气由下向上流动，液体由上向下流动。在每一块塔板上都进行着液相的部分蒸发和气相的部分冷凝。越向上，蒸气 B 的含量越大，由塔顶冷凝气出来的液体几乎是纯 B；越向下，液体中 B 组分的含量越小，而 A 组分的含量越大，由塔底出来的液体几乎是纯 A。实际上，精馏相当于重复简单蒸馏若干次的效果。许多液态混合物就是用这种方法分离成纯组分的。

精馏广泛应用于化工、石油、冶金等工业。如提取石油产品（汽油、煤油等），分离或提纯金属及其化合物等。

## *第五节 表面现象

表面现象（实际上是指界面现象）是生产和日常生活中常见的一种现象。例如水滴、汞滴会自动呈球形，肥皂水易起泡，人体对脂肪的吸收，石油、油漆、橡胶、塑料及食品的加工，化妆品的调配，洗涤剂的发泡、去污，固体表面能吸附其他物质。产生这些现象的原因与物质表面层分子具有特殊性质密切相关。

### 一、表面张力

在多相系统中，两相共存必然有界面。可见，界面是体系不均匀性的结果。通常界面有气-液、气-固、液-液、固-液和固-固五种类型。习惯上气-液、气-固的界面称为液体或固体的表面。

以液体及其蒸气组成的体系为例。如图 4-7 所示，液体表面层分子和内部分子的处境不同。在液体内部，任何一个分子受到周围邻近相同分子的作用力是对称的，各个方向的力彼此抵消，所受的合力为零。而处在表面的分子则不同，受液体内部分子对它的吸引力大于外部气体分子对它的吸引力，所受的合力就不等于零。表面层的分子受到向内的拉力，从而使液体表面都有自动缩小的趋势，这就是水滴、汞滴呈现球形的原因。如果把液体内部分子移到界面，就必须克服向内的引力而做功，这种功称为表面功。液体表面存在的这种使表面积缩到最小的收缩力，称为表面张力。

表面张力是物质的特性，在一定浓度和压力下，多相系统表面张力越大，系统越不稳定，有自发减低表面张力的趋势。一是缩小物体的表面积，如水滴、汞滴能

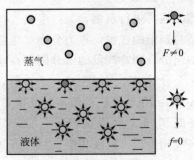

图 4-7 液体分子受力情况

自动分散成球形小液滴；二是自发吸附周围介质中能降低其表面张力的其他物质粒子进入表面层，使表面粒子的浓度大于内部粒子的浓度，以降低表面张力。

表面张力与物质的性质，即分子间的作用力有关。分子间的作用力越大，表面张力也越大。一般来说，固体物质的表面张力大于液态物质的表面张力；极性物质的表面张力大于非极性物质的表面张力；处于相同聚集状态下，金属键物质的表面张力大于离子键物质的表面张力，其次为极性物质，最小的是非极性物质。

温度升高时一般液体的表面张力都减小。因为升高温度时，引起物质膨胀，分子间引力减小，所以表面张力减小。当然，也有"反常"现象，如金属镉、铁和铜及其合金等，它们的表面张力却随温度的升高而增大。此外，物质的表面张力与和它相接触的另一相的物质的性质有关。

一般的体系，表面积不大，表面层分子数与相内部分子数相比微不足道，因而，表面性质对体系的影响很小。但是，当体系的分散程度增加时（例如大块物料粉碎成小颗粒，表面积将大大增加），表面性质对体系的影响就十分显著。例如，在化工生产中，原料的分散度直接影响化学反应速率和产品的质量。为了增加其分散度，常加入助磨剂，这样就能降低颗粒表面张力，颗粒之间不聚结。

## 二、表面活性剂

能降低溶液表面张力的物质称为表面活性剂。表面活性剂分子是由具有亲水性的极性基团和具有憎水性的非极性基团所组成的有机物，如图 4-8 所示。它的非极性憎水基团一般是 8~18 个碳的直链烃，因此表面活性剂都是两亲分子。吸附在水表面时采用极性基团向着水、非极性基团脱离水的表面定向排列。这种排列，使表面上不饱和的力场得到某种程度上的平衡，从而降低了表面张力。

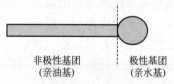

图 4-8　表面活性剂的分子结构

表面活性剂有很多种分类方法，当表面活性剂溶于水后，凡能电离生成离子的，称为离子型表面活性剂；不能电离的称为非离子型表面活性剂。在离子型活性剂中，还可按离子的性质分，若活性基团为阳离子，称为阳离子型表面活性剂；若活性基团为阴离子，则称为阴离子型表面活性剂；若活性基团具有两性，则称为两性型表面活性剂。

阴离子型表面活性剂是由有机憎水基和阴离子亲水基组成。它们具有良好的乳化性和起泡性，是优良的洗涤剂，如十二烷基硫酸钠（$C_{12}H_{25}SO_3Na$），具有良好的乳化、发泡、渗透、去污和分散性能。泡沫丰富，生物降解快，广泛用于牙膏、香波、洗发膏、洗发香波、洗衣粉、洗液、化妆品以及制药、造纸、建材、化工等行业。

阳离子型表面活性剂是由有机憎水基和阳离子亲水基组成。阳离子表面活性剂比阴离子表面活性剂性能更为优良，用途广泛，如十二烷基二甲基苄基氯化铵（商品名叫洁尔灭），具有较强的杀菌消毒能力，且无毒，无腐蚀性，不刺激皮肤，医药上常用于外科手术前皮肤、器械等的消毒。

两性型表面活性剂的亲水基是由阴离子和阳离子以内盐的形式构成的。这类表面活性剂腐蚀性小，去污强，抗静电性好，是一类高级表面活性剂，还可以配制化妆品。

非离子型表面活性剂是以连接在有机憎水基链上的羟基（—OH）或以醚键（—O—）结合的表面活性剂，主要有多元醇类和聚氧乙烯类等。聚氧乙烯类表面活性剂耐酸、耐碱，可以和阳离子或阴离子表面活性剂配合使用。

表面活性剂现在广泛应用于石油、纺织、农药、采矿、食品、洗涤剂等各个领域。

### 三、吸附现象

**【演示实验 4-1】** 在一充满溴蒸气的玻璃中放入活性炭，观察现象。红棕色的溴蒸气逐渐消失。表明溴分子被吸引到活性炭表面上来。

许多实验证实，固体在不同程度上具有将周围介质内的分子、原子或离子吸引到自己表面上来的能力。这种在一定条件下，气体或溶液中的某组分自动地附着在固体表面上的现象，或者在任意两相之间的界面层中某物质的浓度能自动地发生变化的现象，都称为吸附。具有吸附能力的物质，称为吸附剂，被吸附的物质称为吸附质。如活性炭吸附溴分子时，活性炭为吸附剂，溴是吸附质。固体吸附剂的分散程度越高，比表面积越大，吸附作用越强。因此常用的吸附剂是一些多孔性的或颗粒很细的物质。如活性炭、硅胶、矾土、高岭土等。

吸附作用可以发生在各种不同的界面上，如气-固、液-固、气-液、液-液等界面。

吸附作用在生产和科研上有着广泛的应用。例如在制糖工业中，用活性炭吸附糖液中的杂质，使之脱色；在湖南长沙马王堆一号汉墓里就是用木炭来吸湿、吸臭的；防毒面具中使用活性炭除去有毒气体；用硅胶吸附空气中的水气使之干燥；应用某些分子筛优先吸附氮的性质，从而提高空气中氧的浓度；利用吸附作用可回收少量的稀有金属，对混合物进行分离、提纯，处理污水，净化空气，精炼石油和植物油等；在催化领域中研究固体催化剂表面的吸附作用，对工农业生产和国民经济也具有深远的意义。

根据表面分子吸附力的不同可将吸附作用分为物理吸附和化学吸附两种类型。物理吸附主要是吸附剂与吸附质之间的分子间力（范德华力）而引起的。物理吸附无选择性，放热很少，是多层吸附。一般在低温下进行的吸附主要是物理吸附；化学吸附主要是吸附剂吸附质之间有电子转移，形成化学键而引起的。化学吸附放出的热很大，与化学反应接近；由于化学吸附生成化学键，因而只能是单分子层吸附。化学吸附随温度升高而增加。

## 本 章 小 结

(1) 理想气体

① 理想气体状态方程　理想气体是一种假想气体，这种气体的分子之间没有吸引力，分子本身不占体积。对于处于低压、高温下的实际气体来说，分子间距离很大，相互之间的作用力极为微弱，分子本身大小相对于整个气体的体积可以忽略。因此，可以近似地看成理想气体。

理想气体状态方程为：$pV=nRT$。式中 $R$ 为通用气体常数，其数值为 $8.314 \text{J} \cdot \text{mol}^{-1} \cdot \text{K}^{-1}$。在应用该式进行计算时，有关物理量的单位必须采用 SI 制，这样才不会出错。

② 混合气体定律

道尔顿分压定律用于计算混合气体的总压和各组分气体的分压。它有两种数学表达式：

(a) $p=p_1+p_2+p_3+\cdots+p_i=\sum p_i$ 即混合气体的总压等于各组分气体的分压之和；

(b) $p_i=y_i p$ 即混合气体内各组分气体的分压等于混合气体的总压与该组分气体摩尔分数的乘积。

在涉及混合气体的有关计算时，应该认识到，它们仍遵循理想气体状态方程。

(2) 液体和溶液

① 饱和蒸气压（简称蒸气压）　当液体的蒸发和气体的冷凝达到动态平衡时，蒸气所具有的压力称为饱和蒸气压。各种物质蒸气压不同，而且在不同温度下，有不同的值，且随温度升高而增大。

② 沸点  液体的蒸气压等于外界压力时的温度称为液体的沸点。当液体所受外压不同时，沸点也随之变化。

③ 溶解度  两种或两种以上物质以分子或离子状态均匀地分散于另一种物质所得到的均匀的、稳定的体系称溶液。溶液的组成有多种表示方法，根据需要，应会予以换算。本节着重研究的是气体、液体或固体溶质溶解于液体溶剂中的液态溶液。固体的溶解度是指在一定温度下，在100g水中溶解溶质的最多克数。气体的溶解度指在一定的温度和压力下，1体积溶剂中所能溶解气体的体积数。

④ 拉乌尔定律和亨利定律  拉乌尔定律数学表达式为：

$$p_A = p_A^* \cdot x_A$$

亨利定律数学表达式为：$p_B = kx_B$

二定律的数学表达式外形极为相似，但前者是稀溶液中溶剂的蒸气压与溶剂在溶液中的摩尔分数成正比关系；而后者是稀溶液中挥发性溶质的平衡分压与溶质在溶液中的摩尔分数成正比关系。拉乌尔定律中的常数 $p_A^*$ 只与溶剂的性质、温度有关，而亨利定律中的常数 $k$ 既与溶剂的性质、温度有关，还与溶质的性质有关。

(3) 相、相平衡和相图

① 相和相平衡  物质的气、液、固三种聚集状态在一定条件下可以发生状态变化。系统内部具有完全相同的物理性质和化学组成的均匀部分称为相。在不同的相之间，有着明显的界面。物质从一个相转到另一个相的过程，称为相变过程。

如果有两个以上的相共存，当各相的组成和数量不随时间而改变，可认为这些相之间已达到平衡，称为相平衡。

② 相图  将相平衡时温度、压力之间的关系用图形来表示，这种图就称为相图。它表示温度、压力与物质状态之间的关系。一种纯物质完整的相图具有线（气固、液固、气液平衡曲线）、点（三相点、临界点）、面（固相区、液相区和气相区）三个特征。为方便起见，用相图表示二组分体系时，往往指定一个变量恒定不变，观察其他两个变量之间的关系。一般化工生产都是在恒定压力下进行，从而影响相平衡的外界条件只有温度。在恒定压力下，表示双组分溶液沸点与组成关系的相图，称沸点-组成（$T$-$x$）图。

*(4) 蒸馏（分馏）原理

将溶液加热沸腾，液体便不断地变成蒸气，同时将蒸气冷凝，这样的过程称为蒸馏。根据拉乌尔定律，馏出液中含易挥发性的组分较多，含难挥发性的组分较少，而残液中含难挥发性的组分较多，含易挥发的组分较少。若把馏出液再进行蒸馏，又产生蒸气，再将蒸气冷凝，这样反复地把馏出液不断冷凝分离和冷凝后再蒸馏的过程，称为分馏（也称精馏），通过分馏可以不断地从馏出液中得到纯的易挥发的组分，而难挥发的组分则留在残液中。

*(5) 表面现象

表面现象是生产和日常生活中常见的一种现象。表面的特殊现象表现在液体可以自动收缩以及固体的吸附性质。

① 表面张力  表面张力是指液体表面存在的一种使表面积缩到最小的收缩力。物质表面张力的大小与它的性质、温度以及与和它相接触的另一相的物质的性质有关。

② 表面活性剂  能降低溶液表面张力的物质称为表面活性剂，表面活性剂分子是由具有亲水性的极性基团和具有憎水性的非极性基团所组成的有机物。

表面活性剂可分为阴离子型表面活性剂、阳离子型表面活性剂、两性型表面活性剂和非离子型表面活性剂等类型。

③ 吸附现象 在一定条件下,气体或溶液中的某组分自动地附着在固体表面上的现象,或者在任意两相之间的界面层中某物质的浓度能自动地发生变化的现象,都称为吸附。具有吸附能力的物质,称为吸附剂,被吸附的物质称为吸附质。

根据表面分子吸附力的不同可将吸附作用分为物理吸附和化学吸附两种类型。

吸附作用在生产和科研上有着广泛的应用。

## 思 考 与 练 习

1. 填空题

(1) 理想气体是指_____。实际气体处于_____时可作为理想气体看待。

(2) _____称理想气体状态方程。式中____称通用气体常数,其值为_____。

(3) 分压是指混合气体中某组分气体单独存在,且处于和混合气体相同_____和相同_____时的_____。

(4) 道尔顿分压定律的数学表达式为_____和_____。

(5) 蒸气压是指_____。不同的物质有_____的蒸气压。蒸气压_____的称易挥发物质;蒸气压_____的称难挥发物质;蒸气压是随温度的升高而_____。

(6) 溶液是_____。_____称溶质;_____称溶剂。

(7) _____称沸点。当外压力增大时,液体的沸点会_____。西藏高原上水沸腾时_____100℃。

(8) 溶解度是_____。

(9) 气体溶解度一般随温度升高而_____,随压力增大而_____。

(10) 相是指_____。相图是_____。

(11) _____称为表面活性剂,它可分为_____等类型。

(12) 吸附是_____。它可分为_____吸附和_____吸附两种。_____吸附剂;_____称吸附质。

2. 计算题

(1) 用理想气体状态方程计算4g甲烷($CH_4$)气体在27℃,$2.53×10^5$ Pa下所占有的体积。

(2) 有一高压钢瓶,容积为30L,能承受$2.00×10^7$ Pa的压力,那么,在293K时,最多可注入多少千克氧气才不会发生危险?

(3) 某气体在25℃,$9.576×10^5$ Pa压力下所占的体积为$2×10^{-3}$ m³,那么它在标准状况下(0℃,101kPa)体积应是多少?

(4) 在体积为$5×10^{-2}$ m³容器中有140g CO和20g $H_2$的混合气体。当温度为27℃时,①计算混合气体中每种气体的摩尔分数;②混合气体的总压;③CO和$H_2$的分压(可视为理想气体)。

(5) 某混合气体中含有0.15g $H_2$、0.7g $N_2$及0.34g $NH_3$。计算在100kPa压力下,$H_2$、$N_2$、$NH_3$各气体的分压力。若温度为21℃时,该混合气体的体积为多少?

(6) 一个 2.8L 的容器中有 0.174g 氢气和 0.344g 氧气，求容器中各气体的摩尔分数以及 0℃ 时，各气体的分压和混合气体的总压。

(7) 吹炉炉气中含有氧气的摩尔分数为 0.05，炉气温度为 780℃，压力为 $1.03 \times 10^5$Pa，问 $1m^3$ 的烟气中含有氧气的物质的量为多少？

(8) NaCl 在 20℃ 时溶解度为 36.0g，该溶液的密度为 $1.24g \cdot mL^{-1}$，求 20℃ 时 NaCl 饱和溶液的物质的量浓度。

(9) 在 30℃，112.5g $KNO_3$ 饱和溶液中含 $KNO_3$ 35.34g，试计算 30℃ 时 $KNO_3$ 的溶解度。如将该溶液冷却到 0℃，可析出多少克 $KNO_3$ 晶体（已知 0℃ 时 $KNO_3$ 溶解度为 13.3g）？

(10) 将 5g 尿素（相对分子质量为 60）溶于 100g 水中，已知水在 298K 时的蒸气压为 $3.174 \times 10^3$Pa，求此温度时溶液的蒸气压。

(11) 求在 323K 时，15.6g 的水与 16.8g 蔗糖形成的水溶液的蒸气压（蔗糖化学式为 $C_{12}H_{22}O_{11}$）。

(12) 298K 时，当 158.04g 甘露醇溶于 100g 水中，水的蒸气压降低到 2.3kPa 时，计算甘露醇的相对分子质量。

(13) 293K 时，空气中氧的分压为 $8.1060 \times 10^4$Pa，已知亨利常数 $k_{O_2}$ 为 $4.15 \times 10^9$Pa，$k_{N_2}$ 为 $8.4 \times 10^9$Pa，试求溶解在水中的氧气和氮气的物质的量。

(14) 293K 时，乙烯溶于水的亨利常数 $k = 1.03 \times 10^9$Pa，试计算 293K 和乙烯压力为 $2.0265 \times 10^5$Pa 时，1kg 水中溶解乙烯的物质的量。

(15) 298K 时，CO 溶于水的亨利常数 $k = 5.786 \times 10^9$Pa，试计算 298K 时，CO 在压力为 $2.026 \times 10^5$Pa 时，1kg 水中溶解的 CO 的质量。

3. 问答题

某物质的相图见右图（$D$ 为临界点），回答下列问题：

(1) $A$、$B$、$E$、$F$、$H$ 点物质的相；

(2) 从 $A$ 点出发，经过恒压加热，物质所发生的相变化；

(3) 从 $H$ 点出发，经过恒温减压，物质所发生的相变化；

(4) 在 $F$ 点加热，如仍保持气液平衡，应该怎样改变压力？

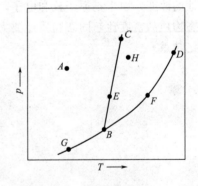

某物质相图

【阅读材料】

## 物质的其他聚集状态

物质除了以气态、液态和固态三种聚集状态存在以外，还有其他的聚集状态，如等离子体、超固态和中子态。

将冰加热到一定程度，它就会变成液态的水，如果继续升高温度，液态的水就会变成气态，如果继续升高温度到几千度以上，气体的原子就会抛掉身上的电子，发生气体的电离化现象，产生由大量的带电粒子（离子、电子）和中性粒子（原子、分子）所组成的体系，因其中正电荷总数等于负电荷总数，物理学家把这种电离化的气体就叫做等离子态。

在我们日常生活中就遇到过等离子体。如美丽的极光、大气的闪光放电是由于形成的等离子体在发光；在日光灯和霓虹灯的灯管里，在炫目的白炽电弧里，是氖或氩的等离子体在发光。太阳是一个灼热的等离子体，地球大气上层受太阳的辐射的作用，也是由等离子体组成，该上层大气称为电离层，远距离无线电通讯就要依靠这个电离层。

等离子体的有些规律与气体类似，如密度很小，当温度很高时，它与理想气体相似。但等离子体又不同于气态物质，表现在它可以导电，且在磁场的作用下，等离子体的粒子可以作有规律的运动，它们的运动可以被磁场控制，等离子体还具有很活泼的性质，易于参加各种化学反应等等。并不是任何电离气体都是等离子体，只有当电离程度大到使带电粒子密度达到所产生的空间电荷足以限制自身运动时，系统才转变成等离子体。由于等离子体的这些特性，使我们有可能为等离子体寻找新的用途。例如，采用等离子体技术将为人们提供大量的新材料和新的测试手段。

除了等离子态外，科学家还发现了超固态和中子态。宇宙中存在一颗白矮星，它的密度很大，大约是水的3600万到几亿倍。一立方厘米白矮星上的物质就有$100\sim 200$kg重，这是怎么回事呢？原来，普通物质内部的原子与原子之间有很大的空隙，但是在白矮星里面，压力和温度都很大，在几百万个大气压的压力下，不但原子之间的空隙被压缩了，就是原子外围的电子层也被压缩了。所有的原子核和原子都紧紧地挤在一起，物质里面不再有什么空隙，因此物质就特别重，这样的物质就是超固态。科学家推测，不但白矮星内部充满了超固态物质，在地球中心一定也存在着超固态物质。

假如在超固态物质上再加上巨大的压力，原子核只好被迫解散，从里面放出质子和中子。放出的质子在极大的压力下会跟电子结合成中子。这样一来，物质的结构就发生了根本性的改变，原来是原子核和电子，现在都变成了中子。这样的状态就叫做"中子态"。中子态物质的密度比超固态物质还要大10多万倍，一个火柴盒那么大的中子态物质，就有约30亿吨重。

# 第五章 化学热力学初步

【学习目标】
　　了解热力学基本概念；理解热力学第一定律及其应用；了解焓、标准摩尔生成焓和标准摩尔燃烧焓等基本概念；了解熵的定义和表示；了解热力学第二定律的表述和意义；了解吉氏函数的意义；了解吉氏函数与平衡常数的关系。

　　化工生产中有各种各样的物理变化和化学变化，如物质的加热和冷却，压缩和膨胀，蒸发和冷凝，以及化学反应等。当物质发生这些变化时，伴随着能量交换。比如，要使物质温度升高，就需要加热；要使压力增加，就需要加入机械功；随着化学反应的进行，也要吸收或放出热量。上述变化中进行的各种能量交换，本质上是能的一种形式与另一种形式的转换。

　　热力学就是研究物理变化和化学变化时能量相互转换过程所应遵循的规律的科学。

　　热力学的基础主要是建立在热力学第一定律和热力学第二定律上。这两个定律是人类经验的总结。它的正确性是经无数实验事实考证而得到确认的，有着牢固的实验基础。它们组成了一个完整的热力学体系。将热力学的基本原理应用于化学变化以及和化学变化有关的物理变化，则形成了热力学的一个重要分支——化学热力学。

　　化学热力学主要解决化学反应中的两个问题。一是化学反应中能量转换了多少，这可以由热力学第一定律解决。二是化学反应在给定条件下朝什么方向进行，在什么情况下反应达到平衡，这可由热力学第二定律解决。这些问题的解决，对化工生产起着巨大的推动作用。

## 第一节　基本概念和术语

### 一、系统和环境

　　用热力学方法研究问题，对研究对象要先确定其范围和界限。这时，可以把某一部分物体人为地与其余部分划分开，作为我们研究的重点。被划分出来作为我们研究对象的这部分物体或空间，就称为系统（也称物系、系统或系）。与系统有密切联系的其余部分称为环境（也称为外界）。例如研究冰和水间的相互转化时，可以将水和冰作为研究的对象，即系统，周围的空气和容器便是环境。

　　系统与环境并不是固定不变的，而是随我们研究的对象或研究问题的方便来确定的。系统与环境之间，一定有一个边界，这个边界可以是实在的物理界面，也可以是虚构的界面。例如，一瓶气体，当我们只研究其中气体的性质时，可以把气体划分出来作为系统，而瓶子及瓶子以外的其他物质就是环境，若瓶中装的气体是氧气和氢气，而我们只研究氢气时，则氢气就是系统，而氧气和瓶子以及瓶子外的其他物质就成为了环境。气体与瓶子之间有物理界面，而氧气和氢气之间就没有明显的物理界面。

　　系统与环境间往往要进行物质和能量的交换。按交换情况的不同，可以将系统分为以下三种类型。

① 敞开系统　系统与环境之间，既有物质交换，又有能量交换；

② 封闭系统　系统和环境之间只有能量交换，而没有物质交换；

③ 隔离系统（或称孤立系统）系统和环境之间既没有物质交换，也没有能量交换。

例如在一个敞口的广口瓶中盛热水，以热水为系统，热水即为一个敞开系统，因为热水和较冷的外界既有热量的交换，又有热的水汽蒸发和外界空气的溶解，这之中既有物质交换又有能量交换。如果在广口瓶上盖上瓶塞，以这个广口瓶为系统，瓶内外只有热量交换，而无物质的交换，成为一个封闭的系统。如将上述广口瓶换为带盖的保温性能良好的保温瓶，这样瓶内外既无物质交换又无热量交换，整个保温瓶构成一个隔离系统了。

### 二、系统的性质

在热力学中，系统的性质是指系统的一系列宏观性质，如质量、温度、压力、体积、密度、折光率等。系统的性质可以分为两类。

① 强度性质　其数值与系统中物质数量无关，仅由系统本身的特性所决定。这种性质不具有加和性，即整个系统的这种性质与系统中各部分该种性质相同。例如，两杯100℃的水混合后，温度仍然是100℃，而不会是200℃，所以温度是系统的强度性质。和温度一样，像压力、密度等都是强度性质。

② 广度性质（或称容量性质）　其数值与系统中物质的数量成正比。这种性质在一定的条件下具有加和性，即整个系统的这种性质是系统中各部分该种性质的总和。例如两杯水混合后的总体积，为原来两杯水的体积之和，所以体积是系统的广度性质。此外，和体积一样，质量以及以后学到的热力学能、焓、熵等都是系统的广度性质。

### 三、状态和状态函数

在热力学中，描述一个系统，必须确定它的一系列的性质，如质量、温度、压力、体积、密度、组成等。这些物理性质和化学性质的综合表现就是系统的状态。例如，理想气体的状态，通常可用 $p$、$V$、$T$ 和 $n$ 四个物理量来描述。当系统的这些性质确定时，可以说系统处在一定的状态。当系统的状态确定后，系统的性质也就有了确定的数值。若系统的某个性质发生改变时，系统的状态也要发生变化。可见，决定系统状态的这些性质对系统的状态有依从关系，用数学语言来讲是函数关系，所以把系统的这些性质称为状态函数。如系统的温度、压力、体积、密度和物质的量等都是系统的状态函数。一个状态函数就是一个系统的一种性质。下面介绍状态函数的一些特征。

① 状态函数的数值只由系统当时所处的状态决定，而与系统过去经历如何无关，如在 $1\times10^5$ Pa下，25℃的水，只能说明系统水处于25℃，但不知道，也不必知道这25℃的水是由100℃冷却而来的，还是0℃加热而来的。

② 系统的状态发生改变时，状态函数的改变量只与它在始态（即开始状态）和终态（即改变后的状态）的量值有关，而与系统的始态过渡到终态所采取的方法、步骤无关。例如将一杯水由25℃（始态）变为60℃（终态），水温的变化 $\Delta T=60℃-25℃=35℃$。至于如何变的，是将水直接由25℃加热到60℃，还是将水先从25℃加热到90℃，再冷却到60℃；25℃到60℃，是由电炉加热，还是用酒精灯加热，都无关紧要，温度的变化（$\Delta T$）将不因具体过程而异，而只取决于始态和终态。状态函数的这个特征对解决实际问题非常有用，这也是热力学研究的一个主要方法。

③ 系统经过了一个循环之后，又回到原来状态时，它的状态函数变化值为零。

上述状态函数的特征可用四句话来概括：殊途同归，值变相等，周而复始，数值还原。

同时，我们还应当看到，系统状态函数之间彼此是相互关联、相互制约的。如果系统的某一个状态函数发生变化，那么，其他状态函数也会发生相应的变化。可见，要确定一个系统的状态函数，并不需要事先确定所有的状态函数。通常只要确定其中的几个状态函数，其余的状态函数也就随之而定了。例如理想气体的物质的量、温度、压力确定之后，根据 $pV=nRT$，其体积也就随之而定。

## 四、过程和途径

当外界条件改变时，系统的状态就会发生变化，这种变化的经过称为过程。在封闭系统中，常见的过程有如下。

① 恒温过程　由始态到终态过程中，系统的温度保持不变，并等于环境的温度。

② 恒压过程　由始态到终态过程中，系统的压力保持不变，并等于环境的压力。

③ 恒容过程　由始态到终态的过程中，系统的体积保持不变。

④ 绝热过程　由始态到终态过程中，系统与环境没有热量的交换。

⑤ 循环过程　系统的状态经过一系列变化之后，又恢复到最初的状态。

⑥ 可逆过程　这是一种在无限接近于平衡条件下进行的过程。可逆过程中，系统发生微小的变化，过程的进行是极其缓慢的，过程进行的时间是无限长的，是一连串的平衡状态；可逆过程是可以反向的，系统回到原来状态后，完全和当初状态一样，周围的环境也没有任何变化。而如果一个状态发生后，要想使系统回到原来的状态时，必然给环境留下一个痕迹（环境白白失去一部分永远弥补不了的能量），这样的过程称为不可逆过程。例如一个物体从高处自由下落时，它的势能下降并逐渐转化成动能，最后和地面相撞击变成了热能，慢慢消散在周围的大气中，若要想让这个物体从地面再恢复到原来的位置时，环境必须给它一定的能量，否则是不会自动上去的，这样，环境就白白失去了一部分能量。

系统由某一始态变到另一终态，可以经由不同的方式。这种由同一始态变到同一终态的不同方式就称为不同的途径。因此可以说系统状态变化的具体方式称为途径。例如一系统由始态（298K，$1\times10^5$Pa）变到终态（373K，$5\times10^5$Pa），可采取两种途径：途径Ⅰ先经过恒压过程，再经过恒温过程；途径Ⅱ先经过恒温过程，再经过恒压过程（见图5-1）。尽管两种途径是不同的，系统状态函数变化的数值却是相同的。

## 五、热力学能

若一个系统处于某种状态，描述状态的物理性质和化学性质（如温度、压力、体积、组成等），都有固定不变的数值，那么，这种状态称为系统的平衡状态。仿佛一切都"静止"了，当然这只是客观的静止状态，实际上物质内部的分子、原子、电子等，仍在不断地运动着，因此处于宏观静止状态的物质，仍具有一定的能量，这种能量称为热力学能。热力学能包括系统内分子运动的动能、分子间相互作用的势能以及分子内部各种粒子（原子、电子、原子核）及其相互作用的能量，所以说热力学能是系统内部各种能量的总和，它具有广度性质。

热力学能是系统一个状态函数，用符号 $U$ 表示，单位用焦耳（J）或千焦（kJ）。如果用 $U_1$ 代表系统在始态时的热力学能，$U_2$ 代表系统在终态时的热力学能，则系统由始态变化到终态，其热力学能的变化可表示为：

$$\Delta U = U_2 - U_1$$

若系统的热力学能增大，则 $\Delta U>0$，为正值；

图 5-1　不同途径示意

若系统的热力学能减少，则 $\Delta U<0$，为负值。

热力学能的绝对值现在还无法测定，这是因为人们对于系统内部各种粒子的运动形式及相互作用的复杂性的认识还有待于继续不断深入讨论的缘故。但是，这一困难对解决热力学的实际问题并无妨碍。在实际应用中，热力学所感兴趣的并不是系统热力学能的绝对值，而是该系统在变化过程中吸收或释放了多少能量，即系统热力学能的变化值（$\Delta U$）。当然，其变化值可用实验测定得到。

对于理想气体来说，由于不存在分子间的作用力，因而凡与分子间作用力相关的压力和体积不影响热力学能，也就是说，对一定量的理想气体，其热力学能仅仅是温度的函数，其 $\Delta U$ 的改变值只和温度变化有关。当理想气体发生状态变化，若始态和终态的温度相同时，其内能不发生变化，即 $\Delta U=0$。

### 六、热和功

热和功是系统状态发生变化时，系统与环境交换能量的两种不同形式。

1. 热

热是系统发生状态变化时，由于系统和环境的温度不同引起的能量交换，称为热（或热量）。例如两个不同温度的导热体相互接触时，高温度的导热体温度下降，低温度的导热体温度上升。这表明两种导热体之间有能量交换，这个能量的交换是由温度差引起的。因此说，只有在系统与环境之间能够以热的形式交换能量时，才有热的存在。一个孤立的系统与环境没有能量交换，即使系统内部发生了变化，比如发生了化学反应，因而引起了自身温度变化，这个系统和环境之间也没有热存在。在热力学中，热的概念是指系统在状态变化过程中，与环境交换的能量，它与通常用的"冷""热"是有原则区别的。

实验测知，系统在始、终态相同时，不同的变化途径，系统与环境交换的热不同，这表明，热的数值与系统变化的途径有关，因此热不是状态函数。

热用符号 $Q$ 表示，单位是焦耳（J）或千焦（kJ），在热力学中，把系统从环境吸收的热规定为正值，$Q>0$；把系统释放给环境的热规定为负值，$Q<0$。

2. 功

在热力学中，除热以外，其他形式的能量交换都叫做功。功不是由于温度差而引起的系统与环境之间的能量交换，而是其他原因引起的。功的种类很多，例如气体在恒压下膨胀或压缩，产生体积功（也称膨胀功）；物体下落，做了重力功；当克服液体的表面张力而使表面积发生变化时，就对系统做了表面功；电池在电动势作用下传递电荷，就做了电功。习惯上，把除体积功外的其他形式的功，称为非体积功。功的符号为 $W$，单位是焦耳或焦（J）。热力学规定：当系统对环境做功，为负值，$W<0$；当环境对系统做功，为正值，$W>0$。

功既然是能量的一种传递形式，所以不是系统的性质，而是与系统所进行的过程相联系着，系统的状态不发生变化，就没有功，因而功也不是状态函数。

本章中仅涉及体积功。体积功是伴随系统体积变化而产生的。设某气体系统发生变化时，环境对系统施加的压力为 $p_{外}$，气体体积的增加量为 $\Delta V$，则

$$体积功\ W=-p_{外}\Delta V \tag{5-1}$$

式(5-1)中的负号是人为加进去的，这样，当气体膨胀时，$\Delta V>0$，$W<0$，表示系统对环境做功（即系统做功）；当气体系统被压缩时，$\Delta V<0$，$W>0$，表示环境对系统做功（即系统得功），从而正好与功的正负规定相一致。式中各物理量采用 SI 制单位，即 $W$：J；$p$：Pa；$V$：m$^3$。

式(5-1)是在恒定外压下系统所作的体积功的计算公式，如果系统向真空膨胀时，

$p_{外}=0$，则 $W=0$，表明气体向真空膨胀时不做功。

**【例 5-1】** 某系统中的气体在恒定的 $3×10^6$ Pa 外压下膨胀，体积变化为 1.2L，计算系统做的功。又若向真空膨胀，体积变化仍为 1.2L，系统所做的功又是多少？

**解** 已知 $p_{外1}=3×10^6$ Pa，$\Delta V=1.2L=1.2×10^{-3} m^3$，$p_{外2}=0$

根据式(5-1)
$$W_1=-p_{外1}\Delta V$$
$$=-3×10^6×1.2×10^{-3}$$
$$=-3.6×10^3 \text{ (J)}$$

$W$ 为负值，表示系统对环境做 $3.6×10^3$ J 的功。
$$W_2=-p_{外2}\Delta V$$
$$=-0×1.2×10^{-3}$$
$$=0$$

系统向真空膨胀不做功。

**答**：恒定 $3×10^6$ Pa 外压下膨胀对环境做了 $3.6×10^3$ J 功，系统向真空膨胀做功为 0。

热力学将热和功分开，从本质上反映出它们在系统与环境间发生能量交换形式的不同。功是有序运动的结果，而热是无序运动的产物。热和功有两点是相同的：第一，热和功都是能量；第二，热和功都不是状态函数，它们是与过程相联系的物理量，我们不能说系统内含有多少热或功，但却可以说系统在某过程中吸收（或放出）多少热或做了多少功。

## 第二节 热力学第一定律及其应用

### 一、热力学第一定律

热力学第一定律是人类长期实践经验的总结，这个定律的实质就是能量守恒定律，即能量可以从一种形式转变为另一种形式，但它既不能凭空创造，也不会自行消失，根据热力学第一定律，若系统发生了变化，系统从环境吸入热和环境对系统做了功，都使系统获得了能量，则系统的热力学能的变化是：

$$\Delta U=Q+W \tag{5-2}$$

式(5-2)就是热力学第一定律的数学表达式。当系统发生变化时，以热和功的形式交换的能量，必定等于系统热力学能的变化。这是对热力学第一定律数学表达式的文字叙述。

热力学第一定律表明，当系统的状态发生变化时，热和功以及其他形式的能量间有一定的数量关系。它是自然界的一个普遍规律，到目前为止还没有发现自然界的任何一个事实与其违背。但是，历史上曾有人设想制造出一种机器，即所谓的"第一类永动机"。这种机器既不靠外界供给能量，本身也不减少能量，却能不断地对外工作。由于永动机违背了能量守恒定律，所以永远不能实现。

在热力学计算中，热力学能变化 $\Delta U$、热 $Q$、功 $W$ 采用同一单位，在 SI 制中，三者的单位均用 J 或 kJ。

必须指出的是：在化学热力学中应用目前所学到的热力学能、热和功及以后要学的一些物理量时，一定要注意这些物理量"＋""－"值的含义，并且要把它们带到有关公式中进行计算，而求得的物理量的数值之"＋""－"也必然表现出其含义。

**【例 5-2】** 有一系统对外膨胀作了功 101.2J，系统的温度下降了，其热力学能减少 10 焦耳(J)，问此系统吸热还是放热？

**解** 已知 $W=-101.2J$　　$\Delta U=-10J$

根据式(5-2)　$\Delta U = Q + W$
$$Q = \Delta U - W = (-10\text{J}) - (-101.2\text{J}) = 91.2\text{J}$$
$Q$ 符号为正，表示系统吸收了热量。

答：系统吸热 91.2J。

**【例 5-3】** 某化学反应系统在过程中吸收热量 1000kJ，并对环境做了 550kJ 的功，试计算系统的热力学能变化。

**解**　因为系统吸收热量，对外做功，故 $Q = 1000\text{kJ}$，$W = -550\text{kJ}$，

根据式(5-2)　$\Delta U = Q + W = 1000\text{kJ} + (-550\text{kJ}) = 450\text{kJ}$

$\Delta U > 0$，表示系统的热力学能增加。

答：该系统的热力学能增加了 450kJ。

## 二、焓

在化工生产的工艺设计中，经常要进行热量的计算，而热不是状态函数，它的变化值与系统的变化途径有关，这就给系统和环境的热交换计算带来了复杂性。但是，在化工生产中，大多数化学过程和物理过程都是在恒压条件下进行的。例如开口反应容器里的液相反应和恒定高压下合成氨的气相反应，都是在压力恒定的情况下进行的。那么能否找到一个状态函数来度量呢？如果可能的话，不仅使问题简便得多，而且具有实际意义。

在热力学中，所谓恒压过程，并不是单指外压恒定就够了，而是指系统始态 $p_1$，终态压力 $p_2$，外压 $p_{外}$ 三者在变化过程中皆相等，即 $p_1 = p_2 = p_{外}$。实际上，大多数的化学反应和物理过程都符合这一条件。

在恒压下，不做非体积功时，系统所做的功为体积功。设系统发生变化时，压力为 $p_{外}$，体积由 $V_1$ 到 $V_2$，则：
$$W = -p_{外} \Delta V = -p_{外}(V_2 - V_1)$$

由热力学第一定律：$\Delta U = Q + W$，可写成：
$$\Delta U = Q_p - p_{外}(V_2 - V_1) \tag{5-3}$$

式中 $Q_p$ 为恒压热（下标"$p$"表示恒压条件）。

因为：
$$p_1 = p_2 = p_{外} \quad (恒定)$$

所以上式可改写成：$U_2 - U_1 = Q_p - (p_2 V_2 - p_1 V_1)$

移项整理得：
$$Q_p = (U_2 + p_2 V_2) - (U_1 + p_1 V_1) \tag{5-4}$$

因为，$U$、$p$、$V$ 三者都是状态函数，所以它们的组合 $(U + pV)$ 也应当是一个状态函数。我们把按这一方式组合成的物理量定为一个新的状态函数，称为焓，以符号 $H$ 表示，即：
$$H = U + pV \tag{5-5}$$

将式(5-5)代入式(5-4)式得：$Q_p = H_2 - H_1$ 即：
$$Q_p = \Delta H \tag{5-6}$$

式中，$H_2$、$H_1$ 为终态和始态的焓；$\Delta H$ 为焓的变化值（简称焓变）。

式(5-6)的意义是：系统在只作体积功而不作其他功的恒压过程中，所吸收的热全部用来增加系统的焓。

将式(5-6)代入式(5-3)得
$$\Delta U = \Delta H - p_{外} \Delta V \tag{5-7}$$

应当注意以下几点：①式(5-2)是适用于任何系统且不附带其他条件的，而式(5-5)~式(5-7)则是第一定律在恒压下只做体积功的特定条件下的表达式；②$Q_p = \Delta H$，只是在数

值上两个物理量相等，并不意味着 $Q_p$ 是状态函数；③$H$ 是一个组合的状态函数，也具有广度性质，其物理意义不如体积、压力、温度和热力学能那样直观、明显；④热力学能无法测定，因此焓 $H$ 的绝对值也无法确定，但 $\Delta H$ 的值可以测定；⑤焓 $H$ 也具有能量单位，即为焦耳或焦（J）或千焦（kJ）。

若系统一定的理想气体在恒温过程中，由于热力学能仅仅是温度的函数，所以 $\Delta U = 0$。又因恒温时理想气体的 $pV = nRT = $ 常数，则 $\Delta(pV) = 0$。则理想气体的恒温过程中，有：

$$\Delta H = \Delta U + \Delta(pV) = 0$$

上式表明理想气体在温度不变时，焓也不变。换言之，理想气体的焓和热力学能一样，仅仅是温度的函数，而与体积或压力的变化无关。

【例 5-4】 有一定量的气体在压力为 $1.00 \times 10^5$ Pa 时，恒压加热，其体积从 $1.0 \mathrm{m}^3$ 膨胀到 $2.0 \mathrm{m}^3$。已知系统吸热 $3.52 \times 10^5$ J，求该过程的 $\Delta H$、$W$ 和 $\Delta U$ 的值。

**解** 已知该过程为恒压，$p_\text{外} = 1.00 \times 10^5 \mathrm{Pa}$，$Q_p = 3.52 \times 10^5 \mathrm{J}$，$\Delta V = 2.0 \mathrm{m}^3 - 1.0 \mathrm{m}^3 = 1.0 \mathrm{m}^3$。

$$\Delta H = Q_p = 3.52 \times 10^5 \mathrm{J}$$
$$W = -p_\text{外} \Delta V = -1.00 \times 10^5 \mathrm{Pa} \times 1.0 \mathrm{m}^3 = -1.0 \times 10^5 \mathrm{J}$$
$$\Delta U = Q + W = 3.52 \times 10^5 \mathrm{J} + (-1.0 \times 10^5 \mathrm{J}) = 2.52 \times 10^5 \mathrm{J}$$

计算 $\Delta H$ 时，还可用 $H$ 的定义式 $H = U + pV$ 求之：

$$\Delta H = \Delta U + \Delta(pV) = \Delta U + p_\text{外} \Delta V = 2.52 \times 10^5 \mathrm{J} + 1.00 \times 10^5 \mathrm{Pa} \times 1.0 \mathrm{m}^3 = 3.52 \times 10^5 \mathrm{J}$$

计算结果与 $\Delta H = Q_p = 3.52 \times 10^5$ J 求得的值相同。

答：过程的 $\Delta H = 3.52 \times 10^5$ J、$W = -1.0 \times 10^5$ J、$\Delta U = 2.52 \times 10^5$ J。

吸热会使系统的焓值增加，而放热则使系统的焓值降低。就一般的物理变化来说，吸热使系统的温度升高。因此，对同一物质高温时的焓应大于低温时的焓。在不同聚集状态，由于液态变为气态必须吸热，故气态时的焓要比液态时高，而液态的焓又高于固态时的焓。对于吸热的化学反应（$\Delta H > 0$），则产物的焓高于反应物的焓；而放热的化学反应（$\Delta H < 0$），产物的焓低于反应物的焓。

### 三、热容

1. 热容

在有关热力学的计算中，有时需要知道物质由于温度变化而吸收或放出的热量，为此引入一个热容的概念。

在不发生相变化和化学变化的条件下，一定量的物质温度升高 1℃所需要的热量称为该物质的热容，用符号 $C$ 表示。由于物质的热容随温度不同而改变，因而热容有真热容和平均热容之分。平均热容用数学式表示为：

$$C = \frac{Q}{T_2 - T_1} = \frac{Q}{\Delta T} \tag{5-8}$$

式中，$C$ 表示温度由 $T_1$ 变到 $T_2$ 范围内的平均热容；$Q$ 表示温度由 $T_1$ 变到 $T_2$ 所需要的热量。可见平均热容是在某一温度间隔内的平均值，其单位为 $\mathrm{J \cdot K^{-1}}$。1mol 物质的热容称为摩尔热容（$C_\mathrm{m}$），单位为 $\mathrm{J \cdot K^{-1} \cdot mol^{-1}}$。

因为热不是状态函数，其值随系统变化过程而异，所以热容也因过程不同而有不同的数值，于是热容又分为恒压热容和恒容热容。

2. 恒压热容

1mol 物质在恒压过程中的热容称为恒压摩尔热容（简称恒压热容），用 $C_p$ 表示。即：

$$C_p = \frac{Q_p}{\Delta T} \tag{5-9}$$

在恒压时，据式(5-6) $Q_p = \Delta H$，可得：

$$C_p = \frac{\Delta H}{\Delta T} \tag{5-10}$$

所以用热容来计算恒压过程的恒压热或焓增量时，只要把式(5-9)或式(5-10)改写一下即可得：

$$Q_p = \Delta H = C_p \Delta T$$

上式是1mol的物质在恒压下，温度改变时的恒压热及焓增量的计算公式。

若对系统中物质的量为$n$mol的物质而言，则：

$$Q_p = \Delta H = nC_p \Delta T \tag{5-11}$$

【例5-5】 $6.94 \times 10^3$ mol 空气于 $1 \times 10^5$ Pa 的恒定压力下，由298K升温到393K，求所需的热和焓变。已知空气在 $1 \times 10^5$ Pa 下的 $C_p$ 为 33.7J·K$^{-1}$·mol$^{-1}$。

**解** 据式(5-11)得：

$$Q_p = \Delta H = nC_p \Delta T = 6.94 \times 10^3 \text{mol} \times 33.7 \text{J·K}^{-1} \text{·mol}^{-1} \times (393\text{K} - 298\text{K})$$
$$= 2.22 \times 10^7 \text{J}$$

答：所需的热和焓变都是 $2.22 \times 10^7$ J。

3. 恒容热容

1mol物质在恒容过程中的热容称为恒容摩尔热容（简称），用$C_V$表示。即：

$$C_V = \frac{Q_V}{\Delta T} \tag{5-12}$$

式中，$Q_V$为恒容热（加上右下标"$V$"表示恒容条件）

在恒容过程中，系统由于一直保持恒定的体积不变，故体积功$W$为0，所以，当系统在恒容过程中也不作非体积功时，所有的功都为零。根据热力学第一定律：

$$\Delta U = Q + 0 = Q$$

即：

$$\Delta U = Q_V \tag{5-13}$$

此式表明，系统在恒容变化过程中，且不作其他非体积功的条件下，它所吸收的热量全部变成了其热力学能的增加。

将式(5-13)代入式(5-12)中，得：

$$C_V = \frac{\Delta U}{\Delta T} \tag{5-14}$$

所以用热容来计算恒容过程的恒容热或热力学能的增量时，只要把式(5-12)或(5-14)改写一下即可：

$$Q_V = \Delta U = C_V \Delta T$$

上式是1mol的物质在恒容下，温度改变时的恒容热及热力学能增量的计算公式。

若对系统中物质的量为$n$mol的物质而言，则：

$$Q_V = \Delta U = nC_V \Delta T \tag{5-15}$$

【例5-6】 有一理想气体$C_V$为 28.28J·K$^{-1}$·mol$^{-1}$。如果10mol该种气体在密闭容器内加热，温度从273K升高到373K，求此过程中气体所吸收的热和热力学能的变化。

**解** 气体在密闭容器中变化，表示该过程为恒容过程。据式(5-15)，得：

$$Q_V = \Delta U = nC_V \Delta T = 10\text{mol} \times 28.28 \text{J·K}^{-1} \text{·mol}^{-1} \times (373\text{K} - 273\text{K})$$
$$= 2.828 \times 10^4 \text{J}$$

答：此过程气体吸热和热力学能变化都是 $2.828×10^4$ J。

### 4. 恒压热容与恒容热容的关系

物质的恒压热容与恒容热容的值不同，恒压热容比恒容热容的数值大。这是因为物质在恒容条件下加热，使其温度升高 1℃，所吸收的热量全部用于增加物质的热力学能；而物质在恒压下加热时，使物质温度升高 1℃所吸收的热量，一方面用于增加物质的热力学能，另一方面用于物质受热膨胀时反抗外压而作膨胀功所需的能量。由于加热时对液体和固体物质来说体积变化不大，因而恒压热容与恒容热容的差别也不大，但对于气体来讲，情况就不一样了。

若物质是理想气体时，因理想气体的热力学能只是温度的函数，所以理想气体在恒压和恒容下，温度每升高 1℃时，其热力学能的改变是相同的，这样恒压热容和恒容热容之差就等于温度升高 1℃时气体反抗外压所作的膨胀功。即：

$$C_p - C_V = p\Delta V$$

设 $V_1$ 和 $V_2$ 分别表示温度为 $T$ 和 $T+1$ 时，1mol 理想气体的体积，根据 $PV=nRT$ 得：

$$\begin{aligned} C_p - C_V &= p(V_2 - V_1) \\ &= pV_2 - pV_1 \\ &= R(T+1) - RT \\ &= R \end{aligned} \tag{5-16}$$

## 四、热力学第一定律对理想气体的应用

下面我们讨论应用热力学第一定律数学表达式计算理想气体系统在恒温、恒容、恒压、绝热等过程中体系吸收的热，所做的功以及系统的热力学能和焓的变化值。

### 1. 恒温过程

恒温过程是系统在变化过程中，温度自始至终保持恒定不变，$\Delta T = 0$，由于理想气体的热力学能和焓仅仅是温度的函数，与系统的体积、压力变化无关，当温度恒定时，则：

$$\Delta H = \Delta U = 0$$

由热力学第一定律可知，$\Delta U = Q + W$，则：

$$Q = -W \tag{5-17}$$

这表明，系统吸收的热全部消耗在对环境做功上，从而来保持系统热力学能不改变，表现出来的状态是温度不变。千万不可误认为恒温就没有热量变化。

因系统只作膨胀功，故在固定外压下的气体膨胀或压缩，其体积功可用下式计算：

$$W = -p_{外}\Delta V = -p_{外}(V_2 - V_1)$$

### 2. 恒容过程

恒容过程是系统在变化过程中，体积自始至终保持恒定不变，$\Delta V = 0$，由于系统的体积没有改变，故系统不作体积功。

$$W = 0$$

由 (5-15) 式得知

$$\Delta U = Q_V = nC_V \Delta T = nC_V(T_2 - T_1) \tag{5-18}$$

### 3. 恒压过程

恒压过程是系统在变化过程中，压力自始至终保持恒定不变，而且系统的压力始终和外压相同，因此

$$W = -p_{外}\Delta V = -p(V_2 - V_1)$$

由 (5-11) 式得知

$$\Delta H = Q_p = nC_p \Delta T = nC_p(T_2 - T_1) \tag{5-19}$$

表明系统在恒压过程中吸收的热全部转化为系统焓的增量。

**4. 绝热过程**

绝热过程是系统在变化过程中和环境没有热量交换，即：

$$Q = 0$$

由热力学第一定律可知：

$$\Delta U = Q + W = W$$

表明系统对环境做功，其内能降低。

【例 5-7】 有一定量的理想气体，其体积为 $0.20 \text{m}^3$，压力为 $5.0 \times 10^5 \text{Pa}$，在温度保持不变时，自始至终反抗 $1.0 \times 10^5 \text{Pa}$ 的外压膨胀到达平衡，求该过程的 $Q, W, \Delta U$ 和 $\Delta H$。

**解** 已知 $V_1 = 0.20 \text{m}^3$，$p_1 = 5 \times 10^5 \text{Pa}$，$p_{外} = p_2 = 1.0 \times 10^5 \text{Pa}$

系统变化时，温度保持不变，即恒温过程。

$$\Delta U = 0$$
$$\Delta H = 0$$

所以
$$Q = -W$$

恒温过程中，系统的状态发生了变化。理想气体在变化中如果体积增大，则对外做体积功，所需的能量从外界吸收热量来补充，保持本身的热力学能不变；理想气体在变化中如果体积缩小，则是外界对系统做功，系统本身得到了能量，这个能量又以热的形式向外界放出，从而维持本身的热力学能不变。

理想气体恒温过程终态的体积 $V_2$ 可从气态方程 $pV = nRT$ 求得，因为是一定量的气体，则 $n$ 恒定，$T$ 又是恒定的，则 $pV = nRT$ 中右边各项乘积为常数。

$$p_1 V_1 = p_2 V_2$$

$$V_2 = \frac{p_1 V_1}{p_2} = \frac{p_1 V_1}{p_{外}} = \frac{5 \times 10^5 \text{Pa} \times 0.20 \text{m}^3}{1.0 \times 10^5 \text{Pa}} = 1 \text{m}^3$$

由此可以求体积功

$$\begin{aligned} W &= -p_{外} \Delta V = -p_{外}(V_2 - V_1) \\ &= -1.0 \times 10^5 \text{Pa} \times (1 \text{m}^3 - 0.20 \text{m}^3) \\ &= -8 \times 10^4 \text{J} \end{aligned}$$

$W$ 为负值表示系统膨胀时对外做功。

$$Q = -W = 8 \times 10^4 \text{J}$$

$Q$ 为正值，表示系统吸热。

答：该过程的 $Q = 8 \times 10^4 \text{J}$，$W = -8 \times 10^4 \text{J}$，$\Delta U = 0$，$\Delta H = 0$。

【例 5-8】 某理想气体的 $C_V = 12.47 \text{mol}^{-1} \cdot \text{K}^{-1}$，如果有 10mol 此种气体，在恒容下从 273K 加热到 373K，试计算此过程的 $Q, W, \Delta U$ 和 $\Delta H$。

**解** 已知 $C_V = 12.47 \text{mol}^{-1} \cdot \text{K}^{-1}$，$n = 10 \text{mol}$，$T_1 = 273 \text{K}$，$T_2 = 373 \text{K}$

因恒容过程：

$$\begin{aligned} Q_V &= \Delta U = nC_V(T_2 - T_1) \\ &= 10 \text{mol} \times 12.47 \text{mol}^{-1} \cdot \text{K}^{-1} \times (373 \text{K} - 273 \text{K}) \\ &= 1.247 \times 10^4 \text{ (J)} \end{aligned}$$

$$W = 0$$

求 $\Delta H$ 可用式(5-16) $C_p = C_V + R$

$$C_p = 12.47 \text{J} \cdot \text{mol}^{-1} \cdot \text{K}^{-1} + 8.314 \text{J} \cdot \text{mol}^{-1} \cdot \text{K}^{-1}$$
$$= 20.784 (\text{J} \cdot \text{mol}^{-1} \cdot \text{K}^{-1})$$
$$\Delta H = nC_p(T_2 - T_1)$$
$$= 10 \text{mol} \times 20.784 \text{J} \cdot \text{mol}^{-1} \cdot \text{K}^{-1} \times (373\text{K} - 273\text{K})$$
$$= 2.0784 \times 10^4 \text{ (J)}$$

答：此过程 $Q = 1.247 \times 10^4 \text{J}$，$W = 0$，$\Delta U = 1.247 \times 10^4 \text{J}$，$\Delta H = 2.0784 \times 10^4 \text{J}$。

## 第三节 热 化 学

热化学是专门研究化学反应热效应的一门科学。它是以热力学第一定律为主要基础。实际上，热化学可以看作热力学第一定律在化学过程中的具体应用。

**一、化学反应的热效应**

一般发生化学反应时，总是伴随有能量的变化，这种能量变化以热的形式与环境进行交换，所以，在反应进行的同时，常伴随有吸热或放热现象。

人们常把反应过程中只做体积功，反应前后温度相同，系统所吸收或放出的热量，称为反应的热效应。热效应的符号与前面讲的热力学有关规定相同，系统放热为负值，系统吸热为正值。

在化工生产中，由于化学反应常常在恒容或恒压条件下进行，因此热效应也可按过程进行的条件分为恒压热效应和恒容热效应。通常称它们为反应热。如 1mol298K 的液态苯在足量的氧气中燃烧生成同温度的液态水和二氧化碳气体，若燃烧在密闭容器中进行，则放热 $3.268 \times 10^3 \text{kJ}$，即恒容热效应 $Q_V = -3.268 \times 10^3 \text{kJ}$；若在恒压和只做体积功的条件下燃烧，则放热 $3.272 \times 10^3 \text{kJ}$，即恒压热效应 $Q_p = -3.272 \times 10^3 \text{kJ}$。许多化学反应的反应热是可以直接测量的，测量反应热所用的仪器叫做量热计。根据所测反应不同有多种量热计，图 5-2 所示的杯式量热计，它用来测量中和热、溶解热及其他溶液反应的恒压热效应 $Q_p$。图 5-3 是用来测量燃烧热用的一种弹式量热计，化学反应在一个密闭全钢制的容器中进行，由于总体积不变，即 $\Delta V = 0$，故此法测定的是恒容热效应 $Q_V$。在实验前，需向容器中通入一定量反应进行时所需的高压氧气，因此该反应容器又称为"氧弹"。此装置主要用于测定燃烧热。热量不是状态函数，但恒压热效应 $Q_p$ 和恒容热效应 $Q_V$ 分别和状态函数变化量 $\Delta H$ 和 $\Delta U$ 在数值上相等，记住这一点非常重要。

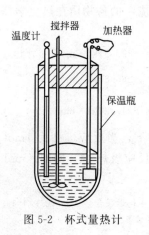

图 5-2 杯式量热计

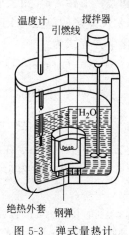

图 5-3 弹式量热计

## 二、热化学方程式

### 1. 反应进度

反应进度是用来描述某一化学反应进行程度的物理量，SI 单位为 mol，用符号 $\xi$ 表示。对于指定的化学计量方程式，当 $\xi=1\mathrm{mol}$ 时，表示各物质按化学计量方程式进行了完全反应。例如下列反应：

$N_2+3H_2 \longrightarrow 2NH_3$，当 $\xi=1\mathrm{mol}$ 时，意味着 1mol $N_2$ 与 3mol $H_2$ 完全反应生成 2mol $NH_3$。

$\frac{1}{2}N_2+\frac{3}{2}H_2 \longrightarrow NH_3$，当 $\xi=1\mathrm{mol}$ 时，意味着 $\frac{1}{2}$mol $N_2$ 与 $\frac{3}{2}$mol $H_2$ 完全反应生成 1mol $NH_3$。

### 2. 热力学标准状态的规定

由于化学反应中能量变化受外部条件的影响，因此为了确定一套精确的热力学基本数据，国际上规定了物质的热力学标准状态，简称标准态。

热化学中标准状态规定为：

气体——在 100.0kPa 压力❶下处于理想气体状态的气态纯物质；

液体和固体——在 100.0kPa 压力下的纯液态和固态。

标准状态没有指定温度。

### 3. 热化学方程式

既能表示物质转化关系，又能表示能量转化关系的方程式称为热化学方程式。热化学方程式与化学方程式略有不同，要准确无误地书写好热化学方程式，必须注意以下几点。

① 首先完整地写出化学反应方程式。方程式中各化学式前的系数不再代表分子数，而是表示物质的量（mol），所以可以是整数，也可以是分数；

② 必须在化学式的右侧注明物质的聚集状态。可分别用小写的 s、l、g 三个英文字母表示固、液、气。

③ 指明反应的温度和压力。

④ 写明反应的热效应。在实验室和化工生产过程中，多数化学反应只在恒压条件下进行，通常所说的化学反应热效应或反应热，指的是恒压热效应，所以用 $\Delta H$ 来表示反应热。

当反应物和生成物都处于标准态，且反应进度 $\xi=1\mathrm{mol}$ 时，此时的反应热称为标准摩尔热效应或标准摩尔反应热（也可以叫作标准摩尔焓变），用符号 $\Delta_r H_m^{\ominus}(T)$ 表示，其中上标 "$\ominus$" 指标准状态；下标 "r" 指反应；"m" 指 $\xi=1\mathrm{mol}$；"$T$" 指温度，$T=298\mathrm{K}$ 时，可不注明。标准摩尔反应热的单位为 kJ·mol$^{-1}$。例如下列反应中的各物质在热化学标准状态及 298K 下的热化学方程式为：

① $\quad C(S)+O_2(g) = CO_2(g) \qquad \Delta_r H_m^{\ominus} = -393.51 \mathrm{kJ \cdot mol^{-1}}$

② $\quad H_2(g)+\frac{1}{2}O_2(g) = H_2O(l) \qquad \Delta_r H_m^{\ominus} = -285.85 \mathrm{kJ \cdot mol^{-1}}$

③ $\quad H_2O(g) = H_2(g)+\frac{1}{2}O_2(g) \qquad \Delta_r H_m^{\ominus} = +241.84 \mathrm{kJ \cdot mol^{-1}}$

其中，热化学方程式①和②表示在标准状态和 298K 条件下，当反应进度为 1mol 时，反应分别放热 393.51kJ·mol$^{-1}$ 和 285.85kJ·mol$^{-1}$，③表示反应吸热 241.84kJ·mol$^{-1}$。

---

❶ 原定的标准是处于 $1.01325\times10^5$Pa 压力下，现根据国际纯粹与应用化学联合会（IUPAC）于 1982 年的决定，以 100.0kPa 作为新的标准态压力，用符号 $p^{\ominus}$ 表示，其中上标 "$\ominus$" 指标准状态。

应当注意,热化学方程式仅代表一个完成的反应,而不管反应是否真正能完成。以式①为例,该式并不表示在 100.0kPa 压力和 298K 下将 1mol C(s) 和 1mol $O_2$(g) 放在一起,就会完全反应,就会有 394kJ 的热放出,而是表示生成 1mol $CO_2$(g) 时,必有 393.51kJ 的热放出。

### 三、标准摩尔生成焓和标准摩尔燃烧焓

在化工设计时,为了保证正常的生产,事先必须得到准确的反应热效应数据,作为制造热交换设备和确定工艺操作条件的可靠依据。人们已积累了大量的反应热效应数据,其中最为重要的是标准摩尔生成焓和标准摩尔燃烧焓。

**1. 生成反应和标准摩尔生成焓**

由单质生成化合物的反应称为生成反应。例如:

① $\qquad\qquad\qquad C(s) + O_2(g) = CO_2(g)$

② $\qquad\qquad\qquad CO(g) + \frac{1}{2}O_2(g) = CO_2(g)$

反应式①为 $CO_2$ 的生成反应,而后一个反应不是 $CO_2$ 的生成反应,因为这个反应的反应物 CO 不是单质。

在标准状态下,由最稳定的单质直接化合生成 1mol 化合物的反应热效应称为该化合物的标准摩尔生成焓,用符号 $\Delta_f H_m^\ominus$("f"表示生成反应)表示,其单位为 $kJ \cdot mol^{-1}$。常用的是在 298K 时的标准摩尔生成焓。一些物质在 298K 时的标准摩尔生成焓见附录六。

实际上标准摩尔生成焓是由最稳定的单质直接化合生成 1mol 化合物反应的标准摩尔热效应。例如,$CO_2$(g) 和 NaCl(s) 的标准摩尔生成焓 $\Delta_f H_m^\ominus$ 分别是下列反应的标准摩尔热效应:

$$C(石墨) + O_2(g) = CO_2(g) \qquad \Delta_r H_m^\ominus = -393.51 kJ \cdot mol^{-1}$$

$$Na(s) + \frac{1}{2}Cl_2(g) = NaCl(s) \qquad \Delta_r H_m^\ominus = -410.99 kJ \cdot mol^{-1}$$

另外在标准状态下最稳定单质的标准摩尔生成焓为零。例如石墨和金刚石是碳的两种同素异形体,石墨是碳的最稳定单质,它的标准摩尔生成焓为零。所以下列两个反应中:

③ $\qquad\qquad C(石墨) + O_2(g) = CO_2(g) \qquad \Delta_r H_m^\ominus = -393.51 kJ \cdot mol^{-1}$

④ $\qquad\qquad C(金刚石) + O_2(g) = CO_2(g) \qquad \Delta_r H_m^\ominus = -395.4 kJ \cdot mol^{-1}$

反应式③的热效应是 $CO_2$ 的标准摩尔生成焓,而反应式④的热效应不是 $CO_2$ 的标准摩尔生成焓。

此外,还值得注意的是同一物质的不同聚集状态,如水和水蒸气的标准摩尔生成焓也是不同的,在使用时务必注意。

**2. 燃烧反应和标准摩尔燃烧焓**

许多无机化合物的标准生成焓可以通过实验来测定,而许多有机化合物则很难由单质化合而成,其标准摩尔生成焓的值不易获得。然而大多数有机物却很容易燃烧,生成水和二氧化碳等稳定的生成物,这类反应称为燃烧反应。燃烧反应的热效应可以直接测得。

规定:在标准状态下,1mol 物质完全燃烧生成某些稳定氧化物的反应热效应,称为该物质的标准摩尔燃烧焓,用符号 $\Delta_c H_m^\ominus$("c"表示燃烧反应)表示,其单位为 $kJ \cdot mol^{-1}$。常用的是在 298K 时的标准摩尔燃烧焓。一些物质在 298K 时的标准摩尔燃烧焓见附录五。

由于物质燃烧可能产生有不同的产物,或有不同的状态,例如 C 燃烧可以生成 $CO_2$(g) 或 $CO_2$(l)。为此,规定了一些物质燃烧时生成的稳定产物:化合物中的 C 最终变成 $CO_2$(g);H 变成 $H_2O$(l);S 变成 $SO_2$(g);N 变成 $N_2$(g) 等。稳定产物的标准摩尔燃烧焓为零。

标准摩尔生成焓或标准摩尔燃烧焓不仅是说明物质性质的重要数据之一,而且可用它们去计算许多反应的热效应。

对于一般反应:
$$aA+bB \Longrightarrow dD+eE$$

式中,A、B、D、E代表物质的化学式,$a$、$b$、$d$、$e$代表各物质化学式前面的系数。利用标准摩尔生成焓来计算化学反应的标准摩尔热效应($\Delta_r H_m^{\ominus}$)的公式为:

$$\Delta_r H_m^{\ominus} = (d\Delta_f H_{m,D}^{\ominus} + e\Delta_f H_{m,E}^{\ominus}) - (a\Delta_f H_{m,A}^{\ominus} + b\Delta_f H_{m,B}^{\ominus})$$
$$= \sum(\Delta_f H_m^{\ominus})_{生成物} - \sum(\Delta_f H_m^{\ominus})_{反应物} \tag{5-20}$$

同样利用标准摩尔燃烧焓来计算化学反应的标准摩尔热效应($\Delta_r H_m^{\ominus}$)的公式为:

$$\Delta_r H_m^{\ominus} = \sum(\Delta_c H_m^{\ominus})_{反应物} - \sum(\Delta_c H_m^{\ominus})_{生成物} \tag{5-21}$$

【例 5-9】 根据标准摩尔生成焓数据,计算下面反应的标准摩尔反应热 $\Delta_r H_m^{\ominus}$。
$$CH_4(g) + 2O_2 \Longrightarrow CO_2(g) + 2H_2O(l)$$

**解** 查附录六得:$\Delta_f H_{m,CH_4}^{\ominus} = -74.85 \text{kJ} \cdot \text{mol}^{-1}$

$$\Delta_f H_{m,O_2}^{\ominus} = 0$$

$$\Delta_f H_{m,CO_2}^{\ominus} = -393.51 \text{kJ} \cdot \text{mol}^{-1}$$

$$\Delta_f H_{m,H_2O(l)}^{\ominus} = -285.85 \text{kJ} \cdot \text{mol}^{-1}$$

由式(5-20),得:
$$\Delta_r H_m^{\ominus} = (\Delta_f H_{m,CO_2}^{\ominus} + 2\Delta_f H_{m,H_2O(l)}^{\ominus}) - (\Delta_f H_{m,CH_4}^{\ominus} + 2\Delta_f H_{m,O_2}^{\ominus})$$
$$= -393.51 \text{kJ} \cdot \text{mol}^{-1} - 2 \times 285.85 \text{kJ} \cdot \text{mol}^{-1} + 74.85 \text{kJ} \cdot \text{mol}^{-1}$$
$$= -890.36 \text{kJ} \cdot \text{mol}^{-1}$$

热效应为负值,表明该反应为放热反应。

【例 5-10】 乙烷脱氢的反应为:$C_2H_6(g) \Longrightarrow C_2H_4(g) + H_2(g)$。试由附录五的标准摩尔燃烧焓数据,计算该反应在 298K 时的标准摩尔反应热。

**解** 查附录五得:$\Delta_c H_{m,C_2H_6(g)}^{\ominus} = -1559.88 \text{kJ} \cdot \text{mol}^{-1}$

$$\Delta_c H_{m,C_2H_4(g)}^{\ominus} = -1410.97 \text{kJ} \cdot \text{mol}^{-1}$$

$H_2(g)$ 的标准摩尔燃烧焓等于 $H_2O(l)$ 的标准摩尔生成焓,即 $\Delta_c H_{m,H_2(g)}^{\ominus} = -285.85 \text{kJ} \cdot \text{mol}^{-1}$

由式(5-21),得:
$$\Delta_r H_m^{\ominus} = -1559.88 \text{kJ} \cdot \text{mol}^{-1} - (-1410.97 \text{kJ} \cdot \text{mol}^{-1}) - (-285.85 \text{kJ} \cdot \text{mol}^{-1})$$
$$= 136.94 \text{kJ} \cdot \text{mol}^{-1}$$

热效应为正值,表明该反应为吸热反应。

## 第四节 热力学第二定律

人们的实践经验表明,自然界中发生的过程都具有一定的方向性。例如水总是由高处往低处流,而不可能自动地从低处往高处流;热总是自动地由高温物体流向低温物体。热力学第一定律不能回答过程进行的方向,也不能回答一个过程将进行到什么程度。过程进行的方向和限度问题是由热力学第二定律解决的。

### 一、热力学第二定律的表达

热力学第二定律也是人们经过大量实践而归纳出的自然界的普遍规律。德国的克劳修斯和英国的开尔文分别从两个不同的角度,以两种等价的形式叙述了这个定律。

克劳修斯（R. Clausius）表述：热从低温物体传给高温物体，而不产生其他变化是不可能的。这就是说，要想使热从低温物体传到高温物体，必须要消耗外功，否则是不可能的。

开尔文（Kelvin）表述：想从一个热源取出热，并且使热完全转化为功，而不产生其他变化是不可能的。因此，"第二类永动机是永远也做不成的"。所谓第二类永动机是指一种能够从单一热源吸热，并将所吸收的热全部变成功而无其他变化的机器，这种机器并不违反能量守恒定律，但永远也实现不了。为了区别第一类永动机，所以称之为第二类永动机。倘若第二类永动机能够造成，那么，海洋、大气、大地等均可作为单一热源，这种热机从这些单一热源吸热，并全部将热转变为功，于是海轮在海洋中行驶，飞机在大气中飞行，都不需要携带燃料了。遗憾的是，这种机器永远不可能造成！

热力学第二定律的这两种说法，实际上是完全等价的，它们都和过程的不可逆性联系在一起。克氏说法揭示了热传递过程的不可逆性，即热只能自动地由高温传递到低温，而不能自动地由低温传递到高温。开氏说法揭示了热功转化过程中自发进行的方向性。实验证明功可以全部转化成热，而热不能全部转化为功。此外，两种说法中的"不产生其他变化"是"不留下任何永久性变化的痕迹"的同义语，其实质是说任何实际进行的自发过程都是不可逆的。

在热力学第二定律这两种经典表述的基础上，我们得出了另一些状态函数，在不同的条件下，利用这些状态函数的变化值可以从过程的自发方向和限度作出普遍性的判断。

## 二、熵的初步概念

早在 19 世纪 70 年代，某些科学家就提出：自发反应的方向是使系统的焓减小（即 $\Delta H<0$）的方向。这种以反应的焓变作为判断反应方向的依据，简称焓变依据。从反应系统的能量变化来看，放热反应发生以后，系统的能量降低，反应放出的热量越多，系统的能量降低得也越多，反应就越完全。这就是说，在反应过程中，系统有趋于最低能量状态的倾向。但是人们也发现了有些吸热反应，也能自发地进行。如石灰石的分解反应：

$$CaCO_3(S) \Longrightarrow CaO(S) + CO_2(g) \qquad \Delta_r H_m^\ominus = 178.5 \text{kJ} \cdot \text{mol}^{-1}$$

在 298K 和 101.3kPa 下是不能自发进行的，但当温度升高到 1183K 时，$CaCO_3$ 就能吸收热量而剧烈地进行热分解。显然，这不能仅用焓变来解释。事实上，自发过程推动力的衡量标准不仅取决于焓变，还取决于另一个热力学函数熵的变化。

熵是表示系统中微观粒子运动混乱程度的热力学函数。以 $S$ 表示。熵和焓、热力学能一样，也是状态函数，也具有广度性质，但我们能测得纯物质的熵的绝对值，这与焓、热力学能不同。系统状态一定时，就有确定的熵值；系统的混乱度越大，熵值就越大。

所谓混乱度是有序性的反义词，熵值小，对应于混乱度小或有序性强；熵值大，对应于混乱度大或有序性差。

熵的基本规律如下。

① 晶体中的粒子（原子、分子或离子）在一个指定区域内很规则地排列着，并在一定的位置上振动，因此，其混乱度小；液态物质中，粒子间的距离比固态稍大，粒子的排列较晶体的粒子排列没有规则，且粒子除了振动，还有转动和平动，其混乱度较晶体的大；气态物质分子间的距离较远，粒子作高速的不规则运动，因此混乱度较前两种大。所以，对同一物质而言，有：

$$S(s) < S(l) < S(g)$$

② 对同一聚集状态来说，温度升高，热运动增加，系统的混乱度增大，熵值也随之增大。对于气体物质，压力降低，体积增大，粒子在较大空间里运动，将更为混乱，所以有：

$$S_{高温} > S_{低温}, \quad S_{低压} > S_{高压}$$

显然，温度降低，物质的熵值将减小。规定纯物质在 0K 时，熵值为零（记作 $S_0 = 0$），以此为基准，可确定其他温度下的熵，若将某纯物质从 0K 升高到 $T$K，该过程的熵变（$\Delta S$）为：

$$\Delta S = S_T - S_0 \qquad \therefore S_T = \Delta S$$

$S_T$ 称为该物质的规定熵。1mol 某纯物质在标准状态下的规定熵称为标准摩尔熵，以符号 $S_m^{\ominus}(T)$ 表示，其单位为 J·mol$^{-1}$·K$^{-1}$。一些物质在 298K 时的标准摩尔熵 $S_m^{\ominus}$ 见附录六。

特别要注意的是稳定单质的标准摩尔熵不等于零。

在一定条件下每一化学反应有一定的熵变值，而且化学反应的自发性与熵变值有关。化学反应的熵变是反应生成物与反应物熵的差值。化学反应的标准摩尔熵变（$\Delta_r S_m^{\ominus}$）可用下式表示：

$$\Delta_r S_m^{\ominus} = \sum (S_m^{\ominus})_{生成物} - \sum (S_m^{\ominus})_{反应物} \tag{5-22}$$

**【例 5-11】** 计算 $CaCO_3(s)$ 在 298K 和 100.0kPa 下分解成 $CaO(s)$ 和 $CO_2(g)$ 的标准摩尔熵变 $\Delta_r S_m^{\ominus}$。已知 $S_{m,CaCO_3(s)}^{\ominus} = 92.9$ J·mol$^{-1}$·K$^{-1}$，$S_{m,CaO(s)}^{\ominus} = 39.7$ J·mol$^{-1}$·K$^{-1}$，$S_{m,CO_2(g)}^{\ominus} = 213.79$ J·mol$^{-1}$·K$^{-1}$。

**解** 反应式为：$CaCO_3(s) =\!=\!= CaO(s) + CO_2(g)$

$$\begin{aligned}\Delta_r S_m^{\ominus} &= 1 \times S_{m,CaO(s)}^{\ominus} + 1 \times S_{m,CO_2(g)}^{\ominus} - 1 \times S_{m,CaCO_3(s)}^{\ominus} \\ &= 1 \times 39.7 \text{J·mol}^{-1}\text{·K}^{-1} + 1 \times 213.79 \text{J·mol}^{-1}\text{·K}^{-1} - 1 \times 92.9 \text{J·mol}^{-1}\text{·K}^{-1} \\ &= 160.59 \text{J·mol}^{-1}\text{·K}^{-1}\end{aligned}$$

**答**：$CaCO_3(s)$ 分解的标准摩尔熵变为 160.59 J·mol$^{-1}$·K$^{-1}$。

计算结果表明 $CaCO_3(s)$ 分解是熵增大的反应。这是由于一种反应物分解成两种生成物，且其中有一种是气体，使系统的混乱度增大。一般来说，当反应中的气体分子数增加时，系统的熵增大，$\Delta S > 0$ 有利于反应的自发地进行。但是，在常温下，$CaCO_3(s)$ 的分解并不能自发地进行，由此看来，以熵变来判断反应的方向，虽然是必要的，但不是充分的。只能说熵变是决定反应方向的又一重要因素，而不是惟一因素。

### 三、吉布斯（Gibbs）函数

**1. 吉布斯函数的概念和判据**

从前面的讨论可以看出，要正确地判断化学反应自发进行的方向，必须综合考虑系统的焓变 $\Delta H$ 和熵变 $\Delta S$ 两个因素。

1873 年美国化学家吉布斯引进了一个新的状态函数——吉布斯函数（也称吉布斯自由焓或自由焓），用符号 $G$ 表示。吉布斯函数的定义式为：

$$G = H - TS \tag{5-23}$$

吉布斯函数是一个像焓 $H$ 一样的复合的热力学函数，它同样是个状态函数，也具有广度性质。吉布斯函数的绝对值也无法确定。它的单位为焦耳或焦（J）

在恒温、恒压，只做体积功的过程中，其相应的吉布斯函数（变）则为：

$$\Delta G = \Delta H - T\Delta S \tag{5-24}$$

热力学研究证明，在恒温、恒压下：

$\Delta G < 0$      反应向正向进行

$\Delta G = 0$      反应处于平衡状态

$$\Delta G > 0 \quad \text{反应向逆向进行}$$

这就是某过程或化学反应进行方向的吉布斯函数变判据。

**2. 标准摩尔反应吉布斯函数（变）**

在标准状态下，温度恒定，反应进度 $\xi=1\text{mol}$ 时的反应称为标准摩尔反应。化学反应的标准摩尔反应吉布斯函数 [变]，用符号 $\Delta_r G_m^{\ominus}(T)$ 表示，其单位为 $\text{kJ} \cdot \text{mol}^{-1}$。利用式(5-24)得：

$$\Delta_r G_m^{\ominus} = \Delta_r H_m^{\ominus} - T\Delta_r S_m^{\ominus} \tag{5-25}$$

式中，$\Delta_r H_m^{\ominus}$、$\Delta_r S_m^{\ominus}$、$\Delta_r G_m^{\ominus}$ 分别表示 298K 下化学反应的标准摩尔焓变、标准摩尔熵变、标准摩尔反应吉布斯函数 [变] $\Delta_r G_m^{\ominus}$（未标明温度时，均表示在 298K 时）。已知一个反应在 298K 时的 $\Delta_r H_m^{\ominus}$ 和 $\Delta_r S_m^{\ominus}$，则可根据式(5-25)来计算 298K 时，标准状态下，化学反应的标准摩尔反应吉布斯函数 [变] $\Delta_r G_m^{\ominus}$，从而可以判断反应进行的方向。

**【例 5-12】** 已知 298K 时，反应 $2NO(g) + O_2(g) \rightleftharpoons 2NO_2(g)$ 的 $\Delta_r H_m^{\ominus} = -113.04 \text{kJ} \cdot \text{mol}^{-1}$，$\Delta_r S_m^{\ominus} = -146.56 \text{J} \cdot \text{mol}^{-1} \cdot \text{K}^{-1}$，计算该反应的 $\Delta_r G_m^{\ominus}$，并判断反应向何方向进行？

**解** 据式(5-25)：$\Delta_r G_m^{\ominus} = \Delta_r H_m^{\ominus} - T\Delta_r S_m^{\ominus}$

$$= -113.04\text{kJ} \cdot \text{mol}^{-1} - 298\text{K} \times (-146.56 \times 10^{-3} \text{kJ} \cdot \text{mol}^{-1} \cdot \text{K}^{-1})$$

$$= -69.37 \text{kJ} \cdot \text{mol}^{-1}$$

**答：** $\Delta_r G_m^{\ominus}$ 为 $-69.37\text{kJ} \cdot \text{mol}^{-1}$。$\Delta_r G_m^{\ominus} < 0$，反应向正向进行。

**3. 标准摩尔生成吉布斯函数**

在热力学标准态下（100kPa），最稳定单质的吉布斯函数等于零。根据这个规定，在标准状态下（即 100.0kPa 下的理想气体或 100.0kPa 下的纯液体或纯固体）的稳定单质生成 1mol 标准状态下的化合物时，吉布斯函数的改变值称为该化合物的标准摩尔生成吉布斯函数，以符号 $\Delta_f G_m^{\ominus}$ 表示，其单位为 $\text{kJ} \cdot \text{mol}^{-1}$。一些物质在 298K 时的标准生成吉布斯函数数据见附录六。

有了标准摩尔生成吉布斯函数的数据，则也可以计算化学反应的标准摩尔反应吉布斯函数（变）$\Delta_r G_m^{\ominus}$，用下式表示：

$$\Delta_r G_m^{\ominus} = \sum (\Delta_f G_m^{\ominus})_{\text{生成物}} - \sum (\Delta_f G_m^{\ominus})_{\text{反应物}} \tag{5-26}$$

**【例 5-13】** 计算反应 $N_2(g) + 3H_2(g) \rightleftharpoons 2NH_3(g)$ 在 298K 的标准摩尔反应吉布斯函数变，并判断在此温度下，该反应能否自发向右进行？

**解** 查表得知：$\Delta_f G_{m,NH_3}^{\ominus} = -16.12 \text{kJ} \cdot \text{mol}^{-1}$，而 $N_2(g)$ 和 $H_2(g)$ 为稳定单质，所以：

$$\Delta_f G_{m,N_2}^{\ominus} = 0, \quad \Delta_f G_{m,H_2}^{\ominus} = 0$$

据式(5-26)得：

$$\Delta_r G_m^{\ominus} = (2 \times \Delta_f G_{m,NH_3}^{\ominus}) - (1 \times \Delta_f G_{m,N_2}^{\ominus} + 3\Delta_f G_{m,H_2}^{\ominus})$$

$$= 2 \times (-16.12 \text{kJ} \cdot \text{mol}^{-1}) - 0$$

$$= -32.24 \text{kJ} \cdot \text{mol}^{-1}$$

**答：** 该反应的标准吉布斯函数变为 $-32.24\text{kJ} \cdot \text{mol}^{-1}$，$\Delta_r G_m^{\ominus} < 0$，反应能自发向右进行。

## 本 章 小 结

(1) 本章是比较独特的一章,要领多而抽象,不易理解,公式多而怪,一些公式只有在某些特定的条件下才能应用。所以,先把整章的思路理顺如下:

本章首先介绍了热力学的一些基本概念、系统和环境,状态和状态函数,过程和途径,热力学能以及系统和环境交换能量的两种形式——热和功。

然后,提出了实质为能量守恒的热力学第一定律,在此基础上引出了焓和热容的概念,并在理想气体状态变化时予以应用。

热化学是第一定律在化学过程中的应用,提出了热化学方程式的概念,推导出利用物质的标准摩尔生成焓和标准摩尔燃烧焓计算反应热效应的两种计算方法。

接着,提出了热力学第二定律,并引申出熵和吉布斯函数的概念。

最后找出了用吉布斯函数来判断反应进行的方向和反应进行的程度。

(2) 物理量热力学能 $U$、焓 $H$、熵 $S$、吉布斯函数 $G$ 都是状态函数,状态函数的特征可用四句话来概括:殊途同归,值变相等,周而复始,数值还原。其中热力学能和熵有具体的物理意义,前者是系统内部各种能量的总和,后者是系统内部微观粒子运动混乱程度的量度。而焓和吉布斯函数并无一定的物理意义,它们仅是有关的状态函数之组合。$H=U+pV$, $G=H-TS$。

热 $Q$ 和功 $W$ 不是状态函数,它们是系统和环境之间进行能量交换的两种不同形式,前者是由于温差而引起的能量交换,后者是除热以外的所有能量交换。它们和变化途径有关,换句话说,$Q$ 和 $W$ 不是系统本身所固有的性质,$Q$ 和 $W$ 只有在系统发生变化时才能表现。

功本身也有各种形式,本章提到的功仅指体积功,它是在外压作用下系统体积发生变化时所作的一种功,$W=-p_{外}\Delta V$,即使系统发生同体积的变化,但变化时所受的外压不同,其值不同,特别是向真空膨胀时,没有外压,故做功为零。

在应用 $Q$ 和 $W$ 时,一定要注意其数值的"+"、"-"及其表现出来的含义。

(3) $\Delta U=Q+W$ 这是热力学第一定律的数学表达式,文字表达为"第一类永动机是不可能的"。第一定律的实质是能量守恒和转化定律在热力学上的具体应用。数学表达式的左端是系统热力学能的改变量,其值只决定于系统的始态和终态,与过程的途径无关。然而,该值又和与过程有关的功和热的代数和相对应。这是能量守恒的必然推论。

(4) 热量的计算在化工生产中经常遇到,由于热不是状态函数,而和变化的途径有关,这给具体的计算带来了困难,所以提出了焓 $H$ 这个状态函数。焓的定义为 $H=U+pV$,当在恒压和不做非体积功的条件下,$Q_p=\Delta H$,这个等式既给焓带来了"一定"的物理意义(系统在恒压和只做体积功时,吸收的热转化为系统内部焓的增量)也给恒压下 $Q$ 的计算带来了方便之处,因为 $H$ 是状态函数,$\Delta H$ 只和系统的始、终态有关,而不必去考虑变化途径了。但需指出的是,二者仅仅是数值上相等的关系,而各自的含义是不一样的。

另外,在恒容和不做非体积功的情况下,$Q_V=\Delta U$,也就说,在这种特定条件下,系统所吸收的热会全部转化为系统的内能,这也同样给恒容下 $Q$ 的计算带来了方便之处,因为 $\Delta U$ 是状态函数 $U$ 的变化值,也只决定于系统的始终态,而不必去考虑变化途径了。

(5) 热力学第二定律可表达为"第二类永动机是不可能实现的"。它表明了自发过程的不可逆性,为判断变化的方向和程度打下了理论基础。

(6) 主要公式归纳

$W=-p_{外}(V_2-V_1)$            体积功的定义式,无条件

| | |
|---|---|
| $\Delta U = Q + W$ | 第一定律数学表达式,无条件,但 $W$ 实际上指所有功,但本章只有体积功。 |
| $H = U + pV$ | 定义式,只做体积功时 |
| $\Delta H = \Delta U + \Delta pV$ | 只做体积功时 |
| $Q_p = \Delta H$ | 恒压,非体积功为零 |
| $Q_V = \Delta U$ | 恒容,非体积功为零 |
| $\Delta H = nC_p(T_2 - T_1)$ | 理想气体 |
| $\Delta U = nC_V(T_2 - T_1)$ | 理想气体 |
| $\Delta_r H_m^{\ominus} = \sum(\Delta_f H_m^{\ominus})_{生成物} - \sum(\Delta_f H_m^{\ominus})_{反应物}$ | 计算化学反应的标准摩尔热效应 |
| $\Delta_r H_m^{\ominus} = \sum(\Delta_c H_m^{\ominus})_{反应物} - \sum(\Delta_c H_m^{\ominus})_{生成物}$ | 计算化学反应的标准摩尔热效应 |
| $\Delta_r S_m^{\ominus} = \sum(S_m^{\ominus})_{生成物} - \sum(S_m^{\ominus})_{反应物}$ | 计算化学反应的标准摩尔熵变 |
| $\Delta G = \Delta H - T\Delta S$ | 恒压、恒温下的化学反应吉布斯函数(变) |
| $\Delta_r G^{\ominus} < 0$ | 判定反应向右进行 |
| $\Delta_r G^{\ominus} = 0$ | 判定反应处于平衡状态 |
| $\Delta_r G^{\ominus} > 0$ | 判定反应向左进行 |
| $\Delta_r G_m^{\ominus} = \sum(\Delta_f G_m^{\ominus})_{生成物} - \sum(\Delta_f G_m^{\ominus})_{反应物}$ | 化学反应的标准摩尔反应吉布斯函数(变) |

## 思 考 与 练 习

1. 填空题

(1) _____ 称系统,而环境是_____。

(2) 热力学中,可将系统分为_____、_____、_____三种。

(3) 系统的强度性质是指_____,比如_____、_____、_____,强度性质不具有_____性,广度性质具有_____性

(4) _____ 称热力学能,它具有_____性质,其符号为_____,单位为_____,目前它的绝对值_____,$\Delta U = $_____。

(5) 热力学第一定律的数学表达式为_____。

(6) $H = $_____,它____状态函数,目前它的绝对值_____,它的单位是_____。

(7) 摩尔热容是_____,符号为_____,单位为_____。

(8) 恒压摩尔热容是指_____,符号为_____,单位为_____,恒容摩尔热容是指_____,符号为_____,单位为_____。

(9) 在_____和_____条件下,$Q_p = \Delta H$;在_____和_____条件下,$Q_V = \Delta U$。

(10) 化学反应热效应是指_____。

(11) 标准摩尔生成焓是_____,符号为_____,单位为_____。

(12) 利用标准摩尔生成焓计算化学反应热效应的公式_____;
利用标准摩尔燃烧焓计算化学反应热效应的公式_____。

(13) 热力学第二定律的克劳修斯说法：_____。

热力学第二定律的开尔文说法：_____。

(14) 熵是_____，符号为_____，单位为_____。

(15) $G=$_____，$G$ 称_____函数，单位是_____。

2. 是非题（下列叙述中对的打"×"，错的打"√"）

(1) 系统和环境一定有明确的界面予以区分。（　　）

(2) 封闭系统是指系统和环境既没有物质交换也没有能量交换的系统。（　　）

(3) 高温物体含的热必定比低温物体含的热高。（　　）

(4) 气体只要向外膨胀就要对外做体积功。（　　）

(5) 因为 $Q_p=\Delta H$，$H$ 是状态函数，所以 $Q$ 也是状态函数。（　　）

(6) $H_2(g)+\frac{1}{2}O_2(g)=H_2O(l)$ 的 $\Delta_r H_m^{\ominus}$ 对 $H_2(g)$ 来说是标准摩尔燃烧焓；对 $H_2O(l)$ 来说是标准摩尔生成焓。（　　）

(7) 第一类永动机违背了能量守恒原理，所以是不可能的，而第二类永动机没有违背能量守恒原理，所以是可能的。（　　）

(8) 一个反应的焓变小于零，熵变大于零，那么这个反应在任何温度下都是可以进行的。（　　）

(9) 放热反应是自发的。（　　）

(10) 反应的熵变为正值，该反应一定是自发的。（　　）

3. 计算题

(1) 有一装有气体的气缸，活塞面积为 $60m^3$，抵抗 $3\times10^5Pa$ 的外压，向外移动 20m 的距离，问做了多少功？

(2) 一定量的气体在恒定 $3\times10^5Pa$ 的外压下，体积缩小 1.2L，试求气体和环境交换的功。

(3) 有一系统对外膨胀做了 200J 的功，其热力学能减少了 80J，问此系统吸热还是放热？热量为多少？

(4) 理想气体 1mol 于 0℃时由始态 $1\times10^6Pa$ 下反抗 $4\times10^4Pa$ 的外压，恒温膨胀到压力为 $4\times10^4Pa$ 达到平衡，求系统变化的 $W$、$Q$、$\Delta U$。

(5) 将 $3molN_2$ 于恒定 $1\times10^5Pa$ 压力下，从 0℃升温到 110℃，其恒压摩尔热容为 $28.6J\cdot mol^{-1}\cdot K^{-1}$，求系统的 $\Delta H$ 和 $Q$。

(6) 某种气体 4mol 在密闭容器中冷却，温度由 120℃下降到 20℃，其 $C_V$ 为 $20.8J\cdot mol^{-1}\cdot K^{-1}$，求该过程的 $Q$ 和 $\Delta U$。

(7) 在 25℃，$2molH_2$ 的体积为 $1.5\times10^{-2}m^3$，若保持系统温度不变，反抗外压 $1.013\times10^5Pa$，体积膨胀到 $4.0\times10^{-2}m^3$，试计算该过程的 $Q$、$W$、$\Delta U$、$\Delta H$（氢气可视为理想气体）。若向真空膨胀到 $4.0\times10^{-2}m^3$，$Q$、$W$、$\Delta U$、$\Delta H$ 又为多少？

(8) 某理想气体 2mol 在恒定外压 $p_{外}=2.027\times10^5Pa$ 下温度由 373K 降至 273K，求 $Q$、$W$、$\Delta U$、$\Delta H$（$C_V=12.5Jmol^{-1}\cdot K^{-1}$）。

(9) $140gCl_2$ 在恒容下，温度由 25℃升高到 200℃，求变化过程的 $Q$、$W$、$\Delta U$、$\Delta H$（$Cl_2$ 可视为理想气体）。

(10) 将 1mol $N_2$ 于恒定 $2\times10^5$ Pa 下由 10℃升温到 120℃，求系统的 $Q$、$W$、$\Delta U$、$\Delta H$（$N_2$ 可视为理想气体）。

(11) 空气 1kg 由 25℃经绝热膨胀降温到 −55℃，设空气为理想气体，平均相对分子质量为 29，$C_V$ 为 20.92J·$mol^{-1}$·$K^{-1}$，求过程的 $Q$、$W$、$\Delta U$、$\Delta H$。

(12) 氦气 2mol 在 27℃经绝热膨胀温度下降至 −10℃，求过程的 $Q$、$W$、$\Delta U$、$\Delta H$。

(13) 利用标准摩尔生成焓数据计算下列反应在 298K 时的反应的标准摩尔热效应 $\Delta_r H_m^{\ominus}$。

① $CH_4(g) + 2O_2(g) = CO_2(g) + 2H_2O(g)$

② $C_2H_4(g) + H_2O(g) = C_2H_5OH(l)$

③ $3C_2H_2(g) = C_6H_6(g)$

④ $SO_2(g) + \frac{1}{2}O_2(g) + H_2O(l) = H_2SO_4(l)$

⑤ $\frac{1}{3}C_6H_6(l) = C_2H_2(g)$

(14) 利用标准摩尔燃烧焓数据计算下列反应在 298K 时反应的标准摩尔热效应 $\Delta_r H_m^{\ominus}$。

① $C_2H_2(g) + H_2O(l) = CH_3CHO(l)$

② $3C_2H_2(g) = C_6H_6(l)$

③ $C_2H_6(g) + \frac{7}{2}O_2(g) = 2CO_2(g) + 3H_2O(l)$

④ $4CO_2(g) + 6H_2O(l) = 2C_2H_6(g) + 7O_2(g)$

(15) 利用标准摩尔熵数据，计算下列反应在 298K 时的标准摩尔熵变 $\Delta_r S_m^{\ominus}$。

① $C(石墨) + O_2(g) = CO_2(g)$

② $H_2(g) + \frac{1}{2}O_2(g) = H_2O(l)$

③ $3H_2(g) + N_2(g) = 2NH_3(g)$

④ $2H_2O(l) = 2H_2(g) + O_2(g)$

(16) 利用标准摩尔生成吉布斯函数求下列反应在 298K 时的标准摩尔吉布斯函数变 $\Delta_r G_m^{\ominus}$。

① $O_2(g) + 2CO(g) = 2CO_2(g)$

② $CaCO_3(方解石) = CaO(s) + CO_2(g)$

③ $3C_2H_2(g) = C_6H_6(l)$

④ $CO_2(g) = \frac{1}{2}O_2(g) + CO(g)$

(17) 下表是 298K 时四种物质的 $\Delta_f H_m^{\ominus}$、$\Delta_f G_m^{\ominus}$、$S_m^{\ominus}$（数据不全）。

① 只用此表中数据计算反应：$H_2O(g) + CO(g) = H_2(g) + CO_2(g)$ 的 $\Delta_r H_m^{\ominus}$、$\Delta_r G_m^{\ominus}$、$\Delta_r S_m^{\ominus}$，并判断反应是否自动向右进行？

② 计算 $H_2O(g)$ 在 298K 时的标准摩尔熵。

| 物　　质 | $\Delta_f H_m^{\ominus}$/kJ·$mol^{-1}$ | $\Delta_f G_m^{\ominus}$/kJ·$mol^{-1}$ | $S_m^{\ominus}$/J·$mol^{-1}$·$K^{-1}$ |
|---|---|---|---|
| CO(g) | −110.54 | −137.30 | 198.01 |
| $CO_2$(g) | −393.51 | −394.38 | 213.79 |
| $H_2O$(g) | −241.84 | −228.59 | — |
| $H_2$(g) | 0.0 | 0.0 | 130.70 |

4. 问答题

(1) 什么是状态函数？它有哪些特点？

(2) 什么是系统的热力学能？热力学能的绝对数值能否确知？这对我们讨论问题有无影响？

(3) 书写热化学方程式，应注意哪些方面和化学方程式不同？

(4) 热力学标准态的含义是什么？为什么要规定标准态？

(5) 说明焓的物理意义。能否确知一个系统的焓值，为什么？

(6) 物质的标准摩尔熵的值有哪些规律？

(7) 什么是吉布斯函数判据？

(8) 计算一个化学反应的标准摩尔 Gibbs 函数变 $\Delta_r G_m^\ominus$ 有哪些方法？

**【阅读材料】**

## 对伪科学"热死论"的批判

热力学第二定律有各种说法，我们讲述了其中的开尔文说法和克劳修斯说法，两种说法从不同的角度反映了自发过程的不可逆性这一规律。而系统的自发过程的进行是因为有降低能量的倾向（$\Delta H < 0$）和增加混乱度的倾向（$\Delta S > 0$）。

对于隔离系统，系统和环境没有热的交换，这样，隔离系统的自发过程的进行不存在着降低能量的问题，而只有增加混乱度的倾向。也就是说在一个隔离系统中发生的任何过程，系统的熵永不减少。这个结论是热力学第二定律的一种重要结果，其数学表达式为：

$$\Delta S_{隔离} \geqslant 0 \quad \begin{matrix}自发\\平衡\end{matrix}$$

这是人们在地球上有限的空间范围和时间限度的经验中总结出来的一个有条件的规律。但是某些人，甚至有一些是著名的科学家从唯心论和形而上学的世界观出发，把热力学第二定律绝对化，无条件地推广到整个宇宙。例如克劳修斯就曾把热力学第二定律概括为"宇宙的熵趋于极大"，从而得出了宇宙终将"热死"的荒谬结论。"热死论"者认为整个宇宙是一个隔离系统，整个宇宙是向着熵增大的方向发生变化的，随着宇宙的熵不断增加，终将达到极值，因此必有一天全宇宙的温度到处一样，没有差别。那时，宇宙中万物的温差都将消失，成为一种热动平衡状态，一切热运动都将停止，于是一切变化都将停止，宇宙将处于某种惰性的死寂状态中，这就是世界的末日到了。

具有唯心论的世界观的人认为，世界既有末日，则必有创始之日，那么谁来创造世界呢？这就不能不归结于外来的推动，即"上帝创造世界"。这显然是荒谬的。

"热死论"在科学上也是站不住脚的。首先，把整个宇宙当作隔离系统是毫无根据的。热力学的所谓系统是指作为研究对象的宏观物体的集合，它在空间上必然是有限的，而宇宙在空间上是无限的，因此把宇宙当作热力学研究的系统就是错误的。何况所谓隔离系统不过是热力学上的一种科学的抽象。事实上，世界上的事物总是互相联系着的，不可能存在绝对的隔离系统。例如地球上任何一个实际的系统都离不开地球引力的影响，也不可能绝对地消除热传导，只有当系统在变化过程中，地球引力的影响不起主要作用，或者在短时间内热传导的作用很小，可以忽略时，系统才可以近似地被看成隔离的。

"热死论"断言"宇宙的熵趋于极大"、"当熵达到它的最大值时，宇宙就不可能发生任何变化，将处于某种惰性的死寂状态中"。这个断言也是违反能量守恒和转化定律的。运动着的宇宙在量的方面具有无限的多样性，各种运动状态既不会无中生有，也不会无影无踪地自行消灭。而且在质的方面，各种运动形态之间是互相转化的，同时转化是存在于物质自身的。如果否认物质本身具有从一种运动形态转化为另一种运动形态的能力，那就是否认运动不灭原理，是根本违反辩证唯物论的。天体演化学的研究表明，我们太阳所在的银河系是由无数恒星和大量星际弥漫物质组成的庞大天体系统，在这个无限广大的系统中，既有物质和能量的分散（恒星抛射物质，发出辐射），又有物质和能量的集中（由星际弥漫物凝聚为恒星）。有的地方虽在冷下去，但有的地方又热起来。因此，决不会一直分散下去，或一直冷下去，当然也就不可能达到"热死论"所说的"无差别"的平衡境界了。

# 第六章 化学反应速率和化学平衡

**【学习目标】**

了解化学反应速率的有关概念；理解浓度、压力、温度和催化剂对化学反应速率的影响；掌握化学平衡知识；了解化学平衡移动原理及其在化工生产中的应用。

对任何一个化学反应的研究，不仅要注意其产物的种类，还必须注意另外两个重要问题，一是反应的快慢，也就是化学反应速率问题；二是化学反应进行的最大限度问题，即有多少反应物可以转化为生成物，也就是化学平衡问题。

## 第一节 化学反应速率

不同化学反应的速率有很大差别。如火药爆炸、酸碱中和等化学反应，进行得非常迅速，瞬间即可完成。但有的反应则进行得十分缓慢，如金属的腐蚀、塑料和橡胶的老化等，需要很长时间才能完成；而煤和石油的形成，则要亿万年的变化才能实现。我们根据实际需要，怎样使一个进行得比较慢的反应变快？怎样使一个进行得比较快的反应变慢？这些都涉及化学反应速率问题。

### 一、反应速率的表示方法

在化学反应中，随着反应的进行，反应物浓度不断减小，生成物浓度不断增大。我们通常用单位时间内反应物浓度的减少或生成物浓度的增大来表示化学反应速率（用符号 $v$ 表示）。时间单位可用秒、分、时（分别用符号 s、min、h 表示），浓度单位为 $mol \cdot L^{-1}$，反应速率的单位为 $mol \cdot L^{-1} \cdot s^{-1}$ 或 $mol \cdot L^{-1} \cdot min^{-1}$ 或 $mol \cdot L^{-1} \cdot h^{-1}$。应该指出该反应速率实际上是一定时间间隔内的平均反应速率，而不是瞬时速率。

例如某一反应物的浓度是 $2mol \cdot L^{-1}$，经过 2s 后，其浓度变成 $0.8mol \cdot L^{-1}$，即 2s 后反应物的浓度减小了 $2mol \cdot L^{-1} - 0.8mol \cdot L^{-1} = 1.2mol \cdot L^{-1}$，这就是说在这 2s 内，该反应物的平均反应速率为 $0.6mol \cdot L^{-1} \cdot s^{-1}$。

注意：同一化学反应，用不同反应物或生成物浓度的变化来表示其反应速率时，结果是不同的。

### 二、质量作用定律

实验证明，在恒温下，对一步完成的简单反应（称为基元反应）如：$mA + nB \rightleftharpoons pC + qD$，其反应速率和浓度的关系为：

$$v = k c_A^m \cdot c_B^n \tag{6-1}$$

即在一定温度下，化学反应速率与各反应物浓度方次的乘积成正比（反应物浓度的方次，等于反应式各化学式前的系数）。这个结论就是质量作用定律。式(6-1)称为质量作用定律表达式，又叫做为反应速率方程式。

式中，$k$ 是比例常数，称为反应速率常数，简称速率常数，其大小由反应物的性质决定，不同的化学反应有其特定的速率常数，一般通过实验测定。反应速率常数与温度有关，与浓度无关。一般，温度愈高，$k$ 值愈大。

反应速率方程式中各反应物浓度的指数之和称为该反应的反应级数。例如：$NO_2$ 和 $CO$ 作用生成 $NO$ 和 $CO_2$：$NO_2+CO = NO+CO_2$
在温度高于 225℃时，该反应是一步完成的简单反应，则反应速率方程式为：$v=kc_{NO_2} \cdot c_{CO}$
该反应为二级反应。

又如反应：$2NO+O_2 = 2NO_2$，其速率方程式为：$v=kc_{NO}^2 \cdot c_{O_2}$，该反应为三级反应。

在反应速率方程式中，反应物的浓度是指气态或溶液的浓度。对于有固态物质参加的反应，由于反应只是在固体表面上进行，因此固体物质是无所谓"浓度"的，反应速率仅与固体表面积的大小、扩散速率有关。所以在有固体物质参加反应时，其质量作用定律表达式中，不包括固体物质的浓度。例如煤在空气中燃烧的反应：

$$C(固)+O_2(气) = CO_2(气)$$

$$v=kc_{O_2}$$

质量作用定律只适用于基元反应，而不适用于分几步完成的总反应。所以在应用质量作用定律时，应以实验为依据，不能将任何反应中反应物的浓度和其化学式前面的系数机械地代入质量作用定律表达式中。

### 三、影响化学反应速率的因素

化学反应速率的快慢，首先决定于反应物的性质，例如氟和氢在低温、暗处即可发生爆炸性反应，而氯和氢则需要光照或加热才能化合。其次，浓度、压力、温度、催化剂等外界条件对反应速率也有较大影响。

1. 浓度对反应速率的影响

**【演示实验 6-1】** 取 2 支试管，在第一个试管中加入 5mL0.1mol·L$^{-1}$ $Na_2S_2O_3$ 溶液，在第二个试管中加入 2mL0.1mol·L$^{-1}$ $Na_2S_2O_3$ 后，再加入 3mL 蒸馏水。然后，同时往两支试管中各加入 5mL0.1mol·L$^{-1}$ $H_2SO_4$，并振荡试管，观察哪支试管内先开始出现混浊。

稀硫酸和硫代硫酸钠的反应为

$$Na_2S_2O_3 + H_2SO_4(稀) = Na_2SO_4 + S\downarrow + SO_2 + H_2O$$

生成的单质硫不溶于水，而使溶液混浊，可以利用从溶液混合到出现浑浊所需的时间来比较反应在不同浓度时的反应速率。

上述实验发现第一支试管比第二支试管先出现混浊，因为前者的 $Na_2S_2O_3$ 浓度大于后者的 $Na_2S_2O_3$ 浓度，而其他的条件都相同。

实验证明，当其他外界条件都相同时，增大反应物的浓度，会加快反应速率；而减少反应物的浓度，会减慢反应速率。

物质之间要发生反应，必须有分子、原子或离子之间的相互碰撞。反应物的浓度越大，则单位体积内分子、原子或离子的数目越多，因而它们之间接触碰撞的机会也越多，反应速率也就越快。

由反应速率的表达式明显地表明了浓度对反应速率的影响。一般反应速率随反应物的浓度增大而增大，增大的程度与反应级数有关。

2. 压力对反应速率的影响

对于有气态物质参加的反应，压力影响该反应的速率。增大压力，气体的体积减小，单位体积内气体分子数增多，即气体的浓度增大，因而反应速率加快。反之，降低压力，气态物质的浓度减小，反应速率减慢。

如果参加反应的物质是固体或溶液时，由于改变压力对它们的浓度改变极小，因此可以认为压力与它们的反应速率无关。

3. 温度对反应速率的影响

许多化学反应都是在加热的情况下发生的，例如，在常温下，煤在空气中甚至纯氧中也不能燃烧，只有在加热到一定温度时才能燃烧，在空气充足的情况下，越烧越旺。

【演示实验 6-2】 在两支试管中分别加入 $5mL 0.1mol \cdot L^{-1} Na_2S_2O_3$ 溶液，再将两支试管分别插入冷水和热水中。另取两试管分别加入 $5mL 0.1mol \cdot L^{-1} H_2SO_4$，然后同时分别倒入前两个试管中，观察实验现象。

实验表明，插在热水中盛有混合溶液的试管中首先出现浑浊。说明温度升高，能加快化学反应速率。

大量实验表明，温度每升高 10K，反应速率大约增加 2~4 倍。例如，钢铁的氧化速率，常温时很缓慢；加热到 573K 时可看到表面的氧化膜出现；到 873K 时钢铁的表面很快有一层氧化皮生成。

4. 催化剂及其对反应速率的影响

凡能改变反应速率而它本身的组成、质量和化学性质在反应前后保持不变的物质，称为催化剂。

【演示实验 6-3】 在试管 1 和 2 中，各加入 $5mL 3\% H_2O_2$ 溶液，再往试管 2 中加入少量二氧化锰，观察实验现象。

从实验中发现，试管 1 中气泡产生得慢而且少，而试管 2 中很快有气泡生成。这是因为二氧化锰加快了 $H_2O_2$ 的分解速率，故对该反应有催化作用。

$$2H_2O_2 \xrightarrow{MnO_2} 2H_2O + O_2 \uparrow$$

像这种有催化剂参加的反应叫催化反应。在催化剂作用下，反应速率发生改变的现象叫催化作用。

催化作用在化工生产中具有十分重要的意义。例如，氮、氢气体合成氨的反应，即使在较高温度下，反应速率仍然十分缓慢，在工业上没有实用价值，但当加入铁作催化剂，则使反应速率大大加快，使工业合成氨有了现实性。

有些物质能延缓某些反应的速率，如橡胶中的防老化剂，这类物质叫阻化剂（以前曾叫负催化剂）。以后提到的催化剂，如果没有加以说明，都是指能加快反应速率的正催化剂。应该注意，催化剂只能改变反应速率，但不能使原来不发生反应的物质之间发生反应。

固体催化剂只在其表面层上起作用。为降低成本，充分发挥催化剂的利用率，常将催化剂分散附在表面积大的多孔惰性物质上，这种物质称为载体。常用的载体有活性炭、硅藻土、天然沸石、硅胶、氧化铝、耐火材料、石棉纤维等。载体还可以防止催化剂的小晶粒在高温下熔结，帮助散发反应热，以利于提高反应温度。

催化活性的主体称为主催化剂。本身无催化活性或活性很小，但加入之后可提高主催化剂的活性或延长主催化剂寿命的物质称为助催化剂。

催化剂是有选择性的。一种催化剂只能对某一反应起催化作用，也就是说不同的反应要选择不同的催化剂，如二氧化硫氧化为三氧化硫，用五氧化二矾做催化剂，合成氨则用铁作催化剂；同样的反应物选用不同的催化剂，则可能进行不同的反应。例如以乙醇为原料，若在 200~250℃，以银作催化剂，则乙醇发生脱氢的反应生成乙醛，而在 350℃，以三氧化二铝作催化剂时，则乙醇发生分子内的脱水生成乙烯；催化剂的选择性还与反应温度有关，一种反应的催化剂不是在任意温度下，而是在一定的温度范围内才发生催化作用。

催化剂具有用量少、能大幅度地改变反应速率等优点，但是，催化剂遇到某些物质会发生降低或失去催化作用的现象，这种现象叫催化剂的中毒。因此，在使用催化剂时，要对反应物进行必要的针对性处理，以除去某些能使催化剂中毒的物质。如 $H_2$ 和 $N_2$ 进合成塔合成前必须先脱硫，以免其中混有的硫使铁催化剂中毒。

在现代化工生产中，催化剂担负着一个重要角色，据统计化工生产中 80% 以上的反应都采用催化剂。例如：

① 接触法生产硫酸的关键步骤是将 $SO_2$ 转化为 $SO_3$。自从采用了 $V_2O_5$ 作催化剂后，反应速率竟然增加了一亿六千万倍。

② 甲苯为重要的化工原料，可从大量存在于石油中的甲基环己烷脱氢而制得。但因该反应极慢，以致长时间不能用于工业生产，直到发现能显著加速反应的 Cu、Ni 催化剂后，它才有了工业价值。

③ 在生命过程中，生物体内的催化剂酶起着主要的作用。据研究，人体内的部分能量是由蔗糖氧化产生的。蔗糖在纯的水溶液中几年也不与氧发生反应，但在特殊酶的催化下，只需几小时就能完成反应。人体内有许多酶，它们不但选择性高，而且能在常温常压和近于中性的条件下加速某些反应的进行。而工业生产中不少催化剂往往需要高温、高压等比较苛刻的条件。因此，为了适应发展新技术的需要，模拟酶的催化作用已经成为当今重要的研究课题。我国科学工作者在化学模拟生物固氮酶的研究方面已处于世界前列。

## 第二节 化学反应的限度——化学平衡

### 一、可逆反应与化学平衡

各种化学反应中，反应物转化为生成物的程度各有不同。有些反应几乎能进行到底，即使在密闭容器中，这类反应的反应物实际上全部转化为生成物，例如 $KClO_3$ 的分解反应：

$$2KClO_3 \xrightarrow[\Delta]{MnO_2} 2KCl + 3O_2 \uparrow$$

反应逆向进行的趋势很小。通常认为，KCl 与 $O_2$ 不能生成 $KClO_3$，像这种实际上只能向一个方向进行"到底"的反应叫做不可逆反应。

但是，大多数化学反应都是可逆的，例如，在密闭容器中，一定温度下，氢气和碘蒸气反应生成气态的碘化氢。

$$H_2 + I_2 = 2HI$$

在同样条件下，气态的碘化氢也能分解成碘蒸气和氢气。

$$2HI = H_2 + I_2$$

上述两个反应同时发生，并且方向相反，可以写成下列形式：

$$H_2 + I_2 \rightleftharpoons 2HI$$

用"$\rightleftharpoons$"来代替反应方程式中的"$=$"，习惯上，把从左向右进行的反应叫正反应；从右向左的反应叫做逆反应。

由于正、逆反应共处于同一系统内，在密闭容器中，可逆反应不能进行到底，即反应物不能全部转化为产物。

又例如，合成氨反应也是一个可逆反应：

$$3H_2 + N_2 \rightleftharpoons 2NH_3$$

在 873K 和 $2.0205 \times 10^7$ Pa 下将体积比为 1:3 的氮、氢混合气体密闭于有催化剂的容器里进行反应，当混合气体中氨达到 9.2%，未反应的氮、氢气体为 90.8% 时，反应似乎停

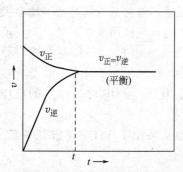

图 6-1 正、逆反应速率随时间变化

顿了。这是因为存在着逆反应。开始反应时，氮、氢浓度大，正反应速率（$v_正$）快，逆反应速率（$v_逆$）为零。然而，一旦生成了氨，逆反应立即发生。随着反应的进行，氮、氢浓度逐渐降低，氨浓度逐渐增大，正反应速率逐渐减慢，逆反应速率逐渐加快。最后正、逆反应速率达到相等。

即在单位时间内，由氮、氢合成的氨分子数等于单位时间内氨分解为氮、氢的氨分子数。此时，反应体系中各物质不再发生变化，正、逆反应达到了平衡状态（见图 6-1）。

当可逆反应进行到正、逆反应速率相等时的状态，叫化学平衡。化学平衡的特征是：在外界条件不变时，反应体系中各物质的浓度不再改变。而且无论反应以正、逆哪一个方向趋于平衡，结果都一样。

需要指出的是：在反应体系处于平衡状态时，反应并没有停止，而是正、逆反应以相等的速率进行着。这正如向一个水槽注入水的速率与从水槽中流出水的速率相等时，槽中的水面固定不变，水却在不断地流着一样。因此化学平衡是一个动态平衡。

### 二、平衡常数

化学平衡实际上是研究可逆反应进行的程度问题。我们用平衡常数来定量地表示化学反应进行的程度。

1. 实验平衡常数

反应达到平衡后，反应物和产物的浓度或分压不再改变。经过大量的实验，人们归纳总结出了作为平衡特征的实验平衡常数。

例如，对于可逆反应：

$$CO + H_2O(g) \rightleftharpoons CO_2 + H_2$$

实验证明，当体系达到化学平衡状态时，$H_2$ 平衡浓度与 $CO_2$ 平衡浓度的乘积和 CO 平衡浓度与 $H_2O(g)$ 平衡浓度的乘积的比值是一个常数。即

$$\frac{c_{CO_2} \cdot c_{H_2}}{c_{CO} \cdot c_{H_2O}} = 常数$$

大量实验证明，在一定温度下，任何可逆反应：

$$mA + nB \rightleftharpoons pC + qD$$

达到化学平衡时，生成物浓度幂的乘积与反应物浓度幂的乘积之比值是一个常数。这个常数叫做化学平衡常数，简称平衡常数。平衡常数 $K_c$ 的表达式为：

$$K_c = \frac{c_C^p \cdot c_D^q}{c_A^m \cdot c_B^n} \tag{6-2}$$

注意，在平衡常数表达式中，不包括固体物质或纯液体，只包括气体和溶液的浓度。例如：

$$CO_2(g) + C(s) \rightleftharpoons 2CO(g) \qquad K_c = \frac{c_{CO}^2}{c_{CO_2}}$$

$$CaCO_3(s) \rightleftharpoons CaO(s) + CO_2(g) \qquad K_c = c_{CO_2}$$

对于低压下进行的任何气体反应，写平衡常数表达式时，其平衡浓度既可以用物质的量浓度，也可以用平衡时各气体的分压来表示。例如，某理想气体反应如下：

$$mA + nB \rightleftharpoons pC + qD$$

在一定温度下达到化学平衡状态时，平衡常数表达式也可以写成：

$$K_p = \frac{p_C^p \cdot p_D^q}{p_A^m \cdot p_B^n} \tag{6-3}$$

式中，$K_p$ 称为压力平衡常数，$p_A$、$p_B$、$p_C$、$p_D$ 分别表示物质 A、B、C、D 在平衡时的分压。

$K_p$ 和 $K_c$ 关系为：$K_p = K_c(RT)^{\Delta n}$。其中 $\Delta n = (p+q) - (m+n)$

$K_c$、$K_p$ 值是由实验得到的，因此也称为实验平衡常数。

2. 标准平衡常数

$K_c$ 和 $K_p$ 是量纲不为 1 的量，且随反应不同量纲也不同，这给平衡计算带来很多麻烦，也不便于与热力学函数联系。因此引入标准平衡常数。

标准平衡常数在热力学中是最常用的，用 $K^{\ominus}$ 表示。对于达到平衡的一般可逆反应：

$$mA + nB \rightleftharpoons pC + qD$$

其标准平衡常数表达式为：

$$K^{\ominus} = \frac{(c_C/c^{\ominus})^p \cdot (c_D/c^{\ominus})^q}{(c_A/c^{\ominus})^m \cdot (c_B/c^{\ominus})^n} \tag{6-4}$$

若 A、B、C、D 为气态物质时，则其标准平衡常数式为：

$$K^{\ominus} = \frac{(p_C/p^{\ominus})^p \cdot (p_D/p^{\ominus})^q}{(p_A/p^{\ominus})^m \cdot (p_B/p^{\ominus})^n} \tag{6-5}$$

在标准平衡常数 $K^{\ominus}$ 表达式中，各物质的平衡浓度或平衡分压都要除以相应的标准状态浓度 $c^{\ominus}$ 或标准状态压力 $p^{\ominus}$，即得到物质的相对浓度或相对分压。按照规定和惯例，$c^{\ominus}$ 取 $1 \text{mol} \cdot \text{L}^{-1}$，$p^{\ominus}$ 取 $100 \text{kPa}$。标准平衡常数为量纲一的量。本书为简化起见，后面有关物质的相对浓度或相对压力用方括号 [ ] 表示。即

B 的相对浓度 $\qquad\qquad\qquad [B] = \dfrac{c_B}{c^{\ominus}}$

B 气体的相对分压 $\qquad\qquad\qquad [p_B] = \dfrac{p_B}{p^{\ominus}}$

故式(6-4) 可表示为 $\qquad\qquad\qquad K = \dfrac{[C]^p[D]^q}{[A]^m[B]^n}$

平衡常数具有如下性质。

① 平衡常数是可逆反应的特征常数，它表示在一定条件下，可逆反应进行的程度。平衡常数值越大，表明在一定条件下化学反应向右进行得越彻底，亦即反应物转化为生成物的程度愈大；反之，平衡常数值愈小，表明反应物转化为生成物的程度越小。因此平衡常数的大小是一定温度下，化学反应可能进行的最大限度的量度。

② 平衡常数与温度有关，即温度一定，而浓度、压力变化时，平衡常数不变。但温度改变时，平衡常数将发生变化。

热力学研究指出，化学反应的标准摩尔吉布斯函数（变）$\Delta_r G_m^{\ominus}$ 和化学反应的标准平衡常数 $K^{\ominus}$ 之间关系如下：

$$\Delta_r G_m^{\ominus} = -2.303 RT \lg K^{\ominus} \tag{6-6}$$

从式(6-6) 可以看出，当 $\Delta_r G_m^{\ominus} < 0$ 时，则 $K^{\ominus} > 1$，若 $\Delta_r G_m^{\ominus}$ 愈小，则 $K^{\ominus}$ 愈大，这就意味着正向反应进行得愈彻底；反之，当 $\Delta_r G_m^{\ominus} > 0$ 时，则 $K^{\ominus} < 1$，若 $\Delta_r G_m^{\ominus}$ 愈大，则 $K^{\ominus}$ 越小，这就意味着正向反应进行得越完全。所以也可从吉布斯函数变的大小，可判断出化学反应进行的最大限度。

# 第三节 化学平衡的移动

化学平衡是可逆反应在一定条件下正、逆反应速率相等时的状态。平衡是相对的、暂时的。如果浓度、温度等条件改变,使正、逆反应速率产生相对的差别,平衡就会破坏。当正、逆反应速率再度达到相等的时候,反应在新的条件下,又建立起新的平衡。因外界条件的改变,使化学反应由原来的平衡状态转变到新的平衡状态的过程,叫做化学平衡的移动。新平衡状态下体系中各物质的浓度,已不同于原平衡状态下的浓度。

## 一、化学平衡移动原理

### 1. 浓度对化学平衡的影响

**【演示实验 6-4】** 向一个盛有 20mL 水的烧杯中滴加 $0.1\text{mol} \cdot \text{L}^{-1}$ $FeCl_3$ 溶液和 $0.1\text{mol} \cdot \text{L}^{-1}$ KSCN 溶液各 10 滴,摇匀,可观察到溶液呈现红色。然后将反应混合物分成三份:第一份保留不变;第二份加少量的 KSCN 溶液,振荡试管,并与第一份比较;第三份中加少量 KCl 溶液,振荡试管,并与第一份比较。

实验表明,第二份与第一份比较,红色加深;第三份与第一份比较,红色变淡。

通过大量实验证明,当可逆反应达到平衡时,改变任何一种反应物或生成物的浓度,都会引起平衡的改变。即当其他条件不变时,增大反应物浓度(或减小生成物浓度),平衡向增大生成物浓度的方向移动;增大生成物浓度(或减少反应物浓度),则平衡向增大反应物浓度的方向移动。

### 2. 压力对化学平衡的影响

**【演示实验 6-5】** 用注射器吸入 $NO_2$ 和 $N_2O_4$ 的混合气体后,将细管端用橡皮塞加以封闭。

$NO_2$(棕红色)和 $N_2O_4$(无色)在一定条件下,处于平衡状态:

$$2NO_2(g) \rightleftharpoons N_2O_4(g)$$
$$\text{棕红色} \qquad \text{无色}$$

如将针管活塞往外拉时,管内体积增大,气体压力减小,混合气体颜色逐渐变深。这是因为平衡向生成 $NO_2$ 的方向移动,即向气体物质的量增大,也就是气体体积增大的方向移动;如把注射器的活塞往里压,管内体积减小,气体压力增大,平衡向生成 $N_2O_4$ 的向移动,即向气体物质的量减小,也就是向气体体积减小的方向移动,而使混合气体的颜色变浅。

结论:在其他条件不变的情况下,增大压力会使化学平衡向着气体体积总数减小的方向移动;减小压力,会使平衡向着气体体积总数增大的方向移动。

例如,可逆反应:

$$3H_2 + N_2 \rightleftharpoons 2NH_3$$

当增加压力时,平衡向合成氨的方向移动。

在有些可逆反应中,反应前后气态物质的总体积没有发生变化,如:

$$CO + H_2O(g) \rightleftharpoons H_2 + CO_2$$

反应前后气体的总体积数都为 2,在这种情况下,增大或减小压力,不能使化学平衡移动。没有气体参加的可逆反应,由于压力对体积的影响甚微,故改变压力,平衡几乎不移动。

### 3. 温度对化学平衡的影响

化学反应总是伴随着热量的变化(详见第五章第三节中的热化学方程式)。如果可逆反应的正反应是吸热的($\Delta_r H_m^\ominus > 0$),则其逆反应必然是放热的($\Delta_r H_m^\ominus < 0$)。例如:

$$2NO_2(g) \rightleftharpoons N_2O_4(g) \qquad \Delta_r H_m^\ominus = -58.2 \text{kJ} \cdot \text{mol}^{-1}$$
　　棕红色　　　无色

转化为 $N_2O_4$ 的反应为放热反应，而转化为 $NO_2$ 的反应为吸热反应。

**【演示实验 6-6】** 将 $NO_2$ 平衡仪的两端分别置于盛有冷水和热水的烧杯内（见图 6-2），观察气体颜色的变化。

从实验可见，热水中球内的颜色变深，说明升高温度，平衡向 $NO_2$ 浓度增大的方向（吸热反应方向）移动；冷水中球内的颜色变浅，说明降低温度，平衡向 $N_2O_4$ 浓度增大的方向（放热反应方向）移动。

总之，可逆反应达到平衡后，若其他条件不变，升高温度，平衡向吸热反应的方向移动；降低温度，平衡向放热反应的方向移动。

图 6-2　温度对化学平衡的影响

4. 催化剂对平衡移动的影响

催化剂能同等程度地增加正、逆反应的速率，因此，它对化学平衡的移动没有影响。但是，当使用了催化剂时，能大大缩短反应达到平衡所需要的时间。因此，在化工生产中，广泛使用催化剂。

综合浓度、压力、温度等条件对平衡移动的影响，可得到一个普遍的规律，当可逆反应达平衡后，如果改变影响平衡的条件之一，如温度、浓度或压力，平衡就向能减弱这种改变的方向移动。这个规律称勒沙特列（H. L. Le Chatelier，法国化学家）原理，也叫做平衡移动原理。

## 二、化学反应速率和化学平衡移动原理在化工生产中的应用

在化工生产中，常常需要综合考虑化学反应速率和化学平衡两方面的因素来选择最适宜的反应条件。

下面以合成氨为例来说明化学反应速率和化学平衡移动原理在化工生成中的应用。

$$N_2(g) + 3H_2(g) \rightleftharpoons 2NH_3(g) \qquad \Delta_r H_m^\ominus = -92.4 \text{KJ} \cdot \text{mol}^{-1}$$

该反应是一个由气体参加的可逆反应，其特点是一个反应前后气体物质的量减小，即气体体积减小的放热反应。

根据增加反应物浓度可加快正反应速率并使平衡向正反应方向移动的原理，在上面反应中，向平衡体系中增加氮气或氢气的浓度，平衡向生成氨的方向移动。这就意味着有更多的氮和氢合成氨。同时我们要不断地将生成的氨气分离出来，才能使平衡向生成氨气的方向移动。

根据压力对化学反应速率及平衡移动的影响，增加压力，可以加快合成氨的反应，使平衡向生成氨气的方向移动。但是，压力越大，所需的动力越大，而且对设备材质的要求也越高，致使设备费用和操作费用同时增大，生产成本明显升高。兼顾设备的承受能力等因素，目前国内化肥厂一般采用的压力为 20.3~50.7MPa。

升高温度可以增大反应速率，缩短达到平衡时的时间。但合成氨的反应为放热反应，温度过高，会减小氨气的平衡浓度，即不利于合成氨。此外，催化剂必须在一定的温度下，才能有最大活性，发挥最大的作用。为了兼顾反应速率、平衡及催化剂的活性，根据实践，一般温度控制在 723~773K 比较适宜。

催化剂能以同样的倍数增加一个可逆反应的正反应速率和逆反应速率。因此，催化剂的使用对化学平衡的移动没有影响。但是，使用催化剂由于加快了反应速率，从而能缩短反应

达到平衡所需的时间,因此,在化工生产中,广泛使用催化剂来提高单位时间的产量。如合成氨的反应一般采用以铁为主体的多组分催化剂,又称铁触媒。

从上面讨论得知,在化工生产中,必然会涉及化学反应速率和化学平衡的理论,对一个具体反应来说,一定要从实际出发,反复实践,摸索最有利的工艺条件,以求达到低耗、高效的效果。

## 本 章 小 结

(1) 化学反应速率

化学反应速率是用单位时间内反应物浓度的减少或生成物浓度的增大来表示的。

影响化学反应速率的因素:反应物浓度的大小,气体反应物的压力的大小,反应温度的高低,催化剂的使用等都可以改变化学反应速率的大小。

(2) 化学平衡

① 化学平衡状态的特点

(a) 可逆反应的正、逆反应速率相等;

(b) 反应物和生成物的浓度不再改变;

(c) 是有条件的动态平衡。

② 平衡常数

当可逆反应 $mA+nB \rightleftharpoons pC+qD$ 达到平衡状态时,生成物浓度幂的乘积与反应物浓度幂的乘积之比一个常数,这个常数称平衡常数,其表达式为:

$$K_c = \frac{c_C^p \cdot c_D^q}{c_A^m \cdot c_B^n} \qquad K_c \text{ 为浓度平衡常数}$$

对于低压下进行的任何气体反应,写平衡常数表达式时,其平衡浓度既可以用物质的量浓度,也可以用平衡时各气体的分压来表示。压力平衡常数 $K_p = \dfrac{p_C^p \cdot p_D^q}{p_A^m \cdot p_B^n}$

$K_p$ 和 $K_c$ 关系为:$K_p = K_c (RT)^{\Delta n}$。其中 $\Delta n = (p+q)-(m+n)$

$K_c$ 和 $K_p$ 是有量纲的量,且随反应不同量纲也不同,这给平衡计算带来很多麻烦,也不便于与热力学函数联系。因此引入标准平衡常数 $K^{\ominus}$,$K^{\ominus} = \dfrac{[C]^p [D]^q}{[A]^m [B]^n}$

平衡常数是用来表示可逆反应进行的程度的。不同的可逆反应有不同的 $K^{\ominus}$ 值,$K^{\ominus}$ 值愈大,表示反应进行得愈完全,当然生成物也愈多,反应物的转化率也愈高;反之,$K^{\ominus}$ 值愈小,表示正反应进行的程度越小。

热力学研究指出,化学反应的标准摩尔吉布斯函数(变)$\Delta_r G_m^{\ominus}$ 和化学反应的标准平衡常数 $K^{\ominus}$ 之间关系为 $\Delta_r G_m^{\ominus} = -2.303RT \lg K^{\ominus}$

从吉布斯函数变的大小,可以基本上判断出该反应进行的程度:$\Delta_r G_m^{\ominus}$ 愈大,则 $K^{\ominus}$ 越小,这就意味着正向反应进行得越完全;反之,反应进行得越不完全。

(3) 化学平衡的移动

当外界对处于平衡状态的可逆反应施加某种影响时(即改变浓度、压力、温度等条件之一),平衡就向着减弱这种影响的方向移动。

在判别平衡移动方向时,要抓住"减弱"这两个字来具体判别条件变化时所影响的结果。

为便于记忆，将外界条件对化学反应速率和化学平衡的影响列表对照如下：

| 条件改变 | 反应速率 | 速率常数 | 化学平衡 | 平衡常数 |
|---|---|---|---|---|
| 恒温恒压下增加反应物浓度 | 加快 | 不变 | 向生成物方向移动 | 不变 |
| 恒温下增加压力(气体反应) | 加快 | 不变 | 向气体分子总数减小方向移动 | 不变 |
| 恒压恒浓度下升高温度 | 加快 | 增大 | 向吸热方向移动 | 改变 |
| 恒温、恒压、恒浓度下用催化剂 | 加快 | 增大 | 不移动 | 不变 |

## 思 考 与 练 习

1. 填空题：

(1) 化学反应速率通常用单位时间内_____的减少或_____的增加来表示。

(2) 在反应 $3H_2+N_2 \rightleftharpoons 2NH_3$ 中，经过 2s 钟后，$NH_3$ 的浓度增加了 $0.4 mol \cdot L^{-1}$。若用 $NH_3$ 的浓度变化表示其平均速率为_____。

(3) 在 2L 密闭容器中盛入 500molA 气体，5min 后剩下 2molA，则其平均速率为_____。

(4) 凡能改变反应速率，而本身的_____、_____和_____在反应前后保持_____的物质，称为催化剂，能_____反应速率的叫正催化剂。

(5) 压力对反应速率的影响，实质上是_____的影响。

(6) 在容器内有如下可逆反应：$xA+yB \rightleftharpoons zC$ 在一定条件达到平衡。

① 已知 A、B、C 都是气体，在减压下平衡向逆方向移动，则 $x$、$y$、$z$ 的关系是_____；

② 加热后 C 的百分含量减少，则正反应为_____热反应；

③ 若 A、B、C 都是气体，$x+y=z$，那么，增加压力时，平衡_____；

④ 增加 A 物质的浓度后，B 物质浓度会_____，C 物质的浓度会_____，也就是说平衡_____。

(7) $C(s)+CO_2 \rightleftharpoons 2CO$ 达到平衡时，增大压力，平衡_____，升高温度，$CO_2$ 的转化率增大，则正反应方向为_____热反应。

(8) 根据吉布斯函数判断当 $\Delta_r G^{\ominus}<0$ 时，反应向_____进行；当 $\Delta_r G^{\ominus}$ _____时，反应处于平衡状态；当 $\Delta_r G^{\ominus}>0$ 时，反应向_____进行。

(9) $\Delta_r G_m^{\ominus}$ 和 $K^{\ominus}$ 的关系式是_____。

2. 选择题

(1) 决定化学反应速率的主要因素是(    )。

(a) 各反应物的浓度　　　　　　(b) 参加反应的物质的性质
(c) 催化剂　　　　　　　　　　(d) 温度

(2) 反应 $3H_2+N_2 \rightleftharpoons 2NH_3$，在 2L 的密闭容器内进行，半分钟内有 $0.6 molNH_3$ 生成，则用 $NH_3$ 表示的平均反应速率正确的是(    )。

(a) $0.6 mol \cdot L^{-1} \cdot min^{-1}$　　　　(b) $0.3 mol \cdot L^{-1} \cdot min^{-1}$
(c) $0.2 mol \cdot L^{-1} \cdot min^{-1}$　　　　(d) $0.1 mol \cdot L^{-1} \cdot min^{-1}$

(3) 反应 $A+B \longrightarrow C+D$ 的反应速率最大的一组是(    )。

(a) 常温下 50mL 含 A 和 B 各 0.01mol 的浓度

(b) 常温下 20mL 含 A 和 B 各 0.001mol 的浓度

(c) 常温下 0.3mol·L$^{-1}$ 的 A、B 溶液各 10mL

(d) 常温下 0.1mol·L$^{-1}$ 的溶液各 20mL

(4) 将 1molN$_2$ 和 3molH$_2$ 充入一密闭容器中，在一定条件下反应 3H$_2$+N$_2$ ⇌ 2NH$_3$ 达到平衡状态，平衡状态是指（    ）。

(a) 整个体积缩为原来的 1/2　　　　　　(b) 正反应速率与逆反应速率为零

(c) NH$_3$ 的生成速率等于 NH$_3$ 的分解速率　(d) N$_2$∶H$_2$∶NH$_3$ 的体积之比为 1∶3∶2

(5) 下列数据是一些反应的平衡常数，反应进行得最"完全"的是（    ）。

(a) $K^\ominus$=0.1　　　　　　　　　　(b) $K^\ominus$=10

(c) $K^\ominus$=1　　　　　　　　　　　(d) $K^\ominus$=100

(6) 当反应 2A(g)+B(g) ⇌ 4C(g)（放热反应），达到平衡时，若改变一个条件能使平衡向正反应方向移动的是（    ）。

(a) 加压　　　　　　　　　　　　　　(b) 使用催化剂

(c) 加热　　　　　　　　　　　　　　(d) 减少 C 的浓度

(7) 对于化学反应 NO$_2$ ⇌ N$_2$O$_4$（放热反应），能使瓶内颜色变深的条件是（    ）。

(a) 降温　　　(b) 增压　　　(c) 升温　　　(d) 不可能

(8) 在可逆反应 A(g)+2B(g) ⇌ 2C(g)（放热反应）中为了有利于 C 的生成，采用的反应条件是（    ）。

(a) 高温高压　　　(b) 高温低压　　　(c) 低温低压　　　(d) 低温高压

(9) 可逆反应 $a$A(g)+$b$B(g) ⇌ $c$C(g)+$d$D(g) 中，如果升温、降压，C(g) 量增大，则（    ）。

(a) $a+b<c+d$（吸热反应）　　　　　(b) $a+b>c+d$（吸热反应）

(c) $a+b>c+d$（放热反应）　　　　　(d) $a+b=c+d$（放热反应）

3. 是非题（下列叙述中对的打"×"，错的打"√"）

(1) 增加反应物的浓度，可以提高反应速率，是因为浓度增大后，其速率常数增大了。（    ）

(2) 在其他条件不变时，使用催化剂只能改变反应速率，而不能改变化学平衡状态。（    ）

(3) 当反应 2A(g)+B(g) ⇌ 2C(g) 达到平衡时，增大压力，化学平衡不发生移动。（    ）

(4) 对于可逆反应 C(s)+H$_2$O(g) ⇌ CO(g)+H$_2$(g)（吸热反应）

(a) 达到平衡时，各反应物和生成物的浓度相等；（    ）

(b) 加入催化剂可以缩短达到平衡的时间；（    ）

(c) 由于反应前后分子数相等，所以增加压力对平衡没有影响。（    ）

4. 问答题

(1) 在一块大理石（主要成分为 CaCO$_3$）上，先后滴加 1mol·L$^{-1}$ 和 0.1mol·L$^{-1}$ 的 HCl 溶液。哪个反应快？假如先后滴加同浓度的热盐酸和冷盐酸，哪个反应快？各简述其理由。

(2) 为什么食品放入冰箱中，可延长其保鲜期？

(3) 写出下列可逆反应的平衡常数表达式：

① 2NO+O$_2$ ⇌ 2NO$_2$

② $Fe_3O_4(s)+4CO \rightleftharpoons 3Fe(s)+4CO_2$

③ $2NH_3 \rightleftharpoons 3H_2+N_2$

**【阅读材料】**

## 影响多相化学反应的因素

系统内部具有完全相同的物理性质和化学组成的均匀部分称为相。相的概念在上一章已作了介绍。化学反应大多是多相反应。多相反应的类型很多。例如，气体和固体间的反应、液体和固体间的反应、固体和固体间的反应以及液体和液体间的反应等。多相反应大多是在相的界面上进行，只有少数多相反应发生在不同的相中。

多相化学反应的反应速率除与浓度、温度、压力和催化剂有关外，还与其他一些因素有关。由于多相反应只能在相界面上进行，因此多相化学反应的速率与相互作用的相与相接触面大小有关。接触面愈大，则反应速率愈高。故在生产中常将固相反应物破碎或研磨成粉状物，将液相反应物喷射成雾状等来增加反应面积。如锌粉和盐酸的反应要比锌粒和盐酸的反应快；煤屑的燃烧要比大块煤的燃烧快；磨细的煤粉与空气的混合物不但燃烧迅速，甚至发生爆炸。影响多相反应速率的另一个重要因素是扩散作用。扩散可以使没有起作用的反应物不断地到达界面，生成物不断地离开界面。因此，用搅拌、鼓风等来加快扩散速率，而使反应速率加快是生产中常用的方法。

多相化学在生产中有着重要的意义。例如湿法冶金，水泥的制造，固体和液体燃料的燃烧以及金属的腐蚀等领域，都是多相反应的应用实例。

# 第七章 电解质溶液和离子平衡

【学习目标】
　　了解弱电解质在水溶液中的解离平衡和解离度；了解衡量电解质导电性能的参数，理解离子反应及学会简单离子反应方程式的书写；掌握水的解离和溶液的pH的表示；了解盐类的水解；理解难溶电解质在水中的溶解平衡；了解溶度积规则及其应用。
　　我们已经有了关于电解质的初步概念，现在我们要运用物质结构和化学平衡知识来进一步学习电解质溶液的性质，从而更好地认识酸、碱、盐在水溶液中所起的变化及以后要涉及的电解等电化学工业的化学原理。

## 第一节　电解质的解离

### 一、强电解质和弱电解质

　　酸、碱、盐都是电解质，它们的水溶液或受热熔化能解离出自由移动的离子，因而都能导电。另外蔗糖、酒精、甘油等物质都是非电解质，它们的水溶液或固体受热熔化后都不能解离，因而都不导电。
　　那么，电解质导电的能力是否一样呢？

【演示实验7-1】　按图7-1连接烧杯中的电极、灯泡和电源。分别实验体积相同，浓度都是0.1mol·L$^{-1}$的HCl、CH$_3$COOH、NaOH、NH$_3$·H$_2$O、NaCl溶液及H$_2$O的导电性。

　　观察灯泡的明亮程度因烧杯中盛放的液体不同而不同。通过水的灯泡不亮，通过CH$_3$COOH和NH$_3$·H$_2$O的灯泡较暗，而通过HCl、NaOH和NaCl的灯泡较亮。

　　电解质溶液之所以能导电，是由于溶液中有能够自由移动的离子存在，显然溶液的导电能力的强弱必然与溶液中能够自由移动的离子的多少有关，也就是说，同浓度的

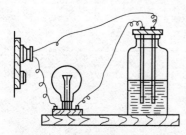

图7-1　测试物质导电性能装置

溶液中离子数目越多，其导电能力越强；反之，越弱。这说明电解质在溶液中解离的程度是不相同的。其原因可从电解质的结构来说明。
　　我们已经知道，离子化合物是由阴离子和阳离子构成的。如果我们将离子化合物的晶体，如NaCl晶体放入水中，它一方面受到极性水分子的吸引，使离子间的键减弱；另一方面又受到不断运动的水分子的冲击，使离子脱离晶体表面进入溶液，成为能够自由移动的Na$^+$和Cl$^-$。在任何离子化合物的溶液中，它们的阴、阳离子都与Na$^+$和Cl$^-$一样，受水分子的作用成为阴离子和阳离子。实验证明，大多数盐类和强碱（如NaOH）都是离子化合物，它们在水溶液中是以离子形式存在，而没有分子形式。
　　具有极性键的共价化合物是以分子状态存在的，例如，液态HCl中只有HCl分子，没

有离子。但当 HCl 分子溶解于水时，由于本身的共价键具有很强的极性，故在极性水分子的作用下，分子中的共用电子对完全偏向氯原子，形成自由移动的 $Cl^-$；氢原子失去电子成自由移动的 $H^+$，以致水溶液中没有 HCl 分子存在，而只有 $H^+$ 与 $Cl^-$。其他强酸，如硫酸、硝酸也是具有强极性键的共价化合物，和 HCl 一样，它们的水溶液中也只有 $H^+$ 与酸根离子。

但是一些极性较弱的共价化合物，如醋酸（化学式 $CH_3COOH$）、氨水等，它们溶解于水时，虽然同样受水分子的作用，却只有一部分分子解离成离子，换言之，在这类电解质溶液中，既有离子存在，又有电解质的中性分子存在，所以导电能力较弱。

根据上述情况，可将电解质相对地分为强电解质和弱电解质。

在水溶液中或在熔融状态下能完全解离成离子的电解质称为强电解质。强碱〔如 $NaOH$、$KOH$、$Ba(OH)_2$〕、强酸（如盐酸、硫酸、硝酸等）和大多数的盐都是强电解质。

强电解质的解离用单向箭头"→"表示它完全解离成离子。例如：

$$NaOH \longrightarrow Na^+ + OH^-$$
$$NaCl \longrightarrow Na^+ + Cl^-$$
$$H_2SO_4 \longrightarrow 2H^+ + SO_4^{2-}$$

在水溶液中只能部分解离的电解质称为弱电解质。弱酸（$CH_3COOH$、$HCN$、$H_2CO_3$ 等）和弱碱（$NH_3 \cdot H_2O$ 等）都是弱电解质。

弱电解质的解离式用"$\rightleftharpoons$"表示其部分解离。例如：

$$CH_3COOH \rightleftharpoons H^+ + CH_3COO^-$$
$$NH_3 \cdot H_2O \rightleftharpoons NH_4^+ + OH^-$$
$$HCN \rightleftharpoons H^+ + CN^-$$

### 二、弱电解质的解离平衡

1. 解离平衡

弱电解质溶解于水时，虽然同样受到水分子的作用，却只有一部分分子解离成离子。溶液中的阴、阳离子在相互碰撞时又相互吸引，而重新结合成分子，因此它们的解离是一个可逆的过程。如醋酸在水溶液中：

$$CH_3COOH \underset{结合}{\overset{解离}{\rightleftharpoons}} CH_3COO^- + H^+$$

在一定条件下，当电解质分子解离成离子的速率等于离子结合成分子的速率时，未解离的分子和离子间就建立起动态平衡。这种平衡称作解离平衡。

2. 解离常数

弱电解质达到解离平衡时，分子解离成的离子和离子结合成分子的过程仍在进行，但二者的速率相等。此时，未解离的分子浓度和已解离出来的各种离子浓度不再改变。

当弱电解质解离达到动态平衡时，离子浓度的乘积与未解离的分子浓度之比，在一定温度下是个常数，称为解离平衡常数，简称解离常数，用符号"$K^{\ominus}_i$"表示。又用符号 $K^{\ominus}_a$ 泛指弱酸，符号 $K^{\ominus}_b$ 泛指弱碱。溶液中离子和分子的浓度单位皆为 $mol \cdot L^{-1}$。如 $CH_3COOH$ 的解离常数表达式可写为：

$$K^{\ominus}_{CH_3COOH} = \frac{c_{H^+}/c^{\ominus} \cdot c_{CH_3COO^-}/c^{\ominus}}{c_{CH_3COOH}/c^{\ominus}} = \frac{[H^+][CH_3COO^-]}{[CH_3COOH]}$$

式中 $[H^+]$、$[CH_3COO^-]$、$[CH_3COOH]$ 分别表示 $CH_3COOH$ 溶液解离达到平衡时，$H^+$、$CH_3COO^-$ 和 $CH_3COOH$ 分子的相对浓度。

又如弱电解质氨水的解离常数表达式为：

$$K_{NH_3 \cdot H_2O}^{\ominus} = \frac{[NH_4^+][OH^-]}{[NH_3 \cdot H_2O]}$$

式中 $[NH_4^+]$、$[OH^-]$ 和 $[NH_3 \cdot H_2O]$ 分别表示氨水解离平衡时，$NH_4^+$ 离子、$OH^-$ 离子和 $NH_3 \cdot H_2O$ 分子的相对浓度。

在一定的温度下，每种弱电解质都有其确定的解离常数值，可由实验测定。一些常见弱电解质在298K时的解离常数见书末附录二。对同类型、同浓度的弱电解质而言，解离常数愈大，说明解离达到平衡时，溶液中离子的浓度愈大。弱电解质的解离能力愈强；反之，解离常数愈小，表示其解离能力愈弱。例如298K时，$K_{HF}^{\ominus} = 3.53 \times 10^{-4}$，$K_{CH_3COOH}^{\ominus} = 1.8 \times 10^{-5}$，所以醋酸是比氢氟酸更弱的酸。

解离常数不随浓度而改变，随温度变化而变化，但变化不显著，一般不影响其数量级。所以在常温下，研究解离平衡，可不考虑温度对 $K_i^{\ominus}$ 的影响。

### 三、解离度

1. 解离度

解离常数 $K_i$ 只反映了电解质解离能力的大小，没有反映解离程度的大小，因为不同的弱电解质在水溶液中的解离程度是不一样的。我们用解离度来表示弱电解质解离程度的大小。所谓电解质的解离度就是当弱电解质在溶液中达到解离平衡时，溶液中已解离的电解质浓度和电解质的原始浓度之比。解离度常用百分数表示，符号为"$\alpha$"。

$$\alpha = \frac{\text{电解质已解离部分的浓度}(mol \cdot L^{-1})}{\text{电解质的原始浓度}(mol \cdot L^{-1})} \times 100\% \tag{7-1}$$

例如，298K时，在 $0.1 mol \cdot L^{-1} CH_3COOH$ 溶液中有 $1.34 \times 10^{-3} mol \cdot L^{-1}$ 的 $CH_3COOH$ 解离成离子，它的解离度：

$$\alpha = \frac{1.34 \times 10^{-3}}{0.1} \times 100\% = 1.34\%$$

这表明 298K 时，$0.1 mol \cdot L^{-1} CH_3COOH$ 溶液中，每 10000 个 $CH_3COOH$ 分子中只有 134 个分子解离成 $H^+$ 和 $CH_3COO^-$。

所以弱电解质 $\alpha$ 值的大小，也可表示它们的相对强弱。即在温度、浓度相同的条件下，$\alpha$ 值大的电解质较强，$\alpha$ 值小的电解质较弱。解离度可由电导实验测定。不同电解质的解离度不同（见表7-1）。

表 7-1 某些弱电解质溶液的解离度（298K，$0.1 mol \cdot L^{-1}$）

| 电解质 | 化学式 | 解离度/% | 电解质 | 化学式 | 解离度/% |
|---|---|---|---|---|---|
| 醋酸 | $CH_3COOH$ | 1.34 | 次氯酸 | HClO | 0.0548 |
| 氢氰酸 | HCN | 0.007 | 甲酸 | HCOOH | 4.21 |
| 氢氟酸 | HF | 7.44 | 氨水 | $NH_3 \cdot H_2O$ | 1.34 |

弱电解质 $\alpha$ 值的大小除与电解质的本性有关外，还与溶液的浓度有关。表7-2列出了不同浓度的醋酸溶液的解离度。

表 7-2 不同浓度的醋酸溶液的解离度（298K）

| 溶液浓度/$mol \cdot L^{-1}$ | 0.2 | 0.1 | 0.01 | 0.005 | 0.001 |
|---|---|---|---|---|---|
| 解离度/% | 0.934 | 1.34 | 4.24 | 5.85 | 12.4 |

从表中可见，同一弱电解质，溶液浓度愈稀，离子相互而结合成分子的机会愈少，解离

度就愈大。因此在提到某电解质的解离度时,必须指明溶液的浓度。

解离度还和温度有关,但温度对解离度的影响不显著。通常若不指明温度,均指298K。

2. 解离度和解离常数的关系

解离度和解离常数都可以表示弱电解质的相对强弱,但二者也有区别,解离常数是化学平衡常数的一种;解离度是转化率的一种。解离常数是某弱电解质的特征常数,不随浓度变化;解离度则随浓度而改变。将解离度引入到解离平衡式中,可导出 $K_i^\ominus$ 与 $\alpha$ 的关系。以 $CH_3COOH$ 溶液为例,设 $CH_3COOH$ 的起始浓度为 $c$,解离度为 $\alpha$,那么溶液中有 $c\cdot\alpha$ 的 $CH_3COOH$ 解离,就有 $c\cdot\alpha$ 的 $H^+$ 和 $CH_3COO^-$ 生成,即:

$$CH_3COOH \rightleftharpoons H^+ + CH_3COO^-$$

起始浓度/mol·L$^{-1}$　　　$c$　　　$0$　　　$0$

平衡浓度/mol·L$^{-1}$　　$c-c\cdot\alpha$　　$c\cdot\alpha$　　$c\cdot\alpha$

$$K_{CH_3COOH}^\ominus = \frac{[H^+][CH_3COO^-]}{[CH_3COOH]} = \frac{c\alpha \cdot c\alpha}{c-c\alpha} = \frac{c\alpha^2}{1-\alpha}$$

由于弱电解质的 $\alpha$ 值很小,可以认为 $1-\alpha \approx 1$,于是:

$$K_{CH_3COOH}^\ominus = c\cdot\alpha^2 \quad 或 \quad \alpha = \sqrt{\frac{K_{CH_3COOH}^\ominus}{c}}$$

对弱电解质的通式可写成:

$$K_i^\ominus = c\cdot\alpha^2 \quad 或 \quad \alpha = \sqrt{\frac{K_i^\ominus}{c}} \tag{7-2}$$

上式表达了弱电解质溶液起始浓度、解离常数和解离度之间的关系,称为稀释定律。它的意义是,同一弱电解质的解离度与其浓度的平方根成反比,即溶液愈稀,解离度愈大;相同浓度的不同电解质的解离度与解离常数的平方根成正比,即解离常数愈大,解离度愈大。表7-3列有不同浓度 $CH_3COOH$ 溶液的解离度与 $H^+$ 浓度。

表7-3　不同浓度 $CH_3COOH$ 溶液的解离度与 $H^+$ 浓度(298K)

| 溶液浓度/mol·L$^{-1}$ | 0.2 | 0.1 | 0.01 | 0.005 | 0.001 |
|---|---|---|---|---|---|
| 解离度 $\alpha$/% | 0.943 | 1.34 | 4.24 | 5.85 | 12.4 |
| $H^+$/mol·L$^{-1}$ | $1.868\times10^{-3}$ | $1.34\times10^{-3}$ | $4.24\times10^{-4}$ | $2.94\times10^{-4}$ | $1.24\times10^{-4}$ |

从表7-3可见,随着溶液浓度的减小,醋酸的解离度 $\alpha$ 增大。但是溶液中的 $H^+$ 却随着浓度的减小而减小。

下面介绍利用稀释定律进行计算。

【例7-1】 已知 $0.1\ mol\cdot L^{-1}\ CH_3COOH$ 解离度为 $1.34\%$,求该溶液中的 $c_{H^+}$。

**解** 据(7-1)式

$$c_{H^+} = 电解质已解离部分的浓度$$
$$= c\cdot\alpha$$
$$= 0.1\ mol\cdot L^{-1} \times 1.34\% = 1.34\times10^{-3}\ mol\cdot L^{-1}$$

答:该溶液中 $c_{H^+}$ 为 $1.34\times10^{-3}\ mol\cdot L^{-1}$。

【例7-2】 已知 $K_{CH_3COOH}^\ominus = 1.8\times10^{-5}$,计算 $0.01\ mol\cdot L^{-1}\ CH_3COOH$ 溶液中 $c_{H^+}$ 和解离度。

**解** 据(7-2)式和(7-1)式

$$\alpha = \sqrt{\frac{K_{CH_3COOH}^{\ominus}}{c}} = \sqrt{\frac{1.8 \times 10^{-5}}{0.01}} = 4.24 \times 10^{-2} = 4.24\%$$

$$c_{H^+} = c \cdot \alpha = 0.01 \times 4.24\% = 4.24 \times 10^{-4} \text{mol} \cdot L^{-1}$$

答：$0.01 \text{mol} \cdot L^{-1} CH_3COOH$ 溶液中 $c_{H^+}$ 为 $4.24 \times 10^{-4} \text{mol} \cdot L^{-1}$，解离度为 $4.24\%$。

## 第二节 衡量电解质导电性能的参数

### 一、电导及电导率

**1. 电导**

金属的导电能力通常用电阻 $R$ 来衡量，而电解质溶液的导电能力的大小，则常用电导 $G$ 来表示。电导是电阻的倒数，即：

$$G = \frac{1}{R} \tag{7-3}$$

根据欧姆定律：

$$R = \frac{U}{I} \tag{7-4}$$

将式(7-4)代入式(7-3)则有：

$$G = \frac{I}{U} \tag{7-5}$$

式中，$I$ 为通过导体的电流；$U$ 为电压。电阻的单位是欧姆（$\Omega$），而电导的单位是 $\Omega^{-1}$。在 SI 制中，电导单位为西门子，简称西，用符号 S 表示。$1S = 1\Omega^{-1}$。

**2. 电导率**

实验表明，电解质溶液的电导与两极间的距离 $l$ 成反比，与电极面积 $A$ 成正比。即：

$$G = \kappa \frac{A}{l} \tag{7-6}$$

式中，$\kappa$（希腊字母，读作"卡帕"）为比例常数，称为电导率或比电导。将式(7-6)改写为：

$$\kappa = G \frac{l}{A} \tag{7-7}$$

因此，电导率的物理意义就是电极之间距离为 1m、电极面积为 $1m^2$，中间放置 $1m^3$ 电解质溶液的电导，如图 7-2 所示。电导率的单位为 $S \cdot m^{-1}$。

从 (7-6) 式可见，两个电极的面积越大，则电导值愈大，愈容易导电；两个电极间距离愈大，则电导值愈小，愈不容易导电。

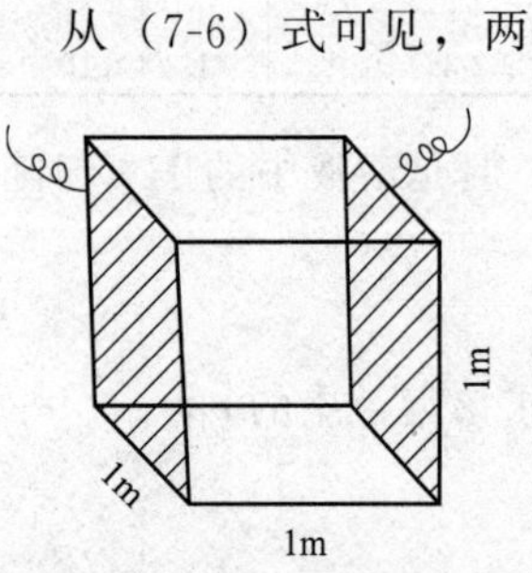

图 7-2 电导率概念示意图

**3. 电导率与浓度的关系**

电解质溶液的电导率随浓度变化而变化，不过对于强、弱电解质的变化规律有所不同。图 7-3 表示在 291K 时，几种不同的强、弱电解质溶液的电导率随溶液浓度变化的情况。从图中可见，对强电解来说，浓度增大，电导率明显随之增大，但当溶液达到一定浓度后，随着溶液浓度的增大，将使电导率减小。这是因为强电解质即使在浓溶液时，也都全部解离，所以浓度增大时，单位体积的离子数目增多，因而电导率也随之增加。但当浓度增大到一定程度时，溶液中的离子数目相当密集，正负离子间相互吸引的作用显著增强，使得离子的移动速率减慢，导电能力降低，因而电导率也随之减小。

对于弱电解质来说，电导率虽然也随溶液浓度的增大而增大，但变化不如强电解质显著。这是因为当溶液的浓度增加时，虽然单位体积中电解质的分子数目增多，但其解离度却随之减小，因而离子数目的增加就要受到限制。在起始阶段，溶液的浓度增大时，随着单位体积中电解质分子数目的增多，离子数目有所增加，电导率也有所增大。但当溶液达到一定浓度后，浓度再增加，弱电解质的解离度减小就成为决定电导率的主要方面。此时，溶液浓度增大，反而使电导率随之降低，所以弱电解质的导电能力受其溶液浓度和解离度的共同影响，这样弱电解质溶液的电导率虽然随着溶液的浓度增大而增大，但不显著。

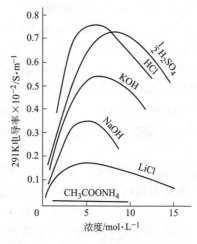

图 7-3　电导率与溶液浓度的关系

## 二、摩尔电导率

因为电解质溶液的电导率是随电解质溶液浓度的变化而改变，因此在比较电解质溶液的导电能力时，还必须指定电解质的含量，这就需要引入另一个概念——摩尔电导率。

1. 摩尔电导率

溶液的摩尔电导率是指含有 1mol 电解质溶液置于相距 1m 的两个电极之间的电导，用符号 $\Lambda_m$ 表示。它与电导率的关系为：

$$\Lambda_m = \kappa \frac{10^{-3}}{c} \tag{7-8}$$

式中　$c$——溶液的浓度，$mol \cdot L^{-1}$；

　　　$\kappa$——电导率，$S \cdot m^{-1}$；

　　　$\Lambda_m$——摩尔电导率，$S \cdot m^2 \cdot mol^{-1}$。

2. 摩尔电导率与溶液浓度的关系

实验证明，无论是强电解质还是弱电解质，溶液的摩尔电导率总是随着溶液浓度的减小而增大的。这一变化规律与电导率不同。这是因为就摩尔电导率来说，溶液中的电解质的量是固定的，即 1mol 溶液稀释时，弱电解质的解离度增大，1mol 电解质解离产生的离子数目增多，因此摩尔电导率随之增大；强电解质溶液中，则是离子间的距离随溶液稀释而增大，不同电性离子间相互吸引的影响大大减弱，离子移动的速率增加，因而摩尔电导率也随之增大。

# 第三节　离子反应和离子方程式

## 一、离子反应和离子方程式

电解质在溶液中全部或部分地解离成离子，因此电解质在溶液中发生的化学反应实质上是它们解离出的离子之间的反应，这类反应称为离子反应。

下面介绍离子反应的表示方法——离子方程式。

例如硫酸钠溶液与氯化钡溶液起反应，生成氯化钠和白色硫酸钡沉淀。

$$BaCl_2 + Na_2SO_4 = 2NaCl + BaSO_4 \downarrow$$

如把在溶液中解离的物质写成离子的形式，把难溶的物质用化学式表示，可写成下式：

$$Ba^{2+} + 2Cl^- + 2Na^+ + SO_4^{2-} = 2Na^+ + 2Cl^- + BaSO_4 \downarrow$$

式中，$Na^+$ 和 $Cl^-$ 反应前后保持不变，把它们从等式两边消去，则得到：

$$Ba^{2+} + SO_4^{2-} = BaSO_4 \downarrow$$

上式表明，$Na_2SO_4$ 溶液与 $BaCl_2$ 溶液起反应，实际参加反应的是 $Ba^{2+}$ 和 $SO_4^{2-}$。这种用实际参加反应的离子的符号来表示离子反应的式子叫做离子方程式。任何可溶性钡盐与硫酸或可溶性硫酸盐之间的反应，都可以用这个离子方程式来表示。因为它们都会发生同样的化学反应：$Ba^{2+}$ 与 $SO_4^{2-}$ 结合生成沉淀。由此可见，离子方程式和一般化学方程式不同。离子方程式不仅表示一定物质间的某个反应，而且表示所有同一类型的离子反应。归纳上述写出离子方程式的过程，可得书写离子方程式的步骤（以 $Na_2CO_3$ 和 $CaCl_2$ 反应为例）：

① 根据化学反应，写出通常的化学反应方程式：
$$Na_2CO_3 + CaCl_2 =\!=\!= CaCO_3\downarrow + 2NaCl$$

② 把易溶于水、易解离的物质写成离子形式；难溶的物质、难解离的物质（如水）以及气体等仍用化学式表示。上述化学方程式可改写成：
$$2Na^+ + CO_3^{2-} + Ca^{2+} + 2Cl^- =\!=\!= CaCO_3\downarrow + 2Na^+ + 2Cl^-$$

③ 消去等式两边不参加反应的相同离子，得离子方程式为：
$$CO_3^{2-} + Ca^{2+} =\!=\!= CaCO_3\downarrow$$

④ 检查离子方程式两边各元素的原子个数和电荷数是否相等。

按照以上四个步骤，一个正确的离子方程式就确立了。书写离子方程式时，必须熟知电解质的强弱和它们的溶解性，只有易溶的强电解质才能以离子的形式表示。

## 二、离子反应发生的条件

溶液中离子间的反应是有条件的，例如 NaCl 溶液和 $KNO_3$ 溶液相混：
$$NaCl + KNO_3 =\!=\!= NaNO_3 + KCl$$
$$Na^+ + Cl^- + K^+ + NO_3^- =\!=\!= Na^+ + NO_3^- + K^+ + Cl^-$$

实际上，$Na^+$、$Cl^-$、$K^+$、$NO_3^-$ 四种离子都没有参加反应。可见如果反应物和生成物都是易溶的强电解质，在溶液中均以离子形式存在，它们之间不可能生成新物质，故没有发生离子反应。

溶液中发生离子反应的条件是如下。

① 生成难溶物质　例如，NaCl 溶液与 $AgNO_3$ 溶液反应有难溶的 AgCl 沉淀生成：
$$NaCl + AgNO_3 =\!=\!= AgCl\downarrow + NaNO_3$$
离子方程式为：　　　　　　$Cl^- + Ag^+ =\!=\!= AgCl\downarrow$

溶液中的 $Ag^+$ 和 $Cl^-$ 结合生成了 AgCl 沉淀，所以反应能够进行。书末附录三列有一些常见的酸、碱、盐的溶解性。

② 生成易挥发物质　例如碳酸钙固体与盐酸反应，生成 $CO_2$ 气体：
$$CaCO_3 + 2HCl =\!=\!= CaCl_2 + CO_2\uparrow + H_2O$$
离子方程式为：　　　　$CaCO_3 + 2H^+ =\!=\!= Ca^{2+} + CO_2\uparrow + H_2O$
由于反应中生成的 $CO_2$ 气体不断从溶液中逸出，使反应能够进行。

③ 生成水或其他弱电解质　例如盐酸和氢氧化钠溶液反应，生成难解离的物质水：
$$HCl + NaOH =\!=\!= NaCl + H_2O$$
离子方程式为：　　　　　　$H^+ + OH^- =\!=\!= H_2O$

这个离子方程式说明酸和碱起中和反应的实质是 $H^+$ 和 $OH^-$ 结合生成水。

又如，$CH_3COONa$ 和盐酸的反应：
$$CH_3COONa + HCl =\!=\!= CH_3COOH + NaCl$$
离子方程式为：　　　　$CH_3COO^- + H^+ =\!=\!= CH_3COOH$
反应生成了弱电解质 $CH_3COOH$，使反应能够进行。

再如，NaOH 溶液和 $NH_4Cl$ 溶液的反应：
$$NaOH + NH_4Cl =\!=\!= NaCl + NH_3 \cdot H_2O$$

离子方程式为：$\qquad OH^- + NH_4^+ =\!=\!= NH_3 \cdot H_2O$

反应生成了弱电解质 $NH_3 \cdot H_2O$，使反应能够进行。

总之，只需具备上述三个条件之一，离子反应就能进行。

离子反应除了上述的离子互换形式进行的复分解反应外，还有其他类型的反应。例如，有离子参加的置换反应等。如：
$$Zn + 2HCl =\!=\!= ZnCl_2 + H_2 \uparrow$$

离子反应方程式：$\qquad Zn + 2H^+ =\!=\!= Zn^{2+} + H_2 \uparrow$
$$Cl_2 + 2KI =\!=\!= KCl + I_2 \downarrow$$

离子反应方程式：$\qquad Cl_2 + 2I^- =\!=\!= 2Cl^- + I_2 \downarrow$

## 第四节 水的解离和溶液的 pH

通常认为纯水是不导电的，如果用精密仪器检验，会发现水也有微弱的导电性，这说明纯水也有微弱的解离，所以水是极弱的电解质。

**一、水的离子积常数**

由电导实验测得，在 298K 时，1L 纯水中约有 $1\times10^{-7}$ mol 的 $H^+$ 和 $1\times10^{-7}$ mol 的 $OH^-$。水的解离式为：$H_2O \rightleftharpoons H^+ + OH^-$

当达解离平衡时：$\qquad K_{H_2O}^{\ominus} = \dfrac{[H^+][OH^-]}{[H_2O]}$

1L 纯水（295K 时，水的密度 $\rho=0.997 g \cdot cm^{-3}$），其物质的量为 55.4mol，其中仅有 $10^{-7}$ mol $H_2O$ 发生解离，微乎其微，可以忽略不计。因此解离前后，水的浓度不变，看成常数，所以上式可改写成：
$$K_{H_2O}^{\ominus} \cdot [H_2O] = [H^+] \cdot [OH^-]$$

由于 $K_{H_2O}^{\ominus}$ 是水的解离常数，$[H_2O]$ 也是常数，相乘后仍是一个常数，记为 $K_W^{\ominus}$，得：
$$K_W^{\ominus} = [H^+] \cdot [OH^-] \tag{7-9}$$

由于 $[H^+]=[OH^-]=1\times10^{-7}$，所以：
$$K_W^{\ominus} = 1\times10^{-7} \times 1\times10^{-7} = 1\times10^{-14}$$

式(7-9) 表明，在一定温度下，纯水中 $H^+$ 浓度和 $OH^-$ 浓度的乘积是一个常数。这个常数称为水的离子积常数，简称水的离子积。符号为 $K_W^{\ominus}$。水的离子积会随温度的变化而变化，但在室温附近变化很小，一般都以 $K_W^{\ominus}=1\times10^{-14}$ 进行计算。

**二、溶液的酸碱性和 pH**

实验证明，水的离子积不仅适用于纯水，也同样适用于其他较稀的电解质溶液。如果已知溶液中的 $[H^+]$，就可算出 $[OH^-]$；反之，已知溶液中的 $[OH^-]$，就可算出 $[H^+]$。例如往纯水中加入盐酸，使 $c_{H^+}=0.01 mol \cdot L^{-1}$，即 $[H^+]=0.01$，则：
$$[OH^-] = \dfrac{1\times10^{-14}}{[H^+]} = \dfrac{1\times10^{-14}}{0.01} = 1\times10^{-12}$$

若往纯水中加入 NaOH，使 $c_{OH^-}=0.01 mol \cdot L^{-1}$，即 $[OH^-]=0.01$，则：
$$[H^+] = \dfrac{1\times10^{-14}}{[OH^-]} = \dfrac{1\times10^{-14}}{0.01} = 1\times10^{-12}$$

显然，酸的溶液中不仅有 $H^+$，同样也存在 $OH^-$，只是浓度很小；碱溶液中不仅有

OH⁻，同样也存在 H⁺，只是浓度很小而已。溶液的酸碱性，决定于 [H⁺] 和 [OH⁻] 的相对大小，在常温时：

酸性溶液　　[H⁺]>[OH⁻]　　[H⁺]>1×10⁻⁷；
碱性溶液　　[H⁺]<[OH⁻]　　[H⁺]<1×10⁻⁷；
中性溶液　　[H⁺]=[OH⁻]　　[H⁺]=1×10⁻⁷。

因此可用氢离子浓度表示各种溶液的酸碱性。在酸性溶液中 [H⁺] 越大，溶液的酸性越强；反之，酸性越弱。在碱性溶液中，[H⁺] 越小，溶液的碱性越强；反之，则碱性越弱。

在稀溶液中，氢离子的浓度很小，应用时很不方便，因此，在化学上采用 [H⁺] 的负对数所得的值来表示溶液的酸、碱性。这个值记为 pH。则：

$$pH = -\lg[H^+] \tag{7-10}$$

如：$c_{H^+}=1\times10^{-3}$ mol·L⁻¹，pH=$-\lg(1\times10^{-3})$=3。又如，$c_{H^+}=0.01$ mol·L⁻¹，pH=2；$c_{H^+}=1\times10^{-11}$ mol·L⁻¹，pH=$-\lg(1\times10^{-11})$=11；$c_{H^+}=1$ mol·L⁻¹，pH=0。

常温下：酸性溶液　　[H⁺]>1×10⁻⁷ mol·L⁻¹　　pH<7
　　　　碱性溶液　　[H⁺]<1×10⁻⁷ mol·L⁻¹　　pH>7
　　　　中性溶液　　[H⁺]=1×10⁻⁷ mol·L⁻¹　　pH=7

pH 愈小，[H⁺] 愈大，溶液的酸性愈强；pH 愈大，溶液中 [H⁺] 愈小，而 [OH⁻] 愈大，溶液的碱性愈强（见图 7-4）。

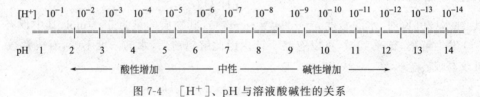

图 7-4　[H⁺]、pH 与溶液酸碱性的关系

当 [H⁺]>1 时，pH<0 或 [OH⁻]>1 时，pH>14 时，不用 pH 而直接使用 [H⁺] 或 [OH⁻] 表示溶液的浓度更为简便。即 pH 的适用范围是 0~14。

下面举几例说明 pH 的计算。

【例 7-3】　计算 0.01mol·L⁻¹ HCl 溶液的 pH。

**解**　　　　　　　　HCl ══ H⁺ + Cl⁻

由于盐酸为强电解质，在水溶液中全部解离为 H⁺ 和 Cl⁻，所以 $c_{H^+}=c_{HCl}=0.01$ mol·L⁻¹

pH=$-\lg[H^+]=-\lg 0.01=2$

答：0.01mol·L⁻¹ HCl 溶液的 pH 为 2。

【例 7-4】　计算 0.01mol·L⁻¹ NaOH 溶液的 pH。

**解**　　　　　　　　NaOH ══ Na⁺ + OH⁻

由于 NaOH 为强电解质，在水溶液中全部解离为 Na⁺ 和 OH⁻，所以

$$c_{OH^-}=c_{NaOH}=0.01 \text{ mol·L}^{-1}, c_{OH^-}=1\times10^{-12} \text{ mol·L}^{-1}$$

$$pH=-\lg[H^+]=-\lg(1\times10^{-12})=12$$

答：0.01mol·L⁻¹ NaOH 溶液的 pH 为 12。

【例 7-5】　计算 0.01mol·L⁻¹ CH₃COOH 溶液的 pH。已知 $K^{\ominus}_{CH_3COOH}=1.8\times10^{-5}$。

**解** $CH_3COOH$ 为弱电解质,在溶液中部分解离。

$$CH_3COOH \rightleftharpoons CH_3COO^- + H^+$$

根据式(7-1) 和式(7-2)

$$c_{OH^-} = 电解质已解离部分的浓度 = c \cdot \alpha = c \cdot \sqrt{\frac{K^{\ominus}_{CH_3COOH}}{c}}$$

$$c_{OH^-} = 4.24 \times 10^{-4} \text{mol} \cdot L^{-1}$$

据式(7-10)

$$pH = -\lg[H^+] = -\lg(4.24 \times 10^{-4}) = 4 - \lg 4.24 = 4 - 0.63 = 3.37$$

答:$0.01 \text{mol} \cdot L^{-1} CH_3COOH$ 溶液的 pH 为 3.37。

从例 7-3 和例 7-5 可以看出,同浓度的 HCl 溶液和 $CH_3COOH$ 溶液,因前者为强酸,后者为弱酸,所以 HCl 溶液的酸性大于 $CH_3COOH$ 溶液,则前者的 pH 小于后者的 pH,pH 愈小,说明溶液酸性愈强。

### 三、酸碱指示剂

溶液的酸碱性可以用溶液的 pH 来表示,所以溶液的 pH 在化工生产中和科学研究中有着广泛的应用。在化学分析,某些有机化学反应,无机盐的生产过程中均需控制一定的 pH。通常用酸碱指示剂或 pH 试纸可以粗略地测定溶液的 pH。精确测定时,可用 pH 计(酸度计)等电学仪器。

酸碱指示剂是能以颜色的改变,指示溶液酸碱性的物质。指示剂发生颜色变化的 pH 范围叫指示剂的变色范围。甲基橙、酚酞、石蕊为三种常用的酸碱指示剂,它们的变色范围见表 7-4。

表 7-4 常见酸碱指示剂的变色范围

| 指示剂 | pH 变色范围 | | |
|---|---|---|---|
| 甲基橙 | <3.1 红色 | 3.1~4.4 橙红 | >4.4 黄色 |
| 石蕊 | <5.0 红色 | 5.0~8.0 紫色 | >8.0 蓝色 |
| 酚酞 | <8.0 无色 | 8.0~10.0 粉红 | >10.0 玫瑰红 |

测定溶液 pH 比较简单的方法是用 pH 试纸。pH 试纸是用几种变色范围不同的指示剂的混合液浸成的试纸。使用时,将待测溶液滴在 pH 试纸上,立即会显出某种颜色,然后将试纸的颜色与标准比色板对照,便可确定待测溶液的 pH。

## 第五节 盐类的水解

### 一、盐类的水解

我们知道盐是酸和碱中和反应的产物,那么盐的水溶液是否呈中性呢?

**【演示实验 7-2】** 把少量的 $CH_3COONa$、$NH_4Cl$、NaCl 的晶体分别投入盛有蒸馏水的试管中,振荡使之溶解,然后分别用 pH 试纸加以检验。

实验证明,NaCl 溶液是中性的,而 $CH_3COONa$ 溶液呈碱性,$NH_4Cl$ 溶液呈酸性。这是为什么?原来,在某些盐溶液中,组成盐的离子往往能与水解离出来的少量的 $H^+$ 或 $OH^-$ 发生反应,生成弱电解质,使溶液中 $H^+$ 和 $OH^-$ 的浓度不再相等,盐溶液便呈现出一定的酸碱性。这种盐的离子与溶液中水解离出的 $H^+$ 或 $OH^-$ 作用生成弱电解质的反应,叫做盐的水解。

**1. 强碱和弱酸所生成的盐水解**

演示实验 7-2 中的 $CH_3COONa$ 是由弱酸($CH_3COOH$)和强碱(NaOH)反应所生成

的盐。它在水溶液中存在如下解离：

$$CH_3COONa = CH_3COO^- + Na^+$$
$$+$$
$$H_2O \rightleftharpoons H^+ + OH^-$$
$$\updownarrow$$
$$CH_3COOH$$

可见，由于 $CH_3COO^-$ 与水解离出来的 $H^+$ 结合而生成了弱电解质 $CH_3COOH$，从而破坏了水的解离。随着溶液中 $H^+$ 浓度的减小，促使水的解离平衡向右移动，于是 $OH^-$ 浓度随之增大，直到建立新的平衡，即溶液中 $[H^+]$ 不再减小，$[OH^-]$ 不再增大。结果，溶液中 $[OH^-] > [H^+]$，这就是 $CH_3COONa$ 溶液显碱性的原因。即强碱弱酸盐水解呈碱性。其他如 $Na_2CO_3$、$NaCN$、$Na_2S$、$Na_2SiO_3$ 等盐溶液均显碱性。

上述反应可用离子方程式表示：

$$CH_3COO^- + H_2O \rightleftharpoons CH_3COOH + OH^-$$

从上式可见，盐水解后生成了酸和碱，即盐的水解反应可看成是酸碱中和反应的逆反应。

$$酸 + 碱 \underset{水解}{\overset{中和}{\rightleftharpoons}} 盐 + 水$$

由于中和反应生成了难解离的水，反应几乎进行完全，所以水解反应的程度是很小的。通常，水解方程式要用"$\rightleftharpoons$"表示，水解产物的化学式后不注明"↓"、"↑"。

2. 强酸和弱碱所生成的盐水解

演示实验 7-2 中的 $NH_4Cl$ 是由强酸（$HCl$）和弱碱（$NH_3 \cdot H_2O$）所生成的盐。它在水溶液中存在如下解离：

$$NH_4Cl = NH_4^+ + Cl^-$$
$$+$$
$$H_2O \rightleftharpoons OH^- + H^+$$
$$\updownarrow$$
$$NH_3 \cdot H_2O$$

$NH_4^+$ 与水解离出来的 $OH^-$ 结合而生成了弱电解质 $NH_3 \cdot H_2O$，从而破坏了水的解离。随着溶液中 $OH^-$ 浓度的减小，促使水的解离平衡向右移动，于是 $H^+$ 浓度随之增大，直到建立新的平衡，即溶液中 $[OH^-]$ 不再减小，$[H^+]$ 不再增大。结果，溶液中 $[H^+] > [OH^-]$，这就是 $NH_4Cl$ 溶液显酸性的原因，即强酸弱碱盐水解呈酸性。其他如 $NH_4NO_3$、$(NH_4)_2SO_4$、$CuSO_4$ 等盐的水解都属于这种类型。上述反应可用离子方程式表示：

$$NH_4^+ + H_2O \rightleftharpoons NH_3 \cdot H_2O + H^+$$

3. 弱酸和弱碱所生成的盐水解

以醋酸铵（$CH_3COONH_4$）为例分析，它是由弱酸（$CH_3COOH$）和弱碱（$NH_3 \cdot H_2O$）所生成的盐。它在水溶液中存在如下解离：

$$CH_3COONH_4 = CH_3COO^- + NH_4^+$$
$$+ \qquad +$$
$$H_2O \rightleftharpoons H^+ + OH^-$$
$$\updownarrow \qquad \updownarrow$$
$$CH_3COOH \quad NH_3 \cdot H_2O$$

水解的离子方程式为：$NH_4^+ + CH_3COO^- + H_2O \rightleftharpoons NH_3 \cdot H_2O + CH_3COOH$

由于 $CH_3COO^-$、$NH_4^+$ 分别与水中的 $H^+$、$OH^-$ 结合生成弱电解质 $CH_3COOH$ 和 $NH_3 \cdot H_2O$，所以水解进行得很强烈。但由于生成的 $CH_3COOH$ 的酸性强弱（$K^\ominus_{CH_3COOH} = 1.8 \times 10^{-5}$）和 $NH_3 \cdot H_2O$ 的碱性强弱（$K^\ominus_{NH_3 \cdot H_2O} = 1.8 \times 10^{-5}$）相当，所以，$CH_3COONH_4$ 溶液呈中性。

其他弱酸和弱碱所生成的盐水解程度都是很强烈的，至于水解后溶液的酸碱性，取决于生成的弱酸和弱碱的相对强弱，可以通过比较它们解离常数的大小来确定。若 $K^\ominus_a > K^\ominus_b$，则水解后溶液呈酸性；若 $K^\ominus_b > K^\ominus_a$，则水解后溶液呈碱性；若 $K^\ominus_a$ 接近于 $K^\ominus_b$，则水解后溶液呈中性。

以上三种类型的盐能够发生水解，基本原因在于组成盐的离子能与水解离出来的 $H^+$ 或 $OH^-$ 结合生成弱电解质。

强酸和强碱所生成的盐，如 NaCl，由于它在水中完全解离出 $Na^+$ 和 $Cl^-$，不论是 $Na^+$ 还是 $Cl^-$ 都不与水解离出来的 $H^+$ 或 $OH^-$ 结合生成弱电解质。所以水中的 $H^+$ 和 $OH^-$ 的浓度保持不变，没有破坏水的解离平衡。因此，由强酸和强碱所生成的盐不发生水解，溶液呈中性。

## 二、影响盐类水解的因素和盐类水解的应用

影响盐类水解程度的因素首先与盐的本性，即形成盐的酸或碱性的强弱有关。例如，弱酸弱碱盐强烈水解，而强酸强碱盐不水解。盐类水解的因素还与温度有关，如中和反应是放热反应，所以，水解反应是吸热反应，故升高温度有利于水解反应的进行，因此我们常用热的纯碱（$Na_2CO_3$）溶液来去除油污。此外盐类水解的程度还与浓度、酸度等有关。如实验室配制 $FeCl_3$ 溶液时，由于 $FeCl_3$ 是强酸弱碱所生成的盐，在水中易水解：

$$Fe^{3+} + 3H_2O \rightleftharpoons Fe(OH)_3 + 3H^+$$

因此时间长了，盛有 $FeCl_3$ 溶液的容器内壁会积有棕黄色的斑迹。为防止这种由于水解而产生的结果，配制溶液时，常向其中加入少量的盐酸，可抑制它的水解。

盐类的水解在工农业生产、科学实验和日常生活中，都有较广泛的应用。例如，应用明矾 $[KAl(SO_4)_2 \cdot 12H_2O]$ 做净水剂。明矾在水中能解离出 $K^+$、$Al^{3+}$、$SO_4^{2-}$，而 $Al^{3+}$ 能水解生成 $Al(OH)_3$ 胶体，它能吸附水中的悬浮杂质，从而使水澄清。又如泡沫灭火器中，分别装有 $NaHCO_3$ 饱和溶液和 $Al_2(SO_4)_3$ 饱和溶液。$NaHCO_3$ 是强碱弱酸盐，水解后呈碱性：

$$HCO_3^- + H_2O \rightleftharpoons H_2CO_3 + OH^-$$

$Al_2(SO_4)_3$ 是强酸弱碱盐，水解后呈酸性：

$$Al^{3+} + 3H_2O \rightleftharpoons Al(OH)_3 + 3H^+$$

当两种溶液混合时，由于 $H^+$ 和 $OH^-$ 结合生成弱电解质水，促使这两种盐的水解平衡向右移动，以致两种盐的水解相互促进都趋于完全，从而产生大量的 $CO_2$ 气体和 $Al(OH)_3$ 胶体混合物，它们从灭火器中喷射在燃烧物体的表面上，能隔绝空气，从而达到灭火的目的。

## 第六节 沉淀与溶解平衡

在科学实验和化工生产中，经常要利用沉淀反应来制取难溶化合物，进行离子分离除去

溶液中的杂质以及作定性和定量分析等。本节对这些问题作初步的讨论。

## 一、溶度积

### 1. 溶度积

严格地讲，电解质的溶解度只有大小之分，没有在水中绝对不溶解的物质。习惯上把在室温时，溶解度小于 $0.01g/100gH_2O$ 的物质叫做"不溶物"，确切地说是难溶物；溶解度介于 $0.01 \sim 0.1g/100gH_2O$ 之间的叫做"微溶物"。

AgCl 是难溶的强电解质。将它的晶体放入水中，在水分子的吸引和碰撞下，$Ag^+$ 和 $Cl^-$ 离开晶体表面进入到水中，成为自由移动的离子的过程叫做溶解。与此同时，已溶解的 $Ag^+$ 和 $Cl^-$ 在溶液中不断运动，当碰到未溶解的 AgCl 晶体时，又能被吸引到晶体表面而重新析出，这个过程叫做沉淀（或结晶）。在一定温度下当溶解速率与沉淀速率相等时，未溶解的晶体和溶液中的离子之间，便达到了动态平衡，这个称沉淀-溶解平衡。简称溶解平衡。此时溶液中 $Ag^+$ 和 $Cl^-$ 已饱和，溶液浓度不再改变。

$$AgCl(s) \underset{沉淀}{\overset{溶解}{\rightleftharpoons}} Ag^+ + Cl^-$$

与其他化学平衡一样，固体物质的浓度不列入平衡常数表达式中。则：

$$K_{sp}^{\ominus} = [Ag^+][Cl^-]$$

式中，$[Ag^+]$、$[Cl^-]$ 分别表示饱和溶液中离子相对的浓度，单位为 $mol \cdot L^{-1}$。$K_{sp}^{\ominus}$ 叫做难溶电解质的溶度积常数，简称溶度积。

一般难溶电解质 $A_mB_n(s)$ 的溶解平衡式为：

$$A_mB_n \rightleftharpoons mA^{n+} + nB^{m-}$$

则：
$$K_{sp}^{\ominus} = [A^{n+}]^m \cdot [B^{m-}]^n \tag{7-11}$$

即一定温度下，在难溶电解质的饱和溶液中，相应离子浓度幂的乘积是一个常数，叫溶度积常数。如难溶电解质 $Pb(OH)_2(s)$ 在水中的沉淀-溶解平衡可表示为：

$$Pb(OH)_2(s) \rightleftharpoons Pb^{2+} + 2OH^-$$

则：
$$K_{sp}^{\ominus} = [Pb^{2+}][OH^-]^2$$

溶度积只与温度有关，但影响不大。常温下，难溶电解质的溶度积常数见书末附录四。

溶度积是难溶电解质溶解性的特征常数。可用 $K_{sp}^{\ominus}$ 来比较相同类型难溶电解质溶解能力的相对强弱。即 $K_{sp}^{\ominus}$ 愈小，难溶电解质愈难溶，溶解度也愈小。

### 2. 溶度积和溶解度的相互换算

在此，我们只介绍最简单的 AB 型（如 AgCl、$BaSO_4$ 等）难溶电解质溶度积与溶解度的相互换算。以 AgCl 为例。

**【例 7-6】** 已知 298K 时，AgCl 的 $K_{sp}^{\ominus} = 1.8 \times 10^{-10}$，计算该温度下 AgCl 的溶解度（$mol \cdot L^{-1}$）。

**解** 设 AgCl 的溶解度为 $S$（$mol \cdot L^{-1}$），则其饱和溶液中 $[Ag^+] = [Cl^-] = S$

根据　　$AgCl(s) \rightleftharpoons Ag^+ + Cl^-$

平衡时　　　　　　　　　　$S mol \cdot L^{-1}$　$S mol \cdot L^{-1}$

$$[Ag^+] = \frac{c_{Ag^+}}{c^{\ominus}} = \frac{S}{1} = S, [Cl^-] = \frac{c_{Cl^-}}{c^{\ominus}} = \frac{S}{1} = S$$

$$K_{sp(AgCl)}^{\ominus} = [Ag^+][Cl^-] = S \cdot S = S^2$$

$$S = \sqrt{K_{sp(AgCl)}^{\ominus}}$$

AgCl(s) 的溶解度 $S = \sqrt{1.8 \times 10^{-10}} = 1.34 \times 10^{-5} mol \cdot L^{-1}$

将上式书写成一般式为：

$$S_{AB} = \sqrt{K_{SP}^{\ominus}} \tag{7-12}$$

式中，$K_{sp}^{\ominus}$ 与 $S_{AB}$ 分别表示 AB 型难溶电解质的溶度积和溶解度。

## 二、溶度积规则及应用

在任意浓度下，难溶电解质 $[A_mB_n(s)]$ 溶液中，离子浓度幂的乘积称为离子积。用 $Q_i$ 表示，则：

$$Q_i = c_{A^{n+}}^m \cdot c_{B^{m-}}^n \tag{7-13}$$

式中，$Q_i$ 为难溶电解质的离子积；$c$ 为在任意状态下，难溶电解质组成离子的浓度，$mol \cdot L^{-1}$。

$Q_i$ 与 $K_{sp}^{\ominus}$ 存在下列关系：

$Q_i > K_{sp}^{\ominus}$：过饱和溶液，有沉淀生成；

$Q_i = K_{sp}^{\ominus}$：饱和溶液，沉淀-溶解平衡状态；

$Q_i < K_{sp}^{\ominus}$：未饱和溶液，无沉淀生成，若有沉淀，则沉淀溶解。

上述关系称为溶度积规则。利用该规则，可以通过控制离子浓度，实现沉淀的生成或溶解。

**【演示实验 7-3】** 在盛有少量 $0.1 mol \cdot L^{-1} Na_2CO_3$ 溶液的试管中，逐滴加入 $0.1 mol \cdot L^{-1} BaCl_2$ 溶液，观察沉淀的生成。

开始滴入 $BaCl_2$ 溶液时并无现象，随着 $BaCl_2$ 溶液滴入量的增加，则有白色 $BaCO_3$ 沉淀生成。该沉淀反应的离子方程式如下：

$$Ba^{2+} + CO_3^{2-} = BaCO_3 \downarrow$$

这就是说，在一定条件下，$Ba^{2+}$ 与 $CO_3^{2-}$ 相遇可以生成 $BaCO_3$ 沉淀，但并不是说只要溶液中有 $Ba^{2+}$ 和 $CO_3^{2-}$ 必定生成 $BaCO_3$ 沉淀，正如实验中所显示的，在 $Na_2CO_3$ 溶液中刚滴入 $BaCl_2$ 溶液时，由于 $Na_2CO_3$ 溶液的滴入量不多，此时，离子积 $Q_{BaCO_3} < K_{spBaCO_3}^{\ominus}$（$Q_{BaCO_3} = c_{Ba^{2+}} \cdot c_{CO_3^{2-}}$），根据溶度积规则，溶液未饱和，即无沉淀生成。随着 $BaCl_2$ 溶液的滴入，$Ba^{2+}$ 的浓度不断增大，则 $Q_{BaCO_3}$ 也不断增大，直到 $Q_{BaCO_3} = K_{spBaCO_3}^{\ominus}$，这时，为 $BaCO_3$ 的饱和溶液。如果再继续滴加 $BaCl_2$ 溶液，当 $Q_{BaCO_3} > K_{spBaCO_3}^{\ominus}$ 时，则生成了 $BaCO_3$ 沉淀。

**【演示实验 7-4】** 往装有 $CaCO_3$ 粉末及其饱和溶液的试管中滴加 $3 mol \cdot L^{-1} HCl$ 溶液，观察沉淀的溶解和气泡的产生。

未加入盐酸前，试管内的饱和溶液中存在着 $CaCO_3$ 的沉淀-溶解平衡：

$$\begin{array}{c} CaCO_3(s) \rightleftharpoons Ca^{2+} + CO_3^{2-} \\ + \\ 2HCl = 2Cl^- + 2H^+ \\ \| \\ H_2CO_3 = CO_2 \uparrow + H_2O \end{array}$$

当加入强电解质盐酸后，盐酸解离出来的 $H^+$ 与 $CO_3^{2-}$ 结合成不稳定的 $H_2CO_3$，随即分解，放出 $CO_2$，使溶液中 $CO_3^{2-}$ 浓度降低了。此时溶液中的离子积与溶度积的关系是：

$$Q_{CaCO_3} < K_{spCaCO_3}^{\ominus}$$

溶液已不饱和了，于是平衡向右移动，$CaCO_3$ 固体溶解。如果不断加入盐酸，$CO_3^{2-}$ 浓度则不断减小，$CaCO_3$ 固体可以全部溶解。

综上所述，根据溶度积规则，可以判断沉淀的生成和溶解。

## 本 章 小 结

（1）电解质的解离
① 强电解质和弱电解质
在水溶液中或熔化状态下能导电的物质叫做电解质，不能导电的物质叫做非电解质。
在溶液中全部解离的电解质是强电解质，部分解离的电解质是弱电解质。
② 弱电解质的解离平衡
在一定条件下，当电解质分子解离成离子的速率等于离子结合成分子的速率时，未解离的分子和离子间就建立起动态平衡。这种平衡称作解离平衡。

当弱电解质解离达到动态平衡时，离子浓度的乘积与未解离的分子浓度之比，在一定温度下是个常数，称为解离平衡常数，简称解离常数，用符号"$K_i^{\ominus}$"表示。

解离常数不随浓度而变化，而与温度有关。但解离常数随温度变化不显著，常温下可不考虑温度对 $K_i^{\ominus}$ 的影响。解离常数的大小可说明相同类型弱电解质的相对强弱，即 $K_i^{\ominus}$ 愈大，电解质愈强；$K_i^{\ominus}$ 愈小，电解质愈弱。

解离度就是当弱电解质在溶液中达到解离平衡时，溶液中已解离的电解质浓度和电解质的原始浓度之比。解离度常用百分数表示，符号为"$\alpha$"。

$$\alpha = \frac{\text{电解质已解离部分的浓度}(\text{mol}\cdot\text{L}^{-1})}{\text{电解质的原始浓度}(\text{mol}\cdot\text{L}^{-1})} \times 100\%$$

解离度随温度，浓度而改变。
在稀溶液中，$K_i^{\ominus}$ 与 $\alpha$ 的关系可近似表示为：

$$K_i^{\ominus} = c \cdot \alpha^2 \text{ 或 } \alpha = \sqrt{\frac{K_i^{\ominus}}{c}}$$

它说明弱电解质溶液浓度 $c$ 愈低，$\alpha$ 愈大，称之为稀释定律。

（2）衡量电解质导电性能的参数
① 电导及电导率
电导 $G$ 是表示电解质溶液的导电能力大小的一个物理量。其单位是 $\Omega^{-1}$。在 SI 制中，电导单位为西门子，简称西，用符号 S 表示。$1\text{S}=1\Omega^{-1}$。

对于电解质溶液而言，电导率 $\kappa$ 就是电极之间距离为 1m、电极面积为 $1\text{m}^2$，中间放置 $1\text{m}^3$ 电解质溶液的电导，即 $\kappa = G\frac{l}{A}$。电导率的单位为 $\text{S}\cdot\text{m}^{-1}$。

强、弱电解质的 $\kappa$ 随浓度的变化不相同。
② 摩尔电导率
溶液的摩尔电导率 $\Lambda_m$ 是指含有 1mol 电解质溶液置于相距 1m 的两个电极之间的电导。其单位为 $\text{S}\cdot\text{m}^2\cdot\text{mol}^{-1}$，它与电导率的关系为：$\Lambda_m = \kappa\frac{10^{-3}}{c}$。

实验证明，无论是强电解质还是弱电解质，溶液的摩尔电导率总是随溶液浓度的减小而增大。

（3）离子反应和离子方程式
电解质在溶液中所发生的反应，实质上是它们所解离出来的离子之间的反应。离子反应用离子方程式表示。

离子反应发生的条件之一是生成难溶物质或易挥发的物质或难解离的物质。

(4) 水的解离和溶液的 pH

水存在着微弱的解离：$H_2O \rightleftharpoons H^+ + OH^-$。一定温度下，$[H^+] \cdot [OH^-] = K_W^\ominus$，即纯水中 $H^+$ 浓度和 $OH^-$ 浓度的乘积是一个常数。这个常数称为水的离子积常数，简称水的离子积。水的离子积会随温度的变化而变化，但在室温附近变化很小，一般都以 $K_W^\ominus = 1 \times 10^{-14}$ 进行计算。

水的离子积不仅适用于纯水，也同样适用于其他较稀的电解质溶液。只是，

酸性溶液　　　　　$[H^+] > [OH^-]$　　$[H^+] > 1 \times 10^{-7}$；
碱性溶液　　　　　$[H^+] < [OH^-]$　　$[H^+] < 1 \times 10^{-7}$；
中性溶液或纯水　　$[H^+] = [OH^-]$　　$[H^+] = 1 \times 10^{-7}$。

为方便起见，稀溶液中 $[H^+]$ 可用 pH 表示，$pH = -\lg[H^+]$

酸性溶液　　$[H^+] > 1 \times 10^{-7}$　　$pH < 7$
碱性溶液　　$[H^+] < 1 \times 10^{-7}$　　$pH > 7$
中性溶液　　$[H^+] = 1 \times 10^{-7}$　　$pH = 7$

(5) 盐类水解

盐类的离子与水解离出来的 $[H^+]$ 或 $[OH^-]$ 相结合，生成弱电解质的反应叫做盐类的水解，它是中和反应的逆反应。

强酸弱碱盐水解呈酸性；强碱弱酸盐水解呈碱性；强酸强碱盐不水解；弱酸弱碱盐的水解较复杂。

(6) 沉淀与溶解平衡

① 溶度积

一定温度下，在难溶电解质的饱和溶液中，相应离子浓度幂的乘积是一个常数，叫溶度积常数，简称溶度积，用符号 $K_{sp}^\ominus$ 表示。

$$A_mB_n \rightleftharpoons mA^{n+} + nB^{m-}$$

则：
$$K_{sp}^\ominus = [A^{n+}]^m \cdot [B^{m-}]^n$$

$K_{sp}^\ominus$ 与温度有关。$K_{sp}^\ominus$ 可用难溶物的溶解度（S）进行换算。

② 溶度积规则

在任意浓度下，难溶电解质 $[A_mB_n(s)]$ 溶液中，离子浓度幂的乘积称为离子积。用 $Q_i$ 表示，$Q_i = c_{A^{n+}}^m \cdot c_{B^{m-}}^n$。若：

$Q_i > K_{sp}^\ominus$：过饱和溶液，有沉淀生成；

$Q_i = K_{sp}^\ominus$：饱和溶液，沉淀-溶解平衡状态；

$Q_i < K_{sp}^\ominus$：未饱和溶液，无沉淀生成，若有沉淀，则沉淀溶解。

上述关系称为溶度积规则。

## 思 考 与 练 习

1. 填空题

(1) NaCl 是 ＿＿＿＿＿＿ 电解质，在水中能 ＿＿＿＿＿＿ 解离，其解离式为：＿＿＿＿＿＿＿＿。

(2) $NH_3 \cdot H_2O$ 是 ＿＿＿＿＿＿ 电解质，在水中能 ＿＿＿＿＿＿ 解离，其解离式

为：_____。

(3) 在一定温度下，当弱电解质的分子解离成_____的速率等于离子重新_____的速率时，未解离的_____和_____间建立起_____平衡。

(4) 解离度 $\alpha=$_____。

(5) 同一弱电解质的浓度愈低，则解离度愈_____。

(6) $0.1\,mol\cdot L^{-1}$ 亚硝酸（$HNO_2$）溶液中，未解离的亚硝酸为 $0.0928\,mol\cdot L^{-1}$，则解离度 $\alpha=$_____，其解离常数 $K^{\ominus}=$_____。

(7) 298K 时，$K^{\ominus}_{CH_3COOH}=1.8\times10^{-5}$，在该温度下，$0.02\,mol\cdot L^{-1}\,CH_3COOH$ 溶液中 $[H^+]=$_____，解离度 $\alpha=$_____。

(8) 电导是指_____，符号为_____，单位为_____。

电导率是指_____，符号为_____，单位为_____。

摩尔电导率_____，符号为_____，单位为_____。

(9) 强、弱电解质的摩尔电导率都随浓度的_____而增大。

(10) 纯水中加入少量酸后，水的离子积_____ $1\times10^{-14}$，pH_____7。

(11) 在酸性溶液中，$[H^+]$_____$[OH^-]$，pH>_____；
在碱性溶液中，$[H^+]$_____$[OH^-]$，pH<_____；
在中性溶液中，$[H^+]$_____$[OH^-]$，pH=_____。

(12) 浓度为 $0.1\,mol\cdot L^{-1}$ 的盐酸、醋酸、氢氧化钠、氨水四种溶液的 pH 从小到大排列为_____。

(13) 50mL 溶液中溶有 0.2g NaOH 的水溶液，pH=_____。

(14) $0.1\,mol\cdot L^{-1}\,CH_3COOH$ 溶液的 $\alpha$ 为 1.34%，则 pH=_____。
$0.1\,mol\cdot L^{-1}\,NH_3\cdot H_2O$ 溶液的 $\alpha$ 为 1.34%，则 pH=_____。

(15) $Na_2SO_4$ 水溶液呈_____性，是因为_____。
$CH_3COONH_4$ 水溶液呈_____性，是因为_____。

(16) 下列盐：$FeCl_3$、$NaNO_3$、$NH_4NO_3$、$Al_2(SO_4)_3$、$Na_2S$、$CuSO_4$ 的水溶液呈酸性的是_____；呈中性的是_____；呈碱性的是_____。这些盐中不水解的是_____。

(17) $NH_4Cl$ 水解的离子方程式为_____；$CH_3COONa$ 水解的离子方程式为_____；$CH_3COONH_4$ 水解的离子方程式为_____。

(18) $FeCl_3$ 晶体放入水中加热呈_____色，是因为_____。

(19) 难溶电解质在溶液中建立沉淀和溶解平衡时，平衡常数称_____，符号为_____。

2. 选择题

(1) 下列物质中属强电解质的是（  ）。
(a) 硫酸钡      (b) 氢氧化铝      (c) 氢氰酸      (d) 氨水

(2) 盐酸和醋酸相比（  ）。
(a) 前者的酸性一定比后者弱
(b) 前者的酸性一定比后者强

(c) 其酸性的强弱无法比较

(d) 在浓度相同时，前者的酸性要比后者酸性强。

(3) $0.1 mol \cdot L^{-1} NH_3 \cdot H_2O$ 与 $0.1 mol \cdot L^{-1} NH_4Cl$ 溶液中（　　）。

(a) $[NH_4^+]_{NH_3 \cdot H_2O} > [NH_4^+]_{NH_4Cl}$

(b) $[NH_4^+]_{NH_3 \cdot H_2O} < [NH_4^+]_{NH_4Cl}$

(c) $[NH_4^+]_{NH_3 \cdot H_2O} = [NH_4^+]_{NH_4Cl}$

(d) 无法比较 $[NH_4^+]$

(4) 有三种溶液 A、B、C，其中 A 的 pH 为 4，B 中 $c_{H^+}=1 \times 10^{-3} mol \cdot L^{-1}$，C 中的 $c_{OH^-}=1 \times 10^{-12} mol \cdot L^{-1}$，则三种溶液的酸性由强到弱的顺序为（　　）。

(a) A>B>C　　　(b) B>A>C　　　(c) C>A>B　　　(d) C>B>A

(5) 下列说法正确的是（　　）。

(a) 某溶液中滴入甲基橙指示剂，显黄色，则这种溶液的 pH 一定大于 7

(b) 在 pH<8 的溶液中滴入酚酞指示剂时，一定显红色

(c) 某溶液的 pH 是 7，则滴入紫色石蕊试液显红色

(d) 滴入酚酞显红色的溶液一定是碱性溶液

(6) 为了抑制 $(NH_4)_2SO_4$ 的水解，可采用（　　）。

(a) 加硫酸　　　(b) 加氢氧化钠　　　(c) 升温　　　(d) 加水稀释

3. 是非题（下列叙述中对的打"×"，错的打"√"）

(1) 在相同浓度的两种一元酸中，它们的氢离子浓度一定相等。（　　）

(2) 弱电解质溶液的解离度随溶液的稀释而增大，因此溶液的导电能力也会增大。（　　）

(3) 用水稀释氨水时，$NH_3 \cdot H_2O$ 的解离度增大，是因为解离常数也增大了。（　　）

(4) 温度相同时，$0.1 mol \cdot L^{-1} CH_3COOH$ 溶液的解离度比 $0.01 mol \cdot L^{-1} CH_3COOH$ 溶液的解离度小。（　　）

(5) 将 NaOH 溶液和 $NH_3 \cdot H_2O$ 稀释到原来的 2 倍体积，NaOH 溶液和 $NH_3 \cdot H_2O$ 中 $OH^-$ 的浓度都是原先的一半。（　　）

(6) pH 升高 2，$OH^-$ 的浓度会增大到原先的 100 倍。（　　）

(7) 酸性溶液中只有 $H^+$，没有 $OH^-$。（　　）

(8) 不管什么样的水溶液，$H^+$ 的浓度和 $OH^-$ 的浓度的乘积在常温下总等于 $1 \times 10^{-14}$。（　　）

(9) 相同温度下，pH 相同的 $CH_3COOH$ 溶液和 HCl 溶液的浓度是相同的。（　　）

(10) 强、弱电解质的电导率总是随着电解质溶液浓度的增大而增大。（　　）

(11) 强、弱电解质的摩尔电导率总是随着电解质溶液浓度的增大而增大。（　　）

4. 计算题

(1) 计算 $0.1 mol \cdot L^{-1} H_2SO_4$ 溶液和 $0.1 mol \cdot L^{-1} CH_3COOH$ 溶液中的 $H^+$ 浓度（已知 $K^{\ominus}_{CH_3COOH}=1.8 \times 10^{-5}$）。

(2) 计算 $0.02 mol \cdot L^{-1} NH_3 \cdot H_2O$ 中的 $c_{OH^-}$ 和解离度（已知 $K^{\ominus}_{NH_3 \cdot H_2O}=1.8 \times 10^{-5}$）。

(3) 已知 HClO 的 $K^{\ominus}=3.2 \times 10^{-8}$，计算 $0.05 mol \cdot L^{-1}$ HClO 溶液中的 $c_{H^+}$、$c_{ClO^-}$ 和 $\alpha$。

(4) $0.1 \text{mol} \cdot \text{L}^{-1} \text{CH}_3\text{COOH}$ 溶液的 $\alpha = 1.34\%$，求 $\text{CH}_3\text{COOH}$ 的解离平衡常数。

(5) 精制食盐时，欲将 $\text{SO}_4^{2-}$ 浓度降至每升饱和食盐水中剩余 $1 \times 10^{-6} \text{mol}$，溶液中 $\text{Ba}^{2+}$ 浓度至少应保持多大？

(6) 将 $0.001 \text{mol} \cdot \text{L}^{-1} \text{MgCl}_2$ 溶液与 $0.02 \text{mol} \cdot \text{L}^{-1} \text{NaOH}$ 溶液等体积混合，有无 $\text{Mg(OH)}_2$ 沉淀生成？

5. 问答题

(1) 强电解质和弱电解质有什么区别？

(2) 下列各组物质能否发生反应？能反应的写出离子方程式。

①硫酸铜溶液和氢氧化钠溶液　　②碳酸钠溶液和盐酸　　③氢氧化钾溶液和硝酸
④溴化钾溶液和硝酸银溶液　　⑤醋酸和氨水　　⑥硫酸和氯化钡溶液
⑦硫酸钠和氯化钾溶液　　⑧盐酸和硝酸钠溶液

(3) 实验室是如何配制 $\text{FeCl}_3$ 溶液的？为什么不能直接将 $\text{FeCl}_3$ 晶体溶于水中配制？

**【阅读材料】**

## 人体血液的缓冲作用

一些弱酸及其盐（如 $\text{CH}_3\text{COOH} \sim \text{CH}_3\text{COONa}$）或弱碱及其盐（如 $\text{NH}_3 \cdot \text{H}_2\text{O} \sim \text{NH}_4\text{Cl}$）组成的混合溶液，在加入少量酸、碱或稀释时，溶液本身的 pH 不发生显著变化，像这类能保持本身 pH 稳定的溶液称为缓冲溶液，它起的这种作用称缓冲作用。

例如 $\text{CH}_3\text{COOH}$、$\text{CH}_3\text{COONa}$ 可以组成缓冲溶液。溶液中存在如下平衡：

$$\text{CH}_3\text{COOH} \rightleftharpoons \text{CH}_3\text{COO}^- + \text{H}^+$$
　　　　　大量　　　　　　大量

因为混合溶液中 $[\text{CH}_3\text{COOH}]$ 和 $[\text{CH}_3\text{COO}^-]$ 都很高，所以当加入少量酸时，平衡向左移动，$\text{CH}_3\text{COO}^-$ 和 $\text{H}^+$ 结合成了 $\text{CH}_3\text{COOH}$，因此溶液中 $\text{H}^+$ 浓度不会显著增大。如果加入少量碱，$\text{H}^+$ 便与 $\text{OH}^-$ 结合成 $\text{H}_2\text{O}$，这时平衡向右移动，$\text{CH}_3\text{COOH}$ 分子就解离出 $\text{H}^+$ 和 $\text{CH}_3\text{COO}^-$，使 $\text{H}^+$ 浓度保持稳定。这就是缓冲溶液能维持 pH 稳定的原因。组成缓冲溶液的两种物质称为缓冲对。

人体血液的 pH 总是保持在 7.35～7.45 间的狭小范围内，这一 pH 范围最适于细胞新陈代谢及整个肌体的生存。当血液的 pH 低于 7.3 或高于 7.5 时，就会出现酸中毒或碱中毒的现象，严重时，甚至危及生命。

人体进行新陈代谢所产生的酸或碱进入血液内，并不能显著改变血液的 pH，就是因为血液中存在着许多缓冲对。主要有 $\text{H}_2\text{CO}_3\text{-NaHCO}_3$、$\text{NaH}_2\text{PO}_4\text{-Na}_2\text{HPO}_4$、血浆蛋白-血浆蛋白盐、血红蛋白-血红蛋白盐等。这些缓冲对中，以 $\text{H}_2\text{CO}_3\text{-NaHCO}_3$ 在血液中浓度最高，缓冲能力最大，对维持血液正常的 pH 起主要作用。当人体新陈代谢过程中产生的酸（如磷酸、硫酸、乳酸等）进入血液时，缓冲对中的抗酸组分 $\text{HCO}_3^-$ 便立即与代谢酸中的 $\text{H}^+$ 结合生成 $\text{H}_2\text{CO}_3$ 分子。$\text{H}_2\text{CO}_3$ 浓度略为增大时，$\text{H}_2\text{CO}_3$ 被血液带到肺部并以 $\text{CO}_2$ 形式排出体外，呼出增多的 $\text{CO}_2$，以及通过肾脏的调节，分泌高酸度的尿。人们吃的蔬菜和果类中会有柠檬酸的钠盐和钾盐、磷酸氢二钠和碳酸氢钠等碱性物质，当碱进入血液时，缓冲对中的抗碱组分 $\text{H}_2\text{CO}_3$ 离解出来的 $\text{H}^+$ 就与之结合，$\text{H}^+$ 的消耗可不断由 $\text{H}_2\text{CO}_3$ 离解来补充，使血液中的 $\text{H}^+$ 的浓度保持在一定范围内。当摄入较多的碱时，人体的呼吸速率会减慢以减少 $\text{CO}_2$ 的排出量，肾分泌较低酸度的尿。由此可见：由于人体内的血液中含有缓冲对，人体对外界进入的酸或碱自动起着调节作用，以保持正常的 pH，使人体能健康生存。

# 第八章　氧化还原反应和电化学基础

【学习目标】

　　理解氧化还原反应的有关概念，掌握有关原电池和电解的基本原理；能运用电动势判断氧化剂和还原剂的相对强弱及氧化还原反应进行的方向；了解能斯特方程的意义。

## 第一节　氧化还原反应

### 一、氧化还原反应

在初中，已经学习过物质与氧化合的反应叫做氧化反应，物质失去氧的反应叫做还原反应。例如氧化铜（CuO）与氢气（$H_2$）发生的反应为氧化还原反应：

$$CuO + H_2 \xrightarrow{\triangle} Cu + H_2O$$

在这个反应中，CuO 是氧化剂，失去氧，发生还原反应；$H_2$ 是还原剂，与氧结合，发生氧化反应。氧化反应和还原反应总是同时发生的。

随着原子结构知识的发展，对氧化还原反应的本质有了进一步的认识，于是氧化还原反应的概念就大大扩展了，下面从化合价升降角度来分析上述氢气还原氧化铜的反应。

$$\underset{\text{化合价降低，被还原}}{\overset{\text{化合价升高，被氧化}}{\overset{+2\ -2\quad 0\qquad 0\quad +1\ -2}{CuO + H_2 = Cu + H_2O}}}$$

在上述反应中，CuO 中铜的化合价由 +2 价变成了单质铜中的 0 价，铜的化合价降低了，即 CuO 被还原了；同时 $H_2$ 中氢元素的化合价由 0 价升高到水中的 +1 价，氢的化合物价升高了，即 $H_2$ 被氧化了。

从化合价升降角度来分析大量的氧化还原反应可以得出以下结论：凡有元素化合价升降的化学反应就是氧化还原反应。其中，物质所含元素化合价升高的反应是氧化反应，所含元素化合价降低的反应是还原反应。

再来分析钠与氯气的反应。

$$\underset{\text{化合价降低，被还原}}{\overset{\text{化合价升高，被氧化}}{\overset{0\qquad 0\qquad +1\ -1}{2Na + Cl_2 = 2NaCl}}}$$

钠从 0 价升高到 +1 价，单质钠被氧化了；氯从 0 价降低到 −1 价，氯气被还原了。尽管这个反应没有氧的得失关系，但发生了元素化合价的升降，所以也是氧化还原反应。在化学键一节中我们已经知道，氯化钠的生成是钠原子失去 1 个电子，成为 +1 价钠离子（阳离子），氯原子得到电子，成为 −1 价的氯离子（阴离子），阴阳离子通过静电引力而形成：

$$\overset{\text{失去}2\times e}{\overset{0}{2Na} + \overset{0}{Cl_2} \xrightarrow{\phantom{xx}} \overset{+1\ -1}{2NaCl}}$$
$$\text{得到}2\times e$$

可见，在反应过程中，钠原子失去 1 个电子，化合价从 0 价升高到 +1 价；氯原子得到 1 个电子，氯的化合物从 0 价降低到 -2 价。实际上元素化合价的升高是由于失去电子，元素化合价的降低是由于得到电子。元素化合价升降的原因就是它们的原子失去或得到电子的缘故。因此可以说，氧化还原反应是具有电子得失的反应。其中物质失去电子的反应是氧化反应，物质得到电子的反应为还原反应。又如：

$$\overset{0}{H_2} + \overset{0}{Cl_2} \xrightarrow{\phantom{xx}} \overset{+1\ -1}{2HCl}$$

在这个反应中，氯气和氢气化合生成共价化合物氯化氢，不是由于得失电子，而是共用电子对的偏移，使氢原子显正电性，氯原子显负电性，这也发生了化合价的升降，这样的反应也属于氧化还原反应。

因此，把电子得失或共用电子对偏移统称为电子转移。如上述钠与氯气的反应用电子转移的方法表示如下：

$$\overset{2\times e}{\overset{0}{2Na} + \overset{0}{Cl_2} \xrightarrow{\phantom{xx}} \overset{+1\ -1}{2NaCl}}$$

综上所述，凡是有电子转移（即电子得失或共用电子对偏移）的反应，叫做氧化还原反应。因此氧化还原反应的本质是发生了电子的转移。而元素原子的化合价的升高和降低是氧化还原反应的特征。

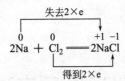

图 8-1　氧化还原反应中电子得失、化合价的关系简图

氧化还原中，电子转移（得失或偏移）和化合价升降关系的表示如图 8-1 所示。

根据以上分析，可见，没有电子转移，也就是没有化合价升降的反应，就不属于氧化还原反应。

### 二、氧化剂和还原剂

在氧化还原反应中得到电子（或电子对偏向）的物质是氧化剂；失去电子（或电子对偏离）的物质是还原剂。如钠与氯气的反应中，钠失电子使氯还原为氯离子，钠是还原剂，具有还原性；氯得电子，使钠氧化，氯气是氧化剂，具有氧化性。氢气与氯气的反应中，氢气是还原剂，而氯气是氧化剂。

氧化剂和还原剂为同一种物质的氧化还原反应称为自身氧化还原反应，如：

$$2KClO_3 \xrightarrow[\triangle]{MnO_2} 2KCl + 3O_2 \uparrow$$

反应中 $KClO_3$ 既作氧化剂，又作还原剂。

又如： $Cl_2 + 2NaOH \xrightarrow{\phantom{xx}} NaClO + NaCl + H_2O$

在这个反应中，氯分子的一个氯原子被氧化，另一个氯原子被还原。所以氯既是氧化剂，又是还原剂。这种反应叫做歧化反应，它是自身氧化还原反应的一种特殊类型。

常见的氧化剂有活泼的非金属（如卤素）、$Na_2O_2$、$H_2O_2$、$HClO$、$KClO_3$、$HNO_3$、$KMnO_4$、浓 $H_2SO_4$、$K_2Cr_2O_7$ 等，它们在化学反应中都比较容易得到电子，所以具有氧化性。

常见的还原剂有活泼的金属及 C、$H_2$、CO、$H_2S$ 等，它们在化学反应中都比较容易失去电子或发生电子偏离，所以具有还原性。

在工农业生产、科学实验和日常生活中，我们经常会碰到许多氧化还原反应，例如金属的冶炼、金属的腐蚀和防腐以及电镀等，都包含有氧化还原反应。因此氧化还原反应是一类很重要的化学反应。

## 第二节 原 电 池

### 一、原电池的工作原理

【演示实验 8-1】 将一金属锌片放入盛有 $1mol·L^{-1}$ $CuSO_4$ 溶液的烧杯中，可以观察到 $CuSO_4$ 溶液的蓝色逐渐变淡，锌会慢慢溶解，同时锌片上有红褐色的铜析出。

反应方程式为：

$$Zn + CuSO_4 = ZnSO_4 + Cu$$

离子方程式为：

$$\overset{2e}{\overbrace{Zn + Cu^{2+}}} = Zn^{2+} + Cu$$

反应的实质是锌原子失去电子被氧化成 $Zn^{2+}$ 进入溶液，而 $Cu^{2+}$ 得到电子被还原成 Cu 沉积在锌片上，此反应发生了电子转移。由于 Zn 和 $CuSO_4$ 溶液直接接触，电子就从锌原子直接转移给溶液中的 $Cu^{2+}$，但肉眼不易察觉。随着氧化还原反应的进行，化学能转变为热能，溶液的温度有所升高。

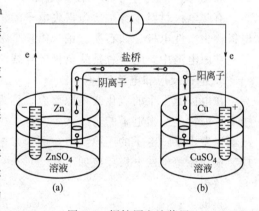

图 8-2 铜锌原电池装置

【演示实验 8-2】 上述反应若按图 8-2 装置连接，又会发生什么情况呢？

在两个分别装有 $ZnSO_4$ 和 $CuSO_4$ 溶液的容器中，分别插入 Zn 片和 Cu 片。将两个容器的溶液用一个充满电解质溶液（通常用含有琼胶的 KCl 饱和溶液）的倒置 U 形管，即盐桥联系起来。这时 Zn 和 $CuSO_4$ 溶液分隔在两个容器中，互不接触，当然不会发生反应。若用导线将锌片和铜片连接，并在导线上串联一个电流计，观察现象。

从实验可见，①电流计指针发生偏转，说明导线上有电流通过。从电流计指针偏转的方向可知电子流动的方向是从锌片经导线流向铜片，故锌是负极，铜是正极；②锌片不断溶解，而铜不断沉积在铜片上；③若取出盐桥，电流计指针回至零点，放入盐桥，电流计指针偏转，说明盐桥起构成电路通路的作用。

上述现象，可作如下分析，锌片溶解，说明锌原子失去电子，形成 $Zn^{2+}$ 进入溶液，即在锌片上发生了氧化反应：

$$Zn - 2e = Zn^{2+}$$

由于 $Zn^{2+}$ 进入溶液中，锌片上有了过多的自由电子，所以电子从锌片经过导线流向铜片；在 $CuSO_4$ 溶液中，$Cu^{2+}$ 从铜片上获得电子，成为 Cu 沉积在铜片上，即铜发生了还原反应：

$$Cu^{2+} + 2e = Cu$$

以上两个反应式相加，得到上述装置发生的总反应为：
$$Zn+Cu^{2+}=\!\!=\!\!=Zn^{2+}+Cu$$

这个反应和 Zn 片直接插入 $CuSO_4$ 溶液中的反应是相同的。但是在这里 Zn 被氧化和 $Cu^{2+}$ 被还原是分开在两个地方进行的，电子不是直接由 Zn 转移给 $Cu^{2+}$，而是通过导线转移的。这样由于电子定向运动，从而产生了电流，也就实现了化学能转变为电能。这种借助于氧化还原反应，将化学能转变为电能的装置叫做原电池。上述原电池装置称铜锌原电池。原电池中的盐桥起导电的作用。从理论上来讲，任何一个自发进行的氧化还原反应都能组成一个原电池。

**二、有关原电池的几个基本概念**

1. 半电池

原电池由两个半电池组成。图 8-2 中的原电池就是由锌半电池（Zn 和 $ZnSO_4$ 溶液）与铜半电池（Cu 和 $CuSO_4$）组成的。

2. 电极

组成半电池的导体叫电极，如锌半电池中的锌电极和铜半电池中的铜电极。对电极的极性作如下规定。

① 负极　流出电子的一极。用符号"−"表示。如铜锌原电池中锌片为负极；

② 正极　流进电子的一极。用符号"+"表示。如铜锌原电池中铜片为正极。

有些电极材料本身是参与得失电子的。有些电极只传递电子而不参与得失电子，这样的电极称为惰性电极。如石墨、铂（Pt）是常用的惰性电极。

在原电池中，电子总是从负极经导线流向正极。

3. 电极反应和电池反应

在电极上发生的氧化或还原反应，称为该电极的电极反应，或叫原电池的半反应。在负极上，因为是流出电子的，故必定发生了失电子的氧化反应，而在正极上，因为流入电子，故必定发生了得电子的还原反应，两个半电池反应合并起来构成原电池的总反应，称电池反应。铜锌原电池的电极反应如下。

负极：　　　　　　　　　　$Zn-2e=\!\!=\!\!=Zn^{2+}$　　　　　（氧化反应）

正极：　　　　　　　　　　$Cu^{2+}+2e=\!\!=\!\!=Cu$　　　　　（还原反应）

铜锌原电池的电池反应为：
$$Zn+Cu^{2+}=\!\!=\!\!=Zn^{2+}+Cu \quad （氧化还原反应）$$

4. 电对

在原电池中，每个半电池都由同一元素的两种价态的物质组成，例如 Zn 和 $ZnSO_4$ 溶液组成的半电池，Cu 和 $CuSO_4$ 溶液组成的半电池。我们把低价态物质叫做还原态物质，高价态的物质叫做氧化态物质。如 Zn 和 $ZnSO_4$ 溶液组成的半电池中，低价态的 Zn 是还原态物质，高价态的 $Zn^{2+}$ 是氧化态物质。氧化态物质和相应的还原态物质构成氧化还原电对，常用"氧化态/还原态"表示。如铜锌原电池中锌半电池电对表示为 $Zn^{2+}/Zn$；铜半电池电对表示为 $Cu^{2+}/Cu$。

任何一种物质的氧化态和还原态都可以组成氧化还原电对，而每个电对构成相应的氧化还原半反应，通式表示如下：

$$氧化态+ne \longrightarrow 还原态$$

5. 原电池符号

原电池的装置可用符号表示。如铜锌原电池表示为：

$$(-)Zn|ZnSO_4\|CuSO_4|Cu(+)$$

式中（＋）、（－）表示两个电极的符号，习惯上把负极写在左边，正极写在右边。Zn 和 Cu 表示两个电极，$ZnSO_4$ 和 $CuSO_4$ 表示电解质溶液。"｜"表示电极与电解质溶液之间的接触界面。"‖"表示盐桥，写在中间。

又如，反应 $Zn+2H^+ =\!=\!= Zn^{2+}+H_2$ 组成原电池后，其电极反应、电池反应和原电池符号分别如下。

负极反应：　　　　　　$Zn-2e =\!=\!= Zn^{2+}$　　　　　（氧化反应）

正极反应：　　　　　　$2H^++2e =\!=\!= H_2$　　　　　（还原反应）

电池反应：　　　　　　$Zn+2H^+ =\!=\!= Zn^{2+}+H_2$

原电池符号：　　　　$(-)Zn|Zn^{2+}\|H^+|H_2,Pt(+)$

当电对中无固态物质时，通常需另加惰性电极，这种电极只起导体作用。

## 第三节　电 极 电 势

接通原电池的外电路，两极间即有电流通过，这说明两极间存在着电势差，即一个电极的电势高，另一个电极的电势低。这种每个电极所具有的电势称电极电势。电极电势的绝对值目前尚无法测定，但可测出其相对值。

### 一、电极电势的测定

1. 标准氢电极

为了确定电极电势的相对大小，通常采用某一电极作标准，将其他电极与之比较，可测得电极电势的相对值。目前采用的标准电极是氢电极。它的构成如图 8-3 所示。将一片由铂丝连接的镀有蓬松铂黑❶的铂片，浸入氢离子浓度为 1mol·$L^{-1}$的硫酸溶液中，在 298K 时，不断地通入压强为 100kPa 的纯氢气，使铂黑吸附氢气达到饱和，形成一个氢电极。被氢所

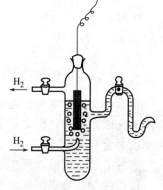

图 8-3　标准氢电极

饱和的铂片就像是用 $H_2$ 制成的电极一样。在铂黑上达到了饱和的 $H_2$ 与酸溶液中的 $H^+$，建立如下动态平衡：

$$2H^++2e \rightleftharpoons H_2$$

上述饱和了 $H_2$ 的铂片与酸溶液构成的电极就叫做标准氢电极。规定标准氢电极的电极电势值为零，记为：$\varphi^{\ominus}_{H^+/H_2}=0$，右上角的"⊖"表示标准态。

2. 标准电极电势的测定

为了方便起见，规定：温度为 298K，与电极有关的离子浓度为 1mol·$L^{-1}$，有关气体的压力为 100.0kPa 的标准状态下，所测得的电极电势称为某电极的标准电极电势，用符号 $\varphi^{\ominus}_{氧化态/还原态}$ 表示。测定步骤如下。

① 将待测电极与标准氢电极构成一个原电池。

② 测出该原电池的标准电动势❷ $E^{\ominus}$。它等于组成该原电池的正极与负极间的标准电极电势之差。若分别用 $\varphi^{\ominus}_{(+)}$ 和 $\varphi^{\ominus}_{(-)}$ 表示原电池正、负极的标准电极电势，则 $E=\varphi^{\ominus}_{(+)}-\varphi^{\ominus}_{(-)}$。

---

❶　金属铂的极细粉末呈黑色，称为铂黑。

❷　电动势是外电路电流为零时，两极间的电势差，可用电位计测得，它总是正值。

③ 确定原电池的正负极,利用标准氢电极的 $\varphi_{H^+/H_2}^{\ominus}=0$,就可以算出待测电极的标准电极电势。

例如,要测定锌电极的标准电极电势,可将其与标准氢电极构成原电池。由电位计指针偏转方向,可知锌电极为负极,氢电极为正极。该原电池符号为:

$$(-)Zn|Zn^{2+}(1mol \cdot L^{-1})\parallel H^+(1mol \cdot L^{-1})|H_2(101.325kPa),Pt(+)$$

由电位计读数得知,该原电池的标准电动势 $E^{\ominus}=0.763V$,则:

$$E^{\ominus}=\varphi_{(+)}^{\ominus}-\varphi_{(-)}^{\ominus}=\varphi_{H^+/H_2}^{\ominus}-\varphi_{Zn^{2+}/Zn}^{\ominus}$$

$$\varphi_{Zn^{2+}/Zn}^{\ominus}=\varphi_{H^+/H_2}^{\ominus}-E^{\ominus}=0-0.763V=-0.763V$$

负值表示这个电极与标准氢电极组成原电池时,该电极为负极,或者说,Zn 比 $H_2$ 更易失去电子。

利用上述方法可以测出各种物质所组成的电对的标准电极电势。测出物质电对的标准电极电势后,将它们按代数值由小到大的顺序排列,得到标准电极电势表(见附录七)。

**3. 标准电极电势值的含义**

标准电极电势值的大小,反映了标准状态下不同电对中氧化态物质和还原态物质得失电子的能力,即氧化态物质的氧化能力和还原态物质的还原能力的相对强弱。例如:

| 电对 | $Na^+/Na$ | $Mg^{2+}/Mg$ | $Zn^{2+}/Zn$ | $H^+/H_2$ | $Cu^{2+}/Cu$ |
|---|---|---|---|---|---|
| $\varphi_{氧化态/还原态}^{\ominus}$,V | $-2.714$ | $-2.37$ | $-0.763$ | $0$ | $0.34$ |

$\varphi_{氧化态/还原态}^{\ominus}$ 值逐渐增大,氧化态的氧化能力逐渐增强,还原态的还原能力逐渐减弱

概括起来,标准电极电势值愈小,表明标准状态下电对中还原态的还原能力愈强,氧化态的氧化能力愈弱;反之值愈大,表明标准状态下电对中氧化态的氧化能力愈强,还原态的还原能力愈弱。

实际上,金属活动顺序表就是根据标准电极电势值的大小,比较出来的。

应当注意,如果电极反应不是在标准状态下进行的,则不能用标准电极电势直接比较物质的氧化和还原能力。

### 二、标准电极电势的应用

**1. 比较氧化剂、还原剂的相对强弱**

【例 8-1】 在 $Fe^{3+}/Fe^{2+}$ 和 $I_2/I^-$ 两电对中,哪个是较强的氧化剂?哪个是较强的还原剂?

**解** 从附录七中查得:$\varphi_{Fe^{3+}/Fe^{2+}}^{\ominus}=0.771V$,$\varphi_{I_2/I^-}^{\ominus}=0.535V$。

由于 $\varphi_{Fe^{3+}/Fe^{2+}}^{\ominus}>\varphi_{I_2/I^-}^{\ominus}$,因此氧化能力:$Fe^{3+}>I_2$,即 $Fe^{3+}$ 是较强的氧化剂;还原能力:$I^->Fe^{2+}$,即 $I^-$ 是较强的还原剂。

【例 8-2】 比较 $Cl_2$、$Cu^{2+}$、$Ag^+$ 的氧化能力。

**解** 上述物质作氧化剂时,分别被还原为 $Cl^-$、$Cu$、$Ag$。从附录七中查得有关 $\varphi$ 值:

| 电对 | $Cl_2/Cl^-$ | $Cu^{2+}/Cu$ | $Ag^+/Ag$ |
|---|---|---|---|
| $\varphi_{氧化态/还原态}^{\ominus}$/V | 1.36 | 0.34 | 0.799 |

可见氧化能力 $Cl_2>Ag^+>Cu^{2+}$

**2. 判断氧化还原反应的方向**

前已指出,任何氧化还原反应均可装配成原电池装置,若其标准电动势 $E^{\ominus}$ 为正值,计算结果显示反应的标准吉布斯函数变减小,即 $\Delta_r G_m^{\ominus}<0$,则反应将自发进行;若标准电动势

$E^\ominus$ 为负值,则反应不能从左向右自发进行,而逆反应是自发的。因此我们只要根据原电池的标准电动势,就可以来判断一个给定的氧化还原反应自发进行的方向。步骤如下:

① 按给定的反应方向找出氧化剂、还原剂;
② 分别查出氧化剂电对和还原剂电对的标准电极电势;
③ 以反应物中氧化剂电对作正极,还原剂电对作负极组成原电池,并计算其标准电动势。

若 $E^\ominus > 0$,则在标准状态下反应自发正向(向右)进行;
若 $E^\ominus < 0$,则在标准状态下反应自发逆向(向左)进行;
若 $E^\ominus = 0$,则在标准状态下体系处于平衡状态。

**【例 8-3】** 判断反应 $Fe + Cu^{2+} \rightleftharpoons Cu + Fe^{2+}$ 在标准状态下自发进行的方向。

**解** 从给定反应式来看,$Cu^{2+}$ 是氧化剂,Fe 是还原剂。当组成原电池时,$Cu^{2+}/Cu$ 电对作正极,$Fe^{2+}/Fe$ 电对作负极。从附录七中查得:$\varphi^\ominus_{Cu^{2+}/Cu} = 0.34V$,$\varphi^\ominus_{Fe^{2+}/Fe} = -0.44V$。

$$E = \varphi^\ominus_{Cu^{2+}/Cu} - \varphi^\ominus_{Fe^{2+}/Fe} = 0.34V - (-0.44V) = 0.78V$$

因为 $E^\ominus > 0$,所以在标准状态下上面这个反应能自发正向进行。

### 三、影响电极电势的因素

化学反应实际上经常在非标准状态下进行,且反应过程中物质浓度也会改变。这就要求我们研究物质浓度、温度、介质的酸度等因素对电极电势的影响。

影响电极电势的因素主要有电极的本性、温度、氧化态和还原态物质的浓度(或气体压力)以及介质的酸度等。由于在溶液中的反应一般都是在常温下进行,所以,对某电极来说,影响其电极电势的主要因素是浓度和介质的酸度。

德国化学家能斯特提出了电极电势与溶液浓度之间的关系式。如电极反应为:

$$\text{氧化态} + ne \rightleftharpoons \text{还原态}$$

则 298K 时,有:

$$\varphi_{\text{氧化态/还原态}} = \varphi^\ominus_{\text{氧化态/还原态}} + \frac{0.0592}{n} \lg \frac{c_{\text{氧化态}}}{c_{\text{还原态}}}$$

式中 $\varphi_{\text{氧化态/还原态}}$ ——电对的氧化态和还原态物质在某一浓度时的电极电势,V;

$\varphi^\ominus_{\text{氧化态/还原态}}$ ——电对的标准电极电势,V;

$n$ ——电极反应中得失电子数;

$c_{\text{氧化态}}$、$c_{\text{还原态}}$ ——电对中氧化态物质、还原态物质的浓度,$mol \cdot L^{-1}$。纯固体、纯液体的浓度为常数,作 1 处理。气体用分压(Pa)表示。

**【例 8-4】** 当 $c_{Cu^{2+}} = 0.01 mol \cdot L^{-1}$ 时,计算 298K 时铜电极的电极电势 $\varphi^\ominus_{Cu^{2+}/Cu}$。

**解** 查附录七得

$$Cu^{2+} + 2e \rightleftharpoons Cu \qquad \varphi^\ominus_{Cu^{2+}/Cu} = 0.34V$$

根据式(8-1),有

$$\varphi^\ominus_{Cu^{2+}/Cu} = \varphi^\ominus_{Cu^{2+}/Cu} + \frac{0.0592}{n} \lg c_{Cu^{2+}} = \left[0.34 + \frac{0.0592}{2} \lg(0.01)\right]V$$
$$= (0.34 - 0.0592)V = 0.2808V$$

以上计算结果表明,当溶液中 $Cu^{2+}$ 浓度降低时,铜电极的电极电势值变小,即铜的还原能力增强。总之,电对中氧化态物质的浓度减小时,其电极电势值减小;反之,电极电势值增大。

对于有其他物质(如 $H^+$,$OH^-$)参加的电极反应,这些物质的浓度也要列入计算式中，而且浓度的方次等于它们在电极反应中的系数。例如，电极反应：

$$MnO_4^- + 8H^+ + 5e \rightleftharpoons Mn^{2+} + 4H_2O$$

$$\varphi_{MnO_4^-/Mn^{2+}}^{\ominus} = \varphi_{MnO_4^-/Mn^{2+}}^{\ominus} + \frac{0.0592}{n}\lg\left[\frac{(c_{MnO_4^-})(c_{H^+})^8}{c_{Mn^{2+}}}\right]$$

从上式中可见，$c_{H^+}$ 以 8 次方出现，对电极电势有显著影响。即 $c_{H^+}$ 增加，则 $\varphi_{MnO_4^-/Mn^{2+}}^{\ominus}$ 的值变大，将使 $MnO_4^-$ 的氧化能力提高。因此，酸性高锰酸钾溶液具有强氧化剂。这说明介质的酸度对电极电势也有影响。

## 第四节 电 解

前面讨论的原电池是化学能转变为电能的装置，本节要讨论的是如何使电能转变为化学能的过程，即当电流通过电解质溶液时所发生的化学反应，以及这些反应在工业生产中的实际应用。

### 一、电解的原理

电流通过电解质溶液或熔化的电解质，引起的氧化还原的过程，叫电解。电解是一种电能转变为化学能的过程。进行电解的装置叫电解池或电解槽。在电解池中，与外直流电源正极相连的极叫阳极，发生氧化反应；与外直流电源负极相连的极叫阴极，发生还原反应。

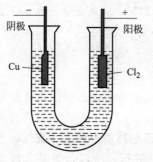

图 8-4 电解 $CuCl_2$ 溶液装置示意图

**【演示实验 8-3】** 如图 8-4 所示，在 U 形管中注入 $CuCl_2$ 溶液，插入两根石墨棒作电极，接通直流电源，观察管内发生的现象。

通电后不久可见，阴极上赭红色的铜析出，阳极上有气泡放出。用淀粉碘化钾试纸放在阳极管口，试纸立刻变蓝，可以断定放出的气体是氯气。显然整个过程是直流电通过氯化铜溶液时，氯化铜被分解为铜和氯气。该反应可用下式表示：

$$CuCl_2 \xrightarrow{\text{通电}} \underset{\text{阴极}}{Cu\downarrow} + \underset{\text{阳极}}{Cl_2\uparrow}$$

为什么会发生这个化学变化呢？

氯化铜是强电解质，它在水中能解离出 $Cu^{2+}$ 和 $Cl^-$。

$$CuCl_2 \rightleftharpoons Cu^{2+} + 2Cl^-$$

通电前，$Cu^{2+}$、$Cl^-$ 在溶液中自由移动。通电后，这些自由移动的离子在电场的作用下作定向移动，即阴离子（$Cl^-$）向阳极移动，阳离子（$Cu^{2+}$）向阴极移动，如图 8-5 所示。

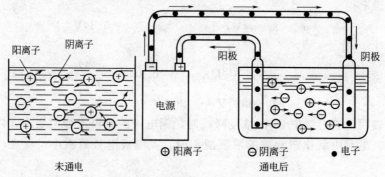

图 8-5 通电前后溶液中离子移动示意图

在阴极 $Cu^{2+}$ 得到电子而还原为 Cu，并沉积在阴极上；在阳极 $Cl^-$ 失去电子而被氧化成 Cl，然后两两结合成氯分子（$Cl_2$）从阳极逸出。它们的反应可分别表示如下：

阴极 $\quad\quad\quad\quad\quad\quad Cu^{2+}+2e \rlap{=\!=\!=} Cu\downarrow \quad\quad$ （还原反应）

阳极 $\quad\quad\quad\quad\quad\quad 2Cl^--2e \rlap{=\!=\!=} Cl_2\uparrow \quad\quad$ （氧化反应）

在电解池的两极反应中，阳离子得到电子和阴离子失去电子，通常都叫放电。电解过程的实质是在直流电的作用下，使电解质溶液发生氧化还原的过程。通电时，一方面电子从直流电的负极沿导线流入电解池的阴极，另一方面电子从电解池的阳极离开，沿导线流回直流电源的正极。这样在阴极上电子过剩，在阳极上电子缺少，因此电解液中的阳离子移向阴极，在阴极上得到电子发生还原反应，电解液中的阴离子移向阳极，在阳极上给出电子，发生氧化反应。

应当注意，电解质水溶液中还有水解离出的 $H^+$ 和 $OH^-$，所以还要比较电解质解离出来的离子与 $H^+$、$OH^-$ 得失电子的能力大小，才能判断电极反应。如上例电解 $CuCl_2$ 溶液时，向阴极移动的阳离子有 $Cu^{2+}$ 和 $H^+$，因 $Cu^{2+}$ 比 $H^+$ 易得到电子（$\varphi^{\ominus}_{Cu^{2+}/Cu}=0.34V$，$\varphi^{\ominus}_{H^+/H_2}=0V$，$\varphi^{\ominus}_{Cu^{2+}/Cu}>\varphi^{\ominus}_{H^+/H_2}$），所以 $Cu^{2+}$ 优先在阴极获得电子还原为单质铜；而向阳极移动的阴离子有 $Cl^-$ 和 $OH^-$，查附录七得，$\varphi^{\ominus}_{Cl_2/Cl^-}=1.36$，$\varphi^{\ominus}_{H_2O/OH^-}=0.401V$（电极反应 $4OH^--4e \rlap{=\!=\!=} O_2+2H_2O$），虽然 $\varphi^{\ominus}_{H_2O/OH^-}<\varphi^{\ominus}_{Cl_2/Cl^-}$，似乎 $OH^-$ 失去电子的能力大于 $Cl^-$，由于水解离出来 $OH^-$ 的浓度很小，因电极电势值的大小与浓度有关，根据能斯特方程，$H_2O/OH^-$ 电对中，当还原态的浓度很小，则 $\varphi^{\ominus}_{H_2O/OH^-}$ 值较大，使 $OH^-$ 失电子的倾向较小。只要 $CuCl_2$ 溶液的浓度不是很稀，$Cl^-$ 浓度较大，则 $\varphi^{\ominus}_{Cl_2/Cl^-}$ 值较小，使 $Cl^-$ 失电子倾向较大。所以在阳极失去电子被氧化的是 $Cl^-$，从而放出氯气。

一般来说，在比较浓的酸和盐溶液中，最易在阳极上失去电子的是无氧酸根离子，其次是 $OH^-$，最不易失去电子的是含氧酸根离子。

再以石墨为电极电解水为例来熟悉电解的过程，电解水时，先在水中加入少量硫酸来增强导电能力，才能使水易电解。当未通电时，$H_2SO_4$ 和 $H_2O$ 已经解离成相应的离子。

$$H_2SO_4 \rlap{=\!=\!=} 2H^++SO_4^{2-}$$
$$H_2O \rightleftharpoons H^++OH^-$$

通电以后，在阴极只有一种离子（$H^+$）得电子，所以 $H^+$ 从阴极获得电子成为 $H_2$ 逸出。而向阳极移动的阴离子有 $SO_4^{2-}$ 和 $OH^-$ 两种，$OH^-$ 失电子的顺序在 $SO_4^{2-}$ 前，故 $OH^-$ 在阳极失去电子，生成 $H_2O$ 和 $O_2$。电极反应为：

阴极 $\quad\quad\quad\quad\quad\quad 2H^++2e \rlap{=\!=\!=} H_2\uparrow \quad\quad$ （还原反应）

阳极 $\quad\quad\quad\quad\quad\quad 4OH^--4e \rlap{=\!=\!=} O_2\uparrow+2H_2O \quad\quad$ （氧化反应）

总的电解方程式为：

$$2H_2O \rlap{=\!=\!=} 2H_2\uparrow+O_2\uparrow$$

## 二、电解的应用

电解在工业上有着极其重要的意义。它主要用于以下几个方面。

### 1. 电化学工业

以电解方法制取化工产品的工业称为电化学工业。如电解饱和食盐水溶液制取氯气和烧碱，其电解方程式为：

$$2NaCl+2H_2O \xrightarrow[H_2SO_4]{电解} 2NaOH+H_2\uparrow+Cl_2\uparrow$$

$\quad\quad\quad\quad\quad\quad\quad\quad\quad\quad\quad\quad\quad$ 阴极 $\quad$ 阳极

饱和食盐水溶液中含有 $Na^+$、$H^+$、$Cl^-$ 和 $OH^-$。通电后，$Cl^-$、$OH^-$ 向阳极移动。在阳极 $Cl^-$ 比 $OH^-$ 更易失电子，因此阳极有 $Cl_2$ 生成。

阳极　　　　　　$2Cl^- - 2e = Cl_2\uparrow$　　　　　（氧化反应）

$Na^+$、$H^+$ 向阴极移动。在阴极 $H^+$ 比 $Na^+$ 更易得电子，因此有 $H_2$ 生成。

阴极　　　　　　$2H^+ + 2e = H_2\uparrow$　　　　　（还原反应）

由于 $H^+$ 在阴极不断得到电子而生成 $H_2$ 放出，破坏了阴极附近水的解离平衡，水继续解离成 $H^+$ 和 $OH^-$，$H^+$ 又不断得到电子，结果阴极附近溶液中 $OH^-$ 的数目相对增多了。因而，阴极附近形成了 NaOH 溶液。

2. 电冶

应用电解原理从金属化合物中制取金属的过程称为电冶。

电解位于金属活动顺序中 Al 之前的金属盐溶液时，阴极上总是产生 $H_2$，而得不到相应的金属，因此，制取这些活泼金属的单质，只能采用电解它们的熔融化合物的方法。如电解熔融 NaCl 时，阴极上可析出金属钠，其电解方程式为：

$$2NaCl(熔融) \xrightarrow{电解} 2Na + Cl_2\uparrow$$
　　　　　　　　　　　　阴极　阳极

3. 电镀

应用电解原理在某些金属表面镀上一层其他金属或合金的过程称电镀。电镀的目的是使金属增强抗腐蚀的能力，增加美观和表面硬度。镀层金属通常是一些在空气或溶液中不易起变化的金属（如 Cr、Zn、Ni、Ag、Sn 等）和合金（如黄铜、青铜、铝合金等）。

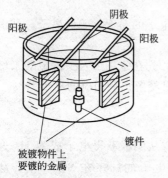

图 8-6　电镀锌示意图

电镀时，把待镀的金属制品（称镀件）作阴极，把镀层金属作阳极，用含有镀层金属离子的溶液作电镀液。接通电流，溶液中的金属阳离子移向阴极，获得电子成为薄层覆盖在待镀金属（镀件）的表面上。同时，阳极的金属原子不断失去电子变成阳离子补充到溶液里去。例如在铁的表面镀锌，如图 8-6 所示，用锌片作阳极，把待镀的铁制品镀件作阴极，$ZnCl_2$ 溶液作为电镀液。接通直流电源，镀件表面就慢慢镀上一层锌。溶液中含有 $Zn^{2+}$、$Cl^-$、$H^+$、$OH^-$，在电镀控制的条件下，这些离子不参加电极反应。

4. 金属的电解精炼

利用电镀的原理，从含有杂质的金属中精炼金属。如精炼铜，用粗铜板作阳极，薄纯铜板作阴极，用硫酸铜溶液作为电镀液。通电时，含有杂质的粗铜在阳极不断溶解，而纯铜在阴极不断析出。这样，在阴极就可以得到纯度达 99.99% 的纯铜。

## 本 章 小 结

(1) 氧化还原反应

① 氧化还原反应　氧化还原反应从得失电子的观点看，凡是有电子转移（即电子得失或共用电子对偏移）的反应，就是氧化还原反应。物质失去电子的反应是氧化反应，物质得到电子的反应为还原反应。氧化还原反应的本质是发生了电子的转移。而元素原子的化合价的升高和降低是氧化还原反应的特征。

② 氧化剂和还原剂　在氧化还原反应中得到电子（或电子对偏向）的物质是氧化剂；失去电子（或电子对偏离）的物质是还原剂。

(2) 原电池

将化学能转变为电能的装置叫做原电池。一个原电池由两个半电池组成。组成半电池的导体叫电极，即正极和负极。原电池的负极发生氧化反应，正极发生还原反应，在电极上发生的氧化或还原反应，称为该电极的电极反应。原电池中电子流向是从负极经导线流向正极。每个半电池都由同一元素的两种价态的物质组成，我们把低价态物质叫做还原态物质，高价态的物质叫做氧化态物质。氧化态物质和相应的还原态物质构成氧化还原电对，常用"氧化态/还原态"表示电对。

(3) 电极电势

① 标准电极电势　每个电极所具有的电势叫电极电势。电极电势的绝对值目前尚无法测定，但可测出其相对值。规定：温度为298K，与电极有关的离子浓度为1mol·L$^{-1}$，有关气体的压力为100.0kPa的标准状态下，所测得的电极电势称为某电极的标准电极电势。以标准氢电极为参比电极可得到各种物质的标准电极电势。

② 标准电极电势的应用　应用标准电极电势可以比较各种物质在溶液中的氧化还原能力。标准电极电势值愈小，表明标准状态下电对中还原态的还原能力愈强，氧化态的氧化能力愈弱；反之值愈大，表明标准状态下电对中氧化态的氧化能力愈强，还原态的还原能力愈弱。

应用标准电极电势还可以判断氧化还原反应自发进行的方向。

若 $E^{\ominus}>0$，则在标准状态下反应自发正向（向右）进行；

若 $E^{\ominus}<0$，则在标准状态下反应自发逆向（向左）进行；

若 $E^{\ominus}=0$，则在标准状态下体系处于平衡状态。

③ 影响电极电势的因素　电极电势值的大小除了与电极本性有关外，温度、溶液浓度、气体压力以及介质的酸度等都是影响电极电势的主要因素。电极电势与溶液浓度之间的关系式在298K时，有：

$$\varphi_{氧化态/还原态}=\varphi^{\ominus}_{氧化态/还原态}+\frac{0.0592}{n}\lg\frac{c_{氧化态}}{c_{还原态}}$$

(4) 电解

电流通过电解质溶液或熔化的电解质，引起的氧化还原的过程，叫电解。电解是一种电能转变为化学能的过程。进行电解的装置叫电解池或电解槽。在电解池中，阴离子在阳极失去电子发生氧化反应；阳离子在阴极得到电子发生还原反应。电解的原理在工农业生产中得到广泛应用。

## 思考与练习

1. 填空题

(1) 在化学反应中，若反应前后元素化合价发生变化，一定有_____转移，这类反应就属于_____反应。元素的化合价升高，表明这种物质_____电子，发生了_____反应，这种物质是_____剂；元素的化合价降低，表明这种物质_____电子，发生了_____反应，这种物质是_____剂。

(2) 在实验室里制取 $H_2$、$Cl_2$ 时都要用盐酸，制取 $H_2$ 时盐酸是_____剂，制取 $Cl_2$ 时盐酸是_____剂。

(3) 在下列反应中：

① $2F_2 + 2H_2O \Longrightarrow 4HF + O_2\uparrow$  ② $2Na + 2H_2O \Longrightarrow 2NaOH + H_2\uparrow$

③ $CaO + H_2O \Longrightarrow Ca(OH)_2$  ④ $2H_2O \Longrightarrow 2H_2\uparrow + O_2\uparrow$

水作氧化剂的是（填序号）_____，水作还原剂的是_____，水既作氧化剂又作还原剂的是_____，水既不作氧化剂也不作还原剂的是_____。

(4) 在反应：$2FeCl_3 + 2KI \Longrightarrow 2KCl + I_2 + 2FeCl_2$ 中，_____元素被氧化，_____元素被还原，_____是氧化剂，_____是还原剂。

(5) 通过反应：$Cl_2 + 2KI \longrightarrow 2KCl + I_2$，说明 $Cl_2$ 的_____性比 $I_2$ 强。

(6) 由 $Fe^{3+} \longrightarrow Fe^{2+}$ 的过程，需要加入_____剂才能进行。

(7) _____称原电池，它是把_____能转化为_____能。

(8) 原电池的两极分别称_____极和_____极。电子流出的一极称_____极，电子流入的一极称_____极。在_____极发生氧化反应，在_____极发生还原反应。

(9) 把 $Cu + 2Ag^+ \Longrightarrow Cu^{2+} + 2Ag$ 反应装配成原电池，_____为正极，_____为负极，电池符号为_____。

(10) 根据下列电对的标准电极电势：$\varphi^{\ominus}_{Fe^{2+}/Fe} = -0.44V$，$\varphi^{\ominus}_{Fe^{3+}/Fe^{2+}} = 0.77V$，$\varphi^{\ominus}_{Cl_2/Cl^-} = 1.36V$，$\varphi^{\ominus}_{MnO_4^-/Mn^{2+}} = 1.51V$，$\varphi^{\ominus}_{S/H_2S} = 0.141V$。氧化态物质的氧化能力由强到弱的顺序为_____；还原态物质还原能力由强到弱的顺序为_____。

(11) 查附录七得知：Mg、$Fe^{2+}$、Cu、$Cl^-$ 的还原性由强到弱为_____。

(12) 根据标准电极电势表，判断下列反应自发进行的方向。

① $2FeSO_4 + Br_2 + H_2SO_4 \Longrightarrow Fe_2(SO_4)_3 + 2HBr$ _____；

② $2FeSO_4 + I_2 + H_2SO_4 \Longrightarrow Fe_2(SO_4)_3 + 2HI$ _____；

③ $2FeCl_3 + Pb \Longrightarrow 2FeCl_2 + PbCl_2$ _____；

④ $2KI + SnCl_4 \Longrightarrow SnCl_2 + 2KCl + I_2$ _____。

(13) 查表得知，由电对 $Sn^{2+}/Sn$ 和 $Cu^{2+}/Cu$ 组成的原电池，正极为_____，负极为_____，标准电动势 $E^{\ominus} =$ _____。

(14) 由电对 $Ag^+/Ag$ 和 $Pb^{2+}/Pb$ 组成的原电池符号为_____，标准电动势 $E^{\ominus} =$ _____。

(15) 在电对 $MnO_4^-/Mn^{2+}$，$Fe^{3+}/Fe^{2+}$，$Sn^{4+}/Sn^{2+}$，$Cl_2/Cl^-$ 中，最强的氧化剂是_____，最弱的氧化剂是_____；最强的还原剂是_____，最弱的还原剂是_____。反应最易进行的是_____和_____反应。

(16) _____称电解池。电解池中与直流电源正极相连的极称_____极，它发生_____反应；与直流电源负极相连的极称_____极，它发生_____反应。

(17) 用石墨电极，电解 $CuSO_4$ 溶液，阳极产物为_____，反应式为_____；阴极产物为_____，反应式为_____。电解反应式为_____。

(18) 用石墨作电极，电解熔融态的 KCl 时，阳极产物为_____，反应式为_____；阴极产物为_____，反应式为_____。电解反应式为_____。

(19) 电解水时，可以制得_____和_____。前者在电解槽中_____极得到，后者在电解槽中_____极得到。

(20) 电镀时，待镀工件作_____极，镀层金属作_____极，_____作电镀液。

(21) 在电解法精炼铜时,粗铜作_____极,该极反应式为_____;纯铜在_____极析出,反应式为_____,电解液用_____。

2. 选择题

(1) 下列微粒中不具有还原性的是 (    )。
(a) $H_2$　　　　　　(b) $H^+$　　　　　　(c) $Cl_2$　　　　　　(d) $Cl^-$

(2) 下列反应中,属于氧化还原反应的是 (    )。
(a) 硫酸与氢氧化钡溶液的反应　　　　(b) 石灰石与稀盐酸的反应
(c) 二氧化锰与浓盐酸在加热条件下反应　(d) 醋酸钠的水解反应

(3) 单质A和单质B化合成AB(其中A显正价),下列说法正确的是 (    )。
(a) B被氧化　　　　　　　　　　　　(b) A是氧化剂
(c) A发生氧化反应　　　　　　　　　(d) B具有还原性

(4) 对于原电池的电极名称,叙述中有错误的是 (    )。
(a) 电子流入的一极为正极
(b) 发生氧化反应的一极是正极
(c) 电子流出的一极为负极
(d) 比较不活泼的金属构成的一极为正极

(5) 电镀银时,用 (    ) 作阳极。
(a) Cu　　　　　　(b) Pt　　　　　　(c) 石墨　　　　　　(d) Ag

(6) 下列说法正确的是 (    )。
(a) 电镀是利用原电池的原理,在金属表面镀上另一层金属
(b) 电解食盐水溶液,可制得氯气和金属钠
(c) 电解是氧化还原反应自发进行的过程
(d) 提纯铜时,用粗铜作阳极,纯铜作阴极,硫酸铜溶液作电解液

3. 是非题(下列叙述中对的打"×",错的打"√")

(1) $MnO_4^-$ 中,Mn 和 O 的化合价分别为 $+8$ 和 $-2$。(    )
(2) 根据标准电极电势判定 $SnCl_2 + HgCl_2 = SnCl_4 + Hg$ 反应能自发向右进行。(    )
(3) 根据标准电极电势判定 $2FeCl_2 + CuCl_2 = 2FeCl_3 + Cu$ 反应能自发向右进行。(    )
(4) 根据标准电极电势判定 $I_2 + Sn^{2+} = 2I^- + Sn^{4+}$ 反应只能逆向进行。(    )
(5) 从标准电极电势得知,$I_2$ 的氧化性比 $Ag^+$ 强。(    )
(6) 电解活泼性在 Al 前面金属的盐溶液时,阴极上总是得到氢气。(    )
(7) 用镀层金属作阳极进行电镀时,溶液中的镀层金属离子不断在阴极得到电子而析出,因此溶液中镀层金属离子浓度越来越小。(    )
(8) 当溶液中酸度增大时,$KMnO_4$ 的氧化能力也会增大。(    )

4. 问答题

(1) 指出下列化学反应中元素化合价的变化,并说明反应中的电子得失关系。

① $2Cu + O_2 \xrightarrow{\triangle} 2CuO$

② $Zn + 2HCl = ZnCl_2 + H_2\uparrow$

(2) 标出下列氧化还原反应中电子的转移,并指出哪种物质是氧化剂,哪种物质是还原剂。

① $2CuO+C \xrightarrow{\triangle} 2Cu+CO_2\uparrow$

② $H_2S+Cl_2 \rightleftharpoons 2HCl+S\downarrow$

(3) 在下列反应中,哪些是氧化还原反应?属于氧化还原反应的,指出氧化剂和还原剂。

① $CaCO_3 \xrightarrow{\triangle} CaO+CO_2\uparrow$

② $2KClO_3 \xrightarrow[\triangle]{MnO_2} 2KCl+3O_2\uparrow$

③ $Na_2CO_3+H_2SO_4 == Na_2SO_4+CO_2\uparrow+H_2O$

④ $Cl_2+2NaOH == NaCl+NaClO+H_2O$

⑤ $2NaI+Br_2 == 2NaBr+I_2$

(4) 将铁片和锌片分别浸入稀硫酸中,它们都被溶解,并放出氢气。如果将两种金属同时浸入稀硫酸中,两端用导线连接,这时有什么现象发生?是否两种金属都溶解了?氢气在哪一片金属上析出?试说明理由。

(5) 有人说"氯化铜溶液通电以后,在电流的影响下,氯化铜分子解离成铜离子和氯离子,在阳极生成金属铜,在阴极产生氯气。"指出错处,并加以正确叙述。

(6) 电冶一般用来冶炼哪些金属?试举一例说明冶炼时的原理。

(7) 利用电镀的方法如何使铁钥匙圈上镀上镍层?

**【阅读材料】**

## 金属在土壤中由微生物引起的腐蚀

金属在大自然中经常遭到各种电化学腐蚀,如大气腐蚀、土壤腐蚀和海水腐蚀等。这些腐蚀有个共同特点,即主要是吸氧腐蚀。但它们又具有各自的规律。如今,随着现代化城乡建设,地下设施日益增多,金属构件遭到的腐蚀日趋严重,因此研究并了解土壤的腐蚀规律有重要的意义。下面介绍金属在土壤中由微生物引起的腐蚀。

如果土壤中严重缺氧,按理是较难进行电化学腐蚀的,可是埋在地下的金属构件照样遭到严重的破坏,有人曾在电子显微镜下观察被土壤腐蚀的金属,发现有种细菌,其形状为略带弯曲的圆柱体,长度约为 $2\times10^{-6}$ m,并长有一根鞭毛。由于它依赖于硫酸盐的还原反应而生存的,所以人们称它为硫酸盐还原菌。在缺氧条件下,金属虽然难以发生吸氧腐蚀,但可进行析氢腐蚀。只是因阴极上产生的原子态的氢未能及时变为氢气析出,而被吸附在阴极表面上,直接阻碍电极反应的进行,使腐蚀速率逐渐减慢。可是,多数的土壤中都含有硫酸盐。如果有硫酸盐还原菌存在,它将产生生物催化作用,使 $SO_4^{2-}$ 离子氧化被吸附的氢,从而促使析氢腐蚀顺利进行。整个过程的反应如下:

负极 $\qquad 4Fe-8e \rightleftharpoons 4Fe^{2+}$

$\qquad\qquad 8H_2O \rightleftharpoons 8H^+ + 8OH^-$

正极 $\qquad 8H^+ + 8e = 8H$(吸附在铁表面上)

$\qquad SO_4^{2-}+8H \xrightarrow{还原菌} S^{2-}+4H_2O$

$\qquad Fe^{2+}+S^{2-} == FeS$

$\qquad +)3Fe^{2+}+6OH^- == Fe(OH)_2$

总反应:$4Fe+SO_4^{2-}+4H_2O = FeS+3Fe(OH)_2+2OH^-$

其腐蚀的特征是造成金属构件的局部损坏，并生成黑色而带有难闻气味的硫化物。同时硫酸盐还原菌依靠上述化学反应所释放出的能量进行繁殖。

研究表明，能参与金属腐蚀过程的细菌不止一种，它们并非本身使金属腐蚀，而是细菌生命活动的结果间接地对金属电化学腐蚀过程产生的影响。例如，有的细菌新陈代谢能产生某些具有腐蚀性的物质（如硫酸、有机酸和硫化氢等），从而改变了土壤中金属构件的环境；有的细菌能催化腐蚀产物，致使腐蚀速率加快。

腐蚀性细菌一般分为喜氧性菌（又称嗜氧性菌）和厌氧性菌两大类。喜氧性菌必须在有游离氧的环境中生存，这类细菌常存在于土壤、污水及泥水中，其生长温度为 28～30℃，pH 为 2.5～3.5。

厌氧性菌必须在缺乏游离氧的条件下才能生存，如硫酸盐还原菌就是一种常见的厌氧性菌，它是地球上最古老的微生物之一，其种类繁多，广泛存在于中性的土壤、河水、海水、油井、港湾及锈层中。它们的共同特点是把硫酸盐还原为硫化物，其生长的适宜温度为 30℃，pH 为 7.2～7.5。

此外，还有一些腐蚀性细菌不论在有氧或无氧的环境中均能生存，如硝酸盐还原菌，能把土壤中的硝酸盐还原为亚硝酸盐和氨。它的生长温度为 27℃，pH 为 5.5～8.5。

如今发现，由微生物引起的腐蚀广泛地存在于地下管道、矿井、海港以及循环冷却系统的金属构件和设备中，给石油、化工、航海、冶金及电力等行业带来极大的损失。因此，近十多年来，对如何控制微生物腐蚀的研究日益引起有关部门的高度重视，越来越多的人从事这方面的考察与研究，已取得了可喜的进展。

# 第九章 配位化合物

【学习目标】
　　了解有关配合物的基本概念，理解配合物稳定常数的意义；了解配位平衡移动原理。

　　许多金属元素，尤其是副族和第Ⅷ族的金属元素容易形成一种组成比较复杂且性质特殊的化合物——配位化合物（简称配合物）。配合物的种类繁多，很多无机化合物都具有配合物的结构。动、植物体中也存在有配合物，如在生物体中起输送氧作用的血红素是 $Fe^{2+}$ 的配合物；在植物生长中起光合作用的叶绿素是含 $Mg^{2+}$ 的复杂配合物。近几十年来，随着工农业生产发展的需要，配合物的研究也得到了迅速的发展。就它的数量来说已远远超过一般的无机化合物，它们的用途也越来越广泛。目前已经发展成为一门独立的学科——配位化学。

## 第一节 配位化合物的基本概念

### 一、配合物的定义

【演示实验 9-1】 取两支试管，各加入 $5mL\ 0.1mol \cdot L^{-1} CuSO_4$ 溶液，然后分别滴加数滴 $0.1mol \cdot L^{-1} BaCl_2$ 溶液和 $1mol \cdot L^{-1} NaOH$ 溶液。观察现象。

　　这是大家所熟悉的沉淀反应，前者有白色 $BaSO_4$ 沉淀生成，后者有天蓝色胶状 $Cu(OH)_2$ 沉淀生成。两个反应的离子方程式如下：

$$Ba^{2+} + SO_4^{2-} = BaSO_4 \downarrow$$
$$Cu^{2+} + 2OH^- = Cu(OH)_2 \downarrow$$

【演示实验 9-2】 取一支试管加入 $5mL\ 0.1mol \cdot L^{-1} CuSO_4$ 溶液，再滴加 $2mol \cdot L^{-1} NH_3 \cdot H_2O$ 溶液，直到溶液变为深蓝色，然后将溶液分成两份，一份滴加数滴 $0.1mol \cdot L^{-1} BaCl_2$ 溶液，另一份滴加数滴 $1mol \cdot L^{-1} NaOH$ 溶液。观察现象。

　　实验表明，第一份中仍有 $BaSO_4$ 沉淀，而第二份中却没有 $Cu(OH)_2$ 沉淀。这是由于在 $CuSO_4$ 溶液中加入 $NH_3 \cdot H_2O$ 后，$SO_4^{2-}$ 仍然自由存在，而 $Cu^{2+}$ 却减少到不足以与 $OH^-$ 结合为 $Cu(OH)_2 (K_{sp}^{\ominus} = 2.2 \times 10^{-20})$ 沉淀的程度。这是因为 $Cu^{2+}$ 与 $NH_3 \cdot H_2O$ 形成了稳定的复杂离子：

$$Cu^{2+} + 4NH_3 = [Cu(NH_3)_4]^{2+}$$

这种复杂离子叫铜氨配离子，为深蓝色，它在溶液和晶体中都能稳定存在。那么在 $[Cu(NH_3)_4]^{2+}$ 中，$Cu^{2+}$ 和 $NH_3$ 分子之间是靠什么键结合的呢？氨分子的电子式为：

$$H:\overset{H}{\underset{\cdot\cdot}{N}}:H$$

　　氮原子上有一对没有和其他原子共用的电子，称为孤对电子。当 $Cu^{2+}$ 和 $NH_3$ 相遇时，带正电荷的铜离子和氨分子共用这对电子，形成配位键（在"第三章 化学键与分子结构"

一章中有叙述。即共用电子对由一个原子或离子单方面提供而与另一个原子或离子共用所形成的化学键，称为配位键）。能形成配位键的双方，一方能提供孤对电子，而另一方能接受这一对孤对电子。配位键可用"→"表示，例如 $Cu^{2+}$ 与 $NH_3$ 分子形成的配位键可表示为：

$$\left[\begin{array}{c} NH_3 \\ H_3N \rightarrow Cu \leftarrow NH_3 \\ NH_3 \end{array}\right]^{2+}$$

类似这样的离子有很多，如银氨配离子 $[Ag(NH_3)_2]^+$、铁氰配离子 $[Fe(CN)_6]^{3-}$ 等。像这样由一个阳离子和一定数目的中性分子或阴离子以配位键结合而成的能稳定存在的复杂离子叫做配离子。配离子有配阳离子和配阴离子。如 $[Cu(NH_3)_4]^{2+}$ 为配阳离子，$[Fe(CN)_6]^{3-}$ 为配阴离子。

含有配离子的化合物称为配位化合物，即配合物。如 $[Cu(NH_3)_4]SO_4$、$K_3[Fe(CN)_6]$ 等都是配合物。

值得注意的是还有一类较复杂的化合物，如 $KAl(SO_4)_2 \cdot 12H_2O$（明矾）、$NH_4Fe(SO_4)_2 \cdot 12H_2O$（铁铵矾）等，从形式上看很像配合物，但实际上它们是复盐。因为它们的晶体中不含配离子，它们在溶液中完全解离为简单离子。

### 二、配合物的组成

配合物的组成很复杂，一般由内界和外界组成。内界是配合物的特征部分，它由一个带正电荷的中心离子（也称为配离子的形成体）和配位体（在中心离子周围结合着的几个中性分子或带负电荷的离子）组成。写配合物的化学式时，内界要用方括号括起来；不在内界中的其他离子是配合物的外界，写在方括号外面。例如：

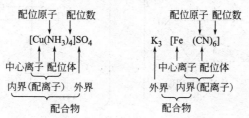

中心离子是配合物的形成体，它位于配合物的中心，是配合物的核心部分。中心离子一般是过渡元素的金属离子，如 $Cu^{2+}$、$Fe^{2+}$、$Fe^{3+}$、$Ag^+$、$Zn^{2+}$、$Ni^{2+}$ 等，也有主族元素的金属离子，如 $Al^{3+}$ 等。

配位体是配离子内与中心离子结合的负离子或中性分子。原则上具有孤对电子的极性分子或负离子都可以作为配位体。如 $[Cu(NH_3)_4]SO_4$ 中的 $NH_3$、$K_3[Fe(CN)_6]$ 中的 $CN^-$ 都是配位体。常见的配位体有：$H_2O$、$NH_3$、$CN^-$、$SCN^-$（硫氰酸根离子）、$F^-$、$Cl^-$、$Br^-$、$I^-$ 等。含有配位体的物质叫做配位剂。配位体中直接与中心离子结合的原子叫做配位原子。如 $[Cu(NH_3)_4]^{2+}$ 中的 N 原子。常见的配位原子有 N、O、S 等。

在配离子中与中心离子直接结合的配位原子的数目叫做中心离子的配位数。如 $[Cu(NH_3)_4]^{2+}$ 的配位数为 4，$[Fe(CN)_6]^{3-}$ 的配位数为 6。

配离子是带电荷的，它的电荷等于组成它中心离子的电荷与配位体的电荷（若配位体为中性分子，其电荷为零）的代数和。例如：$[Cu(NH_3)_4]^{2+}$ 的电荷为：

$$(+2)+0\times 4=+2$$

$[Fe(CN)_6]^{3-}$ 的电荷为：

$$(+3)+(-6)=-3$$

由于整个配合物是电中性的，因此，也可从配合物外界离子的电荷来确定配位离子的电荷。这种方法对于有变价的中心离子所形成的配离子电荷的推算更为方便。

若配体中能有两个或两个以上的配位原子与同一中心离子配合，如乙二胺分子（$H_2NCH_2$—$CH_2NH_2$，缩写成 En）中有两个配位原子 N，它可与中心离子 $Cu^{2+}$ 配合形成环状结构的配合物：

$$\left(\begin{array}{cc} H_2C-NH_2 & NH_2-CH_2 \\ | \quad \quad Cu \quad \quad | \\ H_2C-H_2N & NH_2-CH_2 \end{array}\right)^{2+}$$

这种环状的配合物，称螯合物（螯合即成环之意）。螯合物环上有几个原子就称几元环，上述结构是五元环。大多数螯合物都是五元环或六元环。能与中心离子形成螯合物的配位体称为螯合剂。螯合剂必须有如下特点：一是含有两个或两个以上配位原子，并且这些配位原子能同时与一个中心原子（或离子）成键；二是配位原子之间一般间隔两个或三个其他原子，这样与中心原子（或离子）成键时能形成稳定的五原子环或六原子环。

最常见的螯合剂是氨羧配位剂，其中配位原子是氨基上的氮和羧基上的氧。如乙二胺四乙酸和它的二钠盐，是最典型的螯合剂，可简写为 EDTA。EDTA 是一个六齿配体，两个 N 原子和四个 O 原子同时配位，因此它可与绝大多数金属离子形成组成比为 1∶1 的螯合物。

例如 $Co^{3+}$ 与乙二胺（en）、$Ca^{2+}$ 与 EDTA(Y) 分别形成螯合物离子 $[Co(en)_3]^{3+}$、$[CaY]^{2-}$，它们的结构如图 9-1 所示。

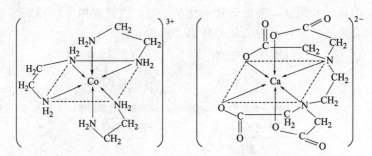

图 9-1 $[Co(en)_3]^{3+}$ 和 $[CaY]^{2-}$ 螯合物的结构示意图

### 三、配合物的命名

配合物命名的关键是配离子。我们可按如下方法命名配离子。

配位体的数目（用一、二、三等表示）—配位体的名称—"合"—中心离子的名称—中心离子的价数 [用（Ⅰ）、（Ⅱ）、（Ⅲ）等表示]— "离子"。例如 $[Cu(NH_3)_4]^{2+}$ 称四氨合铜（Ⅱ）离子，$[Fe(CN)_6]^{3-}$ 称六氰合铁（Ⅲ）离子。

配合物按组成特征不同，也有酸、碱、盐之分。它的命名方法遵循简单无机物的命名原则。下面分别举例命名。

配位酸：内界为配阴离子，外界为氢离子，称"某酸"。如 $H_2[CuCl_4]$ 称四氯合铜（Ⅱ）酸。

配位碱：内界为配阳离子，外界为氢氧根离子，称"氢氧化某"。如 $[Zn(NH_3)_4](OH)_2$ 称氢氧化四氨合锌（Ⅱ）。

配位盐：若内界为配阳离子，外界为复杂酸根离子时，称"某酸某"；若内界为配阳离子，外界为简单阴离子，称"某化某"；若内界为配阴离子，外界为金属阳离子时，也称"某酸某"。如 $[Cu(NH_3)_4]SO_4$ 称硫酸四氨合铜（Ⅱ）；$[Ag(NH_3)_2]Cl$ 称氯化二氨合银

(Ⅰ)；$K_3[Fe(CN)_6]$ 称六氰合铁（Ⅲ）酸钾，$K_4[Fe(CN)_6]$ 称六氰合铁（Ⅱ）酸钾。

常见的配合物除按命名原则系统命名外，还有习惯名称。如 $K_3[Fe(CN)_6]$ 习惯名称为铁氰化钾，俗名赤血盐；$K_4[Fe(CN)_6]$ 习惯名称为亚铁氰化钾，俗名黄血盐。

## 第二节 配合物的稳定性

### 一、配离子在水溶液中的解离平衡

配合物的内界和外界之间是以离子键结合的，在水溶液中全部解离成为配离子和外界离子，例如：

$$[Cu(NH_3)_4]SO_4 \rightleftharpoons [Cu(NH_3)_4]^{2+} + SO_4^{2-}$$

而配离子是中心离子和配位体以配位键结合起来的，它像弱电解质一样，在水溶液中仅发生部分解离。配离子在水溶液中的解离程度，就是配合物在水溶液中的稳定性。下面我们以 $[Cu(NH_3)_4]^{2+}$ 为例来说明。

在水溶液中，$[Cu(NH_3)_4]^{2+}$ 部分解离出 $Cu^{2+}$ 和 $NH_3$，与此同时，$Cu^{2+}$ 和 $NH_3$ 又结合成 $[Cu(NH_3)_4]^{2+}$。这两个过程是可逆的，在一定条件下可以达到平衡状态，可以表示如下：

$$[Cu(NH_3)_4]^{2+} \underset{结合}{\overset{解离}{\rightleftharpoons}} Cu^{2+} + 4NH_3$$

这种平衡叫配位平衡，和解离平衡一样，在一定条件下，当配离子的生成和解离达到平衡时，其平衡常数的表达式为：

$$K_{不稳}^{\ominus} = \frac{[Cu^{2+}][NH_3]^4}{[Cu(NH_3)_4]^{2+}}$$

式中的方括号，表示离子的平衡浓度，单位为 $mol \cdot L^{-1}$。$K_{不稳}^{\ominus}$ 是配离子的解离常数，又称不稳定常数，它表示配离子的稳定性大小。对于相同配位数的配离子，$K_{不稳}^{\ominus}$ 的值越大，表明配离子的解离趋势越大，在水溶液中就越不稳定；反之，$K_{不稳}^{\ominus}$ 的值越小，表明配离子的解离趋势越小，在水溶液中就越稳定。例如，$K_{不稳}^{\ominus}([Ag(CN)_2]^-)(1.58 \times 10^{-22}) < K_{不稳}^{\ominus}([Ag(NH_3)_2]^+)(5.88 \times 10^{-8})$，即表示在溶液中 $[Ag(CN)_2]^-$ 较 $[Ag(NH_3)_2]^+$ 稳定。

配离子的稳定也可以用生成配离子的平衡常数（简称配位常数，又称稳定常数）来表示，符号为 $K_{稳}^{\ominus}$。如：

$$Cu^{2+} + 4NH_3 \rightleftharpoons [Cu(NH_3)_4]^{2+}$$

$$K_{稳}^{\ominus} = \frac{[Cu(NH_3)_4]^{2+}}{[Cu^{2+}][NH_3]^4}$$

显然

$$K_{稳}^{\ominus} = \frac{1}{K_{不稳}^{\ominus}}$$

具有相同配位数的配离子，$K_{稳}^{\ominus}$ 值越大，配离子在水溶液中就越稳定；反之，$K_{稳}^{\ominus}$ 值越小，配离子在水溶液中就越不稳定。一些常见配离子的稳定常数见书末附录八。

应该注意的是，配位体数目不同的配离子，它们的 $K_{稳}^{\ominus}$（或 $K_{不稳}^{\ominus}$）表达式中浓度的方次不同，因此不能直接用以比较它们的稳定性。如 $K_{稳}^{\ominus}([Ag(NH_3)_2]^+)(1.7 \times 10^7) < K_{稳}^{\ominus}([Cu(NH_3)_4]^{2+})(1.07 \times 10^{-12})$，但不能认为 $[Cu(NH_3)_4]^{2+}$ 比 $[Ag(NH_3)_2]^+$ 稳定。

### 二、配位平衡的移动

配离子的配位平衡和其他化学平衡一样，是有条件的、暂时的动态平衡。当外界条件改变时，配位平衡就会发生移动。

1. 配位平衡与溶液酸度的关系

**【演示实验 9-3】** 在试管中制取 5mL $[FeF_6]^{3-}$ 溶液（往 $0.1mol \cdot L^{-1}$ $FeCl_3$ 溶液中逐滴加入 $1mol \cdot L^{-1}$ NaF 溶液，至溶液成为无色为止），在其中逐滴加入 $1mol \cdot L^{-1}$ $H_2SO_4$ 溶液。观察现象。

实验表明：试管中溶液的颜色由无色逐渐转变为棕黄色。

这是因为在无色的 $[FeF_6]^{3-}$ 溶液中，存在着如下平衡：

$$[FeF_6]^{3-} \rightleftharpoons Fe^{3+} + 6F^-$$

当往溶液中加入足够量的酸（$[H^+] > 0.1mol \cdot L^{-1}$）时，酸解离出来的 $H^+$ 会和 $F^-$ 结合成弱电解质 HF：

$$H^+ + F^- \rightleftharpoons HF$$

这就减少了的 $F^-$ 浓度，使配位平衡向右移动，促使 $[FeF_6]^{3-}$ 进一步解离而转化为 $Fe^{3+}$（$Fe^{3+}$ 为棕黄色）。可见，在溶液中存在着 $H^+$ 与 $Fe^{3+}$ 争夺配位体 $F^-$ 的平衡转化。因此，配位体能与 $H^+$ 结合成弱酸时，当酸度增大将导致配离子的稳定性降低。

2. 配位平衡与沉淀反应的关系

**【演示实验 9-4】** 取一支试管加入 $5mL 0.1mol \cdot L^{-1}$ $CuSO_4$ 溶液，再滴加 $2mol \cdot L^{-1}$ $NH_3 \cdot H_2O$ 溶液，直到溶液变为深蓝色，然后滴加 $2mol \cdot L^{-1}$ $Na_2S$ 溶液，观察黑色沉淀的生成。

$[Cu(NH_3)_4]^{2+}$ 在溶液中存在如下解离平衡：

$$[Cu(NH_3)_4]^{2+} \rightleftharpoons Cu^{2+} + 4NH_3$$

$[Cu(NH_3)_4]^{2+}$ 解离出的 $Cu^{2+}$ 遇到 $S^{2-}$ 生成难溶的 CuS 沉淀，破坏了 $[Cu(NH_3)_4]^{2+}$ 的解离平衡，使 $[Cu(NH_3)_4]^{2+}$ 转化为 CuS。

$$[Cu(NH_3)_4]^{2+} + S^{2-} \rightleftharpoons CuS\downarrow + 4NH_3$$

可见在溶液中存在着 $NH_3$ 分子与 $S^{2-}$ 争夺 $Cu^{2+}$ 的平衡转化。

**【演示实验 9-5】** 在盛有 1mL 含有少量 AgCl 沉淀的饱和溶液中，逐滴加入 $2mol \cdot L^{-1}$ $NH_3 \cdot H_2O$，振荡试管，观察现象。

实验表明白色 AgCl 沉淀能溶于 $NH_3 \cdot H_2O$ 中成为无色透明的溶液。

在 AgCl 饱和溶液中，存在着溶解平衡：

$$AgCl(s) \rightleftharpoons Ag^+ + Cl^-$$

加入 $NH_3 \cdot H_2O$ 后，溶液中的 $Ag^+$ 能与 $NH_3$ 分子生成配离子 $[Ag(NH_3)_2]^+$：

$$Ag^+ + 2NH_3 \rightleftharpoons [Ag(NH_3)_2]^+$$

这样就破坏了 AgCl(s) 的溶解平衡，使 AgCl(s) 白色沉淀转化为无色 $[Ag(NH_3)_2]^+$ 配离子。

$$AgCl + 2NH_3 \rightleftharpoons [Ag(NH_3)_2]^+ + Cl^-$$

可见在溶液中存在着 $Cl^-$ 与 $NH_3$ 分子争夺 $Ag^+$ 的平衡转化。

总之，配位平衡与沉淀反应的关系，实际上是沉淀剂（如 $S^{2-}$、$Cl^-$）与配位剂（如 $NH_3$）对金属离子的争夺。若生成沉淀物的溶解度愈小，则配离子转化为沉淀的反应就愈接近完全；若生成的配离子愈稳定，则难溶电解质转化为配离子的反应就愈接近完全。

3. 配位平衡与其他配位反应的关系

**【演示实验 9-6】** 取少量 $[Fe(SCN)_6]^{3-}$ 溶液于试管中，然后逐滴加入 $1mol \cdot L^{-1}$ 的 NaF 溶液，直至溶液的血红色褪去。

在血红色 $[Fe(SCN)_6]^{3-}$ 的溶液中，存在着如下解离平衡：

$$Fe^{3+} + 6SCN^- \rightleftharpoons [Fe(SCN)_6]^{3-}$$

$$K^{\ominus}_{\text{稳}([Fe(SCN)_6]^{3-})} = 1.48 \times 10^3$$

加入 NaF 溶液后，$Fe^{3+}$ 与 $F^-$ 结合为更稳定的 $[FeF_6]^{3-}$（无色）：

$$Fe^{3+} + 6F^- \rightleftharpoons [FeF_6]^{3-}$$

$$K^{\ominus}_{\text{稳}([FeF_6]^{3-})} = 2.04 \times 10^{14}$$

这样便破坏了 $[Fe(SCN)_6]^{3-}$ 的解离平衡，使 $[Fe(SCN)_6]^{3-}$ 不断地转化为 $[FeF_6]^{3-}$。

$$[Fe(SCN)_6]^{3-} + 6F^- \rightleftharpoons [FeF_6]^{3-} + 6SCN^-$$

可见，配位反应总是由稳定性较差的配离子转化为稳定性较高的配离子，相反的转化则难以进行。

4. 配位平衡与氧化还原反应的关系

在金属活动顺序中，Cu 位于 Hg 之前，所以把 Cu 放在 $HgCl_2$ 或 $Hg(NO_3)_2$ 溶液中，Hg 能被置换出来：

$$Cu + Hg^{2+} \rightleftharpoons Cu^{2+} + Hg$$

但金属 Cu 却不能从 $[Hg(CN)_4]^{2-}$ 的溶液中置换出 Hg。这是因为 $[Hg(CN)_4]^{2-}$ 很稳定，难解离，溶液中的 $Hg^{2+}$ 浓度大大降低。我们知道，当电对中氧化态物质的浓度减小时，其电极电势值减小，所以 $Hg^{2+}$ 的氧化能力减弱，不足以使 Cu 氧化。总之，一般金属离子在形成配离子后，金属离子的氧化能力减弱，而金属的还原性增强。

## 第三节 配合物的应用

目前，配位化学已渗透到自然科学的多种领域。配合物在生产、科研和生活中都有着广泛的应用。下面我们从几个方面简单介绍配合物的应用。

1. 在冶金工业上的应用

冶金工业中，可利用配合物进行湿法冶金，这种方法是使用配位剂把金属从矿石中浸取出来，然后再用适当的还原剂还原成金属。例如在一般情况下，黄金是不能被空气氧化的，但将 Au 浸入 NaCN 溶液中，并通入空气，能发生如下反应：

$$4Au + 8CN^- + 2H_2O + O_2 = 4[Au(CN)_2]^- + 4OH^-$$

这是由于反应生成了 $[Au(CN)_2]^-$ 配离子，降低了 Au 电对的电极电势，使反应得以进行。利用此法，可以从含金量很低的矿石中将金几乎全部"浸出"，再加锌于浸出液中，即可得单质金。

$$Zn + 2[Au(CN)_2]^- = 2Au + [Zn(CN)_4]^{2-}$$

利用这一原理，用浓盐酸处理电解铜的阳极泥，使其中的 Au、Pt 等贵金属能形成配合物而得以充分地回收。

2. 在电镀工业中的应用

电镀工艺中，要求在镀件上析出的镀层厚薄要均匀，且光滑细致，与底层的金属附着力强，故通常不用简单盐溶液，而是利用相应配离子的盐溶液作电镀液。因为在配合物溶液中，简单金属离子的浓度低，金属在镀件上析出速率慢，从而可得到晶粒细小、光滑、细致、牢固的镀层。常用的电镀液是金属离子的氰配离子。$CN^-$ 的配合能力强，镀层质量好，但含氰的电镀液有剧毒，容易造成环境污染，所以无氰电镀就成为电镀技术中亟待解决的问题。我国在这方面已取得了可喜的成绩。

3. 在元素分离和分析化学中的应用

利用金属离子与配位剂形成的配合物在颜色、溶解度以及稳定性等方面表现出的差异，从而达到使离子分离和鉴定的目的。例如，$K_4[Fe(CN)_6]$ 可分别与 $Fe^{3+}$、$Cu^{2+}$ 形成蓝色的 $Fe_4[Fe(CN)_6]_3$ 沉淀和红棕色的 $Cu_2[Fe(CN)_6]$ 沉淀，这一性质可用于鉴定 $Fe^{3+}$、$Cu^{2+}$。再如，往含有 $Zn^{2+}$ 和 $Al^{3+}$ 的溶液中加入 $NH_3 \cdot H_2O$，两种离子分别生成难溶于水的 $Zn(OH)_2$ 和 $Al(OH)_3$，但当 $NH_3 \cdot H_2O$ 过量时，$Zn(OH)_2$ 又能与其形成可溶性的 $[Zn(NH_3)_4]^{2+}$ 配离子而进入溶液，$Al(OH)_3$ 则不溶于 $NH_3 \cdot H_2O$ 中，经过滤，$Zn^{2+}$ 和 $Al^{3+}$ 就得到了分离。

若溶液中含有多种金属离子，它们的存在对于鉴定离子互有干扰。因此，化学分析时必须首先消除共存离子的干扰，再进行各个离子的分析鉴定。消除干扰的方法很多，但最简便、有效和常用的方法是往溶液中加入一种试剂，使干扰离子与它形成稳定的化合物，从而大大降低干扰离子的浓度，消除它们对分析测定的干扰。例如，$Fe^{3+}$ 的存在对用 $SCN^-$ 鉴定 $Co^{2+}$ 就会发生干扰，但只要在溶液中加入 NaF，使 $Fe^{3+}$ 不再与 $SCN^-$ 配位，而与 $F^-$ 形成更加稳定的无色配离子 $[FeF_6]^{3-}$，这样可以把 $Fe^{3+}$ "掩蔽" 起来，避免了对 $Co^{2+}$ 鉴定的干扰。

4. 在化工和生物化学中的应用

利用配位反应引起催化的配位催化反应，越来越受到人们的重视。例如用 $[PdCl_4]^{2-}$ 作催化剂，可将乙烯在空气中氧化为乙醛，这在石油化工中具有重要的意义。再如，利用太阳能分解水制取氢气时可采用配合物催化的方法。太阳能经光化学反应变为热能以及光和电能的转换都可以应用配合催化技术。

在生物化学中，配合物的作用更是引人注目。近年来，已模拟合成了结构类似血红素的配合物，制得人造血。植物进行光合作用是靠叶绿素进行的，而叶绿素是以 $Mg^{2+}$ 为中心的复杂配合物，所以镁是植物生长中必不可少的元素。

5. 在医药等方面的应用

血红蛋白是生物体在呼吸过程中传送氧的物质，所以又称为氧的载体。人体中的血红蛋白与氧经配位反应而生成 $O_2Hb$，它也能和 CO 配合而生成 COHb，后者的配位能力很强，稳定性为 $O_2$ 的 230~270 倍。当有 CO 气体存在时，血红蛋白中的氧很快被 CO 置换，从而失去输送氧的功能。当空气中的 CO 浓度达到 $O_2$ 浓度的 0.5% 时，血红蛋白中的氧就可能被 CO 取代，生物体就会因为得不到氧而窒息，这就是煤气中毒致死的原因。

铅中毒的病人可以用柠檬酸钠（俗称枸橼酸钠）来治疗，它和积聚在骨骼中的 $Pb_3(PO_4)_2$ 作用，生成难离解的可溶的 $[Pb(C_6H_5O_7)]^-$ 配离子，经肾脏从尿中排出。柠檬酸钠和 $Ca^{2+}$ 也能配合，可防止血液的凝结，这是医药上常用的血液抗凝剂。

除上述领域外，配合物在原子能、激光材料、半导体等高科技领域以及环境保护、染料、鞣革等方面都有着广泛的应用，因此对配合物的深入研究和应用前景十分广阔。

## 本 章 小 结

(1) 配位化合物的基本概念

配合物是一类组成比较复杂的化合物。它由内界（配离子）和外界以离子键相结合而成。在水溶液中可以全部解离。由一个阳离子和一定数目的中性分子或阴离子以配位键结合而成的、能稳定存在的复杂离子叫做配离子。配离子有配阳离子和配阴离子，配离子能在晶体和水溶液中稳定存在。配离子由中心离子和配位体组成，有关概念如下：

中心离子：配离子的形成体；

配位体：在配离子中与中心离子结合的负离子或中性分子；

配位原子：配位体中具有孤对电子直接与中心离子直接结合的原子；

配位数：在配离子中与中心离子直接结合的配位原子的数目；

配离子的电荷：它等于中心离子电荷数和配位体电荷总数的代数和。

配合物的命名关键是配离子的命名。配合物也有"酸"、"碱"、"盐"之分。

(2) 配位化合物的稳定性

配离子在水溶液中能部分解离出中心离子和配位体。配离子在水溶液中的解离程度，就是配合物在水溶液中的稳定性。配离子在水溶液中存在着解离—配位平衡，平衡时，其平衡常数可用 $K_{\text{不稳}}^{\ominus}$（或配位常数 $K_{\text{稳}}^{\ominus}$ 表示），二者的关系为：$K_{\text{稳}}^{\ominus} = \dfrac{1}{K_{\text{不稳}}^{\ominus}}$。

通常用解离常数或配位常数比较配位体数目相同的配离子的稳定性。$K_{\text{稳}}^{\ominus}$ 越大（$K_{\text{不稳}}^{\ominus}$ 或越小），则配离子越稳定。

配位平衡与其他化学平衡一样，是有条件的、暂时的动态平衡，当外界条件改变时，配位平衡会发生移动。例如配位平衡会受到溶液的酸碱度、沉淀反应、其他配位反应以及氧化还原反应的影响。

配合物的在工业生产、科学技术等方面都有着广泛的应用。

## 思 考 与 练 习

1. 填空题

(1) 配合物通常由_____和_____以离子键结合而成。_____能在晶体和水溶液中稳定存在。

(2) 中心离子是配合物的_____，它位于配离子的_____。常见的中心离子是_____元素的离子。

(3) 在配离子中与_____结合的负离子或中性分子叫_____，含有_____的物质叫配位剂。

(4) 配位体中具有_____、直接与_____结合的原子叫配位原子。如 $NH_3$ 中的____原子是配位原子。

(5) 在配离子中与中心离子直接结合的_____数目叫_____的配位数。

(6) 填充下表：

| 配合物的化学式 | 命 名 | 中心离子 | 配离子电荷 | 配位体 | 配位数 |
| --- | --- | --- | --- | --- | --- |
| $[Ag(NH_3)_2]NO_3$ | | | | | |
| $K_4[Fe(CN)_6]$ | | | | | |
| $K_3[Fe(CN)_6]$ | | | | | |
| $H_2[PtCl_6]$ | | | | | |
| $[Zn(NH_3)_4](OH)_2$ | | | | | |
| $[Co(NH_3)_6]Cl_3$ | | | | | |

(7) 配合物在水溶液中全部解离成_____，而配离子在水溶液中_____解离，存在着平衡。

(8) 在 $[Ag(NH_3)_2]^+$ 水溶液中的解离平衡式为_____。

(9) $Fe^{3+} + 6SCN^- \rightleftharpoons [Fe(SCN)_6]^{3-}$ 的配位常数 =_____。

(10) 配位数相同的配离子，若 $K_{稳}^{\ominus}$ 越____或 $K_{不稳}^{\ominus}$ 越____，则该配离子越稳定；若 $K_{不稳}^{\ominus}$ 值越大，表示该配离子解离程度越____。

(11) $K_{稳}^{\ominus} \cdot K_{不稳}^{\ominus} =$ ____。

(12) 在 $AgNO_3$ 溶液中加入 NaCl 溶液，产生____（写化学式）沉淀，反应的离子方程式为____。静置片刻，弃去上面清液，在沉淀中加入过量氨水，沉淀溶解，生成了____（写化学式），反应的离子方程式为____。

(13) 在 $CuSO_4$ 溶液中加过量氨水会生成____（写化学式）配离子，其离子方程式为____。在该配离子溶液中，再加入 $Na_2S$ 溶液，会有____（写化学式）沉淀生成，总的离子反应方程式为____。

(14) 血红色的 $[Fe(SCN)_6]^{3-}$ 溶液加入 NaF 后，颜色褪去，是因为生成了____，总的离子反应方程式为____。

(15) 当配离子中的配位体能与 $H^+$ 结合成弱酸时，则溶液中酸度增大时，配离子的稳定性会____。

(16) 当一种配离子转化为另一种配离子时，反应物中配离子的 $K_{稳}^{\ominus}$ 越____，生成物中配离子的 $K_{稳}^{\ominus}$ 越____，那么这种转化越完全。

2. 是非题（下列叙述中对的打"√"，错的打"×"）

(1) 配合物在水溶液中可以全部解离为外界离子和配离子，配离子也能全部解离为中心离子和配位体。（　）

(2) 配离子的 $K_{不稳}^{\ominus}$ 值越大，则对配位数相同的配离子来说，就越不稳定。（　）

(3) 当配离子转化为沉淀时，难溶电解质的溶解度愈小，则愈易转化。（　）

(4) 当沉淀转化为配离子时，配离子的 $K_{不稳}^{\ominus}$ 值越大，则越易转化。（　）

(5) 一种配离子在任何情况下都可以转化为另一种配离子。（　）

(6) 由于配离子的生成，使金属离子的浓度发生改变，从而改变了其电极电势，所以配离子的生成对氧化还原反应有影响。（　）

3. 问答题

(1) 配合物中配离子的电荷可用哪两种方法确定其值？试举一例说明之。

(2) 下列化合物中哪些是配合物？哪些是复盐？并列表说明配合物的中心离子、配离子、配位体、配位数和外界离子。

① $KCl \cdot MgCl_2 \cdot 6H_2O$　② $K_2PtCl_6$　③ $KAl(SO_4)_2 \cdot 12H_2O$　④ $Zn(NH_3)_4SO_4$

【阅读材料】

## 氰化物及含氰废水的处理

氰化氢（HCN）是无色透明液体，沸点为 299K，易挥发，苦杏仁味，极毒！在空气中允许的最高浓度为 $0.0003 mg \cdot L^{-1}$。氰化氢能与水互溶，其水溶液是一种极弱的酸，叫氢氰酸（$K_a^{\ominus} = 6.2 \times 10^{-10}$）。

常用的氰化物有氰化钠（NaCN）和氰化钾（KCN）。它们都是白色、易溶于水的晶体，在水溶液中易水解，水解后溶液呈碱性。

$CN^-$ 最重要的化学性质是它极易与过渡元素的金属离子形成一定的配合物。因此，那些难溶于水的重金属氰化物，就可以溶解在碱金属的氰化物中。

氰化钠、氰化钾是重要的化工原料，用于制备各种无机氰化物，合成塑料、纤维、医药、染料等，还大量用于钢的热处理、电镀、湿法冶金等。

$CN^-$ 能与生物机体中的酶和血红蛋白中的必不可少的重金属结合成配合物而使其丧失机能，所以氰化物有剧毒！它不仅对人的致死量极微（0.05g），而且毒性发作快，3～5min 即可导致死亡。另外，蒸气、粉尘、伤口浸入甚至皮肤浸入，都能导致中毒。因此，生产和使用氰化物应有严格的安全措施。使用过的设备工具要用高锰酸钾溶液清洗，直到红色不褪，然后再用大量的水冲洗。

由于含氰废水毒性极大，国家对工业废水中氰化物的含量控制很严。经过处理的含氰废水，要求其氰化物含量在 $0.01\text{mg} \cdot \text{L}^{-1}$ 以下，才能排放。

利用 $CN^-$ 的还原性和易形成配合物的特性，处理含氰废水的方法主要有以下两大类。

**氧化法** 用漂白粉 $[Ca(ClO)_2 + CaCl_2 \cdot Ca(OH)_2 \cdot 2H_2O]$、氯气（$Cl_2$）、过氧化氢（$H_2O_2$）、臭氧（$O_3$）等，将 $CN^-$ 转化为无毒物质。其离子反应式如下：

$$4CN^- + 10ClO^- + 2H_2O == 10Cl^- + 2N_2\uparrow + 4HCO_3^-$$

**配位法** 在含氰废水中加入硫酸亚铁（$FeSO_4$）和消石灰 $[Ca(OH)_2]$，在弱酸性条件下，将 $CN^-$ 转化为无毒的 $[Fe(CN)_6]^{4-}$。其离子反应式如下：

$$2Ca^{2+} + Fe^{2+} + 6CN^- == Ca_2[Fe(CN)_6]\downarrow$$

$$3Fe^{2+} + 6CN^- == Fe_2[Fe(CN)_6]\downarrow$$

# 第二篇 元素知识

## 第十章 常见非金属元素及其化合物

我们在第二章中学习了元素周期律和元素周期表的理论知识，为我们深入学习元素及其化合物奠定了基础。本章我们将讨论一些常见非金属元素及其化合物。

### 第一节 卤 素

【学习目标】
掌握氯及其重要化合物的主要性质；了解氯气的制法；了解氯的含氧酸及其盐；了解氟、溴、碘的特性；了解卤离子的检验方法。

元素周期表中第ⅦA族元素氟（F）、氯（Cl）、溴（Br）、碘（I）和砹（At）统称卤族元素，其中砹为放射性元素[❶]，在自然界的含量很少。这五种元素都容易和金属直接化合生成盐，习惯上将它们简称为卤素。"卤素"就是成盐的元素。

卤素原子的最外层电子都是7个，它们都容易获得1个电子而显非金属性，并且具有相似的化学性质。但从氟到碘，随着它们相对原子质量的增大，非金属性逐渐减弱。

本节主要介绍卤素中具有代表性的氯元素单质及其化合物的有关知识，并在此基础上简要介绍氟、溴、碘的部分知识。

#### 一、氯气

1. 氯气的物理性质

氯气是具有强烈刺激性气味的黄绿色气体，有毒，吸入少量氯气会刺激鼻腔和喉头的黏膜，引起胸部疼痛和咳嗽；吸入大量氯气就会窒息死亡。因此，实验室中闻氯气时，必须用手在容器口边轻轻煽动，让微量的气体进入鼻孔。

氯气很容易液化，将它在常压下冷却到238.8K或在常温下加压到$6\times10^5$Pa时，能变成液态氯，工业上称为"液氯"，通常储存于涂有草绿色的钢瓶中，以便运输和使用。

2. 氯气的化学性质

氯气是典型的非金属元素，化学性质很活泼，能与许多物质发生反应。

（1）与金属反应　氯气能与活泼金属如钠、钾、钙等能直接化合。如金属钠，在氯气中剧烈燃烧产生黄色火焰，生成白色的氯化钠颗粒。反应方程式为：

$$2Na + Cl_2 \xrightarrow{\text{点燃}} 2NaCl$$

不活泼的金属如锡、铅、铜等，加热后放入氯气中也能燃烧。

【演示实验10-1】把一束细铜丝灼热后，立即放进盛有氯气的集气瓶中（图10-1），观

---

[❶] 物质能自动产生射线的性质，叫做放射性。具有放射性的元素叫做放射性元素。

察现象。再将少量的水注入集气瓶中,用毛玻璃片盖住瓶口,振荡,观察溶液的颜色。

红热的铜丝在氯气中燃烧,产生棕黄色的烟,即生成了氯化铜颗粒。反应方程式为:

$$Cu + Cl_2 \xrightarrow{\text{点燃}} CuCl_2$$

$CuCl_2$ 溶解在水里,成为绿色的 $CuCl_2$ 溶液。溶液浓度不同时,颜色略有不同。

(2) 与非金属的反应 在常温下(在没有光照射时),氯气和氢气化合非常缓慢;如果点燃或用强光直接照射,氯气和氢气的混合气体就会迅速化合,甚至发生爆炸生成氯化氢气体:

图 10-1 铜在氯气中燃烧

$$H_2 + Cl_2 \xrightarrow{\text{点燃或光照}} 2HCl$$

当氢气在氯气中燃烧时,发出苍白色的火焰,生成无色的氯化氢气体,它立即吸收空气中的水蒸气呈现雾状,即形成了细小的盐酸液滴。

氯气还能与其他非金属化合。

【演示实验 10-2】 将红磷放在燃烧匙中,点燃后插入盛有氯气的集气瓶里(图 10-2),观察现象。

点燃的磷在氯气中继续燃烧,同时出现白色烟雾。氯气与磷反应,生成三氯化磷和五氯化磷,白色烟雾是二者的混合物。

$$2P + 3Cl_2 \xrightarrow{\text{点燃}} 2PCl_3$$

$$2P + 5Cl_2 \xrightarrow{\text{点燃}} 2PCl_5$$

$PCl_3$ 在常温下为无色液体、$PCl_5$ 是略带黄色的固体,它们都是重要的化工原料,可用来合成许多含磷的有机化合物,如敌百虫等农药或农药助剂等。

(3) 与水的反应 氯气溶解于水得到氯水。在氯水中,溶解的氯气,其中一部分能与水反应,生成盐酸和次氯酸(HClO):

$$Cl_2 + H_2O \rightleftharpoons HCl + HClO$$

图 10-2 磷在氯气里燃烧

该反应是可逆反应。因此氯水是复杂的混合液体,其中除水外,还含有相当数量的游离氯和少量的盐酸及次氯酸。次氯酸是一种很弱的酸,不稳定,容易分解,放出氧气。在日光下分解更快:

$$2HClO \xrightarrow{\text{光照}} 2HCl + O_2 \uparrow$$

次氯酸是强氧化剂,能杀死病菌,所以常用氯气对自来水(1L 水中约通入 0.002g 氯气)进行杀菌消毒。次氯酸还具有漂白能力,可以使染料和有机色素褪色,可用做漂白剂。氯气具有杀菌漂白能力,是由于它与水作用而生成次氯酸,所以,干燥的氯气没有这种性质。

(4) 与碱的反应 氯气与碱起反应,生成次氯酸盐和金属氯化物。例如:

$$Cl_2 + 2NaOH == NaCl + NaClO + H_2O$$

实验室制取氯气时,就是利用这个反应来吸收多余的氯气。

3. 氯气的用途

氯气是一种重要的化工原料,除用于制漂白粉和盐酸外,还用于制造橡胶、塑料、农药和有机溶剂等。氯气也用作漂白剂,在纺织工业中用来漂白棉、麻等植物纤维,在造纸工业上用来漂白纸浆。氯气还可用于饮用水、游泳池的消毒杀菌。

4. 氯气的制法

在实验室，氯气用浓盐酸与二氧化锰反应来制取（见图 10-3）。反应方程式如下：

$$MnO_2 + 4HCl \xrightarrow{\triangle} MnCl_2 + 2H_2O + Cl_2\uparrow$$

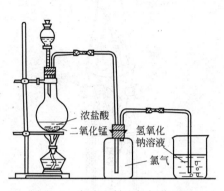

图 10-3　实验室制取氯气装置图

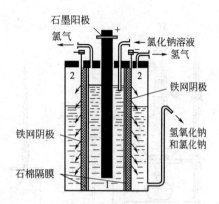

图 10-4　立式隔膜电解槽电解饱和食盐水示意图

工业上，氯气用电解饱和食盐水溶液的方法来制取，同时可制得烧碱。反应方程式如下：

$$2NaCl + 2H_2O \xrightarrow{电解} 2NaOH + H_2\uparrow + Cl_2\uparrow$$

氯碱工业上常用的电解饱和食盐水的设备是立式隔膜电解槽，如图 10-4 所示。在隔膜电解槽中，以石墨作阳极，铁网作阴极，石棉隔膜层将电解槽分隔为阳极室 1 和阴极室 2 两个部分。通电后，在阳极室中产生 $Cl_2$，在阴极室中产生 $H_2$ 和 NaOH。石棉隔膜是多孔性隔层，其作用是能阻止阴、阳极电解产物混合，而溶液中的离子可以通过，否则阳极生成的 $Cl_2$ 和阴极附近的 NaOH 反应生成氯的含氧酸盐（NaClO），同时 $H_2$ 和 $Cl_2$ 混合，在一定浓度范围内还可能发生爆炸。隔膜法的总能耗较高，且石棉隔膜寿命又短，是有害物质。近年来发展的趋势是采用离子膜法来生产氯气和烧碱。用离子膜法制氯碱不仅能耗低，质量高，而且无污染和毒害。

二、氯化氢、盐酸

1. 氯化氢

在实验室里使食盐与浓硫酸反应来制取氯化氢（装置图见 10-5）。稍微加热时，生成硫酸氢钠和氯化氢：

$$NaCl + H_2SO_4(浓) \xrightarrow{\triangle} NaHSO_4 + HCl\uparrow$$

在温度大于 773K 的条件下，继续起反应生成硫酸钠和氯化氢：

$$NaHSO_4 + NaCl \xrightarrow{>773K} Na_2SO_4 + HCl\uparrow$$

总的化学方程式为：

$$2NaCl + H_2SO_4(浓) \xrightarrow{强热} Na_2SO_4 + 2HCl\uparrow$$

观察图 10-3 和图 10-5 的实验装置，可以发现用来吸收多余气体的装置不同。由于氯化氢在水中的溶解度很大，为防止倒吸，导管不宜直接插入水中。通常，在导管上连接一个漏斗，如图 10-5 所示。这样就不会由于氯化氢的溶解，导管内的压强减小，使烧杯内的水倒吸入集气瓶中，而且还可以使氯化氢被充分吸收。

在工业上，采用如图 10-6 所示的合成炉来生产氯化氢。合成炉是用钢板制成的，呈双圆锥形，内有一个燃烧器，俗称"灯头"，由既耐高温又耐腐蚀的石英做成。开始时先把灯

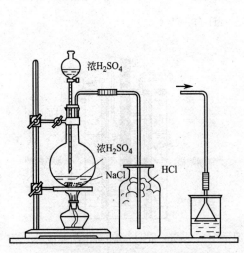 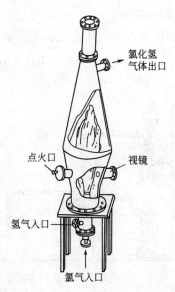

图 10-5　实验室制取氯化氢装置图　　　图 10-6　氯化氢合成炉

头喷出的氢气点燃，然后通入氯气，使二者发生反应，合成氯化氢。

氯化氢是无色并具有刺激性气味的气体，有毒。它极易溶于水，在 0℃时，1 体积的水大约能溶解 500 体积的氯化氢。氯化氢的水溶液就是盐酸。氯化氢在潮湿的空气中与水蒸气形成盐酸液滴而呈现白雾。

2. 盐酸

工业上，可将合成得到的氯化氢气体经冷却和吸收来生产盐酸。

盐酸是重要的工业"三酸"之一。纯净的盐酸是无色有氯化氢气味的液体，具有较强的挥发性。通常市售浓盐酸的密度为 $1.19\text{g} \cdot \text{cm}^{-1}$，含 HCl 质量分数为 0.37。工业用的盐酸因含有 $FeCl_3$ 杂质而略带黄色。

盐酸是强酸，它具有酸的通性，能与金属活动顺序表中氢以前的金属发生置换反应，能和碱发生中和反应，与盐发生复分解反应等。

盐酸是重要的工业原料，用途很广泛。如在化工生产中用来制备金属氯化物，如 $ZnCl_2$、$BaCl_2$ 等。在食品工业中盐酸常用于制造淀粉、葡萄糖、酱油及味精等。盐酸在机械、纺织、皮革、冶金、电镀、轧钢、焊接、搪瓷等行业也有广泛的应用。此外，人胃里含少量的盐酸（约 0.4%），能促进消化和杀死一些病菌。医药上用极稀的盐酸溶液治疗胃酸过少。

### 三、重要的盐酸盐

盐酸的盐类就是金属氯化物，如 NaCl、KCl、$MgCl_2$、$BaCl_2$、$CaCl_2$、$ZnCl_2$、AgCl 等。这里介绍几个重要的盐类。

1. 氯化钠（NaCl）

氯化钠俗称食盐，是人类生活中不可缺少的必需品。成人每天需要 5~15g 食盐，来补充从尿液和汗水里所排泄掉的 NaCl。

食盐在自然界分布很广。海水中含有丰富的食盐，另外在盐湖、盐井中也含有食盐。用海水晒制可得粗盐，粗盐经过再结晶就得到精盐。纯净的 NaCl 是无色晶体，熔点 801℃，沸点 1413℃，在空气中不潮解；粗盐中因含有 $MgCl_2$、$CaCl_2$ 等杂质，使之易于潮解。

食盐的用途很广。日常生活中用作食品的调味剂和许多食品如蔬菜、肉、鱼等的防腐剂。它也是重要的化工原料，用于生产氯气、金属钠、盐酸、烧碱和纯碱等多种化工产品的基本原料。此外，在肥皂、烟草、造纸、制革和纺织等工业生产中也要用到食盐。

2. 氯化钾（KCl）

KCl 在自然界里的分布比 NaCl 要少得多，它主要蕴藏在地壳的矿层里。

KCl 是白色晶体，易溶于水。它可用作植物的肥料（钾肥），对一般植物都可施用，但对马铃薯、烟草有不良效果。因为它所含的氯元素会降低马铃薯中淀粉的含量和影响烟草的气味。

在工业上，氯化钾用来制钾的化合物以及制造质量优良的钾玻璃。

3. 氯化锌（$ZnCl_2$）

氯化锌是白色晶体，极易溶解于水。木材经氯化锌溶液浸过后，可以防腐。焊接金属时，常用锌与盐酸作用，制得氯化锌溶液作为"焊液"，把这种焊液涂在金属表面，使金属易于焊接。

### 四、氯的含氧酸及其盐

氯元素能形成多种含氧酸及其盐，其中氯元素的化合价均为正值。下面介绍几种氯的含氧酸及其盐。

1. 次氯酸及其盐

次氯酸（HClO）是由氯气溶于水而得到的浓度很稀的溶液。它的水溶液是无色的，有刺激性气味。它是一种弱酸，其酸性比碳酸还弱，很不稳定，只能在稀溶液中存在。即使这样仍极易分解，光照下分解更快（反应方程式参见本节氯气与水的反应）。

次氯酸盐比次氯酸稳定。氯气在常温下和碱作用可制得次氯酸盐。例如将氯气通入到氢氧化钠中可得次氯酸钠（NaClO，反应方程式参见本节氯气与碱的反应）。次氯酸钠是强氧化剂，有杀菌、漂白作用。常用于制药和漂白工业。

氯气与消石灰反应的产物是次氯酸钙和氯化钙，反应方程式为：

$$2Ca(OH)_2 + 2Cl_2 = Ca(ClO)_2 + CaCl_2 + 2H_2O$$

次氯酸钙和氯化钙的混合物就是漂白粉。漂白粉的有效成分是次氯酸钙。由于氯化钙的存在并不妨碍漂白粉的漂白作用，因此可不必除去。次氯酸钙与稀酸或空气里的二氧化碳和水蒸气反应生成具有强氧化性的次氯酸，起漂白、杀菌作用：

$$Ca(ClO)_2 + 2HCl = CaCl_2 + 2HClO$$
$$Ca(ClO)_2 + CO_2 + H_2O = CaCO_3 \downarrow + 2HClO$$

从上述反应可见，保存漂白粉时应密封，注意防潮，否则它将在空气中吸收水蒸气和二氧化碳而失效。

漂白粉常用来漂白棉、麻、丝、纸等。漂白粉也能消毒杀菌，例如用于污水坑和厕所的消毒等。

2. 氯酸及其盐

氯酸（$HClO_3$）可用氯酸钡和硫酸起复分解反应制得。

$$Ba(ClO_3)_2 + H_2SO_4 = BaSO_4 \downarrow + 2HClO_3$$

氯酸是强酸，稳定性强于次氯酸，但也只能存在于溶液中。

氯酸盐比氯酸稳定。将氯气通入热的氢氧化钾溶液中，生成氯酸钾和氯化钾。冷却溶液，氯酸钾从溶液中结晶析出。

$$3Cl_2 + 6KOH \xrightarrow{\triangle} KClO_3 + 5KCl + 3H_2O$$

氯酸钾是一种白色晶体，有毒，它在冷水中的溶解度较小，但易溶于热水中。

固体氯酸钾是强氧化剂。在有催化剂 $MnO_2$ 存在时，受热分解生成氯化钾和氧气，实验室利用该反应来制取少量氧气。

$$2KClO_3 \xrightarrow[MnO_2]{\triangle} 2KCl + 3O_2 \uparrow$$

氯酸钾能和易燃物质如碳、磷、硫及有机物质混合物。在撞击时会剧烈爆炸着火，因此可以用来制造炸药，也可用来制造火柴、烟火等。

### 五、卤素的性质比较

1. 氟、溴、碘简介

（1）氟（$F_2$）　氟是淡黄绿色的气体，有剧毒，腐蚀性极强。

氟是最活泼的非金属，是很强的氧化剂，比氯更容易和氢、金属及多种非金属直接化合，且反应十分剧烈。例如，它和氢气混合，即使在暗处也会发生爆炸，同时放出大量的热，生成氟化氢（HF）。氟化氢是有刺激性臭味的气体，易溶于水，溶于水后即得氢氟酸。氢氟酸有毒，碰到皮肤能引起有毒的"烫伤"。它和玻璃中的二氧化硅作用生成四氟化硅气体和水。

$$SiO_2 + 4HF = SiF_4 \uparrow + 2H_2O$$

利用这一特性，氢氟酸被广泛用于玻璃器皿上刻蚀花纹和标记。实验室里常用的量筒、滴定管等的刻度就是用这个方法来刻画的。毛玻璃和灯泡的"磨砂"也用氟化氢腐蚀。此外，在冶金上用氟化氢来清除铸件上的沙子。氟化氢应保存在硬橡皮容器或塑料容器中。

自然界中没有游离氟，它主要以萤石矿（$CaF_2$）、冰晶石（$Na_3AlF_6$）等形式存在。

大量的氟可用来制取有机氟化物，如制冷剂氟利昂、高效灭火剂、杀虫剂，能耐腐蚀、耐高温的"塑料王"聚四氟乙烯，耐高温的润滑剂等。液态氟是导弹、火箭和发射人造卫星的高能燃料。

（2）溴（$Br_2$）　溴是红棕色的液体，易挥发，具有刺激性臭味，能深度地灼伤皮肤和损伤眼球及喉鼻黏膜。保存溴时，瓶口应密封，并放在阴凉的地方。

溴能微溶于水，在汽油、煤油、苯、二硫化碳等有机溶剂中的溶解度相当大。利用这几种溶剂，可以把溴从它的水溶液里抽取出来。

溴和金属、非金属的反应与氯相似，但不如氯那样剧烈。

在自然界里没有单质溴存在，溴的化合物（溴化钠、溴化钾）主要存在于海水里，数量要比氯化物少得多。

溴常用来制造药剂，如溴化钾（KBr）在医药上用作镇静剂。溴化银（AgBr）是电影和照相用的胶片、感光纸的主要感光剂。在军事上，溴可用作催泪性毒剂。

（3）碘（$I_2$）　碘是紫黑色晶体，具有金属光泽。碘能升华成为深蓝色蒸气，若混杂有空气，即成紫红色。碘的蒸气具有刺激性气味，还有很强的腐蚀性和毒性。

碘难溶于水，易溶于碘化钾溶液或酒精、汽油、四氯化碳等有机溶剂中。

碘的化学性质与氯、溴相似，但活泼性比溴差。

**【演示实验10-3】**　在试管中加入少量淀粉溶液，滴几滴碘水。观察现象。

从实验可见，碘遇淀粉溶液立即出现蓝色。利用这种特性，可以检验碘的存在。

自然界里没有单质碘存在，碘的化合物（主要是碘化钠、碘化钾）以微量存在于海水中。海藻（海带等）和人的甲状腺内也含有少量碘的化合物。

碘可用来制碘酒，它是医药上常用的消毒剂。碘化银（AgI）是照相胶片上的感光剂，还可用于人工降雨，使用小火箭、高射炮把磨成细粉末的碘化银发射到几千米的高空，能使空气里的水蒸气凝聚成雨。在食盐中加入微量碘化钾（KI）或碘酸钾（$KIO_3$）可防止地方病甲状腺肿大，有益于人体健康。

2. 卤素性质的比较

表 10-1 列出了卤素的原子结构和单质的物理性质。

表 10-1 卤素的原子结构和单质的物理性质

| 元素名称 | 元素符号 | 核电荷数 | 电子层结构 | 单质 | 颜色和状态 | 密度 | 沸点/K | 熔点/K |
|---|---|---|---|---|---|---|---|---|
| 氟 | F | 9 | 2,7 | $F_2$ | 淡黄色气体 | 1.690 g·$L^{-1}$ | 84.86 | 53.38 |
| 氯 | Cl | 17 | 2,8,7 | $Cl_2$ | 黄绿色气体 | 3.214 g·$L^{-1}$ | 238.4 | 172 |
| 溴 | Br | 35 | 2,8,18,7 | $Br_2$ | 深红棕色液体 | 3.119 g·$cm^{-3}$ | 331.8 | 265.8 |
| 碘 | I | 53 | 2,8,18,18,7 | $I_2$ | 紫黑色固体 | 4.930 g·$cm^{-3}$ | 457.4 | 386.5 |

从表 10-1 中可见，氟、氯、溴、碘单质的物理性质随着核电荷数的增大而起变化。从氟到碘熔点、沸点依次升高，状态由气态趋向固态，颜色逐渐加深。

卤素原子结构相似，最外层都有 7 个电子，具有典型的非金属性，在化学反应中容易得到 1 个电子而成为 8 个电子的稳定结构，因此它们的化学性质相似。如都能和金属反应生成盐，能和氢气化合生成气态氢化物，能与水反应等。但由于卤素原子的电子层数不同，因此在化学性质上也有一点的差异。表 10-2 列出了卤素单质的化学性质。

表 10-2 卤素单质的化学性质

| 单质 | 与金属反应 | 与氢气的反应和氢化物的稳定性 | 与水的反应 | 卤素单质的活泼性比较 |
|---|---|---|---|---|
| $F_2$ | 常温下能和所有金属反应 | 冷、暗处剧烈反应而爆炸。HF 很稳定 | 使水迅速分解，放出氧气 | 氟最活泼，能把 $Cl_2$、$Br_2$、$I_2$ 从它们的化合物中置换出来 |
| $Cl_2$ | 加热时，能氧化所有的金属 | 强光照射下，剧烈化合而爆炸。HCl 较稳定 | 在日光照射下，缓慢放出氧气 | 氯较氟次之，能把 $Br_2$、$I_2$ 从它们的化合物中置换出来 |
| $Br_2$ | 加热时，可和一般金属反应 | 高温下缓慢反应。HBr 较不稳定 | 较氯微弱 | 溴较氯又次之，只能把 $I_2$ 从它们的化合物中置换出来 |
| $I_2$ | 在较高温度时能与一般金属反应，有时只生成低价盐如 $FeI_2$ 等 | 持续加热，慢慢地化合，HI 很不稳定，同时发生分解 | 较溴微弱 | 碘在卤素中最不活泼 |

由表 10-2 中可见，从氟到碘，非金属性逐渐减弱。具体表现在：从氟到碘，与金属、氢气、水反应愈来愈困难，反应的剧烈程度依次降低；与氢气化合时，生成的气态氢化物的稳定性愈来愈差；置换反应的能力依次减弱。

【演示实验 10-4】 把少量新制的氯水分别注入盛有溴化钠溶液和碘化钾溶液的两支试管中，用力振荡后，再注入少量四氯化碳。观察四氯化碳层和溶液颜色的变化。

【演示实验 10-5】 把少量溴水注入盛有碘化钾溶液的试管中，用力振荡后。观察溶液颜色的变化。

溶液颜色的变化，说明氯可以把溴和碘从它们的化合物里置换出来，溴可以把碘从它的化合物中置换出来。

$$2NaBr + Cl_2 == 2NaCl + Br_2$$
$$2KI + Cl_2 == 2NaCl + Br_2$$
$$2KI + Br_2 == 2NaBr + I_2$$

可见，氯、溴、碘三种元素中，氯比溴活泼，溴比碘活泼。科学实验证明，氟的性质比氯、溴、碘更活泼，能把氯等从它们的化合物中置换出来。表 10-2 列出了卤素单质的化学性质。

卤素是活泼非金属性，容易得到电子而被还原，他们本身是强氧化剂。但是卤素各原子的核电荷数不同，核外电子层数不同，原子的大小不同，各原子核对外层电子的引力也有所不同。氟的原子较小，外层电子受到核的引力很强，它得到电子的能力也很强，单质的非金属性最强。而碘的原子较大，最外层电子受到核的引力较弱，它得到电子的能力也较弱，非金属性也较弱。氯和溴的非金属性是介乎其间的，氯比溴要活泼些。即它们的非金属性依次减弱：

$$F_2 > Cl_2 > Br_2 > I_2$$

相反，卤素阴离子失去电子的能力依此类增强：

$$F^- < Cl^- < Br^- < I^-$$

### 六、卤离子的检验

卤离子常用硝酸银（$AgNO_3$）来检验。

**【演示实验 10-6】** 在三支分别盛有 $1mL 0.1mol·L^{-1}$ KCl、KBr 和 KI 溶液的试管中，各加入几滴 $0.1mol·L^{-1}$ $AgNO_3$ 溶液。观察试管中沉淀的生成和颜色。再在三支试管中分别加入少量的稀硝酸，观察现象。

KCl、KBr 和 KI 溶液能与 $AgNO_3$ 溶液反应分别生成 AgCl 白色沉淀、AgBr 浅黄色沉淀和 AgI 黄色沉淀。

$$KCl + AgNO_3 == AgCl\downarrow + KNO_3$$
$$KBr + AgNO_3 == AgBr\downarrow + KNO_3$$
$$KI + AgNO_3 == AgI\downarrow + KNO_3$$

三种沉淀呈现不同的颜色，不溶于水，也不溶于稀硝酸。根据此性质，可以用来鉴定卤离子。注意，因 AgF 易溶，$F^-$ 不能用 $AgNO_3$ 溶液检验。

卤离子也可以用卤素之间的置换反应来鉴别。例如，用加氯水和不溶于水的有机溶剂（如 $CCl_4$）来检验 $Br^-$ 和 $I^-$。利用 [演示实验 10-4]，如果 $CCl_4$ 层呈紫色就是碘，呈红棕色是溴。

## 第二节 氧和硫

**【学习目标】**

掌握氧、臭氧、过氧化氢的主要性质；掌握硫及其重要化合物的主要性质；了解硫酸根离子的检验方法。

元素周期表中第ⅥA族的元素，包括氧（O）、硫（S）、硒（Se）、碲（Te）、钋（Po）五种元素，统称为氧族元素。其中，钋是放射性元素。

氧族元素的原子核最外层都有 6 个电子，因此容易从其他原子获得 2 个电子而显非金属性。但它们获得电子的能力比同周期的卤素差。从氧到碲，随着核电荷数的增加，非金属性逐渐减弱。因此，氧和硫是典型的非金属元素。

氧在化合物中一般显-2价；硫、硒、碲和金属或氢化合时也显-2价，但当遇到夺电子能力比它们强的元素的原子时，它们原子最外层6个或4个电子一般也可以发生偏移，生成+6或+4价的化合物。

本节主要介绍氧和硫的单质及其重要化合物。

### 一、氧、臭氧、过氧化氢

#### 1. 氧和臭氧

氧是地壳中含量最多的元素，含量达48.6%，它既以游离态又以化合态的形式存在着。我们所熟悉的氧气是游离态的氧，各种含氧的化合物如水、氧化物及含氧酸盐等中的氧是化合态的氧。

氧的单质有两种同素异形体：氧气（$O_2$）和臭氧（$O_3$）。初中化学中已学过有关氧气的知识，在此，我们介绍有关臭氧的一些知识。

在雷雨后的空气里，我们常能闻到一种特殊的腥臭味，这就是臭氧（$O_3$）的气味。它是在打雷时，云层间空气里的部分氧气，在电火花的作用下，发生化学反应而产生的。$O_3$是由三个氧原子组成的单质分子。臭氧在地面附近的大气层中的含量极少，而在离地面约25km的高空处有个臭氧层。它是氧气吸收太阳紫外线辐射而形成的。反应方程式为：

$$3O_2 \xrightleftharpoons{\text{紫外线或电火花}} 2O_3 \qquad \Delta_r H_m^\ominus = 284 \text{kJ} \cdot \text{mol}^{-1}$$

$O_3$很不稳定，紫外线照射时，又能分解产生$O_2$。因此高层大气中存在着$O_3$和$O_2$互相转化的动态平衡，消耗了太阳辐射到地球能量的5%。正是臭氧层吸收了大量的紫外线，才使地球上的生物避免了紫外线强辐射的伤害，因此臭氧层对地球上的一切生命是一个保护层。但近来发现超音速飞机排出的废气（含NO、CO、$CO_2$等）能与臭氧发生反应。另外广泛用作制冷剂、泡沫剂、烟雾发射剂的"氟利昂"（如二氟二氯甲烷），在高空经光化反应所生成的活性氯原子也能同臭氧发生反应，因此使保护层的臭氧大大减少，乃至出现了空洞，而让更多的紫外线照射到地球上。如不采取措施，后果将不堪设想。

实验室可在臭氧发生器中通过无声放电制得臭氧。

$O_3$和$O_2$的化学性质基本相同，但物理性质以及化学活泼性却有差异，见表10-3。

表10-3 氧和臭氧的性质比较

| 同素异形体<br>性质 | 氧气($O_2$) | 臭氧($O_3$) |
|---|---|---|
| 气味 | 无味 | 腥臭味 |
| 颜色 | 气体无色、液体蓝色 | 气体淡蓝、液体深蓝色 |
| 熔点/K | 54 | 80 |
| 沸点/K | 90 | 161 |
| 273K在水中的溶解度 | 49mL/1L$H_2O$ | 494mL/1L$H_2O$ |
| 稳定性 | 较强 | 不稳定，分解为$O_2$ |
| 氧化性 | 强 | 很强 |

臭氧不稳定，在常温下缓慢分解为氧气，高温时，迅速分解；臭氧的氧化能力比氧强得多。在常温下，和氧不发生反应的物质，遇到臭氧能迅速发生反应。例如，在臭氧中硫化铅氧化为硫酸铅：

$$PbS + 2O_3 \longrightarrow PbSO_4 + O_2$$

碘化钾被氧化为碘（该反应可用于臭氧的检验）：

$$2KI + O_3 + H_2O \longrightarrow 2KOH + I_2 + O_2$$

金属银和汞在空气或纯氧里不容易被氧化,但在臭氧作用下很快就被氧化了。煤气、松节油等在臭氧中能自燃,许多有机色素分子易被臭氧破坏,变成无色物质。

在化工生产中利用臭氧的氧化性代替通常用的催化氧化和高温氧化,可以简化化工工艺,提高产品的产率。在处理废气和净化废水方面,臭氧用作净化剂和消毒剂。臭氧又是麻、棉、纸张、蜡等的漂白剂与羽毛、皮毛的脱臭剂。

2. 过氧化氢

过氧化氢($H_2O_2$)俗称双氧水。纯过氧化氢是无色黏稠状液体,熔点272K,沸点425K。273K时液体的密度是$1.465g \cdot cm^{-3}$。它可以和水以任意比例混溶。

过氧化氢的水溶液可用过氧化钡($BaO_2$)和稀$H_2SO_4$作用来制取。

$$BaO_2 + H_2SO_4 \Longrightarrow BaSO_4 \downarrow + H_2O_2$$

把沉淀物分离后进行蒸馏,可得质量分数为0.3的$H_2O_2$水溶液。

过氧化氢的稳定性较差,在较低温度时缓慢分解,加热至426K以上能剧烈分解,并放出大量的热:

$$2H_2O_2 \Longrightarrow 2H_2O + O_2 \uparrow \qquad \Delta_r H_m^{\ominus} = -196 kJ \cdot mol^{-1}$$

$MnO_2$及许多重金属如铁、锰、铜等离子存在时,对分解起催化作用。

【演示实验10-7】 在盛有4mL 3‰ $H_2O_2$溶液的试管中,加入少量$MnO_2$粉末。双氧水剧烈分解,产生的气体可使火柴余烬复燃。

另外强光的照射也会加速其分解。因此,过氧化氢应保存在棕色瓶中,并置于阴凉处,同时可加少许稳定剂(如锡酸钠、焦磷酸钠等)以抑制其分解。

过氧化氢中氧的化合价是-1价,介于氧单质0价和氧化物中氧-2价之间,所以过氧化氢既有氧化性也有还原性,但主要是用作氧化剂。

工业上利用过氧化氢的氧化性,漂白棉织物及羊毛、丝、羽毛、纸浆等。医药上用质量分数为3‰的稀$H_2O_2$溶液作伤口等的消毒杀菌剂。纯$H_2O_2$可用作火箭燃料的氧化剂。

二、硫

自然界中有游离态硫和化合态硫。游离态硫,存在于火山喷口附近或地壳的岩层里。天然硫化物有金属硫化物和硫酸盐。最重要的是硫铁矿或称黄铁矿($FeS_2$),还有有色金属元素(Cu、Zn、Pb等)的硫化物矿,如黄铜矿($CuFeS_2$)。天然存在的重要硫酸盐有石膏($CaSO_4 \cdot 2H_2O$)和芒硝($Na_2SO_4 \cdot 10H_2O$)。

1. 硫的物理性质

纯净的硫是一种淡黄色晶体,俗称硫黄。硫的导电导热性都很差,熔点为386K,沸点为718K,它的密度大约是水的两倍。不溶于水,微溶于酒精而易溶于二硫化碳。硫很脆,易研成粉末,隔绝空气加热,变成硫蒸气,冷却后变成微细结晶的粉末,称为硫华。

2. 硫的化学性质

(1)硫与金属反应 硫能和许多金属反应,生成金属硫化物。

【演示实验10-8】 把盛有硫粉的大试管加热到沸腾,当产生蒸气时,用坩埚钳夹住一束擦亮的细铜丝伸入管口(图10-7),观察发生的现象。

铜丝在硫蒸气里燃烧,生成黑色的硫化

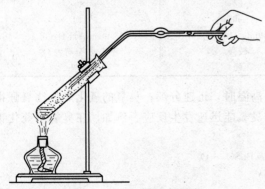

图10-7 铜在硫蒸气中燃烧

亚铜：
$$2Cu+S \xrightarrow{\triangle} Cu_2S$$

硫与铁反应时，生成黑色的硫化亚铁：
$$Fe+S \xrightarrow{\triangle} FeS$$

硫与汞在常温下能直接反应生成黑色的硫化汞：
$$Hg+S =\!=\!= HgS$$

因此实验室或使用汞的生产中，常用硫粉来处理散落的汞滴。

（2）硫与非金属反应　硫具有还原性，能跟氧气发生反应生成二氧化硫：
$$S+O_2 \xrightarrow{点燃} SO_2$$

硫也具有氧化性，其蒸气能与氢气直接化合物生成硫化氢气体：
$$S+H_2 \xrightarrow{\triangle} H_2S$$

3. 硫的用途

硫的用途很广。化工生产中主要用来制硫酸。在橡胶工业中，大量的硫用于橡胶的硫化，以增强橡胶的弹性和韧性。农业上用作杀虫剂，如石灰硫黄合剂。另外，硫还可以用来制造黑色火药、火柴等。在医药上，硫主要用来制硫黄软膏，治疗某些皮肤病等。

### 三、硫化氢

自然界中存在有硫化氢。如在火山喷出的气体中含有硫化氢气体，某些矿泉中含有少量的硫化氢，这种泉水能治疗皮肤病。当有机物腐烂时，也有硫化氢产生。

1. 物理性质

硫化氢是无色、有臭鸡蛋气味的气体，密度比空气略大，有剧毒，是一种大气污染物。吸入微量的硫化氢，会引起头痛、晕眩，吸入较多量时，会引起中毒昏迷，甚至死亡。因此，制取和使用硫化氢时，应在通风橱中进行。

硫化氢能溶于水，在常温常压下，1体积水能溶解2.6体积的硫化氢气体。它的水溶液叫做氢硫酸，它是一种弱酸，具有酸的通性。

2. 化学性质

硫化氢是一种可燃气体，在空气中燃烧时，可被氧化生成二氧化硫或硫：
$$2H_2S+3O_2 \xrightarrow[空气充足]{点燃} 2H_2O+2SO_2 \quad （发出淡蓝色火焰）$$
$$2H_2S+O_2 \xrightarrow[空气不足]{点燃} 2H_2O+2S$$

把硫化氢与二氧化硫两种气体在集气瓶里充分混合，不久在瓶壁上就有黄色固体硫生成：
$$SO_2+2H_2S =\!=\!= 2H_2O+3S$$

由此可见，硫化氢具有还原性。

硫化氢在空气中能腐蚀金属。如银、镍等许多在空气中很稳定的金属在含有硫化氢的空气中也会被腐蚀而生成金属硫化物。所以，精密仪器和设备等绝不能放置在含硫化氢较多的环境里。

3. 硫化氢的实验室制取

在实验室里，硫化氢通常是用硫化亚铁与稀盐酸或稀硫酸反应而制得，装置与制取氢气相同。
$$FeS+2HCl =\!=\!= FeCl_2+H_2\uparrow$$

$$FeS + H_2SO_4 =\!=\!= FeSO_4 + H_2S \uparrow$$

### 四、二氧化硫、亚硫酸及其盐

二氧化硫是无色而有刺激性气味的有毒气体，也是常见的大气污染物。密度比空气大，易溶于水，在常温常压下，1 体积水能溶解 40 体积的二氧化硫。

二氧化硫分子中的硫为 +4 价，处于中间价态，因此它既可被氧化而呈现出还原性，又可被还原而呈现出氧化性。例如：

$$2\overset{+4}{S}O_2 + O_2 \xrightleftharpoons[400\sim500℃]{V_2O_5} 2\overset{+6}{S}O_3 \text{（二氧化硫的还原性）}$$

$$\overset{+4}{S}O_2 + 2H_2S =\!=\!= 3\overset{0}{S}\downarrow + 2H_2O \text{（二氧化硫的氧化性）}$$

后一反应是个很有用的反应，它将两种有毒的气体转化为无毒的硫和水。

二氧化硫是酸性氧化物，它与水化合生成亚硫酸（$H_2SO_3$）。因此，二氧化硫又叫做亚硫酐。亚硫酸不稳定，容易分解，只存在于水溶液中。

$$SO_2 + H_2O \rightleftharpoons H_2SO_3$$

二氧化硫还具有漂白性，能与一些有机色素结合成无色化合物。因此，工业上常用它来漂白纸张、毛、丝、草帽辫等。但是日久以后漂白过的纸张、草帽辫等又逐渐恢复原来的颜色，这是因为二氧化硫与有机色素生成的无色化合物不稳定，发生分解所致。此外，二氧化硫还用于杀菌、消毒等。

实验室里常用亚硫酸与稀硫酸反应制取二氧化硫：

$$Na_2SO_3 + H_2SO_4 =\!=\!= Na_2SO_4 + H_2SO_3$$
$$\qquad\qquad\qquad\qquad\qquad\qquad\quad \longrightarrow SO_2\uparrow + H_2O$$

工业上，通常用硫铁矿（$FeS_2$）在空气中燃烧制取。

亚硫酸（$H_2SO_3$）是中强酸，具有酸的通性；它不稳定，易分解为 $SO_2$ 和 $H_2O$；亚硫酸中的硫为 +4 价，处于中间价态，具有氧化、还原性，但还原能力较强，常用作还原剂；它比二氧化硫更易被氧化，在空气中逐渐被氧化成硫酸，所以亚硫酸不宜长期保存。

亚硫酸盐也具有氧化、还原性，其还原能力比亚硫酸更强，常用作还原剂。

亚硫酸盐有很多实际用途，如亚硫酸氢钙[$Ca(HSO_3)_2$]大量用于造纸工业，它能溶解木质制造纸浆。亚硫酸钠（$Na_2SO_3$）在医药工业中用作药物有效成分的抗氧剂，印染工业中用作漂白织物的去氯剂，还可作照相显影液和定影液的保护剂等。亚硫酸盐也是常用的化学试剂。

### 五、硫酸及其盐

1. 硫酸的工业制法

现代工业生产硫酸主要采用接触法。反应过程介绍如下：

（1）二氧化硫的制取　硫铁矿（$FeS_2$）在空气中燃烧生成二氧化硫：

$$4FeS_2 + 11O_2 \xrightarrow{点燃} 2Fe_2O_3 + 8SO_2\uparrow$$

（2）二氧化硫氧化为三氧化硫　二氧化硫氧化时，必须加热并使用催化剂才能顺利进行。目前使用的催化剂是五氧化二钒（$V_2O_5$）。

$$2SO_2 + O_2 \xrightleftharpoons[400\sim500℃]{V_2O_5} 2SO_3$$

三氧化硫是无色易挥发的晶体。它是酸性氧化物，具有酸性氧化物的通性。三氧化硫极易溶于水，生成硫酸，所以，三氧化硫也叫硫酐。

(3) 三氧化硫的吸收　三氧化硫与水化合生成硫酸，同时放出大量的热。
$$SO_3 + H_2O == H_2SO_4$$

反应中放出的热量使水蒸发，和硫酸结合成酸雾，使吸收速率变慢，不利于三氧化硫的吸收。为了尽可能把三氧化硫吸收干净，并在吸收时不形成酸雾，在实际生产中，是用质量分数为 0.983 的浓硫酸吸收三氧化硫，然后再用水或较稀的硫酸稀释，制得各种浓度的硫酸。

(4) 尾气的回收　浓硫酸吸收了三氧化硫后，剩余的气体在工业上叫尾气。尾气中含有二氧化硫，如果直接排入大气，会造成环境污染，所以在尾气排入大气之前，必须经回收、净化处理，防止二氧化硫污染空气并充分利用原料。

2．硫酸的性质和用途

纯硫酸是无色的油状液体，在 283K 时凝固成晶体。市售浓硫酸的质量分数约为 0.98，沸点 611K，密度 1.84g·cm$^{-3}$，浓度约为 18mol·L$^{-1}$。

硫酸是强酸。稀硫酸和盐酸一样是非氧化性的酸，具有酸的通性，如能与金属、金属氧化物、碱类反应。浓硫酸则有以下特性。

(1) 氧化性　在常温下，浓硫酸与铁、铝等金属接触，能使金属表面生成一层致密的氧化物保护膜，它可阻止内部金属继续与硫酸反应，这种现象叫做金属的钝化。因此，冷的浓硫酸可以用铁或铝制容器储存和运输。但是，在受热时浓硫酸不仅能够与铁、铝等起反应，而且能与绝大多数金属发生反应。

【演示实验 10-9】　在试管中放入一小块铜片，注入少量浓硫酸，加热，观察现象。用湿润的蓝色石蕊试纸放在试管口检验所放出的气体。观察试纸颜色的变化。反应后，把试管里的溶液倒入盛有少量水的另一试管里，使溶液稀释，观察溶液的颜色。

实验表明，铜与浓硫酸反应，生成物除硫酸铜外，还有水和二氧化硫，没有放出氢气：
$$Cu + 2H_2SO_4(浓) == CuSO_4 + SO_2\uparrow + 2H_2O$$

加热时，浓硫酸还能与碳、硫等一些非金属发生氧化还原反应。例如，把烧红的木炭投入到热的浓硫酸中会发生剧烈的反应：
$$C + 2H_2SO_4(浓) == CO_2\uparrow + 2SO_2\uparrow + 2H_2O$$

在上述两个反应中，浓硫酸氧化了铜和碳，本身还原为二氧化硫，硫从 +6 价降低到 +4 价，因此，浓硫酸是氧化剂，铜和碳是还原剂。

(2) 吸水性和脱水性　浓硫酸很容易和水结合成多种水化物，所以它有强烈的吸水性，常被用作气体（不和硫酸起反应的，如氯气、氢气和二氧化碳等）的干燥剂。

浓硫酸还具有强烈的脱水性，能夺取许多有机化合物（如糖、淀粉和纤维等）中与水组成相当的氢、氧原子，从而使有机物碳化。

硫酸是重要的工业原料。可用它来制取盐酸、硝酸以及各种硫酸盐和农业上用的肥料（如磷肥和氮肥）。硫酸还应用于生产农药、炸药、染料与石油和植物油的精炼等。在金属、搪瓷工业中，利用浓硫酸作为酸洗剂，以除去金属表面的氧化物。

3．重要的硫酸盐

许多硫酸盐在实际应用中很有价值。现在我们来认识几种重要的硫酸盐。

(1) 硫酸钙（$CaSO_4$）　硫酸钙是白色固体。带两个结晶水的硫酸钙，叫做石膏（$CaSO_4·2H_2O$）。石膏是自然界分布很广的矿物。将石膏加热到 150~170℃时，石膏失去所含结晶水的 3/4 而变成熟石膏（$2CaSO_4·H_2O$）。熟石膏加水调和成糊状后，就会很快硬化，重新变成石膏。所以熟石膏通常用来铸型和其他模型，医疗上用来做石膏绷带。石膏也是制造水泥的原料。

(2) **硫酸锌（ZnSO₄）** 带七个结晶水的硫酸锌（$ZnSO_4 \cdot 7H_2O$），是无色晶体，俗称皓矾。在印染工业中用作媒染剂。其水溶液在医疗上用作收敛剂和眼药水。它也可用作木材防腐剂以及电镀锌的电镀液。用硫酸锌溶液与硫化钡溶液反应形成 $ZnS \cdot BaSO_4$ 的混合晶体，叫做锌白粉或锌钡白，是一种优良的白色颜料。

(3) **硫酸钡（BaSO₄）** 天然产的硫酸钡叫做重晶石。它是制造其他钡盐的原料。硫酸钡是白色固体，不溶于水和酸。利用这种性质以及不容易被 X 射线透过的性质，医疗上常用硫酸钡作 X 射线透视肠胃的内服药剂，俗称"钡餐"。硫酸钡还可用来制造白色颜料。

另外，还有一些重要的硫酸盐，如芒硝（$Na_2SO_4 \cdot 10H_2O$），它是制造玻璃的原料；绿矾（$FeSO_4 \cdot 7H_2O$），是制造蓝黑墨水的原料，还可用作染料的媒染剂、木材防腐剂和杀虫剂等。

### 六、硫酸根离子的检验

硫酸和可溶性硫酸盐溶液中都会有硫酸根离子（$SO_4^{2-}$）。可以利用硫酸钡的不溶性来检验硫酸根离子。

**【演示实验 10-10】** 在分别盛有 $2mL\ 0.1mol \cdot L^{-1}$ 的 $H_2SO_4$、$Na_2SO_4$ 和 $Na_2CO_3$ 溶液的试管中，各滴加少量 $BaCl_2$ 溶液，观察现象。再在三支试管里分别加入少量盐酸或稀硝酸，震荡试管，观察现象。

从实验可见，在 $H_2SO_4$、$Na_2SO_4$ 和 $Na_2CO_3$ 溶液中分别加入 $BaCl_2$ 溶液后，都生成有白色的沉淀。反应的离子方程式为：

$$Ba^{2+} + SO_4^{2-} = BaSO_4 \downarrow$$
$$Ba^{2+} + CO_3^{2-} = BaCO_3 \downarrow$$

分别加入盐酸或稀硝酸后，白色 $BaSO_4$ 沉淀不溶解，而白色 $BaCO_3$ 沉淀溶解并有气体产生。$BaCO_3$ 和盐酸反应的离子方程式为：

$$BaCO_3 + 2H^+ = Ba^{2+} + CO_2 \uparrow + 2H_2O$$

许多不溶于水的钡盐，如磷酸钡，也和碳酸钡一样，能溶于盐酸或稀硝酸。

可见，用可溶性钡盐溶液和盐酸（或稀硝酸）可以检验（$SO_4^{2-}$）的存在。

## 第三节 氮

**【学习目标】**

掌握氮及其重要化合物的主要性质；了解氨和硝酸的制法；了解铵根离子的检验方法。

元素周期表中第ⅤA族的氮（N）、磷（P）、砷（As）、锑（Sb）、铋（Bi）五种元素，通称为氮族元素。

氮族元素的原子核外最外层都有 5 个电子，它们的非金属性比同周期的氧族元素和卤素都弱，从氮到铋元素的非金属性逐渐减弱，金属性逐渐增强。氮和磷是典型的非金属元素；砷虽然是非金属，但已表现出一些金属性；锑是金属元素，其单质也有一些非金属性；铋则是比较典型的金属元素。

氮是较活泼的非金属元素，主要化合价有 -3，-5 和 +5 价。本节主要介绍氮及其重要化合物。

## 一、氮气

氮气是空气的主要成分,同时氮也以化合态的形式存在于很多无机物和有机物中。工业上一般以空气为原料,将空气液化,利用液态氮的沸点比液态氧的沸点低,而加以分离来制备氮气。

### 1. 氮气的物理性质

纯净的氮气是无色无味的气体,比空气稍轻,在标准状况下,氮气的密度为 $1.25\text{g} \cdot \text{L}^{-1}$。氮气在压强为 $1.01 \times 10^5 \text{Pa}$、温度为 $77.4\text{K}$ 时,变成无色的液体,$63.3\text{K}$ 时,变成雪花状固体。氮气在水中的溶解度很小,在通常状态下,1 体积水大约只溶解 0.02 体积的氮气。

### 2. 氮气的化学性质

氮分子是由两个氮原子共用三对电子结合而成的,氮分子有三个共价键。其电子式和结构式分别为: :N⋮⋮N: 和 N≡N

从氮分子结构可知,氮分子参加反应,需要破坏三个化学键,所需能量是相当大的。所以,氮气的性质非常稳定,很难和其他物质发生化学反应。但在高温或放电条件下,氮分子获得了足够的能量,还是能与氢气、氧气、金属等物质发生化学反应。

(1) 氮气与氢气的反应  氮气与氢气在高温、高压和催化剂的作用下,可以直接化合生成氨:

$$N_2 + 3H_2 \xrightleftharpoons[\text{催化剂}]{\text{高温\ 高压}} 2NH_3$$

这是一个可逆反应。工业上就是利用这个反应来合成氨的。

(2) 氮气与氧气的反应  在放电条件下,氮气可以直接和氧气化合生成无色的一氧化氮 ($NO$):

$$N_2 + O_2 \xrightleftharpoons{\text{放电}} 2NO$$

在雷雨天气,大气中常有 NO 气体产生。NO 不溶于水,在常温下,很容易氧化生成红棕色、有刺激性气味的二氧化氮($NO_2$)气体:

$$2NO + O_2 = 2NO_2$$

$NO_2$ 有毒,易溶于水生成硝酸和 NO:

$$3NO_2 + H_2O = 2HNO_3 + NO$$

(3) 氮气和某些金属的反应  在高温时,氮气能与镁、钙等金属化合生成氮化物。如:

$$3Mg + N_2 \xrightleftharpoons{\text{高温}} Mg_3N_2$$

### 3. 氮气的用途

氮气是合成氨和制造硝酸的原料。由于它的化学性质很稳定,常用来填充灯泡,防止灯泡中钨丝氧化,也可用作焊接金属的保护气以及利用氮气来保存水果、粮食等农副产品。液氮冷冻技术也应用在高科技领域,如某些超导材料就是在液氮处理下才获得超导性能的。

## 二、氨和铵盐

### 1. 氨

氨是无色、有刺激性气味的气体,比空气轻,在标准状况下,其密度为 $0.771\text{g} \cdot \text{L}^{-1}$。

由于氨分子中氢原子是与非金属性较强而原子半径较小的氮原子以共价键结合的,因而,氨分子之间可形成氢键。由于氢键的形成,氨分子之间的吸引力增强,使氨很容易液化,在常压下冷却到 239.8K 时凝成液体。气态氨凝结成无色液体,同时放出大量的热。液态氨气化时要吸收大量的热而使它周围温度急剧降低。因此,氨常用作制冷剂。

氨的化学性质主要表现在以下几个方面。

(1) 氨与水的反应  由于氨分子和水分子易形成氢键,所以氨极易溶于水,常温下,1 体积的水约可溶解 700 体积氨,形成氨水。氨在水中主要以水合物($NH_3 \cdot H_2O$)的形式存在，氨水是弱电解质，在溶液中可以少部分电离成 $NH_4^+$ 和 $OH^-$，所以氨水显弱碱性。这一过程可用下式表示：

$$NH_3 + H_2O \rightleftharpoons NH_3 \cdot H_2O \rightleftharpoons NH_4^+ + OH^-$$

(2) 氨与酸的反应

**【演示实验 10-11】** 取两根玻璃棒，分别蘸有浓氨水和浓盐酸，使两根玻璃棒靠近，观察发生的现象。

从实验可见，有大量的白烟产生。这白烟是氨水里挥发的氨和浓盐酸挥发的氯化氢化合生成的微小氯化铵晶体。

$$NH_3 + HCl = NH_4Cl$$

氨同样能与其他酸化合生成铵盐。

(3) 氨与氧气的反应　氨在空气中不能燃烧，但在纯氧中能燃烧生成 $N_2$ 和 $H_2O$，同时发出黄色火焰。

$$4NH_3 + 3O_2 \xrightarrow{点燃} 2N_2\uparrow + 6H_2O$$

在催化剂（铂）的作用下，氨与空气中的氧作用生成 NO。

$$4NH_3 + 5O_2 \xrightarrow[\triangle]{Pt} 4NO\uparrow + 6H_2O$$

这个反应叫做氨的催化氧化（或叫接触氧化），是工业上制取硝酸的基础。

在实验室里常用铵盐和碱加热来制取氨。装置如图 10-8 所示。

$$2NH_4Cl + Ca(OH)_2 = CaCl_2 + 2NH_3\uparrow + 2H_2O$$

实验室中要制干燥的氨，通常将制得的氨通过碱石灰（NaOH 和 CaO），以吸收其中的水蒸气。氨是一种重要的化工原料。它不仅主要用于制造氮肥，还用来制造硝酸、铵盐、纯碱等。氨也是尿素、纤维、塑料等有机合成工业的原料。

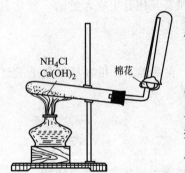

图 10-8　氨的制取

2. 铵盐

铵盐的共同特征是其中含有 $NH_4^+$。铵盐多为无色晶体，易溶于水。铵盐的主要化学性质如下。

(1) 铵盐受热易分解　铵盐受热分解，一般放出氨气（但 $NH_4NO_3$ 例外）。

$$NH_4Cl \xrightarrow{\triangle} NH_3\uparrow + HCl\uparrow$$

$NH_3$ 和 HCl 遇冷会重新结合成 $NH_4Cl$。

$$NH_4HCO_3 \xrightarrow{\triangle} NH_3\uparrow + CO_2\uparrow + H_2O$$

(2) 铵盐能与碱反应　铵盐能与碱起反应放出氨气：

$$2NH_4Cl + Ca(OH)_2 \xrightarrow{\triangle} CaCl_2 + 2NH_3\uparrow + 2H_2O$$

该性质是一切铵盐的共同性质。实验室里就是利用这样的反应来制取氨，也利用这个性质来检验铵离子（$NH_4^+$）的存在。

**【演示实验 10-12】** 称取氯化铵、硝酸铵和硫酸铵各 1g，分别放在三支试管中，分别加 2mL 1mol·$L^{-1}$ 的 NaOH 溶液。加热试管并用湿润的红色石蕊试纸接近管口上方，观察现象。

上述实验中，湿润的红色石蕊试纸均变蓝，因此，可知铵盐和碱溶液反应生成了氨气。

反应的离子方程式为：

$$NH_4^+ + OH^- \xrightarrow{\triangle} NH_3\uparrow + H_2O$$

### 三、硝酸及其盐

1. 硝酸

纯硝酸是无色、易挥发、具有刺激性气味的液体，密度为 $1.50g\cdot mL^{-1}$，沸点为356K，凝固点为231K。它能以任意比例与水混合。一般市售硝酸的质量分数大约为65%～68%，98%以上的浓硝酸由于挥发出来的 $NO_2$ 遇到空气中的水蒸气，形成极微小的硝酸雾滴而产生"发烟"现象，通常称为发烟硝酸。

硝酸是一种强酸，除了具有酸的通性以外，还有其特殊的化学性质。

（1）不稳定性　浓硝酸见光或受热易分解：

$$4HNO_3 \xrightarrow{\text{受热或光照}} 4NO_2\uparrow + O_2\uparrow + 2H_2O$$

为了防止硝酸的分解，必须把它装在棕色瓶里，储放在黑暗而且阴凉的地方。

（2）氧化性　硝酸是强氧化剂。一般地说，硝酸不论浓、稀均具有氧化性，它几乎能和所有的金属（除金、铂等少数金属外）发生氧化还原反应。在通常情况下，浓 $HNO_3$ 的主要还原产物是红棕色的 $NO_2$ 气体，稀 $HNO_3$ 的主要还原产物是无色的 NO 气体。

$$Cu + 4HNO_3(浓) \xrightarrow{\triangle} Cu(NO_3)_2 + 2NO_2\uparrow + 2H_2O$$

$$3Cu + 8HNO_3(浓) \xrightarrow{\triangle} 3Cu(NO_3)_2 + 2NO_2\uparrow + 4H_2O$$

应当注意铁、铝等金属溶于稀 $HNO_3$，但与冷浓 $HNO_3$ 发生钝化现象，所以可以用铝槽车或铁制容器盛装浓 $HNO_3$。

浓硝酸和浓盐酸的混合物（体积比3∶1）叫做王水。其氧化能力比硝酸强，能使一些不溶于硝酸的金属，如金、铂等溶解。

浓硝酸还能使许多非金属如碳、硫、磷等氧化。如：

$$C + 4HNO_3(浓) \xrightarrow{\triangle} CO_2\uparrow + 4NO_2\uparrow + 2H_2O$$

硝酸是重要的化工原料，是重要的"三酸"之一。它主要用于生产各种硝酸盐、化肥和炸药等，还用来合成染料、药物、塑料等。硝酸也是常用的化学试剂。

2. 硝酸盐

硝酸盐是无色晶体，易溶于水。固态硝酸盐不稳定，加热易分解。不同金属硝酸盐加热分解产物不同。在金属活动顺序表中，位于镁之前的金属硝酸盐分解时生成亚硝酸盐，放出氧气。如：

$$2KNO_3 \xrightarrow{\triangle} 2KNO_2 + O_2\uparrow$$

位于镁、铜（包括镁和铜）之间的金属硝酸盐，加热分解生成金属氧化物、二氧化氮和氧气：

$$2Cu(NO_3)_2 \xrightarrow{\triangle} 2CuO + 4NO_2\uparrow + O_2\uparrow$$

位于铜之后的金属硝酸盐，加热分解生成金属单质、二氧化氮和氧气：

$$2AgNO_3 \xrightarrow{\triangle} 2Ag + 2NO_2\uparrow + O_2\uparrow$$

从上面反应可见，硝酸盐热分解都放出氧气，所以许多硝酸盐在高温时都是供氧剂，若与可燃物混合，一经点燃，会迅速燃烧甚至爆炸。基于这种性质，硝酸盐在烟火工业中获得广泛的应用。我国唐朝时期发明的黑色火药就是用硝酸钾、硫磺、木炭粉末混合而制成的。

黑色火药的爆炸反应很复杂，主要反应可用下式表示：

$$2KNO_3 + S + 3C \xrightarrow{\triangle} K_2S + N_2\uparrow + 3CO_2\uparrow$$

各种硝酸盐广泛用于生产化肥和炸药，也用于电镀、玻璃、染料、选矿和制药等工业。硝酸盐也是常用的化学试剂。

## 第四节 碳和硅

**【学习目标】**

理解碳及一氧化碳、二氧化碳、碳酸、碳酸盐的主要性质；\* 了解硅、二氧化硅的性质；\* 了解水泥、玻璃、陶瓷、耐火材料和分子筛等的用途。

元素周期表中第ⅣA族的元素，包括碳（C）、硅（Si）、锗（Ge）、锡（Sn）、铅（Pb）五种元素，统称为碳族元素。它们位于周期表里容易失去电子的主族元素和容易得到电子的主族元素之间，容易生成共价化合物。它们的原子核最外层都是4个电子，最高正化合价是+4价，除此之外，还有+2价。

碳族元素随着原子核外电子层数的增加，从上到下，由非金属性向金属性递变的趋势比氮族元素更为明显。碳是典型的非金属；硅在化学反应中更多地显非金属性，但晶体硅却有金属光泽，能导电；锗的金属性强于非金属性；锡和铅都是较典型的金属。

### 一、碳及其氧化物

碳在自然界分布很广，多数以化合态的形式存在于碳酸盐、煤、天然气、石油、动植物和空气中，金刚石、石墨是天然存在的游离单质碳。碳是组成有机化合物的基本元素。

1. 单质碳

碳有三种同素异形体：金刚石、石墨、无定形碳。由于它们内部结构不同，所以性质上有较大的差别。

金刚石是原子晶体（详见第三章第四节中二、晶体的基本类型）。碳原子间以较强的共价键结合，因此熔点高，硬度大，常用来制磨具、刀具和钻头等，也可以加工成贵重的装饰品，即金刚钻或钻石。

石墨是一种混合型晶体（详见第三章第四节中二、晶体的基本类型），具有良好的导电和导热性能，用途广泛。石墨的化学性质不活泼，热至973K才能燃烧。在一定条件下，石墨可以转变为人造金刚石，但变化条件相当苛刻（2000℃以上，1500MPa）。人造金刚石晶体较小，透明度差，但其硬度与天然金刚石相当。

无定形碳只是俗称，实际上是晶体非常小的微晶形碳。木炭、焦炭、骨炭等都是无定形碳，它们往往含有杂质。经活化处理，可制成活性炭，在工业上广泛用于吸附杂质、脱色、回收某些有机物蒸气和制造防毒面具等。无定形碳还可以用来制造人造石墨和人造金刚石。

2. 一氧化碳（CO）和二氧化碳（$CO_2$）

碳在高温和氧气不足的条件下燃烧时，生成一氧化碳。一氧化碳是无色、无味、无嗅的气体，比空气略轻，在水中的溶解度较小。一氧化碳有剧毒，对人体有害，当吸入了一氧化碳后，它易和人体红血球中的血红蛋白化合，使红血球失去输送氧气的机能，引起中毒。

一氧化碳在纯氧或空气里燃烧，发出蓝色火焰，生成二氧化碳：

$$2CO + O_2 \xrightarrow{\text{点燃}} 2CO_2$$

一氧化碳有强烈的还原性,能从金属氧化物中夺取氧,而使金属还原为单质。例如:
$$Fe_2O_3 + 3CO \xrightarrow{\triangle} 2Fe + 3CO_2$$
在炼铁过程中,铁矿石(主要成分是铁的氧化物)主要是被一氧化碳还原为金属铁的。

二氧化碳是无色、无嗅的气体,比空气重,密度为 $1.977 g \cdot L^{-1}$。可溶于水,很易液化,常温下,压强高于 600kPa 时,二氧化碳即可液化。液态二氧化碳平时储存在钢筒里。当把它从钢筒里倒出时,其中一部分迅速蒸发并吸收大量的热,使其余部分液态二氧化碳的温度急剧下降,最后凝固成雪花状固体,俗称"干冰"。干冰可不经熔化而直接升华,常用作制冷剂。

二氧化碳没有可燃性。在高温下有氧化性,活泼金属如钠、镁、铝等可被它氧化,生成相应的氧化物。例如:
$$2Mg + CO_2 \xrightarrow{\triangle} 2MgO + C$$
实验室常用盐酸和碳酸盐(如石灰石)来制备二氧化碳:
$$CaCO_3 + 2HCl \xrightarrow{\triangle} CaCl_2 + CO_2\uparrow + H_2O$$
工业上是重要的化工原料,用于制造纯碱(即碳酸钠,$Na_2CO_3$)、小苏打($NaHCO_3$)、碳酸氢铵($NH_4HCO_3$)、尿素等的主要原料。二氧化碳比空气重,又不可燃,常用作灭火剂。此外,还可用来制造清凉饮料。

### 二、碳酸盐和碳酸氢盐

二氧化碳可溶于水。常温下,1 体积水能溶解 0.9 体积的二氧化碳。溶于水中的二氧化碳和水发生反应生成碳酸($H_2CO_3$)。实验室用的蒸馏水或去离子水因溶有空气中的二氧化碳而呈微弱的酸性,其 pH 要小于 7。碳酸很不稳定,仅存在于水溶液中。

碳酸是二元弱酸,在溶液中存在如下平衡:
$$CO_2 + H_2O \rightleftharpoons H_2CO_3 \rightleftharpoons H^+ + HCO_3^- \rightleftharpoons 2H^+ + CO_3^{2-}$$
碳酸可以形成两种盐,碳酸盐(正盐)和碳酸氢盐(酸式盐)。

酸式碳酸盐均溶于水。正盐中只有碱金属盐(如 $Na_2CO_3$、$K_2CO_3$)和铵盐 $[(NH_4)_2CO_3]$ 易溶于水,其他金属的碳酸盐均难溶于水。

用某金属的可溶性盐溶液和碳酸钠作用,可得到该金属的碳酸盐。如:
$$CaCl_2 + Na_2CO_3 = 2NaCl + CaCO_3\downarrow$$
反应的离子方程式为:
$$Ca^{2+} + CO_3^{2-} = CaCO_3\downarrow$$
用碱液吸收 $CO_2$,也可以得到碳酸盐和酸式碳酸盐。产物究竟是哪种类型的盐,取决于两种反应物的物质的量的比。反应的离子方程式为:
$$2OH^- + CO_2 = CO_3^{2-} + H_2O$$
或
$$OH^- + CO_2 = HCO_3^-$$
碳酸盐和碳酸氢盐能相互转化。碳酸盐在溶液中与二氧化碳反应,可转化为酸式盐;酸式盐与碱反应可转化为碳酸盐。例如:
$$CaCO_3 + CO_2 + H_2O = Ca(HCO_3)_2$$
$$Ca(HCO_3)_2 + Ca(OH)_2 = 2CaCO_3\downarrow + 2H_2O$$
碱金属的碳酸盐相当稳定,其他金属的碳酸盐在高温下均能分解。如:
$$CaCO_3 \xrightarrow{\triangle} CaO + CO_2\uparrow$$
酸式碳酸盐热稳定性比相应的碳酸盐更差,一般受热时转化为正盐,并生成二氧化碳和水。钙、镁的酸式碳酸盐在水溶液中受热,即可转化为正盐。如:

$$Mg(HCO_3)_2 \xrightarrow{\triangle} MgCO_3\downarrow + CO_2\uparrow + H_2O$$

碳酸盐和酸式碳酸盐都能和酸进行复分解反应：

$$NaHCO_3 + HCl == NaCl + CO_2\uparrow + H_2O$$

$$Na_2CO_3 + 2HCl == 2NaCl + CO_2\uparrow + H_2O$$

利用这一性质，可以检验碳酸盐。

碳酸盐在化工、建材、冶金、食品工业和农业上都有着广泛的用途。

### 三、重要的碳化物

碳的化合物还有碳化物，如碳化钙（$CaC_2$）、碳化硅（SiC）等。

碳化钙俗称电石，由焦炭和石灰在电弧炉中加热到 2273K 高温而制得：

$$CaO + 3C \xrightarrow{2273K} CaC_2 + CO\uparrow$$

纯净的碳化钙是无色透明的晶体，工业用的碳化钙因含有杂质而变为暗灰色块状，并有臭味，遇水立即剧烈反应生成乙炔（$C_2H_2$）：

$$CaC_2 + 2H_2O == Ca(OH)_2 + C_2H_2\uparrow$$

乙炔是有机合成的重要原料，而且在金属的焊接等方面有广泛的应用。

碳化硅俗称金刚砂。它由焦炭和石英砂（$SiO_2$）在电弧炉中加热到 2273K 高温而制得：

$$SiO_2 + 3C \xrightarrow{2273K} SiC + 2CO\uparrow$$

纯的碳化硅是无色晶体，工业产品因含有杂质呈紫黑色。它的硬度几乎和金刚石一样，但价格便宜得多。工业上用碳化硅来制造砂纸、砂轮，又因它耐高温，因此可以用作炉壁的衬里等耐火材料。

### *四、硅及其重要化合物

在地壳里，硅的含量占地壳总质量的 27%，仅次于氧。在自然界里，不存在游离态的硅，它主要以二氧化硅和各种硅酸盐的形式存在。常见的砂子、玛瑙、水晶体的主要成分都是二氧化硅。硅也是构成矿物和岩石的主要元素。

#### 1. 硅

晶体硅是灰黑色、有金属光泽、硬而脆的固体。硅的熔点和沸点较高，硬度较大。硅的导电性能介于金属和绝缘体之间，具有半导体的性质。

硅的化学性质不活泼，常温下，除氟（$F_2$）、氢氟酸（HF）和强碱溶液外，其他物质如氧气、氯气、硫酸和硝酸等都不与硅发生反应。但在加热条件下，硅能和一些非金属反应。例如把研细了的硅加热，它就燃烧生成二氧化硅，同时放出大量的热：

$$Si + O_2 \xrightarrow{\triangle} SiO_2$$

硅能与强碱作用生成硅酸盐和氢气：

$$Si + 2NaOH + H_2O \xrightarrow{\triangle} Na_2SiO_3 + 2H_2\uparrow$$

高纯度的硅，如单晶硅是优良的半导体材料，在电子工业中用来制造半导体元件，如晶体管、集成电路、可控硅元件和太阳能电池等。

硅还用来制造合金。硅的合金也有广泛用途。如硅铁合金用作炼钢的脱氧剂；含硅 4% 的钢（俗称矽钢）有导磁性，可用来制造变压器的铁芯；含硅 15% 左右的钢有耐酸性，可用来制造耐酸设备。

#### 2. 二氧化硅、硅酸及其盐

二氧化硅（$SiO_2$）又称硅石，是一种坚硬难溶或熔的固体，它以晶体和无定形两种形态存在。比较纯净的晶体叫做石英。无色透明的纯二氧化硅又做叫水晶。含有微量杂质的水晶通常有不同的颜色，例如紫晶、墨晶和茶晶等。普通的砂是不纯的石英细粒。

无定形二氧化硅在自然界含量较少。硅藻土是无定形硅石，它是死去的硅藻❶和其他微生物的遗体经沉积胶积而成的多孔、质轻、松软的固体物质。它的表面积很大，吸附能力较强，可以用作吸附剂和催化剂的载体以及保温材料等。

二氧化硅不溶于水，与大多数酸也不发生反应，但二氧化硅能与氢氟酸反应生成四氟化硅（$SiF_4$），所以不能用玻璃（含有 $SiO_2$）器皿盛放氢氟酸。

$$SiO_2 + 4HF = SiF_4\uparrow + 2H_2O$$

二氧化硅是酸性氧化物，能与碱性氧化物或强碱反应生成硅酸盐。如：

$$SiO_2 + CaO \xrightarrow{\text{高温}} CaSiO_3$$

$$SiO_2 + 2NaOH \xrightarrow{\triangle} Na_2SiO_3 + H_2O$$

二氧化硅的用途很广。较纯净的石英可用来制造普通玻璃和石英玻璃。石英玻璃能透过紫外线，能经受温度的剧变，可用来制造光学仪器和耐高温的化学仪器。此外，二氧化硅还是制造水泥、陶瓷、光导纤维的重要原料。

硅酸有多种，有偏硅酸（$H_2SiO_3$）、正硅酸（$H_4SiO_4$）等。其中常见的是偏硅酸（习惯上称为硅酸）。它不能用二氧化硅与水直接作用制得，可用可溶性硅酸盐与盐酸反应来制取。

$$Na_2SiO_3 + 2HCl = H_2SiO_3\downarrow + 2NaCl$$

硅酸是不溶于水的胶状沉淀，也是一种弱酸，其酸性比碳酸还弱。它经过加热脱去大部分水而变成无色稍透明、具有网状多孔的固态胶体，工业上称为硅胶，它有较强的吸附能力，所以常用来作干燥剂。通常使用的是一种变色硅胶，它是将无色硅胶用二氯化钴（$CoCl_2$）溶液浸泡，干燥后制得。因无水 $CoCl_2$ 为蓝色，水合的 $CoCl_2 \cdot 6H_2O$ 显红色，因此根据颜色的变化，可以判断硅胶吸水的程度。另外，硅胶还用作吸附剂及催化剂的载体。

各种硅酸的盐统称为硅酸盐。硅酸盐的种类很多，结构也很复杂，它是构成地壳岩石的最主要的成分。通常用二氧化硅和金属氧化物的形式表示硅酸盐的组成。例如：

硅酸钠　$Na_2O \cdot SiO_2$（$Na_2SiO_3$）

滑石　$3MgO \cdot 4SiO_2 \cdot H_2O$[$Mg_3(Si_4O_{10})(OH)_2$]

石棉　$CaO \cdot 3MgO \cdot 4SiO_2$[$CaMg_3(SiO_3)_4$]

高岭土　$Al_2O_3 \cdot 2SiO_2 \cdot 2H_2O$[$Al_2Si_2O_5(OH)_4$]

许多硅酸盐难溶于水。可溶性硅酸盐中，最常见的是硅酸钠（$Na_2SiO_3$），俗称泡花碱，它的水溶液又叫水玻璃。水玻璃是无色或灰色的黏稠液体，是一种矿物胶。它不易燃烧又不受腐蚀，在建筑工业上可用作黏合剂等。浸过水玻璃的木材或织物的表面能形成防腐防火的表面层。水玻璃还可用作肥皂的填充剂，帮助发泡和防止体积缩小。

天然硅酸盐的种类很多，在自然界分布很广。高岭土（又叫瓷土），因盛产于我国江西景德镇的高岭而得名。纯净的瓷土是白色固体，但通常含有杂质而呈灰色或淡黄或淡绿色。它具有很强的可塑性，较高的耐火性，良好的绝缘性和化学稳定性。主要用于制造瓷器、搪瓷、电瓷、耐火材料等，还可用于制造明矾、硫酸铝等。

花岗岩中的正长石（$KAlSi_3O_8$）在二氧化碳或水的作用下，分解生成黏土等物质。黏土是土壤里矿物质的主要成分。黏土的种类很多，成分很复杂，常见的有高岭土和一般黏

---

❶　硅藻是单细胞的低等水生植物。

土。一般黏土的主要成分还是高岭土，但含有较多的杂质，主要用于制造砖、瓦等建筑材料。

滑石是一种含结晶水的硅酸镁矿物。纯滑石呈白色微透明，由于存在杂质而常有多种颜色。滑石质软，能用指甲在它上面刻画出痕迹。它的电绝缘性能很好，有特殊润滑性和较稳定的化学性质。所以，滑石可用作制造高频无线电陶瓷的配料。在工业上可作为隔离、润滑、防粘的材料，也可在造纸、塑料、橡胶和日用化学品中用作填料。

3. 硅酸盐工业产品

以硅酸盐等物质为主要原料制造水泥、玻璃、耐火材料、陶瓷、砖瓦等产品的工业，叫做硅酸盐工业。它是国民经济的重要组成部分。下面介绍几个硅酸盐工业产品。

（1）水泥　普通硅酸盐水泥的主要原料是黏土和石灰石（$CaCO_3$）。先把各种原料破碎，碾成粉末，按比例混合，制成生料，进入回转窑内于 1673～1773K 的高温下锻烧成熔块，然后出窑急冷形成硬块，称为熟料。再加入少量石膏，研成细粉，就制成了水泥。

水泥、砂子和水的混合物叫做水泥砂浆，能将砖、石等物黏结起来。水泥、砂子和碎石按一定比例混合，经硬化后成为混凝土，常用来建造厂房、桥梁等大型建筑物。用混凝土建造建筑物时常用钢筋作骨架，使建筑物更加坚固，这叫做钢筋混凝土。

（2）玻璃　制造普通玻璃的主要原料是纯碱（$Na_2CO_3$）、石灰石（$CaCO_3$）和硅石（$SiO_2$）。把原料按比例混合破碎，经高温熔炼即可制成普通玻璃。它不是晶体，没有固定的熔点，在某一温度范围内逐渐软化。在软化状态时，经过成型、退火、加工之后便制成玻璃制品。用不同的原料，可以制成不同性能、适于各种用途的玻璃。下面表 10-4 中列出几种常见的玻璃。

表 10-4　几种常见的玻璃

| 名称 | 主要原料 | 组成 | 用途 |
|---|---|---|---|
| 钠玻璃 | $SiO_2$, $CaCO_3$, $Na_2CO_3$ | $Na_2O \cdot CaO \cdot 6SiO_2$ | 门、窗玻璃, 玻璃瓶, 日常用品 |
| 钾玻璃 | $SiO_2$, $CaCO_3$, $K_2CO_3$ | $K_2O \cdot CaO \cdot 6SiO_2$ | 化学玻璃仪器 |
| 铅玻璃 | $SiO_2$, $K_2CO_3$, $PbO$ | $K_2O \cdot PbO \cdot 6SiO_2$ | 光学仪器及艺术品 |
| 石英玻璃 | 熔化石英 | $SiO_2$ | 化学和医学上的特殊仪器 |

制造有色玻璃，一般是在原料中加入某些金属氧化物或盐类。例如，加入氧化钴（$CoO$）可得蓝色玻璃；加入二氧化锰（$MnO_2$）可得紫色玻璃。

把普通玻璃放入电炉中加热，使它软化，然后急速冷却，得到钢化玻璃。钢化玻璃机械强度比普通玻璃大 4～6 倍，不容易破碎。可以用来制造汽车或火车的车窗等。

玻璃还可以制成纤维，织成玻璃布或制成玻璃棉。它们具有较高的强度，可作隔音、隔热、电气绝缘材料等。

（3）陶瓷　陶瓷的主要原料是黏土。把黏土、长石和石英研成细粉，按一定比例配料，加水调匀，塑成各种形状的物品——坯，坯经烘干、煅烧后变成非常坚硬的物质，这就是我们常用的瓦、盆、罐等陶器制品。如用纯黏土（即高岭土）、长石、石英粉按一定比例混合塑成型，然后干燥后，在 1273K 煅烧成素瓷，经上釉❶，再加热至 1673K 高温即得瓷器。

瓷器是我国劳动人民的伟大发明之一，远在一千多年前就很发达。江西景德镇和湖南醴

---

❶ 长石、石英、石灰石、硼砂、氧化锌等物质，都可以做釉的原料。

陵的瓷器以洁白、光亮、美观等特色而闻名于世。

如果把类似瓷釉成分的物质附着在金属器皿上,这样烧成的物品叫做搪瓷。我国人民很早就知道在铜器表面附着颜色鲜艳耐久的搪瓷,以明代景泰年间(公元1450~1457年)制品最为精良,色泽鲜艳夺目,这就是至今仍闻名中外的名贵艺术品——"景泰蓝"。

(4) **耐火材料**　耐火材料是指能耐1853K以上的高温,并在高温下能耐气体、熔融炉渣、熔融金属等物质的腐蚀,且具有一定强度的材料。

耐火度为1853~2043K的材料(如黏土砖、硅砖等)称为普通耐火材料。在2273K以上的有镁砖、石墨砖等。

耐火材料通常是根据它们的化学性质分为酸性耐火材料(如硅砖),中性耐火材料(如黏土砖、石墨砖),碱性耐火材料(如镁砖)。

耐火材料的生产是把原料粉碎、过筛、配料,再用少量水调匀,压制成型,经干燥后放入窑中煅烧而成。煅烧温度随材料种类不同而不同,一般低于耐火材料的耐火度。

耐火材料是现代工业的重要材料。如冶金工业中的高炉、平炉、电炉、热风炉,化学工业中的炼焦炉、煤气炉、陶瓷窑、玻璃窑、石灰窑等都必须使用耐火材料。

(5) **分子筛**　某些含有结晶水的铝硅酸盐晶体,在其结构中有许多均匀的微孔隙和很大的内表面,因此它具有吸附某些分子的能力,是一种高效吸附剂。直径比孔隙小的分子能被它吸附;而直径比孔隙大的分子则被阻挡在孔隙外面,不被吸附,这样起着筛选分子的作用,故称为"分子筛"。

分子筛有天然的和人工合成的两种。天然分子筛又叫泡沸石,由沸石除去结晶水加工而成;人工合成的分子筛,目前以达数十种。纯净的分子筛是白色粉末,无毒、无味、无腐蚀性,有良好的热稳定性,不溶于水和有机溶剂。

分子筛的吸附性能除了与它的孔径大小有关外,还和被吸附物质的分子结构和极性强弱有关。工业上可利用分子筛的吸附性干燥气体或用作气、液混合物的净化和分离。

目前,分子筛的使用已成为现代生产中的一种新技术,广泛应用于石油、化工、冶金、电子、原子能、环境保护和农业等部门。例如,可用分子筛吸附硫酸或硝酸以及工厂和汽车排气管排出的$SO_2$、$NO$、$NO_2$等有害气体,净化空气,消除污染。

此外,分子筛还可用作石油催化裂化工业的催化剂。

## 本 章 小 结

本章以元素周期表为依据,介绍了ⅦA、ⅥA、ⅤA、ⅣA族中常见非金属元素的原子结构,单质及其化合物的制备、性质和用途。

(1) 卤素

① 卤素包括氟、氯、溴、碘、砹五种元素。卤素原子的最外层电子都是7个,它们都容易获得1个电子而显非金属性,并且具有相似的化学性质。但从氟到碘,非金属性逐渐减弱。氟是最活泼的非金属元素。

② 氯气的化学性质
- 几乎能与所有的金属反应——生成金属氯化物
- 能与氢气、磷等非金属反应——生成氯化氢、氯化磷等氯化物
- 能与水反应——生成盐酸、次氯酸(该反应是可逆反应)
- 能与碱反应——生成金属氯化物和氯的含氧酸盐等

③ 氯化氢是具有刺激性气味的气体，其水溶液就是盐酸。

盐酸是一种无氧强酸，具有酸的通性。

重要的盐酸盐有 NaCl、KCl、$ZnCl_2$ 等。

④ 次氯酸不稳定，具有强氧化性。氯水的漂白、消毒作用，实际上就是由次氯酸产生的。氯酸是强酸，稳定性强于次氯酸，但也只能存在于溶液中。

漂白粉主要是次氯酸钙和氯化钙的混合物，具有漂白、消毒、杀菌的作用。

⑤ 氟、溴、碘等卤素原子结构相似，最外层都有 7 个电子，具有典型的非金属性，在化学反应中容易得到 1 个电子而成为 8 个电子的稳定结构，因此它们的化学性质相似。但由于卤素原子的电子层数不同，因此在化学性质上也有一点差异。

较活泼的卤素单质能把较不活泼的卤素从它们的卤化物中置换出来。卤素单质的活泼性（氧化能力）为： $F_2 > Cl_2 > Br_2 > I_2$

卤离子常用硝酸银（$AgNO_3$）来检验。

(2) 氧和硫

① 氧族元素是元素周期表中第 ⅥA 族元素，包括氧（O）、硫（S）、硒（Se）、碲（Te）、钋（Po）五种元素。它们原子的最外层都有 6 个电子，因此容易从其他原子获得 2 个电子而显非金属性。但它们获得电子的能力比同周期的卤素差。从氧到碲，随着核电荷数的增加，非金属性逐渐减弱。因此，氧和硫是典型的非金属元素。

② 氧的单质有两种同素异形体：氧气（$O_2$）和臭氧（$O_3$）。氧气吸收一定的能量后可转化为臭氧。臭氧的氧化能力比氧强，但稳定性较差。

过氧化氢俗称"双氧水"。其稳定性较差，易分解为水和氧，具有氧化性和还原性。

③ 硫的化学性质
- 硫与金属反应——生成金属硫化物 ⎫
- 硫与氢气反应——生成硫化氢　　  ⎬ →显示氧化性
- 硫与氧反应——生成二氧化硫 →显示还原性

硫化氢的水溶液称为氢硫酸，是一种弱酸，有较强的还原性。

二氧化硫具有氧化性和还原性，也有漂白能力。易溶于水，生成亚硫酸。亚硫酸（$H_2SO_3$）是中强酸，具有酸的通性；它不稳定，易分解为 $SO_2$ 和 $H_2O$；具有氧化、还原性，但还原能力较强。

亚硫酸盐也具有氧化、还原性，其还原能力比亚硫酸更强，常用作还原剂。

稀硫酸具有酸的通性。浓硫酸具有强烈的吸水性、脱水性和氧化性。

用可溶性钡盐可以检验硫酸根离子的存在，生成的硫酸钡难溶于水和酸。

(3) 氮

氮族元素是元素周期表中第 ⅤA 族的元素，包括氮（N）、磷（P）、砷（As）、锑（Sb）、铋（Bi）五种元素。它们原子核外最外层都有 5 个电子，它们的非金属性比同周期的氧族元素和卤素都弱，从氮到铋元素的非金属性逐渐减弱，而金属性逐渐增强。

① 氮分子结构比较稳定，在常温下很不活泼，但在特定条件下，也能和氢、氧、金属等起反应。

② 氨的水溶液叫做氨水，呈弱碱性。

$$NH_3 + H_2O \rightleftharpoons NH_3 \cdot H_2O \rightleftharpoons NH_4^+ + OH^-$$

氨与酸反应生成铵盐。铵盐与碱反应放出氨气，实验室常用此反应制取氨气，也用于检验 $NH_4^+$ 离子的存在。

③ 纯硝酸是无色液体，易挥发，是强酸。除具有酸的通性外，还有不稳定性和强氧化性。硝酸是强氧化剂，几乎能与所有金属（除 Au、Pt 等外）、非金属发生氧化还原反应。

硝酸盐是无色晶体，易溶于水。固态硝酸盐不稳定，加热易分解。不同金属硝酸盐加热分解产物不同。

(4) 碳和硅

碳族元素在元素周期表中第ⅣA族，包括碳（C）、硅（Si）、锗（Ge）、锡（Sn）、铅（Pb）五种元素。它们位于周期表里容易失去电子的主族元素和容易得到电子的主族元素之间，容易生成共价化合物。碳族元素随着原子核外电子层数的增加，从上到下，由非金属性向金属性递变的趋势比氮族元素更为明显。

① 碳有三种同素异形体：金刚石、石墨、无定形碳。由于它们内部结构不同，所以性质上有较大的差别。

一氧化碳难溶于水，有毒，具有还原性。

二氧化碳能溶于水生成碳酸。二氧化碳不能燃烧，常用来做灭火剂。固态二氧化碳叫做干冰，可作制冷剂。

碳酸是一种弱酸，不稳定。它可形成正盐和酸式盐。它们在一定的条件下可以相互转化。

碳的化合物还有碳化物，如碳化钙（$CaC_2$）、碳化硅（$SiC$）等。

② 晶体硅是良好的半导体材料。自然界中没有游离态的硅存在，多以硅石（$SiO_2$）和硅酸盐的形式存在。二氧化硅化学性质稳定，不溶于水，在高温下，能和碱性物质作用生成硅酸盐。

③ 硅酸是白色胶状沉淀，其酸性比碳酸还弱。它可由硅酸钠和酸反应制得。硅酸脱水可制得硅胶，用作吸附剂、干燥剂。

硅酸钠是常见的硅酸盐，是重要的化工原料。

硅酸盐工业产品包括水泥、玻璃、陶瓷、耐火材料和分子筛等。

## 思 考 与 练 习

1. 填空题：

(1) 卤族元素位于元素周期表中第_____族，包括____、____、____、____和____五种元素，它们原子的最外层有_____个电子，是典型的_____元素。从氟到碘，_____逐渐减弱。其中_____是最活泼的非金属元素。

(2) 在通常情况下，氯气呈_____色，它的化学性质_____。红热的铜丝在氯气中燃烧，产生_____色的烟雾，这是_____晶体颗粒。将这晶体溶于水后，溶液呈_____色。

(3) 磷在氯气中燃烧，出现_____色烟雾，它是_____和_____的混合物。

(4) 实验室制取氯气的化学方程式为：_____，多余的氯气可以用 NaOH 溶液吸收，反应的化学方程式是_____。工业上制取氯气的反应式为：_____。

(5) 氯气溶于水时，发生可逆反应。其反应方程式为：_____。

(6) 次氯酸稳定性_____，光照下迅速分解，反应式为_____。

(7) 制取漂白粉的反应式为_____，其中的有效成分是_____。

(8) 向含有 KI、KBr 溶液中通入足量的氯气，然后将溶液蒸干，灼烧，最后的残渣是

_____，这是因为_____。

(9) 氧族元素位于元素周期表中第_____族，包括_____、_____、_____和_____五种元素，它们原子的最外层有_____个电子，最高正价为_____价。随着核电荷数的增加，其原子半径逐渐_____，原子核吸引电子的能力依次_____，因而金属性逐渐_____，非金属性逐渐_____。

(10) 氧的同素异形体是_____和_____，其中_____比_____氧化能力更强。

(11) 硫单质是_____色晶体，它不溶于_____，微溶于_____，易溶于_____。

(12) 硫化氢气体在空气中完全燃烧，发出_____色的火焰，其反应的化学方程式为：_____。

(13) 二氧化硫是_____色，有_____气味的_____毒气体。它溶于水生成_____。二氧化硫既具有_____性，又具有_____性。

(14) 某固体A，在空气中燃烧生成气体B。A与氢气化合生成气体C。将气体B与气体C混合又得到固体A。则A是_____；B是_____；C是_____。A在空气中燃烧生成B的反应式为_____；A与氢气化合生成C的反应式为_____；B与C混合又得到A的反应式为：_____。

(15) 浓硫酸可以干燥二氧化碳、氢气、氧气、氯化氢等气体，是利用了浓硫酸的_____性；浓硫酸"炭化"蔗糖时，表现了_____性。

(16) 氮族元素位于元素周期表中第_____族，包括_____、_____、_____、_____和_____五种元素，它们原子的最外层有_____个电子，最高正价为_____价。随着核电荷数的增加，其原子半径逐渐_____，原子核吸引电子的能力依次_____，因而金属性逐渐_____，非金属性逐渐_____。

(17) 氨是_____色的气体，容易_____化，极易溶于水，在溶液中可以少部分电离成_____和_____，所以氨水显弱_____性。

(18) 铵盐和碱作用产生_____，利用这一性质可检验_____离子的存在。

(19) 硝酸的稳定性_____。常温下，浓硝酸见光或受热能_____，化学方程式为：_____。所以它应盛放在_____瓶中，储放在_____而且_____的地方。

(20) 浓$HNO_3$能用铝或铁制容器来盛装，原因是_____。

(21) 碳族元素位于元素周期表中第_____族，包括_____、_____、_____、_____和_____五种元素，它们原子的最外层有_____个电子。

(22) 在地壳里，硅的含量居第_____位，化合态的硅几乎全部以_____和_____的形式存在于各种矿物和岩石里。

(23) 二氧化碳溶于水生成_____，碳酸是一种_____酸，它可以形成_____盐和_____盐，这两种盐在一定的条件下可以_____。

(24) 二氧化硅又叫_____，有_____和_____两种形态；较纯净的二氧化硅晶体叫做_____；无色透明的纯石英叫做_____，硅藻土是_____硅石。

(25) 水泥是一种重要的建筑材料，制造水泥的主要原料是_____。

2. 选择题

(1) 下列物质中属于纯净物的是（　　）。

(a) 氯水  (b) 液氯  (c) 漂白粉  (d) 盐酸

(2) 下列关于氯气的叙述中，正确的是（　　）。

(a) 在通常情况下，氯气比空气轻

(b) 氯气能与氢气化合生成氯化氢
(c) 红热的铜丝在氯气中燃烧后生成蓝色的 $CuCl_2$
(d) 液氯与氯水是同一种物质

(3) 除去氯气中的水蒸气，应使气体通过（　　）。
(a) 浓 $H_2SO_4$　　　　　　　　　　　　　(b) 固体 NaOH
(c) NaOH 溶液　　　　　　　　　　　　　(d) 干燥的石灰

(4) 下列气体中易溶于水的是（　　）。
(a) $H_2$　　　　(b) $O_2$　　　　(c) $Cl_2$　　　　(d) HCl

(5) 下列物质中存在着氯离子的是（　　）。
(a) $KClO_3$ 溶液　　(b) NaClO 溶液　　(c) 液态 $Cl_2$　　(d) $Cl_2$ 水溶液

(6) 下列物质中不能起漂白作用的是（　　）。
(a) $Cl_2$　　　(b) $CaCl_2$　　　(c) HClO　　　(d) $Ca(ClO)_2$

(7) 用氯酸钾制取氧气时，二氧化锰的作用是（　　）。
(a) 氧化剂　　　　　　　　　　　　　　(b) 还原剂
(c) 催化剂　　　　　　　　　　　　　　(d) 既不是氧化剂，又不是还原剂

(8) 下列物质和 $H_2$ 最容易化合的是（　　）。
(a) $F_2$　　　(b) $Cl_2$　　　(c) $Br_2$　　　(d) $I_2$

(9) 鉴别 $Cl^-$、$Br^-$、$I^-$ 可以选用的试剂是（　　）。
(a) 碘水、淀粉溶液　　　　　　　　　　(b) 溴水四氯化碳
(c) 淀粉碘化钾溶液　　　　　　　　　　(d) 硝酸银稀硝酸溶液

(10) 下列酸中能腐蚀玻璃的是（　　）。
(a) 氢氟酸　　　(b) 盐酸　　　(c) 硫酸　　　(d) 硝酸

(11) 下列关于 $O_2$ 与 $O_3$ 性质比较的描述中，正确的是（　　）。
(a) $O_3$ 比 $O_2$ 稳定性强　　　　　　　(b) $O_3$ 比 $O_2$ 氧化性强
(c) $O_3$ 比 $O_2$ 还原性强　　　　　　　(d) 没有区别

(12) 对于 $H_2O_2$ 性质的描述正确的是（　　）。
(a) 只有强氧化性　　　　　　　　　　　(b) 既有氧化性，又有还原性
(c) 只有还原性　　　　　　　　　　　　(d) 很稳定，不易发生分解

(13) 下列物质中，硫元素只具有还原性的是（　　）。
(a) S　　　(b) $SO_2$　　　(c) $H_2S$　　　(d) $H_2SO_4$

(14) 在与金属的反应中，硫比较容易（　　）。
(a) 得到电子，是还原剂　　　　　　　　(b) 失去电子，是还原剂
(c) 得到电子，是氧化剂　　　　　　　　(d) 失去电子，是氧化剂

(15) 实验室用硫酸亚铁与酸反应制取硫化氢气体时，可选用的酸是（　　）。
(a) 浓 $H_2SO_4$　　　　　　　　　　　　(b) 稀 $H_2SO_4$
(c) 浓盐酸　　　　　　　　　　　　　　(d) 稀 $HNO_3$

(16) 质量相等的二氧化硫和三氧化硫，所含氧原子数目之比是（　　）。
(a) 1∶1　　　(b) 2∶3　　　(c) 6∶5　　　(d) 5∶6

(17) 在常温下，下列物质可盛放在铁制或铝制容器中的是（　　）。
(a) 浓 $H_2SO_4$　　　　　　　　　　　　(b) 稀 $H_2SO_4$
(c) 稀盐酸　　　　　　　　　　　　　　(d) $CuSO_4$ 溶液

(18) 下列反应中既表现了浓硫酸的酸性，又表现了浓硫酸的氧化性的是（　　）。
(a) 与铜反应　　　　　(b) 使铁钝化　　　　　(c) 与碳反应　　　　　(d) 与碱反应
(19) 浓硫酸能与 C、S 等非金属反应，是因为它是（　　）。
(a) 强酸　　　　　　　(b) 强氧化剂　　　　　(c) 脱水剂　　　　　　(d) 吸水剂
(20) 氮分子的结构很稳定的原因是（　　）。
(a) 氮分子是双原子分子
(b) 在常温、常压下，氮分子是气体
(c) 氮是分子晶体
(d) 氮分子中有三个共价键，其键能大于一般的双原子分子
(21) 关于氨的下列叙述中，错误的是（　　）。
(a) 是一种制冷剂　　　　　　　　　　　　　(b) 氨在空气中可以燃烧
(c) 氨极易溶于水　　　　　　　　　　　　　(d) 氨水是弱碱
(22) 下列气体的制取中，与氨气的实验室制取装置相同的是（　　）。
(a) $Cl_2$　　　　　　(b) $CO_2$　　　　　　(c) $H_2$　　　　　　(d) $O_2$
(23) 能将 $NH_4Cl$、$(NH_4)_2SO_4$、$NaCl$、$Na_2SO_4$ 四种溶液一一区分开的试剂是（　　）。
(a) $BaCl_2$ 溶液　　　　　　　　　　　　　(b) $AgNO_3$ 溶液
(c) $NaOH$ 溶液　　　　　　　　　　　　　(d) $Ba(OH)_2$ 溶液
(24) 下列元素中金属性最强的是（　　）。
(a) 碳　　　　　　　　(b) 硅　　　　　　　　(c) 锗　　　　　　　　(d) 铅
(25) 下列各叙述中，不正确的是（　　）。
(a) 碳族元素的单质中有自然界中最硬的物质
(b) 碳族元素容易生成共价化合物
(c) 碳族元素的单质都可以导电
(d) 同一周期的碳族元素的金属性比氮族元素的金属性强

3. 是非题（下列叙述中对的打"√"，错的打"×"）
(1) 液氯能使湿润的有色布条褪色，干燥的有色布条则不褪色。（　　）
(2) 在氯水、液氯和含氯的空气中，都含有氯单质。（　　）
(3) 盐酸就是液态氯化氢。（　　）
(4) 与硝酸银溶液反应有白色沉淀生成的物质中必定含有氯离子。（　　）
(5) $I^-$ 和 $I_2$ 一样，遇淀粉变蓝。（　　）
(6) 可以用湿润的 KI 淀粉试纸来检验氯气。（　　）
(7) 二氧化硫、漂白粉、活性炭都能使红墨水褪色，其褪色原理是相同的。（　　）
(8) 氢硫酸除与碱、盐等物质反应表现出酸性外，还具有氧化性和还原性。（　　）
(9) 铜与浓硫酸反应，生成二氧化硫，这是因为浓硫酸具有强氧化性。（　　）
(10) 蔗糖中加入浓硫酸，变成多孔的炭，这是由于浓硫酸具有强吸水性。（　　）
(11) 浓硫酸常用作气体的干燥剂，因此可用来干燥氨气。（　　）
(12) 硝酸具有酸的通性，能与活泼金属反应放出氢气。（　　）
(13) 硝酸容易挥发，应保存在密闭、透明的试剂瓶中。（　　）

4. 计算题
(1) 含 $MnO_2$ 质量分数为 0.78 的软锰矿 150g，与足量的浓盐酸反应，可以制得氯气多

少克？

(2) 11.2L$Cl_2$ 和 11.2L$H_2$ 起反应，生成 HCl 气体多少升（气体体积均按标准状况计）？把生成的 HCl 都溶解在 328.5g 水中，形成密度为 1.047g·$cm^{-3}$ 的盐酸，计算这种盐酸的物质的量的浓度。

(3) 11.7gNaCl 与 10g 质量分数为 0.98 的 $H_2SO_4$ 反应，微热时生成 HCl 多少克？继续加热到 773K 以上时，又生成 HCl 多少克？

(4) 9g 硫粉在氧气中完全燃烧，生成二氧化硫的物质的量为多少？这些二氧化硫在标准状况时的体积是多少升？

(5) 已知含 $FeS_2$ 质量分数为 0.72 的黄铁矿在煅烧时有 15% 的硫损失，计算这种黄铁矿 1 吨能制得 $SO_2$ 多少吨？这些 $SO_2$ 在标准状况下占体积多少立方米？

(6) 要使 20g 铜完全反应，最少需用质量分数为 0.96 的浓硫酸多少毫升（密度为 1.84g·$cm^{-3}$）？生成硫酸铜多少克？

(7) 0.3mol 的铜与稀硝酸反应，在标准状况下能生成 NO 多少升？

(8) 21.4g$NH_4Cl$ 与过量消石灰作用，在标准状况下能生成氨气多少升？

(9) $Na_2CO_3$ 和 $NaHCO_3$ 的混合物 9.5g 与足量的浓盐酸反应，在标准状况下放出 22.4L 的气体，问 $Na_2CO_3$ 和 $NaHCO_3$ 各多少克？

5. 简答题

(1) 写出氯气和 Na、Cu、P 反应的化学方程式。

(2) 实验室中制取氯的反应方程式如下：

$$4HCl + MnO_2 = MnCl_2 + Cl_2\uparrow + 2H_2O$$

① 上式哪种元素被氧化了？哪种元素被还原了？
② 二氧化锰在反应中起什么作用？
③ 由高锰酸钾制氧时，也用到二氧化锰，它是否也起同样的作用。

(3) 有三只失去标签的试剂瓶，分别盛有 NaCl、NaBr、KI 三种溶液，试用两种化学方法鉴别这三种溶液，并写出相关反应式。

(4) 硫化氢的水溶液，在空气中放置一段时间易出现混浊现象，试解释其原因？写出有关的化学方程式。

(5) 怎样鉴别硫酸钡和碳酸钡？写出有关反应的化学方程式和离子方程式。

(6) 有一种白色晶体，它与 NaOH 共热时，放出一种无色的气体，这种气体能使湿润的红色石蕊试纸变蓝；与浓 $H_2SO_4$ 共热时，放出一种无色具有刺激性气味的气体，这种气体能使湿润的蓝色石蕊试纸变红。如果这两种气体相遇会产生白烟。问原来的白色晶体可能是什么物质，写出有关反应的化学方程式。

(7) 如何区别 $Na_2CO_3$、$NaNO_3$、NaCl、$Na_2SiO_3$ 四种溶液？写出实验现象和有关的离子方程式。

(8) 实验室盛放强碱（NaOH）溶液的玻璃瓶试剂为什么不用玻璃塞而用橡皮塞？写出有关反应的化学方程式。

(9) 为什么钢铁制品在焊接或电镀前要用盐酸清洗，金属铸件上的砂子可用氢氟酸除去？

(10) 某酸 A 和正盐 B 作用，放出无色、有刺激性气味的气体 C，C 可使品红溶液褪色；当 C 和烧碱作用后可得 B；C 氧化后的产物是 D；D 被水吸收又得到 A。试指出 A、B、C、D 各是何物质，并写出有关的化学方程式。

【阅读材料】

## 氟、碘与人体健康

氟是人体所必需的微量元素之一。正常人体含氟约为 2.6g。氟在体内主要以 $CaF_2$ 的形式存在于牙齿、骨骼、指甲和毛发中。氟对牙齿及骨骼的形成，以及钙和磷的代谢，均有重要作用。人体对氟的摄入量或多或少最先表现在牙齿上。当人体缺氟时，会患龋齿、骨骼发育不良等症。而摄入过多氟，又会使牙釉受到损害，出现牙根发黑，牙面发黄，粗糙失去光泽，牙齿发脆而容易折断。超量时还会引起氟骨症（即大骨节病）、发育迟缓、肾脏病变等。

人体每天对氟的最高摄入量为 4～5mg，如果超过 6mg，就会引起中毒。通常摄取的氟主要来源于饮水，此外在谷物、鱼类、排骨、蔬菜中也含微量氟。一般情况下，饮食中的氟并不能完全被吸收，不同状态的氟（指不同食物中氟的存在方式）在人体内的吸收率也不同，饮水中的氟吸收率可达 90％，而有机态氟的吸收率最低。

碘也是人体所必需的微量元素之一。正常人体内含碘约为 25～26mg，其中约 50％分布在甲状腺内，其余分布于血浆、肌肉皮肤、中枢神经系统、各内分泌组织中。碘在人体的新陈代谢过程中起着重要的作用。当人体缺碘时，甲状腺就会肿胀起来，俗称"粗脖子病"。缺碘还会引起甲状腺激素分泌不足，体内基础代谢率降低，患甲状腺功能减退症。成年患者表现为怕冷、便秘、面色蜡黄、毛发脱落、思维迟钝、心率缓慢、情绪失常等；幼年患者表现为发育不全、智力低下等；婴（胎）儿患者表现为呆小症、弱智低能症。可见，缺碘的危害是十分严重的。

人体对碘的生理需求量为每日 0.1～0.3mg。正常情况下，通过日常饮食（天然水、食物）和呼吸空气即可摄入所需的微量碘。但一些地区由于受地理条件等因素限制，使水质、地质中缺碘，农作物含碘量少，造成饮食中缺碘而摄入量不足；有些地区由于受地方性水质、地质因素影响，日常饮食中含有阻碍人体吸收碘的物质，也会造成人体缺碘，这些都会引起地方性甲状腺肿病。据统计，目前世界上有 2 亿左右患地方性甲状腺肿病人。

为了预防缺碘造成的危害，人体可摄入含碘丰富的海产品，如海带、紫菜、海盐等，在内陆地区也可以在食盐中加入适量碘化钾或碘酸钾。

但值得注意的是，人体摄入碘过多也会患甲状腺肿，叫"高碘甲状腺肿"。故不要认为高碘食品多吃则好，否则，也会造成碘中毒。

# 第十一章 常见金属元素及其化合物

【学习目标】
　　了解金属的通性及金属的腐蚀与防腐；掌握钠、钙、镁、铝、铁及其重要化合物的主要性质；了解镁、铜、银、汞、铬、锰及其重要化合物的性质；*了解硬水的危害及硬水的软化方法。

　　已发现的一百多中元素中，大约有五分之四是金属元素。它们位于元素周期表中的大部分区域内。

　　金属在国防、工业和日常生活中起着非常重要的作用，在各行各业都得到了广泛的应用。在工业上，人们根据金属颜色的不同常把金属分为黑色金属（铁、铬、锰和它们的合金）和有色金属（除去铁、铬、锰以外的金属）两大类。人们也常按照密度大小把金属分为轻金属（密度小于 $4.5g \cdot cm^{-3}$ 的金属，如钠、钾、镁、钙、铝等）和重金属（密度大于 $4.5g \cdot cm^{-3}$ 的金属，如铜、锡、铅等）。此外，还可把金属分为常见金属（如铝、铁、铜等）和稀有金属（如铷、铯、钽、锆、铌等）。

　　我国有丰富的金属矿藏资源，其中钨、铋、锑、钛等居世界首位。锌、钴、钼、钒、铌、钽矿等占世界第二、三位。铁、锰、铅、锡、汞矿等占世界第四、五位。

## 第一节　金属通论

### 一、金属键

　　金属元素原子结构的特点是：最外层上的电子数较少，一般为 1～3 个（少数例外），电子与原子核的联系比较松散，故金属容易失去电子。所以，金属内部实际上交替排列着金属原子和金属阳离子，两者之间又存在着从金属原子上脱落下来的自由移动的电子——自由电子，见图 11-1。已脱落下来的自由电子在运动过程中碰到金属阳离子时，又会被阳离子吸引，同时金属阳离子还会吸引金属原子最外层电子，使其脱落，成为相对自由的电子。这种过程不断循环，就使金属原子和其阳离子紧密结合起来。像这种通过运动的自由电子，使金属原子和金属阳离子相互连接在一起的键，叫做金属键。

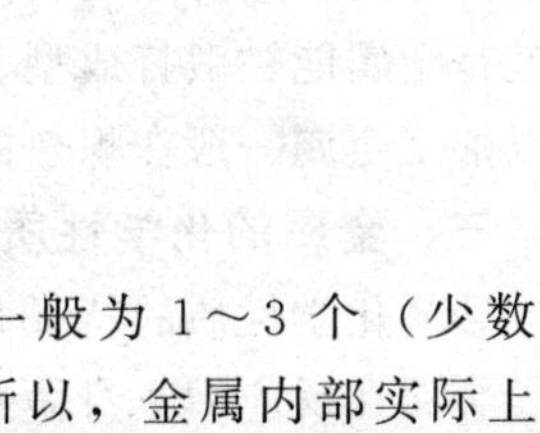

　　金属键是化学键的一种，它与共价键不同，因为它不能形成共用电子对；它与离子键也不相同，因为金属键中的金属阳离子不被周围异性离子所包围，自由电子不专属于某几个特定的金属离子，而是为许多金属离子所共有，它们几乎均匀分布在整个金属结构内部。必须注意的是，由于自由电子没有完全离开金属，从整体来说，金属还是电中性的。

○表示中性原子
⊕表示金属阳离子
•表示自由电子

图 11-1　金属元素原子结构的示意图

通过金属键形成的晶体，叫做金属晶体。

金属在形成晶体时，都倾向于组成紧密坚实的结构，而使每个原子周围拥有尽可能多的相邻原子或离子，并且以有规则的几何图形堆积着。在金属晶体中，由于有自由电子的存在和紧密堆积的结构，而使金属具有许多共同的性质。

## 二、金属的物理性质

金属具有很多共同的物理性质，主要表现在以下几个方面。

（1）**具有金属光泽** 由于自由电子容易吸收各种颜色的可见光，而使金属晶体不透明，同时自由电子又能将各种光的大部分再发射出来，故金属晶体具有一定的金属光泽。大多数金属（除铜、金等少数金属外）都呈银白色或灰色。但是这种光泽只有当金属成整块时才能表现出来，研成粉末后，绝大多数金属都变成黑色或暗灰色，只有镁、铝等少数金属仍保持原有的光泽。

（2）**导电和导热性** 金属能够导电是因为金属晶体中有自由电子。在通常情况下，自由电子的运动是没有一定方向的。如果有外加电场，自由电子就会在金属晶体里发生定向运动而形成电流。当温度升高时，原子和金属阳离子振动速率加快，振幅加大，使自由电子的定向运动受到阻碍，所以金属的导电性随温度的升高而减弱。

金属良好的导热性也和自由电子的存在有密切的关系。当金属的某一部位受热时，自由电子会不断地与原子或离子相碰撞，发生热量的传递和交换。

金属的导电和导热能力各不相同。常见金属的导电和导热性由大到小排列如下：

$$Ag, Cu, Au, Al, Mg, Zn, Ni, Fe$$

（3）**延展性** 金属具有优良的延展性（也叫可塑性），这也和金属的内部结构有关。当金属受到外力作用时，金属晶体内各层之间的金属原子或金属阳离子做相对滑动。由于自由电子的作用，层与层之间的离子或原子，只是位置发生了改变而没有破坏它们之间金属键。这就是金属能被锻打成型、压成薄片或抽拉成丝的原因。金属的延展性随温度升高而增大，所以加工金属一般在炽热的条件下进行。

## 三、金属的化学性质

金属化学性质的特征是金属在化学反应中，容易失去最外层电子而被氧化，变成阳离子。金属在反应中本身做还原剂。各种金属失去电子的能力是不相同的，即它们的化学活泼性各有差异。越容易失去电子的金属，它们的化学性质越活泼，越易与其他物质发生反应，还原能力也越强。这与我们在初中所学的金属活动性是一致的。金属的主要性质表现在以下几方面。

① 大多数金属能和氧、硫、卤素等非金属化合，表现出还原性。例如：

$$2Mg + O_2 \xrightarrow{2\times 2e} 2MgO$$

$$Cu + S \xrightarrow{2e} CuS$$

$$2Fe + 3Cl_2 \xrightarrow{2\times 3e} 2FeCl_3$$

② 活泼的金属能从酸（盐酸或稀硫酸）中置换出氢，也能从盐溶液中置换出活动性较小的金属。例如：

$$\overset{2e}{\underset{\longrightarrow}{Zn + 2HCl}} = ZnCl_2 + H_2\uparrow$$

$$\overset{2e}{\underset{\longrightarrow}{Fe + CuSO_4}} = FeSO_4 + Cu\downarrow$$

铁的电极电势较铜低（在 8.3 中有叙述），铁失去电子的能力比铜强，即铁比铜活泼，因此铁能将铜从它的盐溶液中置换出来。这也说明 $Cu^{2+}$ 获得电子的能力，即氧化性比 $Fe^{2+}$ 强。若将铜放在硫酸亚铁溶液中，它们却不能发生反应。由此可得出结论：电极电势越低的金属，其单质就越活泼，越容易失去电子被氧化，而它的离子就越不容易获得电子而被还原；电极电势越高的金属，其单质就越不活泼，即越不容易失去电子而被氧化，而它的离子就越容易获得电子而被还原。金属化学性质和金属活动顺序关系见表 11-1。

表 11-1　金属化学性质和金属活动顺序关系

| 金属活动顺序 | K | Ca | Na | Mg | Al | Mn | Zn | Cr | Fe | Ni | Sn | Pb | H | Cu | Hg | Ag | Pt | Au |
|---|---|---|---|---|---|---|---|---|---|---|---|---|---|---|---|---|---|---|
| 原子失去电子能力 | 渐　　　弱　→ ||||||||||||||||||
| 离子获得电子能力 | 渐　　　强　→ ||||||||||||||||||
| 在空气中与氧的作用 | 易氧化 |||| 常温时能被氧化 |||||||| — | 加热时被氧化 ||| 不能被氧化 |||
| 和水作用 | 常温时能置换水中的氢 |||| 加热时能置换水中的氢 |||||||| 不能置换水中的氢 ||||||
| 和酸作用 | 能置换盐酸或稀 $H_2SO_4$ 中的氢 |||||||||||| — | 不能置换稀酸中的氢 |||||
| 自然界中存在 | 仅呈化合态存在 |||||||||||| — | 呈化合态和游离态存在 ||| 呈游离状态存在 ||
| 从矿石中提炼金属的一般方法 | 电解熔融化合物 |||| 用碳还原或铝热法 |||||||| 加热或其他方法 |||||||
| 金属活动顺序 | K | Ca | Na | Mg | Al | Mn | Zn | Cr | Fe | Ni | Sn | Pb | H | Cu | Hg | Ag | Pt | Au |

## 四、金属的冶炼

大多数金属在自然界是以化合状态存在的，只有极少数的最不活泼的金属（金、铂）是以游离状态（单质）存在的。完全是金属或金属化合物的矿石是很少的，它们往往和脉石（砂、黏土、石灰石）混合在一起存在于地壳中。矿石中含的脉石量过多，冶炼金属就很不经济。因此，在冶炼金属之前，要经过选矿，尽可能把脉石从矿石中除去。

金属冶炼就是从矿石制取金属的化学过程。其本质是使矿石中的金属阳离子获得电子，还原成金属单质。因此，从矿石中提炼金属的过程就是氧化还原过程。由于金属的活泼性不同，它们的离子获得电子还原成金属原子的能力也就不同，这样就有不同的冶炼方法。

1. 热分解法

排在金属活动顺序铜以后的几种不活泼金属的氧化物或硫化物，只要在空气中加热，就可以把金属冶炼出来。例如将辰砂（HgS）在空气中加强热，便可以提炼出汞。

$$HgS + O_2 \xrightarrow{\text{强热}} Hg + SO_2\uparrow$$

2. 高温化学还原法

在金属活动顺序中，从 Al 到 Hg 之间的金属是比较活泼的金属，通常要加入还原剂与矿石共热，才能把金属还原出来。常用的还原剂有 C、CO、$H_2$ 和活泼金属 Al、Mg 等。例如在实验室中将氧化铜和碳加热时，可以得到铜：

$$CuO+C \xrightarrow{\triangle} Cu+CO\uparrow$$

在炼铁时，鼓风炉内的主要化学反应是用 CO 作还原剂还原赤铁矿（$Fe_2O_3$），而使铁游离出来：

$$Fe_2O_3+3CO \xrightarrow{高温} 2Fe+3CO_2\uparrow$$

用金属硫化物或碳酸盐矿石做原料时，则需要使其煅烧生成氧化物，然后再用碳还原。

$$2ZnS+3O_2 \xrightarrow{煅烧} 2ZnO+2SO_2\uparrow$$

$$ZnO+C \xrightarrow{\triangle} Zn+CO\uparrow$$

冶炼 Mn、Cr、Ti 等熔点较高的金属时，常用更活泼的金属，如 K、Na、Mg、Al 等作还原剂。例如用镁还原四氯化钛以制取钛。

$$TiCl_4+2Mg \xrightarrow{\triangle} Ti+2MgCl_2$$

3. 电解还原法

在金属活动顺序 Al 前面的活泼金属（包括 Al）只能用电解的方法来冶炼。如电解熔融氧化铝来制得铝。

$$2Al_2O_3 \xrightarrow{电解} 4Al+3O_2\uparrow$$

## 第二节　金属的腐蚀与防腐

当金属和周围介质接触时，由于发生化学作用或电化学作用而引起的损耗叫做金属的腐蚀。金属腐蚀的现象是非常普遍的，如钢铁在潮湿的空气中很易生锈；铝制品在潮湿的空气中使用后表面会出现白色斑点；铜制品会出现铜绿等。金属发生腐蚀，不仅消耗大量的金属，还会影响生产，产品质量下降，污染环境，甚至酿成事故等。

**一、金属的腐蚀**

由于金属接触的介质不同，发生腐蚀的情况也就不同，一般可分为化学腐蚀和电化学腐蚀两种。

1. 化学腐蚀

金属直接与周围介质发生氧化还原反应而引起的金属腐蚀称为化学腐蚀。金属与干燥的气体（如 $O_2$、$SO_2$、$H_2S$、$Cl_2$ 等）相接触时，在金属表面上生成相应的化合物（如氧化物、硫化物、氯化物等）。

这种腐蚀的特点是只发生在金属表面。如果所生成的化合物形成致密的一层膜覆盖在金属的表面上，反而可以保护金属内部，使腐蚀速率降低。如铝在空气总形成一层致密的 $Al_2O_3$ 薄膜，保护铝免遭进一步氧化。

随着温度的升高，化学腐蚀的速率加快。如钢材在常温和干燥的空气中不易受到腐蚀，但在高温下，钢材容易被空气中的氧所氧化，生成一层由 FeO、$Fe_2O_3$、$Fe_3O_4$ 组成的氧化皮。

此外，金属与非电解质溶液相接触时，也会发生化学腐蚀。例如，原油中含有多种形式的有机硫化物，它们对金属输油管道及容器也会产生化学腐蚀。

2. 电化学腐蚀

当金属和电解质溶液接触时，由电化学作用而引起的腐蚀叫做电化学腐蚀。电化学腐蚀的原理实质上就是原电池原理。

通常见到的钢铁制品在潮湿的空气中的腐蚀就是电化学腐蚀。在潮湿的空气中，钢铁的表面吸附水汽，形成一层极薄的水膜。水膜中含有水电离出来的少量 $H^+$ 和 $OH^-$，同时水膜中还溶有大气中的 $CO_2$、$SO_2$ 等气体，使水膜中 $H^+$ 的浓度增加。

$$CO_2 + H_2O \rightleftharpoons H_2CO_3 \rightleftharpoons H^+ + HCO_3^- \rightleftharpoons 2H^+ + CO_3^{2-}$$

$$SO_2 + H_2O \rightleftharpoons H_2SO_3 \rightleftharpoons H^+ + HSO_3^- \rightleftharpoons 2H^+ + SO_3^{2-}$$

这样，水膜实际上是弱酸性的电解质溶液。

钢铁中除了铁以外，还含有 C、Si、P、S、Mn 等杂质。这些杂质能导电，比铁的电极电势高，即不容易失去电子。由于杂质颗粒极小，又分散在钢铁各处，因此在金属表面就形成无数微小的原电池，也称它微电池，如图 11-2。铁是负极，不断失去电子成为 $Fe^{2+}$ 进入水膜。杂质为正极，它能传递电子，使酸性水膜中的 $H^+$ 从正极获得电子成为 $H_2 \uparrow$ 放出。

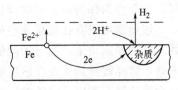

图 11-2  钢的电化学腐蚀示意图

电极反应式为：

负极（Fe）：$Fe - 2e = Fe^{2+}$

正极（杂质）：$2H^+ + 2e = H_2 \uparrow$

随着电化学反应的不断进行，负极上 $Fe^{2+}$ 的浓度不断增加，正极上 $H_2$ 不断析出，使正极附近的 $H^+$ 浓度不断减小，因而水的电离平衡就不断向右移动，使得水膜中 $OH^-$ 的也越来越大。结果 $Fe^{2+}$ 与 $OH^-$ 作用生成 $Fe(OH)_2$，这样铁便很快遭到腐蚀。$Fe(OH)_2$ 再被大气中的氧气氧化成 $Fe(OH)_3$ 沉淀。

$$Fe^{2+} + 2OH^- = Fe(OH)_2$$

$$4Fe(OH)_2 + 2H_2O + O_2 = 4Fe(OH)_3 \downarrow$$

$Fe(OH)_3$ 及其脱水物 $Fe_2O_3$ 是红褐色铁锈的主要成分。在腐蚀过程中有氢气析出，通常称这种腐蚀为析氢腐蚀。析氢腐蚀实际上是在酸性较强的情况下进行的。

在一般情况下，如果钢铁表面吸附的水膜酸性很弱或是中性溶液，则负极上仍是铁失去电子被氧化成为 $Fe^{2+}$，在正极主要是溶解在水膜中的 $O_2$ 得到电子而被还原。

负极（Fe）：$Fe - 2e = Fe^{2+}$

正极（杂质）：$2H_2O + O_2 + 4e = 4OH^-$

总的反应式为：$2Fe + 2H_2O + O_2 = 2Fe(OH)_2$

然后 $Fe(OH)_2$ 被氧化成 $Fe(OH)_3$，$Fe(OH)_3$ 部分脱水成为铁锈。所以空气里的氧气溶解在水膜中，也能促使钢铁腐蚀。这种腐蚀通常称为吸氧腐蚀。钢铁等金属的腐蚀主要是吸氧腐蚀。

电化学腐蚀和化学腐蚀都是铁等金属原子失去电子而被氧化，但是电化学腐蚀是通过微电池反应发生的。这两种腐蚀往往同时发生，只是电化学腐蚀比化学腐蚀要普遍得多，腐蚀速率也快得多。

## 二、防止金属腐蚀的方法

我们知道了金属腐蚀的原理，可以采取相应的的防护方法来防止金属的腐蚀。这主要从金属和介质两方面来考虑。

1. 改变金属的内部结构

将金属制成合金，可以改变金属的内部结构。所谓合金就是两种或两种以上的金属（或金属与非金属）熔合在一起所生成的均匀液体，再经冷凝后得到的、具有金属特性的固体物质。如把铬、镍等加入到普通钢里制成不锈钢，可大大提高原有金属的电极电势，增强抗腐蚀的能力。例如含铬18％的不锈钢能耐硝酸的腐蚀。

2. 隔离法

在金属表面覆盖致密保护层使它和介质隔离开来，能起防腐效果。例如在钢铁表面涂上矿物油脂（如凡士林）、油漆及覆盖搪瓷等非金属材料，也可以在表面镀上不易被腐蚀的金属、合金作为保护层。如镀锌铁（白铁皮）和镀锡铁皮（马口铁）上的锌和锡。

镀锡铁皮只有在镀层完整的情况下才能起到保护层的作用。如果保护层被破坏，内层的铁皮就会暴露出来，当与潮湿的空气相接触时，就会形成以 Fe 为负极、Sn 为正极的微型原电池，这样镀锡的铁皮在镀层损坏的地方比没有镀锡的铁更容易受到腐蚀。由于锡可以直接与食物接触，所以马口铁常用来制罐头盒。

镀锌铁皮与此相反，即使在白铁皮表面被损坏的地方形成微型原电池，电子从 Zn 转移到 Fe，锌被氧化，但铁仍被保护着，直到整个锌保护层完全被腐蚀为止。而锌氧化后，在空气中形成的碱式碳酸盐较致密又比较抗腐蚀，所以水管、屋顶板等多用镀锌铁。

3. 电化学保护法

根据原电池正极不受腐蚀的原理，将较活泼的金属或合金连接在被保护的金属上，形成原电池。这时，较活泼的金属或合金作为负极被氧化而腐蚀，被保护的金属作为正极而得到保护。例如，轮船的外壳和船舵上焊接一定数量的锌块，锌块被腐蚀，而船壳和船舵得到保护。一定时间后，锌块腐蚀完了，再更换新的。另一种是利用外加电源，把要保护的物件作为阴极，用石墨、高硅碳、废钢等作阳极，阴极发生还原反应，因此金属物件得到保护，而石墨、高硅碳等阳极都难溶，可以长期使用。这种阴极保护法的应用越来越广泛，如油田输油管、化工生产上的冷却器、蒸发锅、熬碱锅等设备，以及水库的钢闸门等常采用这种保护法。

4. 使用缓蚀剂

能减缓金属腐蚀速率的物质叫缓蚀剂。在腐蚀介质中加入缓蚀剂，能防止金属的腐蚀。在酸性介质中，通常使用有机缓蚀剂，如琼脂、糊精、动物胶、乌洛托品等。在中性介质中一般使用 $NaNO_2$、$K_2Cr_2O_7$、$Na_3PO_4$，在碱性介质中可使用 $NaNO_2$、$NaOH$、$Na_2CO_3$、$Ca(HCO_3)_2$ 等无机缓蚀剂。

防止金属腐蚀的方法还有很多，在此就不一一罗列了。

尽管金属的腐蚀对生产带来极大的危害，但也可以利用腐蚀的原理为生产服务，发展为腐蚀加工技术。例如，在电子工业上，广泛采用的印刷电路。其制作方法及原理是，在敷铜板（在玻璃丝绝缘板的一面敷有铜箔）上，先用照相复印的方法将线路印在铜箔上，然后将图形以外不受感光胶保护的铜用 $FeCl_3$ 溶液腐蚀，就可以得到线条清晰的印刷电路板（反应式见本章第五节中三、铁和铁的化合物）。此外还有电化学刻蚀、等离子体刻蚀等新技术，比用 $FeCl_3$ 腐蚀铜的湿化学刻蚀的方法更好，分辨率更高。

## 第三节　钠、镁、钙、铝及其重要化合物

### 一、钠和钠的化合物

元素周期表中ⅠA族的元素，包括氢（H）、锂（Li）、钠（Na）、钾（K）、铷（Rb）、铯（Cs）、钫（Fr）。除氢以外，都是典型的金属元素（钫为放射性元素），它们的氧化物的

水化物都是可溶性的强碱,所以,该族通称为碱金属。

碱金属原子最外层都只有一个电子,在化学反应中极易失去一个电子成为稳定的+1价阳离子,因此碱金属都是活泼金属,具有很强的还原性。从氢到铯由于电子层数逐渐增多,导致金属的活泼性越来越强。

在碱金属中,重要的具有代表性的是钠。

1. 钠

(1) 钠的存在和制取　钠元素是地壳中含量较多的元素,占 2.7%(质量)。在自然界中它不能以游离态形式存在,而只能以化合态形式存在,其中氯化钠是最主要的化合物,也以硫酸钠、碳酸钠和硝酸钠的形式存在。工业上通常采用电解熔融氯化钠来制取单质钠:

$$2NaCl(熔融) \xrightarrow{电解} 2Na + Cl_2 \uparrow$$

(2) 钠的物理性质　钠是银白色金属,很软,硬度为 0.4(金刚石的硬度为 10),可以用刀切割。熔点为 371K,沸点为 1156K,密度比水轻,为 $0.97g \cdot cm^{-3}$。

(3) 钠的化学性质　钠的化学性质非常活泼,能与许多非金属和一些化合物发生反应。

① 与氧等非金属反应

**【演示实验 11-1】**　从煤油中取出一小块钠,用滤纸吸干其表面的煤油,再用小刀切开钠块,观察其断面上颜色的变化。把一小块钠放在燃烧匙里加热,观察反应的现象。

被切开的金属钠断面,在空气中银白色很快变暗而失去金属光泽,这说明在常温下,钠很容易与空气中的氧气化合,表面生成氧化钠:

$$4Na + O_2 = 2Na_2O$$

钠受热以后在空气中燃烧,发出黄色火焰,生成淡黄色的过氧化钠固体:

$$2Na + O_2 \xrightarrow{\triangle} Na_2O_2$$

钠和硫化合时会发生爆炸,生成硫化钠:

$$2Na + S = Na_2S$$

② 与水反应

**【演示实验 11-2】**　向一盛水的烧杯中滴加几滴酚酞溶液,然后取一绿豆般大小的金属钠放入烧杯中。观察钠和水起反应的现象和溶液颜色的变化。

钠比水轻,浮在水面上,它和水剧烈反应产生气体,同时放出的热能使它熔化成银白色的小球,向各个方向迅速游动。球逐渐缩小,最后完全消失。而烧杯中的溶液由无色变成粉红色。说明钠与水反应生成了氢气和氢氧化钠。反应方程式如下:

$$2Na + 2H_2O = 2NaOH + H_2 \uparrow$$

所以钠在空气中不稳定,极易发生反应,保存时应将它与空气和水隔开,所以通常保存在煤油中。

③ 焰色反应　某些金属或它们的化合物在灼烧时,会使火焰呈现特殊的颜色,这就是焰色反应。

**【演示实验 11-3】**　取一根顶端弯成小圈的铂丝或镍丝,蘸以浓盐酸,在灯上灼烧至无色;然后分别蘸以 $0.5mol \cdot L^{-1}$ NaCl 溶液,放在氧化焰中燃烧。观察有何种颜色呈现出来。

可见,蘸有 NaCl 溶液的铂丝或镍丝在灼烧时呈现黄色火焰。

除钠和钠的化合物外,许多金属或它们的化合物都能发生焰色反应。如锂及的锂化合物——紫红色;钾或钾的化合物——浅紫色(透过蓝色的钴玻璃观察);钙及钙的化合物——砖红色;钡及钡的化合物——黄绿色;铜及铜的化合物——绿色。

(4) 钠的用途　钠是一种很强的还原剂，能把钛、锆、铌、钽等金属从它们的熔融卤化物中还原出来。钠和钾的合金在室温下呈液体，是原子核反应堆的导热剂。在有机化学上，钠和汞可作为有机合成的还原剂。

2. 钠的化合物

(1) 过氧化钠（$Na_2O_2$）　过氧化钠是淡黄色固体，易吸潮，加热到773K仍很稳定。过氧化钠中的氧为 $-1$ 价。

**【演示实验 11-4】**　向盛有 $Na_2O_2$ 固体的试管中滴加水，再将火柴的余烬靠近试管口，可以检验出有无氧气放出。

过氧化钠与水或稀酸反应生成过氧化氢，过氧化氢不稳定，易分解放出氢气。

$$Na_2O_2 + 2H_2O == 2NaOH + H_2O_2$$
$$Na_2O_2 + H_2SO_4(稀) == Na_2SO_4 + H_2O_2$$
$$2H_2O_2 == 2H_2O + O_2\uparrow$$

实验室中常利用上述反应制取少量氧气或过氧化氢。

过氧化钠是强氧化剂，可以用来漂白织物、麦秆、羽毛等。

过氧化钠暴露在空气中与二氧化碳反应生成碳酸钠，并放出氧气，因此过氧化钠必须密封保存。

$$2Na_2O_2 + 2CO_2 == 2Na_2CO_3 + O_2$$

利用这一性质，过氧化钠在防毒面具和潜水艇中作二氧化碳的吸收剂或供氧剂。

(2) 氢氧化钠（NaOH）　NaOH是白色固体，极易吸潮，易溶于水，在溶解过程中产生大量的热，它的浓溶液对皮肤、纸张等有强烈的腐蚀性，因此又称为苛性碱、火碱或烧碱。

NaOH是强碱，具有碱的通性。它能与 $CO_2$、$SiO_2$ 等酸性氧化物反应。

$$2NaOH + CO_2 == Na_2CO_3 + H_2O$$
$$2NaOH + SiO_2 == Na_2SiO_3 + H_2O$$

实验室盛放碱溶液的试剂瓶常用橡皮塞，就是为了防止玻璃受碱溶液的腐蚀生成具有黏性的 $Na_2SiO_3$，而使瓶口塞子黏结在一起。

氢氧化钠是基本化学工业中最重要的产品之一，用途广泛，主要用来制肥皂、人造丝、染料、药物等，此外精炼石油和造纸也要用到大量的氢氧化钠。它也是实验室常用的试剂。

工业上一般用电解饱和食盐水的方法来制取氢氧化钠，这在第十章第一节中已有介绍。

(3) 碳酸钠（$Na_2CO_3$）和碳酸氢钠（$NaHCO_3$）　碳酸钠俗名纯碱或苏打，是白色粉末，易溶于水。碳酸钠晶体（$Na_2CO_3 \cdot 10H_2O$）含结晶水，在干燥的空气中易失去结晶水而风化成无水的碳酸钠。

碳酸氢钠俗名小苏打，是一种细小的白色晶体，20℃以上时，比碳酸钠在水中的溶解度小得多。

**【演示实验 11-5】**　把少量盐酸分别加入盛有 $Na_2CO_3$ 和 $NaHCO_3$ 的两个试管中。比较它们放出二氧化碳的剧烈程度。

$$Na_2CO_3 + 2HCl == 2NaCl + CO_2\uparrow + H_2O$$
$$NaHCO_3 + HCl == NaCl + CO_2\uparrow + H_2O$$

$NaHCO_3$ 遇酸放出 $CO_2$ 的程度比 $Na_2CO_3$ 剧烈得多。

$Na_2CO_3$ 受热没有变化，$NaHCO_3$ 而受热会分解。

$$2NaHCO_3 \xrightarrow{\triangle} Na_2CO_3 + CO_2\uparrow + H_2O$$

用这个反应可以鉴别碳酸钠和碳酸氢钠。

碳酸钠是化学工业的主要产品之一，广泛应用于玻璃、肥皂、造纸、纺织等工业。工业上所谓的"三酸两碱"中的"两碱"是指纯碱和烧碱。它在日常生活中常用作洗涤剂。

碳酸氢钠是发酵粉的主要成分，在医疗上可用于治疗胃酸过多。还用于泡沫灭火器。

## 二、镁、钙和它们的化合物

元素周期表中ⅡA族的元素，包括铍（Be）、镁（Mg）、钙（Ca）、锶（Sr）、钡（Ba）、镭（Ra）六种元素，其中镭为放射性元素。由于它们的氧化物呈碱性，又类似于"土"（早先人们把难溶、难熔的物质称为土），所以本族元素又称为碱土金属。

碱土金属元素原子的最外层有两个电子，因此在参加化学反应时，容易失去最外层电子而显+2价，属于较活泼的金属元素，但金属性比同周期相应的碱金属差。从铍到钡，金属性变化规律与碱金属类似，即元素的金属性逐渐增强，由此带来的元素及其化合物的性质呈相应的规律性变化。

本节主要介绍碱土金属中具有代表性且较重要的镁、钙及其化合物的知识。

### 1. 镁和钙

镁和钙都是银白色的轻金属，由于在它们的晶体中，原子之间距离较小，吸引力较强，所以金属键较强，致使它们的硬度、熔点和沸点都比同周期的碱金属高。现将Mg、Ca和Na、K的主要物理性质做如下比较：

| 性质 \ 元素 | Na | K | Mg | Ca |
|---|---|---|---|---|
| 密度/g·cm$^{-3}$ | 0.971 | 0.862 | 1.74 | 1.54 |
| 硬度（金刚石为10） | 0.4 | 0.5 | 2.0 | 1.5 |
| 熔点/K | 371 | 366.2 | 923 | 1118 |
| 沸点/K | 1163 | 1039 | 1373 | 1712 |

镁和钙都是化学性质很活泼的金属，它们都具有很强的还原性，在空气中能氧化生成相应氧化物，使表面失去光泽。

$$2Mg+O_2 =\!=\!= 2MgO$$
$$2Ca+O_2 =\!=\!= 2CaO$$

钙比镁更活泼，它暴露在空气中立刻氧化，表面生成一层疏松的氧化物，对内部的金属不起保护作用，故必须保存在密闭的容器里。而镁能生成一层致密的氧化物薄膜，阻止内部的镁被氧化，所以镁在空气中是稳定的，可以保存在空气里。

**【演示实验11-6】** 取一段镁条，用砂纸擦去其表面氧化物，用镊子夹住放在酒精灯上灼烧，观察其现象。

镁在空气中燃烧，能发出耀眼的白光，放出大量的热，生成白色的氧化镁，因此可以利用镁来制造照明弹和照相镁光灯。

镁和钙也能与水反应。镁在沸水中反应较快，而钙在冷水中就剧烈反应，说明钙比镁更为活泼。

**【演示实验11-7】** 在烧杯和试管中均装入少量蒸馏水，并各加酚酞数滴，用镊子夹取一小块金属钙，用滤纸擦去表面的煤油并切去表面氧化物，然后投入烧杯中，观察反应情况。取一段镁条，用砂纸擦去其表面氧化物，然后投入试管中，观察有无反应发生。将试管置于酒精灯上加热，观察反应情况。

$$Mg+2H_2O(沸) =\!=\!= Mg(OH)_2+H_2\uparrow$$
$$Ca+2H_2O(冷) =\!=\!= Ca(OH)_2+H_2\uparrow$$

钙和镁与稀酸反应十分剧烈，放出氢气。

镁的主要用途是制取轻合金。如镁和铝、锌、锰等金属的合金密度小，韧性和硬度大，广泛用于制造导弹、飞机和高级汽车。在稀有金属的冶炼中，镁用作还原剂。钙也用来制合金，例如，含有微量钙（约1%）的铅合金，可以用来铸造轴承。

2. 镁、钙和化合物

（1）氧化镁（$MgO$）　氧化镁在工业上也叫苦土，是一种难熔的白色粉末。其熔点较高，为3073K，硬度也较高，是优良的耐火材料，可以用来制造耐火砖、耐火管、坩埚和金属陶瓷。

氧化镁是碱性氧化物，能与水缓慢反应生成氢氧化镁，同时放出热量。

（2）氢氧化镁[$Mg(OH)_2$]　氢氧化镁是白色粉末，其溶解度很小。它是一种中等强度的碱，具有一般碱的通性。氢氧化镁可用来制造牙膏、牙粉。它的悬浮液在医药上可用作抑酸剂。

（3）氯化镁（$MgCl_2$）　$MgCl_2 \cdot 6H_2O$是无色晶体，味苦，易溶，是通常所说的盐卤的主要成分。极易吸水，普通食盐的潮解现象就是其中含有氯化镁的缘故。

氯化镁的用途很广，在纺织工业中常用它来保持棉线的湿度而使其柔软。氯化镁和氧化镁按一定比例混合，可调制成胶凝材料，俗称镁水泥，这种水泥硬化快，强度高，用于制造建筑上的耐高温水泥。

（4）氧化钙（$CaO$）　氧化钙，俗称生石灰，简称石灰，是一种白色耐火的物质，可用作坩埚和高温炉内衬。氧化钙很容易与水反应生成氢氧化钙，放出大量的热。

$$CaO + H_2O = Ca(OH)_2$$

这个反应叫做石灰的消化或熟化。生石灰很容易与水化合，有很强的吸湿能力，故它能作干燥剂。

生石灰主要用于建筑工业。此外造纸、冶金、玻璃等工业也大量使用。

（5）氢氧化钙[$Ca(OH)_2$]　氢氧化钙俗称消石灰或熟石灰，是一种白色粉末状固体。微溶于水。把氢氧化钙放在水中，用力搅拌，得到石灰乳。静置后澄清的液体就是氢氧化钙的饱和溶液，叫做石灰水。

$Ca(OH)_2$是中等强度的碱[比$Mg(OH)_2$的碱性略强]，具有碱的通性。它在空气中能吸收$CO_2$，产生$CaCO_3$沉淀。

$$Ca(OH)_2 + CO_2 = CaCO_3 \downarrow + H_2O$$

可利用此反应来检验$CO_2$气体。

熟石灰是重要的建筑材料。在化学工业上用以制造漂白粉。在农业上用它来配制杀虫剂，如波尔多液和石灰硫磺合剂，可防治农作物的病虫害。

（6）碳酸钙（$CaCO_3$）　碳酸钙是白色固体，不溶于水，但能溶于含有$CO_2$的水中，生成可溶性的碳酸氢钙，两者可相互转化：

$$CaCO_3 + CO_2 + H_2O \rightleftharpoons Ca(HCO_3)_2$$

自然界中的大理石、石灰石、白垩等的主要成分都是$CaCO_3$。石灰石长期受到饱和$CO_2$水的浸蚀形成溶洞。而$Ca(HCO_3)_2$长期流滴转化为$CaCO_3$形成在溶洞中悬挂着的钟乳石。我国有很多著名的溶洞。

$CaCO_3$是建筑、冶金、颜料以及制粉笔的材料，而大理石更是高级建筑材料。

（7）氯化钙（$CaCl_2$）　氯化钙是常用的钙盐之一。$CaCl_2 \cdot 6H_2O$与冰按一定比例混合，可获得-54.9℃的低温，所以可用作冷剂。当水中溶解有氯化钙时，能使溶液的冰点大大降低，所以在工业上常用它的溶液作为制冷的传送介质。将 $CaCl_2 \cdot 6H_2O$ 熔融脱水后，可制成无水的氯化钙，它具有强吸水性，在工业上和实验室中常用来作干燥剂。但由于它能与醇形成结晶醇，与气态氨形成氨合物，故不能用于干燥醇和氨等。

### 三、铝和铝的化合物

元素周期表中ⅢA族的元素，包括硼（B）、铝（Al）、镓（Ga）、铟（In）、铊（Tl）五种元素，统称为硼族元素。这些元素的原子最外层有3个电子，在化学反应中容易失去这3个电子而形成+3价的阳离子，但比其同周期的碱金属和碱土金属来，失去电子的能力较弱，显然它们的还原性较弱。

硼族元素的金属性，按照由硼到铊的顺序逐渐增强。硼主要显示非金属性，铝、镓、铟呈两性，而铊则完全表现出金属性。

本节主要介绍铝及其化合物的知识。

1. 铝

铝在地壳中的含量为7.7%，仅次于氧和硅，是地壳中含量最多的金属元素。铝是较活泼的金属，在自然界中以化合态形式存在于各种岩石或矿石里，如长石、云母、高岭土、铝土矿、明矾矿等。

(1) 铝的物理性质  铝是银白色的轻金属，密度为 $2.7g \cdot cm^{-3}$，较软，熔点为933K。具有良好的导电导热性，也有很好的延展性。

(2) 铝的化学性质  铝的性质较活泼，是强还原剂，它既能与非金属、酸等起反应，也能与强碱溶液起反应。

① 与氧气等非金属反应  常温下，铝能与空气中的氧化合，在铝的表面生成一层致密而坚固的氧化物薄膜，从而使铝失去光泽，但它能保护内部的铝不再进一步被氧化。所以铝具有抗腐蚀的性能，铝器在空气中不容易发生锈蚀。如把铝粉或铝箔放在氧气或空气中加热，铝也能燃烧放出大量的热，同时发出耀眼的白光。

$$4Al + 3O_2 \xrightarrow{\triangle} 2Al_2O_3$$

② 与某些金属氧化物的反应  铝在一定条件下能与氧化铁发生氧化还原反应。

$$2Al + Fe_2O_3 \xrightarrow{\triangle} 2Fe + Al_2O_3$$

铝粉和氧化铁粉末在较高温度下发生剧烈反应放出大量的热，温度可高达3273K以上，能使产物铁熔化，这个反应叫铝热反应。可利用这一反应来焊接金属和钢轨。

用铝从金属氧化物中置换出金属的方法叫做铝热法。铝粉和金属氧化物，如氧化铁（$Fe_2O_3$）、五氧化二钒（$V_2O_5$）、三氧化二铬（$Cr_2O_3$）、二氧化锰（$MnO_2$）的混合物叫铝热剂。工业上可用铝热法冶炼难熔的金属，如铁、铬、锰等。

③ 与酸的反应  铝与酸（冷的浓硫酸、浓硝酸除外）作用，放出氢气：

$$2Al + 6HCl = 2AlCl_3 + 3H_2 \uparrow$$

铝在冷的浓硫酸或浓硝酸中发生钝化现象，因此可用铝制容器来装运浓硫酸和浓硝酸。

④ 与碱的反应  铝也能与热的强碱作用生成氢气和偏铝酸盐。

$$2Al + 2NaOH + 2H_2O \xrightarrow{\triangle} 2NaAlO_2 + H_2 \uparrow$$

（偏铝酸钠）

可见，铝是两性元素，既能与酸反应，又能与碱反应。

(3) 铝的用途  纯铝的导电性能好，在电力工业上它可以代替部分铜做导线和电缆。铝有很好的延展性，能够抽成细丝，也能压成薄片成为铝箔，铝箔可以用来包装糖果、胶卷等。铝粉跟某些油料混合，可以制成白色防锈油漆。铝可以和许多元素形成合金。例如铝硅合金（含硅 13.5%）的熔点是 837K，它比纯铝和硅的熔点低，而且它在凝固时收缩率很小，因而这种合金适合铸造。硬铝（含 Cu4%、Mg0.5%、Mn0.5%、Si0.7%）（均为质量分数）的强度和硬度都比纯铝大，与钢材相当，而且密度又小。铝的合金在汽车、船舶、飞机等制造业上以及日常生活里都有广泛的用途。

2. 铝的化合物

（1）氧化铝（$Al_2O_3$）　氧化铝是一种不溶于水且极难熔的白色固体，在高温时也难以熔化。它是典型的两性氧化物，新制备的氧化铝既能与酸反应生成铝盐，又能与碱反应生成偏铝酸盐。

$$Al_2O_3 + 6HCl \rightleftharpoons 2AlCl_3 + 3H_2O$$
$$Al_2O_3 + 2NaOH \rightleftharpoons 2NaAlO_2 + H_2O$$

离子方程式分别为：

$$Al_2O_3 + 6H^+ \rightleftharpoons 2Al^{3+} + 3H_2O$$
$$Al_2O_3 + 2OH^- \rightleftharpoons 2AlO_2^- + H_2O$$

自然界存在的铝的氧化物主要有铝土矿，又叫矾土。它可用来提取纯氧化铝。工业上，可以用氧化铝为原料，采用电解的方法来制取铝。氧化铝也是一种较好的耐火材料，可以用来制造耐火坩埚、耐火管和耐高温的实验仪器等。

自然界中还存在着比较纯净的氧化铝晶体，称为刚玉，其硬度仅次于金刚石。因此，它常用来制造砂轮、研磨纸或研磨石等，用以加工光学仪器和某些金属制品。天然刚玉的矿石中常因含有少量的杂质而显不同的颜色，俗称宝石。如含有铁和钛的氧化物时呈蓝色，俗称蓝宝石，含有微量铬时，呈红色叫红宝石。它们还可以用做精密仪器和手表的轴承。人工烧结的氧化铝称为人造刚玉。

（2）氢氧化铝［$Al(OH)_3$］　氢氧化铝是不溶于水的白色胶状物质。它能凝聚水中悬浮物，又有吸附色素的性能。氢氧化铝是具有两性的氢氧化物，它既能与酸反应生成铝盐，又能与碱反应生成偏铝酸盐。

$$Al(OH)_3 + 3H^+ \rightleftharpoons Al^{3+} + 3H_2O$$
$$Al(OH)_3 + OH^- \rightleftharpoons AlO_2^- + 2H_2O$$

在 $Al(OH)_3$ 水溶液中，可以按酸式电离，也可按碱式电离：

$$H_2O + AlO_2^- + H^+ \rightleftharpoons Al(OH)_3 \rightleftharpoons Al^{3+} + 3OH^-$$
（酸式解离）　　　　　　　　　（碱式解离）

当加酸时，$H^+$ 立即与溶液中少量的 $OH^-$ 结合生成 $H_2O$，这使得 $Al(OH)_3$ 按碱式电离，平衡向右移动，$Al(OH)_3$ 表现为碱性，结果生成铝盐；当加碱时，$OH^-$ 立即与溶液中少量的 $H^+$ 结合生成 $H_2O$，这使得 $Al(OH)_3$ 按酸式电离，平衡向左移动，$Al(OH)_3$ 表现为酸性，结果生成偏铝酸盐。

实验室用铝盐溶液与氨水反应来制备氢氧化铝：

$$Al_2(SO_4)_3 + 6NH_3 \cdot H_2O \rightleftharpoons 2Al(OH)_3 \downarrow + 3(NH_4)_2SO_4$$
$$Al^{3+} + 3NH_3 \cdot H_2O \rightleftharpoons Al(OH)_3 \downarrow + 3NH_4^+$$

氢氧化铝是胃舒平等胃药的主要成分，可用于治疗胃溃疡或胃酸过多，还可用作净水剂。

（3）硫酸铝钾［$KAl(SO_4)_2$］　硫酸铝钾是由两种不同的金属离子和一种酸根离子组成的盐，像这样的盐为复盐。在水溶液中，它可电离出两种金属阳离子：

$$KAl(SO_4)_2 =\!=\!= K^+ + Al^{3+} + 2SO_4^{2-}$$

十二水合硫酸铝钾［$KAl(SO_4)_2 \cdot 12H_2O$］的俗名也叫明矾。它是一种无色晶体，易溶于水，并发生水解反应：

$$Al^{3+} + 3H_2O \rightleftharpoons Al(OH)_3 + 3H^+$$

其水溶液呈酸性，产生的氢氧化铝胶体具有吸附性，可吸附水中的杂质并形成沉淀，使水澄清，故明矾可用作日常生活中的净水剂。此外，明矾在造纸工业上用作填充剂，纺织工业上用作棉织物染色的媒染剂以及用于澄清油脂、石油脱臭和除色等。

## *第四节　硬水及其软化

### 一、硬水和软水

水是日常生活和生产中不可缺少的物质。水还是重要的溶剂。水质的好坏直接影响人们的生产和生活。由于来自江河湖海的天然水长期与土壤、矿物和空气接触，溶解了许多杂质，如无机盐、某些可溶性有机物和气体等，使天然水通常含有 $Ca^{2+}$、$Mg^{2+}$ 等阳离子和 $HCO_3^-$、$CO_3^{2-}$、$Cl^-$、$SO_4^{2-}$ 和 $NO_3^-$ 等。各地所含这些离子的种类和数量有所不同。工业上根据水中 $Ca^{2+}$ 和 $Mg^{2+}$ 的含量不同，将天然水分为两种：含有较多量 $Ca^{2+}$ 和 $Mg^{2+}$ 的水，叫做硬水；只含有较少量或不含 $Ca^{2+}$ 和 $Mg^{2+}$ 的水，叫做软水。

硬水分为暂时硬水和永久硬水两种。含有钙、镁酸式碳酸盐的硬水叫做暂时硬水。因为暂时硬水经煮沸后，酸式碳酸盐发生分解，生成不溶性的碳酸盐沉淀而除去。

$$Ca(HCO_3)_2 \xrightarrow{\triangle} CaCO_3 \downarrow + CO_2 \uparrow + H_2O$$

$$Mg(HCO_3)_2 \xrightarrow{\triangle} MgCO_3 \downarrow + CO_2 \uparrow + H_2O$$

含有钙和镁的硫酸盐或氯化物的硬水叫做永久硬水，它们不能用煮沸的方法除去。

### 二、硬水的危害

硬水对生活和生产都有危害。如生活中洗涤用硬水，其中的 $Ca^{2+}$ 和 $Mg^{2+}$ 会与肥皂形成不溶性的硬脂酸钙［$(C_{17}H_{35}COO)_2Ca$］和硬脂酸镁［$(C_{17}H_{35}COO)_2Mg$］，不仅浪费肥皂，而且污染衣服。再如工业锅炉用硬水，日久锅炉壁可生成沉淀，俗称"锅垢"，其主要成分是 $CaCO_3$、$MgCO_3$ 等。锅垢不易传热，使锅炉内金属导管的导热能力大大降低，这不仅浪费燃料，而且更重要的是由于锅垢与钢铁的膨胀程度不同，致使锅垢容易产生裂缝。水渗入裂缝后，接触到高温的锅炉内壁，迅速变成蒸汽，压力突然增大，会使锅炉变形，甚至发生爆炸。很多工业部门，如化工、造纸、印染、纺织等，都要求使用软水。因此在使用硬水前，必须减少其中 $Ca^{2+}$ 和 $Mg^{2+}$ 的含量，这种过程叫做硬水的"软化"。

### 三、硬水的软化

硬水的软化方法很多，下面介绍两种目前最常使用的方法。

1. 石灰-纯碱法

在水中加入石灰乳和纯碱，使水中所含钙、镁可溶性盐转变成难溶盐从水中析出，从而达到除去钙、镁等成分的目的，使水软化。

$$Ca(HCO_3)_2 + Ca(OH)_2 =\!=\!= 2CaCO_3 \downarrow + 2H_2O$$

$$Mg(HCO_3)_2 + Ca(OH)_2 =\!=\!= CaCO_3 \downarrow + MgCO_3 \downarrow + 2H_2O$$

$$Ca(HCO_3)_2 + Na_2CO_3 =\!=\!= CaCO_3 \downarrow + 2NaHCO_3$$

$$MgSO_4 + Na_2CO_3 =\!=\!= MgCO_3 \downarrow + Na_2SO_4$$

$$CaSO_4 + Na_2CO_3 =\!=\!= CaCO_3 \downarrow + Na_2SO_4$$

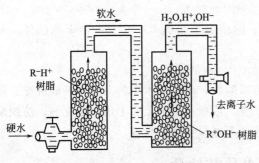

图 11-3 离子交换树脂装置

此法操作较繁琐，软化效果较差，但成本低。发电厂、热电站等一般采用此法作为水软化的初步处理。

2. 离子交换软化法

离子交换软化是借助离子交换树脂来软化水的。离子交换树脂是带有可交换离子的高分子化合物。它分为阳离子交换树脂（用 $R^-H^+$ 表示）和阴离子交换树脂（用 $R^+OH^-$ 表示）。

当待处理的硬水通过阳离子交换树脂层时（如图 11-3 所示），离子交换树脂中 $H^+$ 能与的水中的阳离子（$Ca^{2+}$、$Mg^{2+}$）发生交换，使水中的 $Ca^{2+}$、$Mg^{2+}$ 等被树脂吸附。发生如下反应：

$$2R^-H^+ + Ca^{2+} = R_2Ca + 2H^+$$
$$2R^-H^+ + Mg^{2+} = R_2Mg + 2H^+$$

树脂上可交换的 $H^+$ 进入水中。当水由阳离子交换树脂层进入阴离子交换树脂层时，交换树脂层中的 $OH^-$ 能与水中的阴离子，如 $Cl^-$、$SO_4^{2-}$ 等发生交换，使它们也被树脂吸附，发生如下反应：

$$2R^+OH^- + SO_4^{2-} = R_2SO_4 + 2OH^-$$
$$R^+OH^- + Cl^- = RCl + OH^-$$

这样处理的水中只含有 $H^+$ 和 $OH^-$，称为去离子水，可用于高压锅炉及人体注射用水。

当阴、阳离子交换树脂中的 $OH^-$ 和 $H^+$ 被 $SO_4^{2-}$、$Cl^-$ 及 $Ca^{2+}$、$Mg^{2+}$ 等全部代替后，离子交换树脂就失去了交换能力，可用一定浓度的强酸如 HCl 和强碱如 NaOH 分别处理，使离子交换树脂重新获得交换能力。这个过程叫做离子交换树脂的再生。如：

$$R_2Ca + 2HCl = 2RH + CaCl_2$$

$$R_2SO_4 + 2NaOH = 2ROH + Na_2SO_4$$

用离子交换法来处理硬水，设备简单，操作方便，占地面积小，软化后水质高，又可重复使用。

## 第五节 铬、锰、铁及其重要化合物

### 一、铬和铬的化合物

1. 铬（Cr）

铬的原子序数为 24，位于元素周期表中第四周期 ⅥB 族。它的主要化合价有 +3 和 +6 价。

铬是具有银白色光泽的金属，熔点和沸点都较高，硬度在副族和第Ⅷ族元素中是最高的。铬表面易形成氧化膜而钝化，故金属活泼性差，抗腐蚀性能强，所以它是一种优良的电镀材料。如汽车、自行车、精密仪器中的镀铬部件。大量的铬用于制造各种合金。如含铬量在 12% 以上的钢称为"不锈钢"，有很强的耐腐蚀性，广泛用于机器制造、国防、冶金和化学工业中。铬和镍的合金用来制造电热丝和电热设备。

2. 铬的化合物

（1）氧化铬（$Cr_2O_3$） 氧化铬是绿色晶体。微溶于水，常作为绿色颜料（铬绿）而广泛用于油漆、陶瓷及玻璃工业。如它易溶于玻璃熔体而使玻璃带上美丽的绿色。它也是冶炼铬的原料和某些有机合成的催化剂。

(2) 重铬酸钾（$K_2Cr_2O_7$） 重铬酸钾俗称红钾矾，是橙红色晶体，不含结晶水，通过重结晶的方法可以制取高纯度的晶体。它在酸性介质中具有强氧化性，本身被还原成$Cr^{3+}$（绿色）。

【**演示实验 11-8**】 取两支试管，各加入 0.1mol·L$^{-1}$ $K_2Cr_2O_7$ 溶液 10～15 滴和 2mL2mol·L$^{-1}$ $H_2SO_4$ 溶液，再分别加入少许 $Na_2SO_3$、$FeSO_4$ 固体，摇匀，观察现象。

溶液由橙色变成绿色。反应方程式为：

$$K_2Cr_2O_7 + 3Na_2SO_3 + 4H_2SO_4 == K_2SO_4 + Cr_2(SO_4)_3 + 3Na_2SO_4 + 4H_2O$$

$$K_2Cr_2O_7 + 6FeSO_4 + 7H_2SO_4 == K_2SO_4 + Cr_2(SO_4)_3 + 3Fe_2(SO_4)_3 + 7H_2O$$

利用上述第二个反应，分析化学中可以定量测定 $Fe^{2+}$。

重铬酸钾在酸性介质中与有机物如乙醇相遇，也能发生氧化还原反应，它能将乙醇氧化为乙酸，本身被还原成 $Cr^{3+}$，颜色由橙红色变为绿色。利用这一反应可以检查汽车司机是否酒后开车。

等体积的 $K_2Cr_2O_7$ 饱和溶液与浓 $H_2SO_4$ 的混合液称为铬酸洗液，借其强氧化性和强酸性用来洗涤玻璃器皿的油污，当洗液由橙红色变为暗绿色时，洗液失效。在工业上重铬酸钾大量用于鞣革、印染、医药和电镀等方面。重铬酸钾还是分析化学中常用的基准试剂之一。

**二、锰和锰的化合物**

1. 锰（Mn）

锰的原子序数为25，位于元素周期表ⅦB族。它有+2、+4、+6、+7等主要化合价。

块状锰是银白色金属，质硬而脆。不能进行热的和冷的加工。它在空气中生成一层致密的氧化物保护膜。

纯锰的用途并不多，但它的合金十分重要，当钢中含锰量超过1%时，称为锰钢。锰钢很坚硬，耐磨损，抗冲击，可制造钢轨、粉碎机和拖拉机履带等。

2. 锰的化合物

(1) 二氧化锰（$MnO_2$） 二氧化锰是锰的重要化合物，是软锰矿的主要成分。二氧化锰是一种黑色粉末状物质，不溶于水。其最突出的特点就是具有强氧化性。例如，二氧化锰能氧化浓盐酸产生氯气：

$$MnO_2 + 4HCl \xrightarrow{\triangle} MnCl_2 + 2H_2O + Cl_2\uparrow$$

实验室常用此法制备少量的氯气。可见用浓盐酸来清洗被二氧化锰沾污的器皿是可行的。

二氧化锰作为氧化剂，大量应用在炼钢、制造玻璃、陶瓷、搪瓷、干电池等方面。

(2) 高锰酸钾（$KMnO_4$） 高锰酸钾又名灰锰氧，是暗紫色晶体，具有光泽，易溶于水，溶液呈紫红色。固体高锰酸钾在常温下较稳定，加热至473K时，可分解生成锰酸钾并放出氧气。

$$2KMnO_4 \xrightarrow{\triangle} K_2MnO_4 + MnO_2 + O_2\uparrow$$

这也是实验室制取氧气的一种简单方法。

在酸性溶液中高锰酸钾不十分稳定，能发生缓慢的分解，产生 $MnO_2$。

$$4MnO_4^- + 4H^+ == 4MnO_2\downarrow + 3O_2\uparrow + 2H_2O$$

在中性或微碱性溶液中，分解较缓慢，但光对其分解有促进作用，故 $KMnO_4$ 溶液应保存在棕色瓶中。

高锰酸钾是最重要和常见的氧化剂之一,在反应中随介质不同,还原产物也不同。

**【演示实验 11-9】** 取三支试管,各加入 10 滴 1% $KMnO_4$ 溶液,再分别依此加入 2mL 2mol·$L^{-1}$ $H_2SO_4$ 溶液、2mL 10% NaOH 溶液及 2mL 蒸馏水,然后各加入少许 $Na_2SO_3$ 固体,振荡试管,观察反应现象。

第一支试管中,溶液紫红色褪去,这是由于在酸性介质中,$KMnO_4$ 的还原产物为 $Mn^{2+}$,$Mn^{2+}$ 呈淡粉红色,在稀溶液中近似无色。反应的离子方程式为:

$$2MnO_4^- + 6H^+ + 5SO_3^{2-} = 2Mn^{2+} + 5SO_4^{2-} + 3H_2O$$

第二支试管中,溶液变为深绿色,这是由于在碱性介质中,$KMnO_4$ 的还原产物为 $MnO_4^{2-}$,$MnO_4^{2-}$ 为深绿色。反应的离子方程式为:

$$2MnO_4^- + 2OH^- + SO_3^{2-} = 2MnO_4^{2-} + SO_4^{2-} + H_2O$$

第三支试管中,有棕色沉淀生成,这是由于在中性或弱碱性条件介质中,$KMnO_4$ 的还原产物为 $MnO_2$ 的棕色沉淀。反应的离子方程式为:

$$2MnO_4^- + H_2O + 3SO_3^{2-} = 2MnO_2\downarrow + 3SO_4^{2-} + 2OH^-$$

高锰酸钾是实验室和工业生产中常用的氧化剂。在工业上,高锰酸钾还可用来漂白纤维和使油脂脱色。在医药和日常生活中常用作消毒杀菌剂,治疗皮肤病等。

### 三、铁和铁的化合物

1. 铁(Fe)

铁原子序数为 26,位于元素周期表第四周期第Ⅷ族。它的化合价有 +2 和 +3 价,以 +3 价更为稳定。

(1) 铁的物理性质  纯净的铁是光亮的银白色金属,密度为 7.85g·$cm^{-3}$,熔点 1812K,沸点 2773K。它具有良好的延展性、导电性和导热性。纯铁的抗腐蚀能力较强,但通常用的铁一般都含有碳和其他元素,因而使它的抗腐蚀能力减弱。铁能被磁铁吸引。在磁场作用下,铁自身也能产生磁性。

(2) 铁的化学性质  铁是比较活泼的金属,但在常温时,在干燥的空气中很稳定,几乎不与氧、硫、氯气发生反应。故工业上常用钢瓶储运干燥的氯气和氧气。在加热时,铁能与它们发生反应。

$$Fe + S \xrightarrow{\triangle} FeS$$

$$2Fe + 3Cl_2 \xrightarrow{\triangle} 2FeCl_3$$

在高温下,铁还能与碳、硅等化合。

铁在常温下不与水反应,但红热的铁能与水蒸气发生反应,生成四氧化三铁和氢气。

$$3Fe + 4H_2O \xrightarrow{高温} Fe_3O_4 + 4H_2$$

此外,铁还能与盐酸、稀硫酸和某些金属盐溶液发生置换反应。

$$Fe + 2H^+ = Fe^{2+} + H_2\uparrow$$

$$Fe + Cu^{2+} = Fe^{2+} + Cu\downarrow$$

铁在冷浓硫酸或浓硝酸中容易钝化,所以可用铁罐储运它们。

2. 铁的化合物

(1) 硫酸亚铁($FeSO_4$)  硫酸亚铁是亚铁盐中最常见的。含有 7 个分子结晶水的硫酸亚铁($FeSO_4·7H_2O$)俗称绿矾,它是浅绿色的晶体。在空气中会逐渐风化失去一部分结晶水。绿矾易溶于水后,且易水解而使溶液呈酸性。

绿矾的用途很广，它可以用作木材的防腐剂、织物染色时的媒染剂、还原剂及制造蓝黑墨水，在医药上可以治疗贫血，在农业上用作农药等。

$Fe^{2+}$ 的化合物很容易氧化成 $Fe^{3+}$ 的化合物，因此 $Fe^{2+}$ 的化合物常用作还原剂。但通常使用的是硫酸亚铁的复盐，如硫酸亚铁铵 $[(NH_4)_2Fe(SO_4)_2·6H_2O]$，也称摩尔盐，它比绿矾稳定得多。

（2）氯化铁（$FeCl_3$） 无水 $FeCl_3$ 在潮湿的空气中易潮解。易溶于水并放出大量的热，也能溶于丙酮等有机溶剂中。它易水解，从而使溶液呈酸性。

$FeCl_3$ 常用作氧化剂，如用来制作印刷电路板的腐蚀剂，使铜板被氧化而腐蚀。

$$2FeCl_3 + Cu = 2FeCl_2 + CuCl_2$$

$FeCl_3$ 的用途很广，如用作净水剂，用于有机染料的生产，在有机合成中用作催化剂。由于它具有引起蛋白质迅速凝聚的作用，故在医疗上可作为外伤的止血剂。

3. $Fe^{3+}$ 的检验

实验室中常利用无色的硫氰化钾（KSCN）溶液来检验可溶性铁盐（$Fe^{3+}$）。

**【演示实验 11-10】** 在试管中加入少量 $FeCl_3$ 溶液，再滴加几滴 KSCN 溶液。观察现象。

从实验中可见，铁盐遇 KSCN 或 $NH_4SCN$ 溶液显血红色：

$$Fe^{3+} + 6SCN^- = [Fe(SCN)_6]^{3-}$$

亚铁盐溶液（$Fe^{2+}$）遇 KSCN 溶液不显红色。因此，利用以上反应可以检验 $Fe^{3+}$ 的存在。

4. 铁的合金

我们在工农业生产和日常生活中所接触到的铁器，一般都是由铁和碳的合金制成的。铁碳合金应用最广的是生铁和钢组成的。它们的主要区别是含碳的量不同。

含碳量在 2%～4.3% 的铁的合金叫做生铁。生铁中除含碳外，还含有 Si、Mn 以及少量的 P、S 等杂质。S 元素会使铁的合金具有热脆性，P 元素会使铁的合金具有冷脆性。根据生铁断口颜色的不同，生铁可分成白口铁和灰口铁两种。白口铁硬而脆，难以加工，只宜于作炼钢的原料，因此工业上又称之为炼钢生铁。灰口铁中所含的碳常以黑色片状石墨的形式存在，它质软，不能煅轧，易切割加工，熔化后易于流动，能很好地充满砂模，用于铸造铸件，又称为铸造生铁。

含碳量在 0.03%～2% 的铁的合金叫做钢。钢坚硬、有韧性、弹性，可以铸打，也可以铸造。按钢的化学成分的不同，可分为碳素钢和合金钢两大类。碳素钢（简称碳钢）的主要成分是铁和碳。它的性能随含碳量而变化，含碳量越多，硬度越大，含碳量越少，韧性越好。工业上按照含碳量的不同，把碳钢分成低碳钢、中碳钢和高碳钢三种。见表 11-2。

表 11-2 碳钢的分类和性能

| 种 类 | 含碳量/% | 性 能 | 用 途 |
| --- | --- | --- | --- |
| 低碳钢 | 不超过 0.3 | 硬度小，塑性大，焊接性能好 | 菜刀、铁皮、铁丝、工业零件 |
| 中碳钢 | 不超过 0.6 | 韧性和硬度中等 | 工业上的齿轮、曲轴、铁轨、锅炉钢板 |
| 高碳钢 | 0.6 以上 | 硬度大，韧性小 | 医疗器械、弹簧、量具 |

在碳钢中加入一种或几种合金元素，如 Si、Mn、Mo、W、V、Ni、Cr 等元素，可使钢的机械性能、物理性质和化学性质发生变化，因而可制成各种具有特殊性能的钢，叫做合金

钢，又称特种钢，见表 11-3。

表 11-3 常见合金钢

| 种类 | 元素含量/% | 性 质 | 用 途 |
|---|---|---|---|
| 硅钢 | Si1.0%~4.8% | 强导磁性 | 制造变压器、发电机铁芯 |
| 高硅铸铁 | Si15% | 能抗酸腐蚀 | 制造盛硝酸和硫酸的蒸馏瓶、盛酸器、耐酸管子 |
| 镍钢 | Ni3.5% | 抗腐蚀、质坚而有弹性 | 制造海底电线等 |
| 铬钢 | Cr12% | 硬而耐磨 | 模具、医疗器械和日常用具等 |
| 不锈钢 | Cr13% | 不生锈、抗腐蚀性能强 | 化学工业用具、医疗器械及日用刀、叉、匙等 |
| 高锰钢 | Mn13% | 有抗击性和抗磨性 | 制造铁轨、车轴、齿轮碎石机等 |
| 钨钢 | W18%~22% | 硬度大，在高温时仍保持硬度 | 高速切割工具 |
| 钼钢 | Mo1% | 坚硬、有弹性、耐高热 | 切割工具、坦克车的甲板和大炮炮身、飞机曲轴等 |

## 第六节 铜、银、锌、汞及其重要化合物

元素周期表中第ⅠB族，包括铜（Cu）、银（Ag）、金（Au）三种元素，该族通常称为铜族元素。元素周期表中第ⅡB族，包括锌（Zn）、镉（Cd）、汞（Hg）三种元素，该族元素通常称为锌族元素。本节介绍铜、银、锌、汞及其重要化合物。

### 一、铜和铜的化合物

1. 铜

铜的原子序数 29，位于元素周期表第四周期，是一种不活泼的重金属元素，其化合价有+1 和+2 价，其中以+2 价为主。

纯铜又叫紫铜，是紫红色的软金属，有良好的导电性、导热性和延展性，这些性能仅次于银。

铜在干燥的空气中很稳定，但在潮湿的空气中表面生成一层绿色的碱式碳酸铜 $[Cu_2(OH)_2CO_3]$，俗称铜绿。

$$2Cu+CO_2+O_2+H_2O =\!=\!= Cu_2(OH)_2CO_3$$

高温时，铜能与氧气、硫、卤素等直接化合。例如，将铜加热到红热，表面上就生成黑色的氧化铜。

$$2Cu+O_2 \xrightarrow{\triangle} 2CuO$$

铜不与水反应，也不与盐酸、稀硫酸起反应，但能与浓硫酸、硝酸反应。

单质铜和铜的合金用途十分广泛，如高纯度的铜在电气工业中大量用来制造电线、电缆和电工器材等；黄铜是铜锌合金，用于制造散热器、油管等；青铜是铜与锡的合金，有很强的耐腐蚀性和耐磨性，多用来用于制造日用器件、工具和武器等。铜、镍、锌的合金称为白铜，主要用作刀具。

我国是青铜、黄铜、白铜的首创者，在三千多年前就炼出了青铜，两千多年前炼出了黄铜和白铜。黄铜和白铜的冶炼技术至 18 世纪才传入欧洲。

2. 铜的化合物

（1）铜的氧化物　铜的氧化物有氧化亚铜（$Cu_2O$）和氧化铜（$CuO$），$Cu_2O$ 呈红色，热稳定性很好，不溶于水，具有半导体性质，常用它和铜装成亚铜整流器。氧化亚铜可作为制造玻璃、搪瓷的红色颜料。$CuO$ 呈黑色，对热较稳定，要加热到 1273K 时才开始分解，

生成 $Cu_2O$：
$$4CuO \xrightarrow{\triangle} 2Cu_2O + O_2 \uparrow$$

氧化铜可作为制造铜盐的原料。

(2) **氢氧化铜** [$Cu(OH)_2$]  氢氧化铜是淡蓝色胶状沉淀，由铜盐与碱反应制得，它主要用作媒染剂和颜料。氢氧化铜加热时分解成氧化铜和水。氢氧化铜难溶于水，微显两性，但以碱性为主，因而可以溶于酸，也溶于浓的强碱溶液。

$$Cu(OH)_2 \xrightarrow{\triangle} CuO + H_2O$$
$$Cu(OH)_2 + 2HCl \longrightarrow CuCl_2 + 2H_2O$$
$$Cu(OH)_2 + 2NaOH \longrightarrow Na_2[Cu(OH)_4]$$
四氢氧化合铜（Ⅱ）酸钠

$Cu(OH)_2$ 也能溶于氨水生成深蓝色的氢氧化四氨合铜（Ⅱ）的配合物。

$$Cu(OH)_2 + 4NH_3 \cdot H_2O \longrightarrow [Cu(NH_3)_4](OH)_2 + 4H_2O$$

这种配合物能溶解纤维素，加酸后纤维素又能沉淀出来，铜氨人造丝就是利用这种原理生产的。

(3) **硫酸铜**（$CuSO_4$）  硫酸铜是重要的铜盐，含有五个结晶水的硫酸铜（$CuSO_4 \cdot 5H_2O$）俗称胆矾，是天蓝色结晶，在干燥的空气中能慢慢失去结晶水而风化，胆矾加热时逐步失去结晶水，最后变成白色的无水硫酸铜粉末。利用无水硫酸铜吸水变成蓝色的性质，可检验乙醇、乙醚等有机物中的水分。

硫酸铜是制备其他含铜化合物的重要原料，还可以作为媒染剂、杀虫剂、木材防腐剂及制造人造丝等，也用作化学分析试剂。

## 二、银和银的化合物

### 1. 银（Ag）

银原子序数为 47，位于周期表中第五周期。是一种不活泼的重金属元素，通常形成化合价为 +1 价的化合物。

单质银是具有银白色光泽的软金属。在所有金属中，它是热、电的最良导体，也具有很好的延展性。

银的化学性质较稳定，在空气中不易被氧化。但当空气中含有 $H_2S$ 时，其表面会生成一层黑色 $Ag_2S$，使银失去金属光泽。

$$4Ag + 2H_2S + O_2 \longrightarrow 2Ag_2S + 2H_2O$$

银的标准电极电势比氢高，因此它不能从稀酸中置换出氢，但能溶于热的硫酸或硝酸中。

在银中加入少量铜制成的合金，可用于电气工业和制作银器、银币等。

### 2. 银的化合物

(1) **氧化银**（$Ag_2O$）

【**演示实验 11-11**】  在试管中加入 $0.1\,mol \cdot L^{-1}$ $AgNO_3$ 溶液 5mL，逐滴加入 $2\,mol \cdot L^{-1}$ NaOH 溶液，观察沉淀的产生和颜色的变化。再向试管中加入 $2\,mol \cdot L^{-1}$ $NH_3 \cdot H_2O$，观察沉淀的溶解。

在 $AgNO_3$ 溶液中加入 NaOH 溶液，首先产生白色的 AgOH 沉淀，AgOH 极不稳定，立即分解为棕黑色的 $Ag_2O$ 和水。

$$AgNO_3 + NaOH \longrightarrow AgOH \downarrow + NaNO_3$$
$$2AgOH \longrightarrow Ag_2O + H_2O$$

Ag$_2$O 微溶于水，可溶于 NH$_3$·H$_2$O 中生成无色的银氨溶液。

$$Ag_2O + 4NH_3·H_2O == 2[Ag(NH_3)_2]^+ + 2OH^- + 3H_2O$$

(2)硝酸银(AgNO$_3$)　AgNO$_3$ 是重要的可溶性银盐。它是一种无色晶体，受热或光照时容易分解，故 AgNO$_3$ 应保存在棕色瓶中。AgNO$_3$ 有一定的氧化能力，遇微量有机物即能被还原成单质银，如皮肤上沾上 AgNO$_3$ 溶液会逐渐变成黑色。

AgNO$_3$ 大量用于制作照相底片、制镜、保温瓶胆、电镀和电子等工业；质量分数为 10% 的 AgNO$_3$ 溶液在医药上作消毒剂或腐蚀剂。

(3)卤化银(AgX)　在 AgNO$_3$ 溶液中加入卤化物，可生成 AgCl、AgBr 或 AgI 沉淀。它们都具有感光性，在光的照射下可分解为金属银和相应的卤素单质。如：

$$2AgBr \xrightarrow{光} 2Ag + Br_2$$

照相用的感光胶片上就是涂了一薄层含 AgBr 微粒的明胶。当光照射时，使底片感光，AgBr 分解，再用还原剂(显影剂)和定影剂处理，得到明暗程度与实物相反的底片，然后再使感光片通过底片曝光，经显影和定影，就得到明暗程度与实物一致的照片。

AgI 可用于人工降雨。用小火箭或高射炮将磨成很细的粉末状的 AgI 发射到几千米高空，AgI 可吸收空气中的热量分解，使空气中的水蒸气降温凝聚成雨。

### 三、锌和锌的化合物

1. 锌(Zn)

锌的原子序数为 30，位于周期表中的第四周期，最外层有两个电子，在化合物中的化合价为 +2 价。

锌是青白色金属，略带蓝色。锌在潮湿的空气中表面能生成一层碱式碳酸锌的薄膜：

$$2Zn + O_2 + H_2O + CO_2 == Zn_2(OH)_2CO_3$$

这层薄膜较紧密，能起保护膜作用，不易被氧化。利用锌的这种性质制作镀锌铁皮(白铁皮)。

锌是一种中等活泼的金属，与铝一样也属于两性元素，能与酸反应置换出氢气，也能溶解在强碱中放出氢气，并生成锌酸盐：

$$Zn + 2NaOH == Na_2ZnO_2 + H_2\uparrow$$

大量的锌用来制造干电池和生产黄铜、青铜等合金。

2. 锌的化合物

(1) 氧化锌（ZnO）　氧化锌俗名锌氧粉或锌白，是一种不溶于水的白色粉末，除具有一般金属氧化物的性质外，也是一种两性氧化物。

$$ZnO + 2HCl == ZnCl_2 + H_2O$$
$$ZnO + 2NaOH == Na_2ZnO_2 + H_2O$$

氧化锌主要用来制作白色颜料、医药上的软膏、化妆用的油膏，大量的氧化锌还用作制橡胶的填料。

(2) 氢氧化锌 [Zn(OH)$_2$]　氢氧化锌除具有一般金属氢氧化物的性质外，主要还是它的两性：

$$Zn(OH)_2 + 2HCl == ZnCl_2 + 2H_2O$$
$$Zn(OH)_2 + 2NaOH == Na_2ZnO_2 + 2H_2O$$

Zn(OH)$_2$ 还能溶于氨水，形成配位化合物，这一点与 Al(OH)$_3$ 不同。

$$Zn(OH)_2 + 4NH_3 == [Zn(NH_3)_4]^{2+} + 2OH^-$$

氢氧化锌主要用作造纸的填料。

### 四、汞和汞的化合物

#### 1. 汞（Hg）

汞的原子序数为 80，位于周期表中第六周期，化合物的主要化合价有 +1、+2 价。

汞是常温下是惟一的液态金属，呈银白色，俗称水银。在 273～473K 之间汞的热膨胀很均匀，又不沾湿玻璃，故用来制作温度计。汞是剧毒物质，易挥发。它的蒸气吸入人体内，会引起慢性中毒，如毛发脱落、牙齿松动、神经错乱等。因此在接触和使用汞时一定要注意安全。汞的密度较大，常用瓷瓶盛装，并且密封保存。

在常温下，汞很稳定，不被空气氧化，加热到 573K 时，才能与空气中的氧作用，生成红色的氧化汞。

常温下，汞能与硫磺混合进行研磨能生成 HgS，因此，利用撒硫磺粉的办法处理撒在地上的汞，使其化合，以消除汞蒸气的污染。

汞溶解多种金属，如金、银、锡、钠、钾等形成汞的合金，叫汞齐。汞齐在性质上与合金相似，但被溶解的金属仍然保持自己的特性。如钠汞齐与水反应，其中汞不与水反应，而钠与水反应生成氢氧化钠并放出氢气，只不过反应程度比单纯的金属钠平稳。汞能溶解金属金和银，故常用汞来提炼金和银等贵重金属。

#### 2. 汞的化合物

（1）汞的氧化物  汞的氧化物主要有氧化汞（HgO）和氧化亚汞（$Hg_2O$）。将氧化汞加热，可使它分解为汞和氧气：

$$2HgO \xrightarrow{\triangle} 2Hg + O_2 \uparrow$$

氧化亚汞很不稳定，只能存放在潮湿和阴暗的地方，在干燥状态下立即分解：

$$Hg_2O = HgO + Hg$$

（2）汞盐  汞盐主要有氯化汞（$HgCl_2$）、氯化亚汞（$Hg_2Cl_2$）、硝酸汞 [$Hg(NO_3)_2$]、硝酸亚汞 [$Hg_2(NO_3)_2$]。

氯化亚汞俗称甘汞，它是难溶于水、无毒的白色粉末。见光易分解，所以应储存于棕色瓶中。在医药上氯化亚汞用作泻剂，化学上用以作甘汞电极。

氯化汞为微溶于水的白色针状结晶，有剧毒，易升华，所以也称为升汞。氯化汞主要用作有机合成的催化剂，在医药上常用氯化汞的稀溶液（1:1000）消毒器具。

硝酸汞和硝酸亚汞都易溶于水，可用于制备其他汞盐。$Hg^{2+}$ 可以和卤素离子等形成配离子，如 $[HgI_4]^{2-}$。$[HgI_4]^{2-}$ 的碱性溶液称为奈斯特试剂。当溶液中存在有微量的 $NH_4^+$ 时，滴入该试剂，立即生成特殊的红棕色沉淀。此反应在分析化学上用于 $NH_4^+$ 的检验。

## 本 章 小 结

（1）金属为金属晶体，在金属晶体中，由于自由电子不停地运动，把金属原子和阳离子联系在一起的化学键叫金属键。由于自由电子的存在，金属具有特殊光泽、导电性、导热性和延展性等物理性质。

（2）金属共同的化学性质是容易失去电子成为阳离子。越容易失去电子的金属，则越活泼，或者说单质的还原性越强，而其离子的氧化性越弱。金属的冶炼是以矿石制取金属的化学过程，其本质是矿石中的金属阳离子获得电子还原成单质，因此可根据金属的活泼性选用不同的冶炼方法。

（3）金属的腐蚀是由于受到介质的作用而被破坏，其本质为金属原子失去电子成为阳离子。它可以分为化学腐蚀和电化学腐蚀。钢铁的电化学腐蚀分为析氢腐蚀和吸氧腐蚀两类。防止金属腐蚀的方法也要从金属和介质两方面去考虑。

（4）含有较多 $Ca^{2+}$ 和 $Mg^{2+}$ 的水叫硬水。硬水又分为暂时硬水和永久硬水两种。硬水对工农业生产和日常生活危害极大，因此必须将其软化。软化硬水有石灰-纯碱法和离子交换法等。

（5）Na、Mg、Ca、Al 皆为主族的金属元素，其原子最外层电子数目为 1、2 或 3，在化学反应中很容易失去电子而成为 +1、+2 或 +3 价离子，表现出较强的还原性，它们的还原性依 Ca、Na、Mg、Al 的次序逐渐减弱，这可以从它们分别与氧气和水的反应程度和产物来体现。铝具有两性。

$Na_2O_2$ 是强氧化剂；NaOH 是强碱，具有碱的通性，具有腐蚀性等。

（6）Cr、Mn、Fe、Cu、Ag、Zn、Hg 皆为过渡金属元素，其原子最外层只有 1 个或 2 个电子，在化学反应中不但容易失去最外层电子，而且还易失去次外层电子而显变价。

铬较硬、耐腐蚀，合金性能好，可制造不锈钢等；锰主要用于制造合金等；铁在高温和潮湿的条件下易被腐蚀，铁合金中应用最广的是铁碳合金，按含碳量的多少铁的合金可分为生铁和钢；铜导电、导热、延展性能仅次于银，性质不活泼，但在含有二氧化碳、氧气及潮湿条件下易被腐蚀；银的化学性质较稳定，但在一定的条件下能发生反应；锌性质活泼，具有两性；汞在常温下不易被空气氧化，但汞与硫磺在常温下，能反应生成 HgS，汞能溶解金属形成汞齐。

这些元素所形成的一些化合物在工农业生产和日常生活中都有着广泛的应用。

## 思考与练习

1. 填空题：

（1）黑色金属是指_____；有色金属是指_____；轻金属是指_____；重金属是指_____。

（2）固态金属中的化学键称为_____键，它是_____。

（3）金属的导电性、导热性、延展性和金属晶体中的_____有关。

（4）金属的冶炼是_____的化学过程，其本质是发生了_____反应。

（5）金属的冶炼方法主要有_____、_____、_____三种。

（6）_____叫金属的腐蚀。它可分为腐蚀和_____腐蚀两大类。

（7）钢铁的电化学腐蚀，在酸性介质中发生_____，在中性介质中发生_____。在这两种腐蚀中，Fe 都是作为微电池的_____极，该极反应式为_____。

（8）防止腐蚀的方法主要有_____、_____、_____、_____等。

（9）Na 的原子序数为_____，位于周期表_____周期，_____族，最外层有_____个电子，容易_____电子，成为_____价离子。因此 Na 具有很强的_____性。

（10）金属钠在空气中燃烧的方程式为_____。

(11) 金属钠和水反应的方程式为_____。

(12) $Na_2O_2$ 在潜水艇中作供氧剂是因为它和二氧化碳发生如下反应：_____。

(13) 苏打的化学式为_____；小苏打的化学式为_____。

(14) 苦土的化学式为_____；石膏的化学式为_____。

(15) 铝热法是指_____。

(16) $Al(OH)_3$ 是_____性氢氧化物，它与盐酸和 NaOH 反应的反应式分别为_____和_____。

(17) 明矾的化学式为_____。

(18) _____叫硬水，_____叫软水，_____叫永久硬水。

(19) 硬水软化的方法有_____、_____、_____。

(20) 灰锰氧的化学式为_____，其溶液必须保存在_____瓶中。

(21) _____用于制造蓝黑墨水。

(22) 无线电工业上，常利用 $FeCl_3$ 溶液来刻蚀铜制造印刷电路，其反应式为：_____。

(23) $Fe^{3+}$ 可用_____来检验，显示_____色。

(24) 生铁和钢在含碳量、性质和应用上有何不同？

(25) 铜在潮湿的空气中生成铜绿的反应是_____。

(26) 黄铜是_____合金。

(27) 因为 $AgNO_3$ _____，所以保存在棕色瓶中。

(28) ZnO 为两性氧化物，它溶于 $H_2SO_4$ 的反应式为_____；它溶于 NaOH 的反应式为_____。

(29) $Zn(OH)_2$ 为两性氢氧化物，它溶于酸的离子式为_____；溶于碱的离子式为_____。

(30) 汞齐是_____。

(31) 汞的氯化物有 $HgCl_2$，又称_____；有 $Hg_2Cl_2$，又称_____。

(32) 撒在地上的汞可用撒_____的办法以消除汞蒸气的污染。

2. 选择题

(1) 冶炼活泼金属一般用（　　）。

(a) 热分解法　　(b) 高温还原法　　(c) 电解还原法　　(d) 置换法

(2) 镁、铝各 0.2mol 分别和 $1mol \cdot L^{-1}$ 盐酸 50mL 反应，在相同状况下，生成氢气较多的是（　　）。

(a) Mg　　(b) Al　　(c) 一样多　　(d) 无法比较

(3) 下列单质能和水剧烈反应的是（　　）。

(a) Fe　　(b) Mg　　(c) Cu　　(d) Na

(4) 硬水主要是由（　　）引起的。

(a) $HCO_3^-$　　(b) $Mg^{2+}$，$Ca^{2+}$　　(c) $SO_4^{2-}$，$Cl^-$　　(d) $K^+$，$Na^+$

(5) 下列物质中既溶于盐酸又溶于氢氧化钠溶液的是（　　）。

(a) $Fe_2O_3$　　(b) ZnO　　(c) $CaCO_3$　　(d) $SiO_2$

(6) 下列离子中氧化性最强的是（　　）。

(a) Na⁺    (b) $Mg^{2+}$    (c) $Al^{3+}$    (d) $Ca^{2+}$

(7) 锌和稀硫酸反应，滴入少量 $CuSO_4$ 溶液后，产生 $H_2$ 的速率（　　）。
(a) 变快    (b) 变慢    (c) 不变    (d) 无法确定

3. 是非题（下列叙述中对的打"√"，错的打"×"）
(1) 金属键是金属离子之间通过自由电子产生的较强的相互作用。（　　）
(2) 金属原子的特点是电子个数较少。（　　）
(3) 金属单质在反应中通常作还原剂，发生氧化反应。（　　）
(4) 比较活泼的金属单质都容易被空气氧化。（　　）
(5) 镀层破损后，镀锌的钢板比镀锡的钢板耐腐蚀。（　　）
(6) 钢材在潮湿的空气中要比在干燥条件下易腐蚀。（　　）
(7) 在稀酸中，含有杂质的锌比纯锌溶解得快。（　　）
(8) 为了保护钢铁设备，应在设备上铆接铜质螺帽、螺栓。（　　）

4. 计算题
(1) 把碳酸钠和碳酸氢钠的混合物 146g 加热到不再继续减少为止，剩下残渣为 137g。计算这混合物中碳酸钠的质量分数。
(2) $100gNa_2O_2$ 与 $CO_2$ 反应，在标准状况下，能收集到 $O_2$ 多少升？
(3) 焊接铁轨时，需用 2kg 的熔铁，问需用铝粉和四氧化三铁各多少？
(4) 在制印刷线路板时，如腐蚀掉 19.2gCu 时，问需 $FeCl_3$ 多少克？

5. 问答题
(1) 氢氧化钠溶液为什么要用橡皮塞，且不能长期保存？
(2) 金属冶炼原理是什么？根据金属活泼性的大小，金属一般有几种冶炼方法？各举一例说明。
(3) 镁的化学性质相当活泼，但为什么能在空气中保存？
(4) 应该怎样保存硝酸银？为什么？
(5) 如何处理撒落在地上的水银？
(6) 为什么在 $FeCl_3$ 溶液中加入少量 $NH_4SCN$，溶液呈血红色。再加入一些 $NH_4F$，为什么溶液颜色就会褪去？
(7) 现有一种含结晶水的绿色晶体，将其配成溶液。若加入 $BaCl_2$ 溶液则产生不溶于酸的白色沉淀；若用稀酸酸化溶液，滴入 $KMnO_4$ 溶液，则紫色褪去；同时滴入 KSCN 溶液显红色。问该晶体是何种物质？写出有关反应方程式。

【阅读材料】

## 微量金属元素和人体健康

  构成人体的常量元素占人体的 99.95%，其余的为微量元素。人体中必需的微量元素有 14 种，其中 11 种是金属元素，它们是锌、铜、铁、锰、铬、钴、钼、钒、镍、锶、锡。尽管含量极微，总共占人体的 0.05%，却是人体的必需元素。有些金属元素是酶的组成部分，有些金属起着催化活性作用，从而保障人体健康。

  例如铁在人体中的质量分数为 0.0097，却是合成血红蛋白的必需元素。血红蛋白分子的中心被亚铁离子（$Fe^{2+}$）占据，血红蛋白的功能是输氧，在血红蛋白中吸收和放出氧气的正是亚铁离子。100mL 水只能溶解 0.5mL 氧气。而 100mL 血液要溶解 20mL 氧气。如果依赖血液中的水来携带氧气，人们恐怕马上就会窒息而死。成人每天需摄入铁的量为 10～

18mg左右。

又如锌在人体中的质量分数为 0.0033，它是合成人体各种激素、酶、遗传物质等的必需元素。它能防止人体的衰老，防止高血压、糖尿病、心脏病、肝病恶化的功能。对正在生长发育的青少年，锌尤其重要，缺锌会影响发育。如果人体内没有足够量的锌，细胞就不会分裂，使人衰老加快，还能使味觉减退。成人每天需摄入锌的量为 8～15mg 左右。

一般说来，各种食物里都含有丰富的金属元素，食盐和天然水中也含有各种金属盐类，它们是人体金属元素的主要来源。如瘦肉、肝、蛋、鱼是铁和锌的丰富来源；豆类、青椒、洋葱则是锰和镍的极好来源，大部分有补益作用的草药均具有免疫调节功能，这种功能的发挥也与微量元素有关。但人体中所需的金属元素只能有一定的含量，过少会影响健康，过多也会造成疾病。如人体内锌过多会引起肠胃炎，铜过多也能引起肠胃炎和肝炎，铁过多会产生恶心、呕吐等。

# 第三篇 有机化合物

## 第十二章 烃

> 【学习目标】
> 理解有机化合物的基本概念;了解有机物的来源;掌握烃的通式、构造式的书写、同系物和同分异构现象;了解甲烷、乙烯、乙炔、苯及苯的同系物的结构并掌握其主要性质;掌握简单烷烃、烯烃、炔烃、苯的同系物的命名。

在本书的前述章节中,介绍了化学的基本理论和无机化合物的知识,从本章开始,将认识和学习与人类的生产、生活关系更为密切的有机化合物(简称有机物)。

## 第一节 概 述

### 一、有机化合物

有机化合物实际上是一个历史名词。在 19 世纪末、20 世纪初以前,人们一直认为有机物只能从有"生命力"的动植物体内制造出来,而不能人工合成,这就是所谓的生命力学说,直到 1828 年德国化学家武勒(Wöhler,F)在加热无机物氰酸铵($NH_4OCN$)的水溶液时,发现可以得到原来须从哺乳动物的尿中获取的有机物——尿素($NH_2CONH_2$),开始打破认识上的桎梏。随后人们又陆续从无机物合成了醋酸(1845)、油脂(1854)等许多有机物,事实证明有机物的合成并不需要"生命力"的作用。因此,生命力学说才逐渐被人们所抛弃。但"有机"这一名词仍沿用至今。

科学的发展使人们知道无论从动植物获得的或是人工合成的有机物都含有碳元素且大多含有氢、氧、氮等元素。因此,化学家们将有机化合物定义为"碳化合物",或者说是碳氢化合物及其衍生物,将有机化学定义为"碳化合物的化学",或者说是研究碳氢化合物及其衍生物的化学。

事实上有机化合物不仅种类多,而且数目庞大,既有众多的低分子物,又有性能特殊的高分子物,有机化学在新材料、新物质的研制中还将元素周期表中许多金属元素或非金属元素引入了有机物分子中,构成了一类新的有机物——元素有机化合物。

有机化学及其发展在推动社会进步和改善人们生活中发挥着不可估量的作用。

### 二、有机化合物的特性

目前已发现的有机化合物已达上千万种,比无机化合物多得多,并且每年还新增数千种。这是由于碳原子含有 4 个价电子,可以和其他原子形成 4 个共价键;更为突出的是碳原子与碳原子之间能以共价键结合,形成链长不一的链及大小不等的环;再加上普遍存在的同分异构现象从而形成了种类繁多的有机物。

有机物一般具有以下主要特性。

容易燃烧，绝大多数有机物都容易燃烧，因此在有机物的生产、储存和运输过程中要严禁烟火；熔点低，有机物的熔点一般在400℃以下，纯有机物有固定的熔点，所以测定熔点是检验有机物纯度的简便方法；难溶于水，易溶于有机溶剂，很多有机物是非极性物质，所以不溶于水，而溶于有机溶剂，如油类不溶于水，溶于乙醚和苯等；为非电解质，不导电，有机物大多为非电解质，不能导电，电线外皮、开关插座及电工用具的手柄采用塑料或橡胶，其目的是防止触电；反应速率慢，副反应较多，有机物分子中原子间多以共价键结合，断裂较难，发生反应较慢，常常需要加热或应用催化剂促进反应的进行，有机反应常伴有副反应发生，因此反应产物往往是混合物，需经分离提纯后得到产品。

有机物与无机物之间没有严格的界限，两者在性质上的区别并不是绝对的。上述有机物的特性均指大多数有机物而言，许多有机物，具有其特殊的性质。例如四氯化碳不能燃烧，可作灭火剂；酒精、醋酸、糖等易溶于水；TNT炸药的爆炸可在瞬间完成等。

### 三、有机化合物的分类

有机化合物种类繁多，学习中一个行之有效的方法是将它们分类。有机物可以按碳原子结合方式的不同进行分类，也可以按分子中所含的官能团来分类。通常的分类见表12-1。

表 12-1　有机化合物的分类

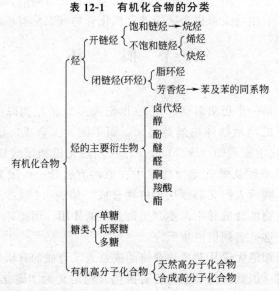

### 四、有机物的来源

最早有机物的来源是靠动植物，特别是从植物中我们可以提取或加工得到很多有用的有机物，如染料、药物、油脂、香料、橡胶等。

随着有机化学的发展，今天，大多数有机物是人工合成。用以合成有机物的可以是无机物如碳酸盐或氰化物，更多的是从其他有机物来合成。有机物有两大原料库：煤和石油。

煤是有机物的重要来源之一。煤的高温干馏产物煤焦油、焦炭等都是有机合成中重要原料，煤焦油是芳香族化合物的主要来源之一。

石油是合成有机物最重要的原料。20世纪50年代以后，在石油工业的基础上，以石油为原料的有机合成工业飞速发展，形成了发达的石油化学工业（石化工业）。

石油，是埋藏在地底下的褐色或黑色的黏稠液体。从油井中开采出来未经加工的石油俗称原油。它不是单纯的化合物，而是由上百种碳氢化合物和少量含氧、含硫和含氮的有机物所组成的混合物。其主要成分是烷烃、环烷烃和芳香烃。因此，原油不能直接使用，须经过一系列加工炼制方能适合于各种不同的用途。

## 第二节 甲烷 烷烃

仅由碳和氢两种元素组成的有机化合物叫做烃，也叫碳氢化合物。甲烷是烃类物质中分子组成最简单的物质。

### 一、甲烷

甲烷是无色、无嗅的气体。密度比空气小，极难溶于水，很容易燃烧。甲烷是天然气和沼气的主要成分。上海等地区已开始用天然气取代管道煤气作为民用燃气，沼气的开发利用对于我国农村解决能源问题、改善农村环境卫生、提高肥料质量等方面都有着重要的意义。

1. 甲烷的分子结构

甲烷的分子式是$CH_4$。在甲烷分子里，碳原子的最外电子层的4个电子，与4个氢原子形成4个共价键。甲烷的电子式和结构式如下：

$$H:\overset{\overset{H}{\cdot\cdot}}{\underset{\underset{H}{\cdot\cdot}}{C}}:H \qquad H-\overset{\overset{H}{|}}{\underset{\underset{H}{|}}{C}}-H$$

有机物分子中的原子按照一定的排列顺序相互连接，我们把分子中原子的排列顺序和连接方式称为化学构造，表示有机化合物化学构造的式子称为构造式。甲烷的结构式仅仅说明分子中四个氢原子是各自直接与碳原子相连，因此是甲烷的构造式。它不能够说明甲烷分子中碳原子与氢原子的空间相对位置。事实上，甲烷分子并不是平面的，也就是说甲烷分子中的5个原子并不在一个平面上。科学实验证明，甲烷分子是一个正四面体的立体结构。碳原子位于正四面体的中心，而四个氢原子分别位于正四面体的四个顶点上，如图12-1所示。为了形象地表示甲烷的立体结构，可采用分子模型。图12-2(a)是球棍模型，短棒代表价键，图12-2(b)是比例模型，表示各原子相对大小和空间关系。

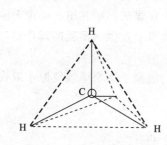

图12-1 甲烷分子结构的示意图

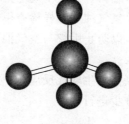

(a) 球棍模型

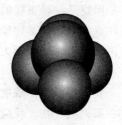

(b) 比例模型

图12-2 甲烷分子的模型

虽然有机物构造式不能表示分子的空间构型，但它反映了原子间相互连接的顺序，这对认识物质的结构、制法、性质都很重要。因此为了方便，一般仍采用平面的构造式来表示有机物的分子结构。

2. 甲烷的制法

在实验室里，甲烷是用无水醋酸钠和碱石灰（氢氧化钠和生石灰的混合物）混合加热制得的。醋酸钠与氢氧化钠反应的化学方程式如下：

$$CH_3\underline{COONa+NaO}H \xrightarrow[\triangle]{CaO} CH_4\uparrow + Na_2CO_3$$

无水醋酸钠　　　　　甲烷

### 3. 甲烷的化学性质

**【演示实验 12-1】** 取一药匙研细的无水醋酸钠和三药匙研细的碱石灰，在纸上充分混合，迅速装进试管，装置如图 12-3(a) 所示。加热，用排水集气法把甲烷收集在试管中，观察它的颜色和闻它的气味。在导管口，点燃甲烷，如图 12-3(b) 所示。然后在火焰上方罩一个干燥的烧杯，很快会看到内壁变模糊，有水蒸气凝结。把烧杯倒转过来，向杯内注入少量澄清石灰水，振荡，观察到石灰水变浑浊。再把甲烷经导管通入盛有高锰酸钾酸性溶液的试管中，如图 12-3(c) 所示，观察紫色溶液是否有变化。

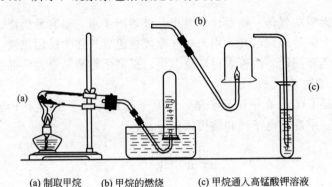

(a) 制取甲烷　　(b) 甲烷的燃烧　　(c) 甲烷通入高锰酸钾溶液

图 12-3　甲烷的制取和性质

在通常情况下，甲烷是比较稳定的，与强酸、强碱或强氧化剂等一般不反应。上面的实验证明：甲烷不能使高锰酸钾溶液褪色。但甲烷的稳定性是相对的，在特定条件下，甲烷也会发生某些反应。

（1）氧化反应

纯净的甲烷在空气中可以安静地燃烧，产生蓝色火焰，同时放出大量的热。

$$CH_4 + 2O_2 \xrightarrow{\text{点燃}} CO_2 + 2H_2O \text{（放热反应）}$$

甲烷是一种很好的气体燃料。点燃甲烷与空气（或氧气）的混合气体容易发生爆炸，所以在点燃甲烷前必须像检验氢气纯度那样检查甲烷的纯度。在煤矿的矿井里，必须采取安全措施如通风、严禁烟火等，以防止甲烷与空气混合物的爆炸事故发生（即瓦斯爆炸）。

（2）取代反应

在光照下，甲烷能与氯气发生取代反应。甲烷分子中的氢原子逐个地被氯原子取代，生成一系列的产物。反应是分步进行的：

$$\begin{array}{c}H\\|\\H-C-\boxed{H+Cl}-Cl\\|\\H\end{array} \xrightarrow{\text{光}} \begin{array}{c}H\\|\\H-C-Cl+HCl\\|\\H\end{array}$$

一氯甲烷

$$\begin{array}{c}H\\|\\H-C-\boxed{H+Cl}-Cl\\|\\Cl\end{array} \xrightarrow{\text{光}} \begin{array}{c}H\\|\\H-C-Cl+HCl\\|\\Cl\end{array}$$

二氯甲烷

$$\begin{array}{c}H\\|\\Cl-C-\boxed{H+Cl}-Cl\\|\\Cl\end{array} \xrightarrow{\text{光}} \begin{array}{c}H\\|\\Cl-C-Cl+HCl\\|\\Cl\end{array}$$

三氯甲烷(氯仿)

$$\begin{array}{c}\text{Cl}\\|\\ \text{Cl}-\text{C}-[\text{H}+\text{Cl}]-\text{Cl}\\|\\ \text{Cl}\end{array} \xrightarrow{\text{光}} \begin{array}{c}\text{Cl}\\|\\ \text{Cl}-\text{C}-\text{Cl}+\text{HCl}\\|\\ \text{Cl}\end{array}$$

四氯甲烷(四氯化碳)

有机物分子中的某些原子或原子团被其他原子或原子团所代替的反应叫做取代反应。

上述四种取代产物都不溶于水，在常温下一氯甲烷是气体，其他三种都是油状液体。氯仿和四氯化碳是工业上重要的溶剂，可溶解油脂、碘，可胶合有机玻璃，四氯化碳可清洗油漆渍和胶合橡胶，它还是一种高效灭火剂。

(3) 加热分解

甲烷在隔绝空气的条件下加热到 1000℃ 以上，就分解成炭黑和氢气。

$$CH_4 \xrightarrow{1000\sim1500℃} C+2H_2$$

炭黑是橡胶工业的重要填充剂，能增强橡胶的耐磨性，也可以用于制造颜料、油墨、油漆等；生成的氢气可作合成氨的原料。

## 二、烷烃

1. 烷烃的通式

在烃类中还有一系列化学性质与甲烷相似的烃，如乙烷（$C_2H_6$）、丙烷（$C_3H_8$）、丁烷（$C_4H_{10}$）等。它们的构造式分别表示如下：

乙烷　　　　　丙烷　　　　　丁烷

在这些烃的分子里，碳原子之间都以单键结合成链状，碳原子与氢原子也以单键相结合，使每个碳原子的化合价都已充分利用，即被氢原子所饱和。具有这种结构特点的链烃叫饱和链烃，或称烷烃。

为了书写方便，上述烷烃的构造可用构造简式表示如下：

$CH_3-CH_3$　　　　　$CH_3-CH_2-CH_3$　　　　　$CH_3-CH_2-CH_2-CH_3$

（或 $CH_3CH_3$）　　　（或 $CH_3CH_2CH_3$）　　　[或 $CH_3(CH_2)_2CH_3$]

乙烷　　　　　丙烷　　　　　丁烷

显然，从乙烷开始，每增加一个碳原子，就相应地增加两个氢原子，因此，可用 $C_nH_{2n+2}$（$n \geqslant 1$ 的正整数）的式子来表示这一系列化合物的组成，这个式子就叫做烷烃的通式。利用烷烃的通式可以写出各种烷烃的分子式。

2. 同系列和同系物

像甲烷、乙烷、丙烷、丁烷这些物质，结构相似，在分子组成上相差一个或若干个 $CH_2$ 原子团，我们把这样一类结构相似、在组成上相差一个或多个 $CH_2$、具有同一通式的一系列化合物，称为同系列。同系列中的各化合物，互称为同系物。同系物具有相似的化学性质。例如烷烃在通常情况下都很稳定，不会被高锰酸钾氧化，与酸、碱都不起反应。这些烃在空气里都可以点燃。在光照条件下都能与氯气起取代反应等。同系物的物理性质一般随分子中碳原子数目的递增而有规律地变化。见表 12-2。

如表中所示，烷烃的同系物随着碳原子数的增多，逐渐由气态（$1 \leqslant n \leqslant 4$）、液态（$5 \leqslant n \leqslant 16$）向固态（$n \geqslant 17$）变化，熔、沸点逐渐升高，密度逐渐增大。

表 12-2　几种烷烃的物理性质

| 名称 | 结构简式 | 常温时状态 | 熔点/℃ | 沸点/℃ | 液态时的密度(20℃)/g·cm$^{-3}$ |
|---|---|---|---|---|---|
| 甲烷 | $CH_4$ | 气 | −182.5 | −164 | 0.466(−164℃) |
| 乙烷 | $CH_3CH_3$ | 气 | −183.3 | −88.63 | 0.572(−108℃) |
| 丙烷 | $CH_3CH_2CH_3$ | 气 | −189.7 | −42.07 | 0.5005 |
| 丁烷 | $CH_3(CH_2)_2CH_3$ | 气 | −138.4 | −0.5 | 0.5778 |
| 戊烷 | $CH_3(CH_2)_3CH_3$ | 液 | −129.7 | 36.07 | 0.6262 |
| 庚烷 | $CH_3(CH_2)_5CH_3$ | 液 | −90.61 | 98.42 | 0.6838 |
| 辛烷 | $CH_3(CH_2)_6CH_3$ | 液 | −56.79 | 125.7 | 0.7025 |
| 癸烷 | $CH_3(CH_2)_8CH_3$ | 液 | −29.7 | 174.1 | 0.7300 |
| 十七烷 | $CH_3(CH_2)_{15}CH_3$ | 固 | 22 | 301.8 | 0.7788(固态) |
| 二十四烷 | $CH_3(CH_2)_{22}CH_3$ | 固 | 54 | 391.3 | 0.799(固态) |

3. 烃基

烃分子中去掉一个氢原子后所剩余的部分称为烃基。烃基一般用"R—"表示。如果这种烃是烷烃，那么烷烃失去一个氢原子后所剩余的原子团称为烷基。烷基的通式为—$C_nH_{2n+1}$。如甲烷分子失去一个氢原子后剩余的—$CH_3$ 称为甲基，同理—$CH_2$—$CH_3$（或 $C_2H_5$—）称为乙基等。

4. 烷烃的命名法

有机物种类繁多，分子的组成和结构又比较复杂，所以有机物的命名就显得十分重要。现在介绍普遍采用的系统命名法。

(1) 直链烷烃的命名

直链烷烃按分子中所含碳原子数目命名为某烷。碳原子数在 10 以内的，依次用天干数字甲、乙、丙、丁、戊、己、庚、辛、壬、癸来表示。碳原子数在 10 以上的，就直接用中文数字来表示。例如：

　　$CH_3$—$CH_2$—$CH_2$—$CH_2$—$CH_3$　　戊烷

　　$CH_3$—$(CH_2)_{10}$—$CH_3$　　十二烷

(2) 带支链烷烃的命名

① 选择分子中最长的碳链作为主链，并按主链碳原子数目称为"某烷"。

② 把支链看作取代基称"某基"，并从靠近支链的一端开始用阿拉伯数字给主链上的碳原子编号，以确定取代基在主链上的位置。

③ 把取代基的名称写在主链名称之前。取代基的位置，用它所在主链上的碳原子的位号来表示，写在取代基名称之前，并在位号后面用半字线"—"隔开。

④ 如果有相同的取代基，可以用二、三等中文数字合并起来表示，但每个取代基都须有一个位号，位号之间要用","号隔开；如果几个取代基不同，就把简单的写在前面，复杂的写在后面。例如：

$$\overset{1}{C}H_3-\overset{2}{C}H-\overset{3}{C}H_2-\overset{4}{C}H_3 \qquad \overset{1}{C}H_3-\overset{2}{C}H-\overset{3}{C}H-\overset{4}{C}H_2-\overset{5}{C}H_3$$
$$\qquad\ \ |\qquad\qquad\qquad\qquad\qquad\ \ |\quad\ |$$
$$\qquad CH_3\qquad\qquad\qquad\qquad\quad CH_3\ CH_3$$

2-甲基丁烷　　　　　　　　　2,3-二甲基戊烷

$$\underset{\text{3,3,4-三甲基己烷}}{\begin{array}{c}\quad\quad CH_3\\ CH_3-\underset{|}{\overset{|}{C}}-CH_2-CH_3\\ \underset{|}{CH}-CH_3\\ \underset{|}{CH_2}\\ CH_3\end{array}}\qquad\underset{\text{4-甲基-3-乙基庚烷}}{\overset{1\quad 2\quad 3\quad 4\quad 5\quad 6}{CH_3-CH_2-\underset{|}{\overset{|}{CH}}-\underset{|}{\overset{|}{CH}}-CH_2-CH_2-CH_3}}$$

5. 同分异构体

人们在研究物质的分子组成和性质时，发现有很多物质的分子组成相同，但性质却有差异。通过实验了解到，它们分子中原子连接的顺序不同，即结构不同。以丁烷（$C_4H_{10}$）为例，它有两种性质不同的化合物正丁烷和异丁烷，见表12-3。

**表 12-3　正丁烷和异丁烷比较**

| 物　　质 | 正丁烷(丁烷) | 异丁烷(2-甲基丙烷) |
|---|---|---|
| 熔点/℃ | −138.4 | −159.6 |
| 沸点/℃ | −0.5 | −11.7 |
| 液态密度/g·cm$^{-3}$ | 0.5788 | 0.557 |
| 结构式 | H-C-C-C-C-H (正丁烷结构式) | (异丁烷结构式) |

像正丁烷和异丁烷这样，化合物的分子式相同，但结构不同的现象，叫做同分异构现象。具有同分异构现象的化合物互称为同分异构体。正丁烷和异丁烷就是丁烷的两种同分异构体。

戊烷有 3 种同分异构体：

$$CH_3-CH_2-CH_2-CH_2-CH_3\qquad CH_3-\underset{\underset{CH_3}{|}}{CH}-CH_2-CH_3\qquad CH_3-\underset{\underset{CH_3}{|}}{\overset{\overset{CH_3}{|}}{C}}-CH_3$$

正戊烷（戊烷）　　　　　　异戊烷（2-甲基丁烷）　　　　新戊烷（2,2-二甲基丙烷）
（沸点 36.07℃）　　　　　　（沸点 27.9℃）　　　　　　　（沸点 9.5℃）

在烷烃的同系物里，随着分子里碳原子数增多，碳原子结合方式就越趋复杂，同分异构体的数目会迅速增多。见表 12-4。

**表 12-4　部分烷烃的异构体数目**

| 碳原子数 | 1 | 2 | 3 | 4 | 5 | 6 | 7 | 8 | 9 | 10 | 15 | 20 |
|---|---|---|---|---|---|---|---|---|---|---|---|---|
| 异构体数 | 1 | 1 | 1 | 2 | 3 | 5 | 9 | 18 | 35 | 75 | 4347 | 366319 |

同分异构现象是有机物普遍存在的重要现象，也是有机物种类繁多的原因之一。

## 第三节　乙烯　烯烃

除烷烃外，链烃中还有一类称为不饱和链烃。在碳原子数相同的情况下，它们分子中所含的氢原子数比相应的烷烃要少，根据"缺少"的氢原子数不同可分为烯烃和炔烃。乙烯是烯烃中最简单的物质。

## 一、乙烯

乙烯是无色、稍有气味的气体，密度比空气略小，难溶于水，能溶于有机溶剂。

### 1. 乙烯的分子组成和结构

乙烯分子中氢原子数比乙烷少 2 个，分子组成与构造式如下：

$$C_2H_4 \qquad \underset{\underset{H}{|}}{H} \overset{\underset{}{}}{\underset{}{}} \ddot{C} :: \ddot{C} \overset{\underset{}{}}{\underset{H}{|}} H \qquad H-\underset{\underset{H}{|}}{\overset{\overset{H}{|}}{C}}=\underset{\underset{H}{|}}{\overset{\overset{H}{|}}{C}}-H \qquad H_2C=CH_2$$

分子式　　　电子式　　　　　构造式　　　　　构造简式

乙烯分子中含有一个碳碳双键（C=C），它的 2 个碳原子和 4 个氢原子处在同一平面上，分子模型见图 12-4。

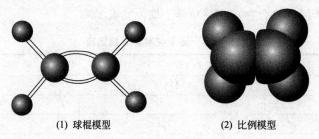

(1) 球棍模型　　　(2) 比例模型

图 12-4　乙烯的分子模型

### 2. 乙烯的制法

实验室里采用无水酒精和浓硫酸加热脱水制得乙烯。浓硫酸在反应过程里起催化剂和脱水剂的作用。

$$CH_3-CH_2-OH \xrightarrow[170℃]{浓硫酸} CH_2=CH_2\uparrow + H_2O$$

**【演示实验 12-2】**　按图 12-5 装置，在烧瓶中注入无水酒精和浓硫酸（$V_{无水酒精}$：$V_{浓硫酸}$=1：3）的混合液约 20mL，并放入几片碎瓷片，以免混合液在受热沸腾时剧烈跳动。加热液体使温度迅速升到 170℃（温度在 140℃时会大量生成乙醚），这时就有乙烯生成。

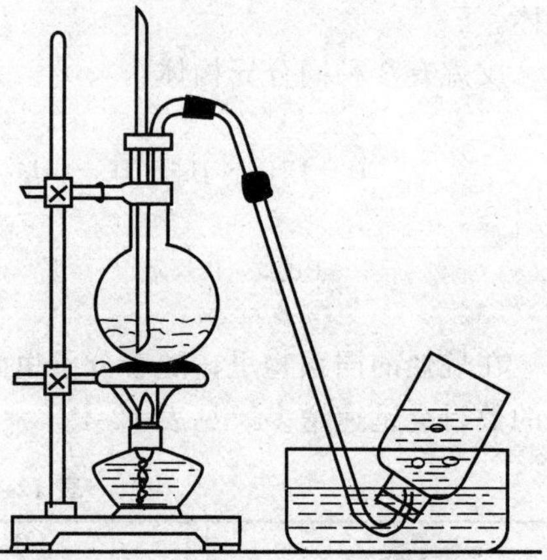

工业上所用的乙烯，主要是从石油炼制工厂和石油化工厂所生产的气体里分离出来。1 吨石油可得到 200kg 的乙烯，而 1t 焦煤中只能得到 5kg 乙烯。

### 3. 乙烯的化学性质和用途

乙烯分子中的碳碳双键（C=C），其中一个键容易断裂，因此乙烯比较容易发生化学反应。

(1) 加成反应

图 12-5　乙烯的实验室制法

**【演示实验 12-3】**　把乙烯分别通入盛有溴水和高锰酸钾溶液（加几滴稀硫酸）的试管里，观察现象。最后在导管口点燃乙烯。

从实验中可观察到溴水的红棕色很快消失，这是因为乙烯与溴水中的溴发生了反应，生成无色 1,2-二溴乙烷：

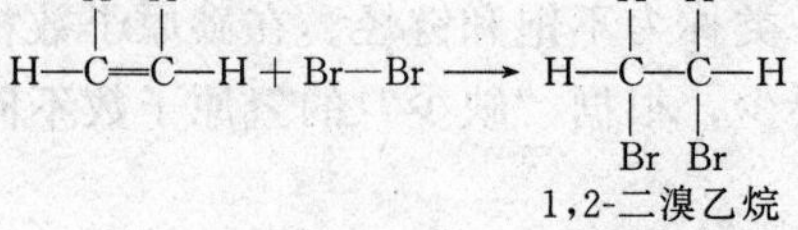

$$\underset{\underset{H}{|}}{\overset{\overset{H}{|}}{H-C}}=\underset{\underset{H}{|}}{\overset{\overset{H}{|}}{C-H}} + Br-Br \longrightarrow H-\underset{\underset{Br}{|}}{\overset{\overset{H}{|}}{C}}-\underset{\underset{Br}{|}}{\overset{\overset{H}{|}}{C}}-H$$

1,2-二溴乙烷

这个反应的实质是乙烯分子中碳碳双键上的一个键断裂后，两个溴原子分别加在两个价键不饱和的碳原子上，生成了1,2-二溴乙烷。这种在有机物分子中不饱和碳原子上加入其他原子或原子团的反应叫做加成反应。

烷烃不能和溴水发生加成反应，所以，能否使溴水褪色是鉴别甲烷和乙烯的方法。

在催化剂的作用下，乙烯还能和氢气、氯气、卤化氢和水等物质发生加成反应：

$$CH_2=CH_2 + H_2 \xrightarrow[\triangle]{Ni} CH_3-CH_3$$
乙烷

$$CH_2=CH_2 + HCl \xrightarrow[\triangle]{催化剂} CH_3-CH_2Cl$$
氯乙烷

$$CH_2=CH_2 + H_2O \xrightarrow{H^+} CH_3-CH_2-OH$$
乙醇

(2) 氧化反应

与甲烷一样，乙烯也能在空气中完全燃烧生成二氧化碳和水，同时放出大量的热。但乙烯分子里含碳量比较高，燃烧时火焰比甲烷的火焰明亮些，由于这些碳没有得到充分燃烧，所以有黑烟生成。

$$CH_2=CH_2 + 3O_2 \xrightarrow{点燃} 2CO_2 + 2H_2O \text{（放热反应）}$$

乙烯可被氧化剂高锰酸钾氧化，使高锰酸钾溶液褪色。用这种方法可以区别乙烯和甲烷。

(3) 聚合反应

乙烯分子里 C=C 键中的一个键容易断裂，在适当的温度、压强和催化剂存在的条件下，断键后的碳原子之间能相互结合成为很长的链：

$$CH_2=CH_2 + CH_2=CH_2 + CH_2=CH_2 + \cdots\cdots$$
$$\rightarrow -CH_2-CH_2-+-CH_2-CH_2-+-CH_2-CH_2-+\cdots\cdots$$
$$\rightarrow -CH_2-CH_2-CH_2-CH_2-CH_2-CH_2-\cdots\cdots$$

可简化成：$nCH_2=CH_2 \xrightarrow{催化剂} \text{\textpm}CH_2-CH_2\text{\textpm}_n$
聚乙烯

这种由小分子结合成大分子的反应，称为聚合反应。聚乙烯是重要的塑料。它的相对分子质量很大，可达几万、几十万。

乙烯是石油化工最重要的基础原料。乙烯的产量是衡量一个国家化工发展水平的重要指标之一，也是一个国家综合国力的标志之一。乙烯用于制造聚乙烯、聚苯乙烯等塑料，合成维纶纤维、醋酸纤维，制造合成橡胶、有机溶剂等。乙烯还是一种植物生长调节剂，可用作果实的催熟剂。为了避免果实在运输中腐烂，常将生的果实运到目的地后，在存放果实仓库的空气中加入少量的乙烯，就可使果实催熟。家庭里可把青香蕉和几个熟橘子放在同一塑料袋里或者把生苹果和熟苹果放在一起，由于水果在成熟过程中自身也会放出乙烯气体，所以利用熟水果放出的乙烯也可催熟水果。

二、烯烃

烯烃是分子里含有碳碳双键（C=C）的不饱和链烃的总称。烯烃类化合物除乙烯外，还有丙烯（$CH_3CH=CH_2$）、丁烯（$CH_3CH_2CH=CH_2$）等。

与烷烃一样，乙烯的同系物也是依次相差一个 $CH_2$ 原子团。烯烃的通式是 $C_nH_{2n}$（$n \geq 2$ 的正整数）。

与烷烃稍有不同，烯烃的命名在主链的选取上有特定的原则：

(1) 选取含双键的最长碳链作为主链（母体烯烃），按主链碳原子数目称为"某烯"。

(2) 从靠近双键一端开始，把主链的碳原子依次用阿拉伯数字编号。以双键碳原子中编号较小的数字表示双键的位次，写在母体烯烃的前面。

(3) 支链当取代基看待，这与烷烃的命名原则相似。例如：

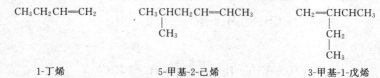

    1-丁烯     5-甲基-2-己烯    3-甲基-1-戊烯

烯烃的物理性质一般也随碳原子数目的增加而递变。即熔点、沸点、液态时的密度等物理性质依次递增。烯烃的化学性质也与乙烯类似，如易发生加成反应、氧化反应、聚合反应等。

丙烯和丁烯都是有机合成工业的基础原料，它们主要来自石油加工业产生的气体。

## 第四节　乙炔　炔烃

炔烃是不饱和链烃中另一类化合物。炔烃中最简单的物质是乙炔。

### 一、乙炔

乙炔俗名电石气，纯净的乙炔是没有颜色、没有臭味的气体。一般由电石 $CaC_2$ 和水反应制得的乙炔因常混有少量的硫化氢、磷化氢等杂质而有特殊难闻的臭味。乙炔微溶于水，易溶于有机溶剂，乙炔密度比空气稍小。

1. 乙炔的分子组成和结构

乙炔中的氢原子比乙烯分子少 2 个，其组成及构造式如下：

    $C_2H_2$    H∶C⋮⋮C∶H    H—C≡C—H    CH≡CH

    分子式     电子式      构造式     构造简式

乙炔分子里存在碳碳叁键（ C≡C ）。分子里的 2 个碳原子和 2 个氢原子处在同一直线上。它的球棍模型和比例模型如图 12-6 所示。

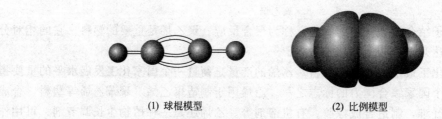

     (1) 球棍模型       (2) 比例模型

图 12-6　乙炔的分子模型

2. 乙炔的制法

乙炔在实验室里是用电石（碳化钙）和水反应制得的。

$$CaC_2 + 2H_2O \longrightarrow C_2H_2\uparrow + Ca(OH)_2 \quad \text{（放热反应）}$$

【演示实验 12-4】　按图 12-7 装置。在烧瓶里放几小块碳化钙，慢慢旋开分液漏斗的活塞，使水缓缓滴入（为了缓解反应，可用饱和食盐水代替），用排水法收集乙炔。观察乙炔的颜色、状态。

工业上用的大量乙炔，主要是以天然气和石油做原料加工得到的。

3. 乙炔的化学性质和用途

乙炔分子中含有不饱和的 C≡C 键，其中两个键较易断裂，其化学性质和乙烯基本相似，易发生氧化反应、加成反应等。

（1）氧化反应

点燃纯净的乙炔，火焰明亮而带浓烟，完全燃烧时会放出大量热。

$$2CH≡CH + 5O_2 \xrightarrow{点燃} 4CO_2 + 2H_2O \quad （放热反应）$$

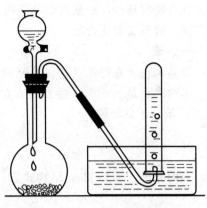

图 12-7　制取乙炔

乙炔在纯氧中燃烧时，产生的氧炔焰温度可达 3000℃ 以上，工业上常利用它来焊接或切割金属。乙炔和空气的混合物遇火极易发生爆炸，所以在生产和使用乙炔时必须注意安全。

乙烯、乙炔属于不饱和烃，它们均可使高锰酸钾溶液褪色，因此可用这一反应来鉴别饱和烃与不饱和烃。

（2）加成反应

乙炔与溴水中的溴所起的反应可分步表示：

$$HC≡CH + Br—Br \longrightarrow \underset{\underset{Br\ \ Br}{|\ \ \ |}}{HC=CH}$$

1,2-二溴乙烯

$$\underset{\underset{Br\ \ Br}{|\ \ \ |}}{HC=CH} + Br—Br \longrightarrow \underset{\underset{Br\ \ Br}{|\ \ \ |}}{\overset{\overset{Br\ \ Br}{|\ \ \ |}}{HC—CH}}$$

1,1,2,2-四溴乙烷

反应的现象与乙烯相似，加成反应是不饱和烃的特征反应，因此也可用溴水来鉴别饱和烃与不饱和烃。

在有催化剂存在的条件下加热，乙炔也能与氯化氢起加成反应生成氯乙烯：

$$HC≡CH + HCl \xrightarrow[\Delta]{催化剂} \underset{\underset{Cl}{|}}{CH_2=CH}$$

氯乙烯

氯乙烯聚合可得聚氯乙烯（即 PVC）塑料。其塑料制品有 PVC 薄膜，PVC 管材、板材，PVC 人造革等，用途十分广泛。

从乙炔出发可以合成塑料、橡胶、纤维以及多种有机合成的重要原料和溶剂等，因此，乙炔是一种重要的基本有机原料。

### 二、炔烃

链烃分子里含有碳碳三键（C≡C）的不饱和烃叫做炔烃。除乙炔外还有丙炔（$CH_3C≡CH$），丁炔（$CH_3CH_2C≡CH$）等等。乙炔的同系物也依次相差 1 个 $CH_2$ 原子团，炔烃比同数碳原子的烯烃少 2 个氢原子，炔烃的通式是 $C_nH_{2n-2}$（$n≥2$ 的正整数）。炔烃的命名、物理性质递变规律跟烯烃的相似，化学性质与乙炔相类似，如都能发生加成反应、氧化反应等。

## 第五节　苯　芳香烃

烷烃、烯烃、炔烃分子中的碳原子是相互连接成链状的，称为开链烃。还有一类环状的烃类化合物叫环烃，根据它们的结构和性质，又可分为脂环烃和芳香烃两类。苯是芳香烃中最简单又最重要的化合物。

一、苯

苯是无色、有特殊气味、易燃的液体，有毒，密度比水小，不溶于水，可溶于有机溶剂。苯的沸点是 80.1℃，熔点是 5.5℃，是一种易挥发的液体。

1. 苯分子的结构

苯的分子式是 $C_6H_6$，结构式为 ，结构简式为 。

从苯的分子组成和结构来看，苯的化学性质应该显示不饱和烃的性质。事实是怎样的呢？

【演示实验 12-5】 在盛有苯的两支试管中，分别加入酸性高锰酸钾溶液和溴水，振荡后观察现象。

实验结果是，高锰酸钾和溴均不褪色（溴被萃取到上层苯中）。这说明，苯既不能被高锰酸钾氧化，又不能与溴水发生加成反应。苯必有特殊的结构。

经过研究后发现，苯分子具有平面正六边形结构，所有的碳原子和氢原子都处于同一平面上。六个碳碳键都相同，它是一种介于单键和双键之间的特殊的键。为了表示苯分子的特殊结构，苯的结构简式也常用 表示。苯分子的比例模型如图 12-8 所示。由于习惯，苯的结构简式 仍被沿用，但绝不应认为苯是由单、双键交替组成的环状结构。

图 12-8 苯分子的比例模型

2. 苯的化学性质和用途

苯分子结构的特殊性，决定了苯的特殊的化学性质——易取代、能加成、难氧化。

（1）取代反应

苯分子里的氢原子能被其他原子或原子团代替而发生取代反应。

① 苯的卤代反应

在催化剂（铁屑或溴化铁）存在的条件下，苯分子中的氢原子能被溴取代。

$$\text{苯} + Br_2 \xrightarrow{\text{Fe或FeBr}_3} \text{溴苯} + HBr$$

② 苯的硝化反应

苯与浓硝酸和浓硫酸的混合酸于 50～60℃ 下发生反应：

$$\text{苯} + HO-NO_2 \xrightarrow{\text{浓硫酸}} \text{硝基苯} + H_2O$$

苯分子里的氢原子被—$NO_2$（硝基）所取代的反应叫做硝化反应。硝基苯是无色至淡黄色的油状液体，具有苦杏仁气味，密度比水大，难溶于水，有毒，使用时要特别小心。硝基苯能被还原成苯胺，苯胺是制造染料的重要原料。

③ 苯的磺化反应

苯与浓硫酸共热（70～80℃），发生反应：

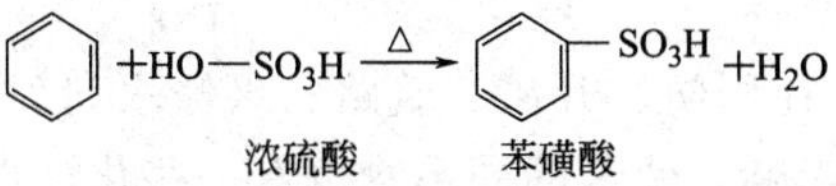

$$\text{C}_6\text{H}_6 + \text{HO—SO}_3\text{H} \xrightarrow{\Delta} \text{C}_6\text{H}_5\text{—SO}_3\text{H} + \text{H}_2\text{O}$$

（浓硫酸）　　　（苯磺酸）

苯分子里的氢原子被 $-\text{SO}_3\text{H}$（磺酸基）所取代的反应叫磺化反应。

（2）加成反应

苯虽然不能与溴水、氯化氢等起加成反应，但在加热和催化剂（镍）的作用下，苯能与氢气起加成反应，生成环己烷（$\text{C}_6\text{H}_{12}$）。

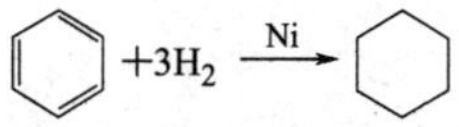

$$\text{C}_6\text{H}_6 + 3\text{H}_2 \xrightarrow{\text{Ni}} \text{环己烷}$$

（3）氧化反应

苯虽不能被高锰酸钾氧化，但可燃烧生成二氧化碳和水，同时放出热量。

$$2\text{C}_6\text{H}_6 + 15\text{O}_2 \xrightarrow{\text{点燃}} 12\text{CO}_2 + 6\text{H}_2\text{O}$$

由于苯分子含碳量高，燃烧时产生的火焰明亮并带有浓烟。

苯也是一种重要的有机化工原料，它可用于生产合成纤维、合成橡胶、塑料、农药、医药、染料、香料等，同时也是常用的有机溶剂。

## 二、芳香烃

分子中含有苯环结构的烃叫做芳香烃。芳香烃包括苯及其同系物，萘、蒽、菲等。

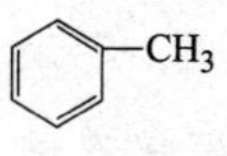

甲苯 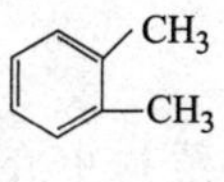　　邻二甲苯 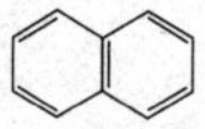　　萘 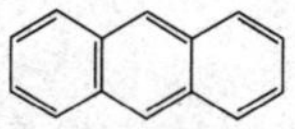　　蒽 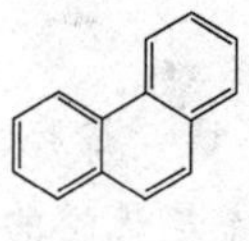　　菲

甲苯、二甲苯属于苯的同系物，是两种烷基苯，它们是常见的芳香烃。苯的同系物属于单环芳烃，而萘、蒽、菲则属于稠环芳烃。苯的同系物的通式为 $C_nH_{2n-6}$（$n \geq 6$ 的正整数）。苯的同系物的命名以苯为母体，按烷基的名称称为某基苯，"基"字往往省略，若环上有多个烷基，须表明它们的位置。如：$\text{C}_6\text{H}_5\text{—CH}_2\text{CH}_3$ 称为乙苯或乙基苯。

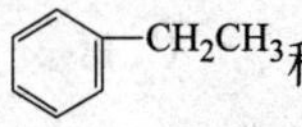

二甲苯有下列三种不同的结构，它们的命名如下：

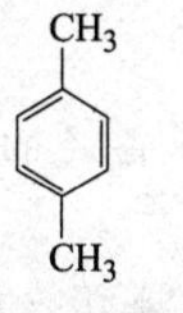

对二甲苯　　　　　　邻二甲苯　　　　　　间二甲苯
（或1,4-二甲苯）　　（或1,2-二甲苯）　　（或1,3-二甲苯）

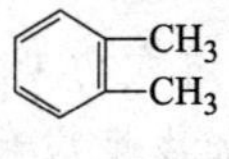

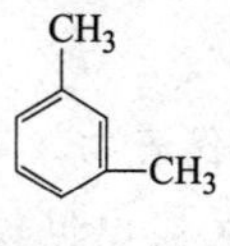

苯的同系物的性质跟苯有许多相似之处，如燃烧时都产生带浓烟的火焰，都能发生苯环上的硝化反应等。例如，甲苯跟浓硝酸、浓硫酸的混合酸发生硝化反应，可制得三硝基甲苯，俗名梯恩梯（TNT）。

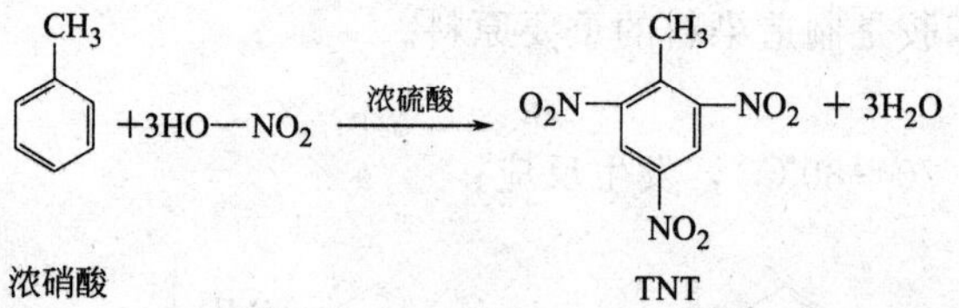

$$\text{C}_6\text{H}_5\text{CH}_3 + 3\text{HO}-\text{NO}_2 \xrightarrow{\text{浓硫酸}} \text{CH}_3\text{C}_6\text{H}_2(\text{NO}_2)_3 \text{ (TNT)} + 3\text{H}_2\text{O}$$

浓硝酸        TNT

TNT 是一种烈性炸药，在国防、开矿、筑路、兴修水利等方面都有广泛用途。

由于苯环和侧链的相互影响，使苯的同系物也有一些化学性质与苯不同。

**【演示实验 12-6】** 把甲苯、二甲苯各 2mL 分别注入两支试管，各加入高锰酸钾酸性溶液 3 滴，用力振荡，观察现象。

从实验中可以看到高锰酸钾溶液的紫色褪去。这说明甲苯、二甲苯能被高锰酸钾氧化。这个性质可用以区分苯和苯的同系物。

## 本 章 小 结

(1) 概述

① 含碳元素的化合物称有机物。

② 有机物种类繁多。绝大多数受热易分解，易燃烧，不易导电，熔点低，难溶于水，易溶于有机溶剂。化学反应速率较慢并常伴有副反应发生。

(2) 甲烷 烷烃

① 仅由碳和氢两种元素组成的有机物叫做烃。

② 甲烷是饱和烃的代表物。烷烃的通式为 $C_nH_{2n+2}$。烷烃一般较稳定，不与强酸、强碱和强氧化剂反应，但在特定条件下能发生取代、氧化及热分解反应。

③ 甲烷实验室制法是以无水醋酸钠和碱石灰为原料，采用类似制 $O_2$ 的气体发生装置来制取。

(3) 乙烯 烯烃

① 乙烯是烯烃的代表物。烯烃的通式为 $C_nH_{2n}$。烯烃结构中存在碳碳双键，易发生加成反应和氧化反应。

② 乙烯的实验室制法是用无水酒精在浓硫酸为催化剂、脱水剂的条件下加热到170℃左右而制得。

(4) 乙炔 炔烃

① 乙炔是炔烃的代表物。炔烃的通式为 $C_nH_{2n-2}$。炔烃分子中含有碳碳叁键，它的性质与烯烃相似，也易发生加成反应和氧化反应。

② 乙炔在实验室中是用电石和水反应得到的。

(5) 苯 芳香烃

① 苯是芳香烃的代表物。芳香烃的通式为 $C_nH_{2n-6}$。芳香烃的化学性质比较稳定，在一定条件下发生取代反应，但较难发生加成反应和氧化反应。

② 苯和苯的同系物性质上的区别在于苯的同系物能使酸性高锰酸钾溶液褪色。

## 思 考 与 练 习

1. 填空题

(1) 丙烯的电子式是_____，构造式是_____，构造简式_____。

(2) 有下列各组物质：

(a) 红磷、白磷　　(b) 水、重水　　(c) $_6^{12}C$、$_6^{13}C$　　(d) $CH_3CH_2CH=CH_2$　　$CH_3CH=CHCH_3$

(e) $Br-\underset{H}{\overset{H}{C}}-Br$　　$Br-\underset{H}{\overset{Br}{C}}-H$　　(f) $CH_3CH_2CH_3$　　$CH_3CH_2CH_2CH_3$

① ____组两物质互为同位素；② ____组两物质互为同素异形体；
③ ____组两物质属于同系物；④ ____组两物质互为同分异构体；
⑤ ____组中的物质是同一物质。

2. 选择题

(1) 下列不属于有机物的是（　　）。
(a) $CH_3COOH$　　(b) $CH_3NH_2$　　(c) $H_2CO_3$　　(d) $C_6H_6$

(2) 下列属于烃的是（　　）。
(a) $CH_3OH$　　(b) $C_7H_8$　　(c) $CH_3OCH_3$　　(d) $C_2H_5CHO$

(3) 下列属于烷烃的是（　　）。
(a) $C_2H_2$　　(b) $C_2H_4$　　(c) $C_6H_6$　　(d) $C_4H_{10}$

(4) 下列四组物质中，都不能使酸性高锰酸钾溶液褪色的是（　　）。
(A) $C_2H_4$　　(B) $C_6H_6$　　(C) $H_2S$　　(D) $C_6H_5CH_3$　　(E) $C_3H_8$
(a) (B)、(E)　　(b) (B)、(C)　　(c) (D)、(E)　　(d) (A)、(E)

(5) 能使酸性高锰酸钾溶液褪色，但不能使溴水褪色的是（　　）。
(a) 乙烯　　(b) 甲烷　　(c) 苯　　(d) 甲苯

3. 写出下列烷烃的分子式
(1) 辛烷　　(2) 十八烷　　(3) 含有 30 个氢原子的烷

4. 用系统命名法命名下列化合物

(1) $CH_3-\underset{\underset{CH_3}{|}}{\overset{\overset{CH_3}{|}}{C}}-H$　　　(2) $CH_3-\underset{\underset{C_2H_5}{|}}{\overset{\overset{}{|}}{CH}}-\underset{\underset{}{|}}{\overset{\overset{}{|}}{CH}}-CH_3$
　　　　　　　　　　　　　　　　　　　　　　$C_2H_5$

(3) $CH_3-CH_2-\underset{\underset{CH_3}{|}}{\overset{\overset{CH_3}{|}}{C}}-CH_2-CH_3$　　(4) $CH_3-\underset{\underset{CH_3}{|}}{\overset{\overset{CH_3}{|}}{CH}}-\underset{\underset{\underset{CH_3}{|}}{|}}{\overset{\overset{}{|}}{C}}-CH_2-CH_2-CH_3$

5. 写出下列各种烷烃的结构简式
(1) 2,2-二甲基-3-乙基己烷
(2) 2-甲基-4-乙基庚烷

6. 完成下列化学方程式并指出反应类型
(1) 乙烯和水反应；
(2) 用乙炔制取氯乙烯；
(3) 乙炔和氢气反应；
(4) 苯和浓硝酸（混有浓硫酸）的反应；
(5) 用丙烯合成聚丙烯。

7. 计算题

(1) 将 5mol 甲烷完全燃烧，能生成多少升二氧化碳（标准状况下）？

(2) 某烷烃含碳 83.33%，经折算在标准状况下，这种烃的气体 2.24L，质量为 7.2g。求该烃的分子式，写出它可能有的同分异构体的构造式，并用系统命名法命名。

8. 简答题

(1) 什么叫有机化合物？组成有机化合物的元素主要有哪几种？有机物与无机物相比，在性质上有哪些特点？

(2) 实验室制取甲烷用什么原料？整套装置还可以用来制取什么气体？为什么？

(3) 在实验室如何鉴别甲烷、氢气和一氧化碳这三种无色气体？

(4) 同系物与同分异构体有何区别？举例说明。

(5) 以乙烷、乙烯为例，说明饱和烃与不饱和烃在结构、性质上有哪些不同？

(6) 怎样除去甲烷中混有的少量乙烯和水蒸气？必须使混合气体先通过何种液体，再通过何种液体？

(7) 用电石、食盐、水为原料制取聚氯乙烯，写出有关化学方程式。

(8) 实验室制取乙烯要注意哪些问题？为什么？

(9) 说明苯的化学性质与其结构有什么关系？

**【阅读材料一】**

## 烯烃和炔烃的系统命名及其同分异构

烯烃和炔烃的系统命名与烷烃相似，但有如下不同：①选择含有碳碳双键或叁键的最长碳链为主链，主链的名称按主链碳原子数为某烯或某炔。②主链碳原子的编号应从靠近双键或叁键的一端开始，并将双键或叁键的位置用阿拉伯数字写在某烯或某炔的前面，同时用一短线隔开。例如：

$CH_2=CH-CH_2-CH_3$   1-丁烯

$CH_3-CH=CH-CH_3$   2-丁烯

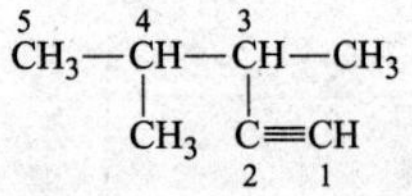

$\overset{5}{C}H_3-\overset{4}{C}H-\overset{3}{C}H-CH_3$
     $|\quad\quad|$
     $CH_3\ \overset{2}{C}\equiv\overset{1}{C}H$   3,4-二甲基-1-戊炔

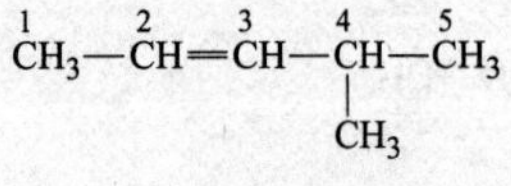

$\overset{1}{C}H_3-\overset{2}{C}H=\overset{3}{C}H-\overset{4}{C}H-\overset{5}{C}H_3$
                       $|$
                       $CH_3$   4-甲基-2-戊烯

烯烃和炔烃的同分异构体除了碳链引起的异构外，还有因双键或叁键位置不同而产生的异构。例如：丁烷只有两种同分异构体，而丁烯有三种异构体即：

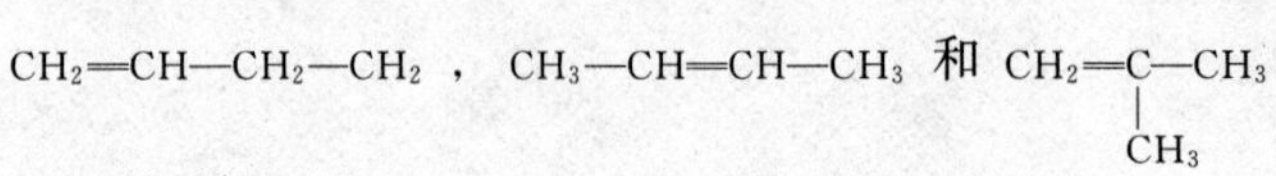

$CH_2=CH-CH_2-CH_2$ , $CH_3-CH=CH-CH_3$ 和 $CH_2=C-CH_3$
                                                           $|$
                                                           $CH_3$

　　1-丁烯　　　　　　　2-丁烯　　　　　2-甲基丙烯（异丁烯）

炔烃与烯烃相似，例如戊炔的同分异构体如下：

$CH\equiv C-CH_2-CH_2-CH_3$   1-戊炔

$CH_3-C\equiv C-CH_2-CH_3$   2-戊炔

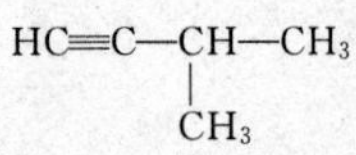

$HC\equiv C-CH-CH_3$
           $|$
           $CH_3$   3-甲基-1-丁炔

**【阅读材料二】**

## 化学致癌物

能使人类或哺乳动物的机体诱发癌症的化学物质叫化学致癌物。经动物致癌实验证实有致癌作用的化学致癌物已达1000多种。人类的肿瘤80%～85%与化学致癌物有关。

化学致癌物按照作用机理可分为能引起正常细胞发生癌变的引发剂和可使已经癌变的细胞不断增殖而形成可见瘤块的促长剂两种。如果同时具有引发作用和促长作用的化学致癌物，其致癌作用较强，称为完全致癌物。若只有引发作用而不具促长作用的化学致癌物称为不完全致癌物。有些化学物质既非引发剂，也不是促长剂，本身又不致癌，但它能增强引发剂和促长剂的作用，被称为助致癌物。

如果化学致癌物进入机体后就可直接作用于细胞的大分子化合物（如DNA，蛋白质等）而引起癌瘤者称为直接致癌物。这类物质较少，而大多数化学致癌物是需要在机体内经活化后才有致癌作用，称为间接致癌物。

致癌物按照对人类和哺乳动物致癌作用的不同，可分为确证致癌物、怀疑致癌物和潜在致癌物三类。确证致癌物是经流行病学调查和动物实验都能证实与人类肿瘤有因果关系的化学致癌物。现初步统计有26种左右。如砷、铬、铬酸盐、镍、二氯甲醚、氯甲醚、2-萘胺、4-氨基联苯、4-硝基联苯、石棉、联苯胺、氯乙烯、苯并（α）芘（高级稠环芳烃）等。怀疑致癌物是对人类有高度致癌可疑性的化学物质，约有30种，如铍、镉、亚硝胺类化合物、黄曲霉素及一些芳香类染料等。潜在致癌物是对人类有潜在致癌作用的化学物质，如DDT、六六六、氯仿、四氯化碳、二甲基肼等等。

这些化学致癌物来自大气污染、食物、职业接触、某些药物、农药及其他（如吸烟）。

# 第十三章 烃的衍生物

**【学习目标】**
掌握常见烃的衍生物（氯乙烷、氯乙烯、乙醇、乙醛、乙酸及乙醚、丙酮、乙酸乙酯、苯酚、硝基苯和苯胺）的性质、用途及其官能团的转换；初步认识杂环化合物；了解油脂的组成、性质，了解尿素的性质和用途。

烃分子中的氢原子被其他原子或原子团取代以后的产物叫做烃的衍生物。

烃的衍生物具有与相应的烃不同的化学特性，这是因为取代氢原子的原子或原子团对于烃的衍生物的性质起着很重要的作用。这种决定化合物的化学特性的原子或原子团叫做官能团。卤素原子（—X）、硝基（—$NO_2$）都是官能团。而碳—碳双键和碳—碳叁键则分别是烯烃和炔烃的官能团。

烃的衍生物一般是按官能团来分类。下面通过典型代表物介绍卤代烃、醇、醛、羧酸等烃的重要衍生物。

## 第一节 氯乙烷 氯乙烯

烃分子中的一个或几个氢原子被卤素原子取代而生成的化合物叫做烃的卤素衍生物，简称卤代烃。如氯乙烷（$C_2H_5Cl$）、二溴乙烷（$C_2H_4Br_2$）、氯乙烯（$CH_2=CHCl$）、溴苯（$C_6H_5Br$）等，都是卤代烃。下面以氯乙烷、氯乙烯为例介绍卤代烃的性质。

### 一、氯乙烷

氯乙烷的分子式 $C_2H_5Cl$，结构式为：

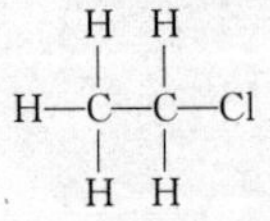

$$\begin{array}{c} H\ H \\ | \ | \\ H-C-C-Cl \\ | \ | \\ H\ H \end{array}$$

结构简式为 $CH_3CH_2Cl$。

氯乙烷可由乙烯与氯化氢加成制得。

1. 氯乙烷的物理性质

氯乙烷不溶于水，溶于有机溶剂，氯乙烷液态时密度为 $0.8978 g \cdot cm^{-3}$，比水轻，沸点为 12.3℃。

2. 氯乙烷的化学性质

（1）取代反应

氯乙烷在氢氧化钠存在下水解，生成乙醇。

$$CH_3CH_2-Cl+NaOH \xrightarrow[\triangle]{H_2O} CH_3CH_2OH+NaCl$$

（2）消去反应

氯乙烷与氢氧化钠的醇溶液共热，脱去卤化氢而生成烯烃。

$$\underset{H\quad Cl}{CH_2-CH_2} + NaOH \xrightarrow[\triangle]{醇} CH_2=CH_2\uparrow + NaCl + H_2O$$

卤代烃脱去卤化氢的反应是一种消去反应。有机化合物在适当条件下，从分子中相邻的两个碳原子上脱去一个简单分子（如水、卤化氢等）而生成不饱和化合物的反应，叫做消去反应。前面学过的乙醇分子内的脱水（实验室制备乙烯）反应，也属于消去反应。

氯乙烷在有机合成中常作为乙基化试剂。可使纤维素制成乙基纤维素，用以制造涂料、塑料或橡胶代用品等，医药上用作外科手术的麻醉剂（局部麻醉），农业上用作杀虫剂。

卤代烃中的二氟二氯甲烷是目前仍在使用的制冷剂，其商品名称叫"氟利昂"（氟利昂也指其他的含一个或两个碳原子的氟氯烷烃）。

二氟二氯甲烷是无色无臭气体，沸点$-29.8℃$，易压缩成液体，解除压力后立即气化，同时吸收大量的热。它具有无毒、无腐蚀性、不燃烧、化学性能稳定等优良性能，比过去常用的液氨制冷剂优越。遗憾的是二氟二氯甲烷逸散到大气中，长期积累，难以分解，对与人类生活至关重要的臭氧层具有破坏作用。现在国际上已禁止在新上市的制冷设备中使用氟利昂。

### 二、氯乙烯

氯乙烯可以由乙炔加氯化氢制得。

氯乙烯是无色气体，沸点$-13.4℃$，难溶于水，易溶于乙醇、乙醚和丙酮。氯乙烯的化学性质不活泼，分子中的氯原子不易发生取代反应，因为分子中存在双键，较易发生加成反应和聚合反应。

氯乙烯在过氧化物引发剂存在下，能聚合生成白色粉状的固体高聚物——聚氯乙烯，即PVC。

$$n CH_2=\underset{Cl}{CH} \xrightarrow{过氧化物} \left[ CH_2-\underset{Cl}{CH} \right]_n$$

## 第二节  乙醇  乙醚

醇和醚都是烃的含氧衍生物。这两类物质中最重要、最常见的分别是乙醇和乙醚。

### 一、乙醇

淀粉在酶的催化下，发酵就变成了酒。我国是酒的发源地，酿酒历史悠久。酒的主要成分是乙醇，乙醇俗称酒精。

1. 乙醇的结构和物理性质

乙醇的分子式是$C_2H_6O$，构造式是：

$$H-\underset{\underset{H}{|}}{\overset{\overset{H}{|}}{C}}-\underset{\underset{H}{|}}{\overset{\overset{H}{|}}{C}}-OH$$   构造简式是$CH_3CH_2OH$或$C_2H_5OH$。

乙醇是一种无色、透明而具有特殊香味的液体。比水轻，20℃时的密度是$0.7893 g\cdot mL^{-1}$，沸点是$78.5℃$。易挥发，能够溶解许多有机物和无机物，能与水以任意比例混溶。工业用的酒精约含乙醇96%。含乙醇99.5%以上的酒精叫做无水酒精。

2. 乙醇的化学性质

从分子结构可知，乙醇的分子是由乙基（$-CH_2CH_3$）和羟基（$-OH$）组成的。乙醇的官能团—羟基（—OH）比较活泼，它决定着乙醇的主要化学性质。

（1）与活泼金属反应

乙醇分子中羟基里的氢比烃中的氢活泼，可被活泼金属（如钠、钾、镁、铝）置换。乙醇与金属钠反应生成乙醇钠并放出氢气。

$$2CH_3CH_2OH + 2Na \longrightarrow 2CH_3CH_2ONa + H_2 \uparrow$$

（2）氧化反应

乙醇能在空气中燃烧，产生浅蓝色的火焰，并放出大量的热，故可用作气体燃料。

$$CH_3CH_2OH + 3O_2 \xrightarrow{\text{点燃}} 2CO_2 + 3H_2O$$

乙醇在加热和有催化剂（Cu 或 Ag）存在的条件下，能够被空气部分氧化，生成乙醛。

$$2CH_3CH_2OH + O_2 \xrightarrow[\triangle]{Ag} 2CH_3CHO + 2H_2O$$

（3）脱水反应

乙醇和浓硫酸混合共热时，发生脱水反应。脱水产物因反应条件不同而不同。在170℃左右时乙醇分子内脱水，生成乙烯；如控制温度在140℃左右，则两个乙醇分子间脱水，生成乙醚。

$$\underset{\substack{H\ H\\|\ \ |\\H-C-C-H\\|\ \ |\\H\ OH}}{} \xrightarrow[170℃]{\text{浓 }H_2SO_4} CH_2=CH_2 \uparrow + H_2O \quad \text{乙烯}$$

$$\underset{\substack{H\ H\\|\ \ |\\H-C-C-OH\\|\ \ |\\H\ H}}{} + \underset{\substack{H\ H\\|\ \ |\\HO-C-C-H\\|\ \ |\\H\ H}}{} \xrightarrow[140℃]{\text{浓 }H_2SO_4} CH_3CH_2OCH_2CH_3 + H_2O \quad \text{乙醚}$$

由此可见，必须非常重视有机反应的条件及其控制。

乙醇还能与羧酸反应生成酯和水，将在后面介绍。

3. 乙醇的用途

乙醇有广泛的用途。它是一种重要的有机化工原料，用于制造合成纤维、香料和药物等。乙醇又是一种优良的溶剂。无水乙醇用于擦拭音像设备的磁头。另外，乙醇可用作燃料，其优点是避免对空气的污染，随着国际石油价格的不断攀高，非粮乙醇作为燃料能源的价值得到提升。在医疗上常用 75% 的乙醇水溶液作消毒剂。由于乙醇的挥发性，30%～50% 的酒精还可用于高烧病人降低体温。

日常饮用的各种酒中都含有乙醇。如啤酒含 3%～5%，葡萄酒含 6%～20%，黄酒含 8%～15%，白酒含 30%～70% 的乙醇。酒精可抑制人的大脑功能，过度饮酒有损健康。在饮料生产时不能用工业酒精为原料，因为工业酒精往往含有甲醇（又叫木精），甲醇有毒，饮用后轻者使人眼睛失明，重者导致死亡。

4. 醇

除乙醇外，还有一些在结构和性质上跟乙醇很相似的物质，如甲醇（$CH_3OH$）、丙醇（$CH_3CH_2CH_2OH$）等。醇是烃基（苯基除外）与羟基结合而成的化合物，羟基是醇的官能团。

分子里含有一个羟基的醇叫做一元醇，其表达通式为 R—OH；分子里含有两个羟基的醇叫做二元醇，如乙二醇 $\begin{pmatrix} CH_2-CH_2 \\ |\quad\ \ | \\ OH\ \ \ OH \end{pmatrix}$；分子里含有两个以上羟基的醇叫做多元醇，如丙三醇 $\begin{pmatrix} CH_2-CH-CH_2 \\ |\quad\ \ |\quad\ \ | \\ OH\ \ OH\ \ OH \end{pmatrix}$。

乙二醇水溶液的凝固点很低，60%的乙二醇水溶液的凝固点低达-49℃，可用作内燃机的抗冻剂，还能除去飞机、汽车上的冰霜。在工业上乙二醇用来制造涤纶。

丙三醇俗称甘油。甘油大量用来制造硝化甘油，这是一种烈性炸药的主要成分。硝化甘油有扩张冠状动脉的作用，在医药上用来治疗心绞痛等。甘油有甜味和吸水性，常用作食品、化妆品、纺织品的吸湿剂。此外，还可用作润滑剂、防冻剂等。

## 二、乙醚

乙醚由乙醇分子间脱水制得。制得的乙醚中混有少量乙醇和水，可用无水氯化钙处理后，再用金属钠处理除去。

乙醚的分子式为 $C_4H_{10}O$，构造简式为 $CH_3CH_2—O—CH_2CH_3$ 或 $CH_3CH_2OCH_2CH_3$

乙醚为无色透明液体，沸点低（34.5℃），易挥发，蒸气具有麻醉性。乙醚比水轻，微溶于水，易溶于有机溶剂。乙醚也是常用的有机溶剂，纯乙醚在医药上作麻醉剂。

有机化学中，把两个烃基分别与氧原子相连形成的化合物称为醚，其一般表达式为 R—O—R' 或 ROR'，可以想见，醚分子中含有 C—O—C 键，称醚键，是醚的官能团。

# 第三节 乙醛 丙酮

乙醛、丙酮都属于羰基化合物，它们分子都含有羰基 $\left(\overset{O}{\underset{}{\overset{\|}{-C-}}}\right)$，化学性质具有相似性。

## 一、乙醛

我们知道，乙醇氧化后生成乙醛（$CH_3CHO$）。乙醛分子中的 —CHO 原子团叫醛基，是醛的官能团。

1. 乙醛的结构和物理性质

乙醛的分子式是 $C_2H_4O$，它的结构式是：

$$H-\overset{H}{\underset{H}{\overset{|}{C}}}-\overset{O}{\overset{\|}{C}}-H$$ 简写为 $CH_3-\overset{O}{\overset{\|}{C}}-H$ 或 $CH_3CHO$。

乙醛为无色、有刺激性气味的液体，比水轻，沸点 20℃，易挥发，能与水及有机溶剂互溶。

2. 乙醛的化学性质

乙醛的化学性质很活泼，能发生加成、氧化等反应。

（1）加成反应

醛基 $\left(-\overset{O}{\overset{\|}{C}}-H\right)$ 的结构实际上是羰基碳与一个氢原子直接相连，羰基是碳－氧双键，是一个不饱和基团，容易发生加成反应。例如乙醛蒸气与氢气的混合物，在催化剂镍的作用下，发生加成反应，乙醛被还原成乙醇。

$$CH_3-\overset{O}{\overset{\|}{C}}-H + H_2 \xrightarrow[\triangle]{Ni} CH_3CH_2OH$$

（2）氧化反应

在有机化学的反应里，常把加氧、去氢的反应叫做氧化，反之，把加氢、去氧的反应叫做还原。乙醛具有还原性，能被很弱的氧化剂所氧化。

【演示实验 13-1】在洁净的试管中加入 2mL 2% 的硝酸银溶液，一边摇动试管，一边逐滴加入2%的氨水，直到最初产生的沉淀恰好溶解为止。这时得到的溶液通常叫做银氨溶液，也叫托伦试剂。然后再滴加入几滴乙醛，振荡，把试管置于热水温热，观察现象。

在这个反应里乙醛被氧化成乙酸，而硝酸银的氨溶液中的银离子被还原成金属银，附着在试管的内壁上，形成银镜，所以这个反应叫做银镜反应。

银镜反应常用来检验醛基的存在。工业上利用这一反应原理，常用含有醛基的葡萄糖作还原剂，把银均匀地镀在玻璃上加工成镜子或保温瓶胆。

乙醛也能和另一种弱氧化剂费林试剂反应。费林试剂由硫酸铜溶液（A）和酒石酸钾钠的氢氧化钠溶液（B）混合配制而成，其中的氧化剂为两价铜离子。乙醛与费林试剂加热到沸腾，发生反应，乙醛被氧化成乙酸，而两价铜离子被还原成红色的氧化亚铜沉淀。这也是检验醛基的一种方法。在医学上可用此反应来检验病人尿中是否含有超标准的葡萄糖而诊断是否患有糖尿病。

3. 乙醛的用途

乙醛是有机合成工业中的重要原料，主要用来生产乙酸、丁醇、乙酸乙酯等一系列重要化工产品。

4. 醛

分子中由烃基与醛基相连（甲醛除外）而构成的化合物叫做醛。醛的通式为：$R-\overset{O}{\overset{\|}{C}}-H$ 或简写为 RCHO。

除乙醛外，甲醛（HCHO）也有广泛的用途。由于分子里也含有醛基，所以在化学性质上与乙醛很相似。

甲醛也叫蚁醛，是一种无色具有强烈刺激性气味的气体，易溶于水，35%～40%的甲醛溶液叫做福尔马林。甲醛是一种重要的有机原料，应用于塑料工业（如制酚醛树脂和聚甲醛）、合成纤维工业、制革工业等。甲醛的水溶液具有杀菌和防腐能力，是一种良好的杀菌剂。在农业上常用稀释的福尔马林溶液（0.1%～0.5%）来浸种，给种子消毒。福尔马林还用来浸制生物标本。需要特别提出的是，现今居民在家居装饰中使用的胶合板等材料中含有甲醛，挥发在空气中有害健康，因此，新房装修完后特别要注意通风。

## 二、丙酮

丙酮分子式是 $C_3H_6O$，构造式是 $CH_3-\overset{O}{\overset{\|}{C}}-CH_3$，构造简式为 $CH_3COCH_3$。

丙酮是无色具有香味的液体，沸点 56.2℃，易挥发、易燃烧。丙酮易溶于水和有机溶剂，本身用作醋酸纤维、油脂、乙炔、橡胶、聚苯乙烯塑料、赛璐珞制品等的溶剂。丙酮还是制取香蕉水、有机玻璃、环氧树脂和异戊橡胶的原料。生活中可将其用作某些家庭生活用品（如液体蚊香）的分散剂，化妆品中的指甲油含丙酮达35%

丙酮是最简单的酮类化合物，酮是分子中含有羰基（$-\overset{O}{\overset{\|}{C}}-$）的烃的衍生物，其通式为 $R-\overset{O}{\overset{\|}{C}}-R'$，其中 R 和 R' 可以相同，也可以不同。相同碳原子数的醛和酮互为同分异构体。

酮类化合物比醛类化合物稳定，如丙酮不能发生银镜反应。由于存在羰基，酮可以在催化剂作用下与氢气发生加成反应。

# 第四节　乙酸　乙酸乙酯

乙醇和乙酸反应生成乙酸乙酯，羧酸和酯都是重要的烃的含氧衍生物。

## 一、乙酸

乙酸（$CH_3COOH$）是一种重要的羧酸。—COOH 叫羧基，是羧酸的官能团。

### 1. 乙酸的结构和物理性质

乙酸俗称醋酸，是食醋的主要成分，普通的食醋约含 3％～5％的乙酸。

乙酸的分子式是 $C_2H_4O_2$，其构造式是：

$$\text{H—}\underset{\underset{\text{H}}{|}}{\overset{\overset{\text{H}}{|}}{\text{C}}}\text{—}\overset{\overset{\text{O}}{\|}}{\text{C}}\text{—OH}$$ 简写为 $CH_3COOH$。

乙酸是无色有刺激性气味的液体，熔点 16.6℃，易冻结成冰状固体，所以无水乙酸又叫冰醋酸。乙酸与水能任意比例混溶，也可溶于其他有机溶剂中。

### 2. 乙酸的化学性质

**（1）酸性**

乙酸具有明显的酸性，在水溶液中能电离出氢离子。

$$CH_3COOH \rightleftharpoons CH_3COO^- + H^+$$

乙酸是一种弱酸，但比碳酸的酸性强，具有酸的通性。能与活泼金属、碱、碱性氧化物、盐等发生化学反应。

**（2）酯化反应**

在有浓硫酸存在并加热的条件下，乙酸能与乙醇发生反应生成乙酸乙酯和水。浓硫酸起催化剂和脱水剂作用。

$$CH_3-\overset{\overset{O}{\|}}{C}-OH + H-OCH_2CH_3 \xrightarrow[\triangle]{\text{浓}H_2SO_4} CH_3-\overset{\overset{O}{\|}}{C}-OCH_2CH_3 + H_2O$$

由于乙酸乙酯在同样的条件下，又能部分地发生水解反应，生成乙酸和乙醇，所以上述反应是可逆的。

乙酸乙酯属于酯类化合物。酸与醇作用，生成酯和水的反应叫做酯化反应。

### 3. 乙酸的用途

乙酸是重要的有机化工原料，可以合成许多有机物。例如：醋酸纤维、维尼纶、喷漆溶剂、香料、染料、药物以及农药等。食醋是重要的调味品，它可以帮助消化，同时又常用作"流感消毒剂"。

### 4. 羧酸

在有机化合物里，有一大类化合物，它们和乙酸相似，分子里都含有羧基。分子里烃基和羧基直接相连的有机化合物叫羧酸。

根据羧酸分子里所含羧基数目的不同，可以分为一元羧酸和二元羧酸。含有一个羧基的叫一元羧酸，如甲酸（HCOOH）、乙酸等；含有两个羧基的叫二元羧酸，如乙二酸，俗称草酸（HOOC—COOH）。也可根据羧基所连接的烃基不同，分为脂肪酸（如乙酸）和芳香酸（如苯甲酸，C₆H₅COOH）。脂肪酸属开链化合物，芳香酸是分子中含有苯环的化合物。

一元羧酸的通式为 RCOOH。

草酸是最常见的二元酸，具有多种用途。草酸可作为分析试剂，如滴定分析中作为基准物配制标准溶液。在稀土元素盐的中性或稀酸性溶液中加入草酸，生成草酸盐沉淀用于稀土元素的分离和提纯。在生产和生活中用作漂白剂、清洗剂和除锈剂。把沾有铁锈或蓝黑墨水迹的衣服在2%草酸溶液中浸泡几分钟，再用清水漂洗，痕迹即可除去。

苯甲酸及其钠盐广泛用作食品防腐剂，苯甲酸在人体内不积蓄，因而无害。苯甲酸与其他营养成分配合可配成鲜花保鲜液。苯甲酸与水杨酸配合可用于治疗脚癣等皮肤癣病。苯甲酸还是制备染料、香料和药物的原料。

## 二、乙酸乙酯

乙酸乙酯是具有香味的无色透明油状液体，沸点77℃，难溶于水，能溶解许多有机物，是良好的有机溶剂。

乙酸乙酯是最常见的酯类化合物，醇和酸反应脱水生成的化合物叫做酯。

酯的一般通式为 $R-\overset{O}{\underset{\|}{C}}-OR'$，其中 R 和 R′ 可以相同，也可以不同。酯类化合物是根据生成酯的酸和醇的名称来命名的。例如：

$H-\overset{O}{\underset{\|}{C}}-OCH_3$ 叫做甲酸甲酯；$CH_3-\overset{O}{\underset{\|}{C}}-OCH_3$ 叫做乙酸甲酯。

含碳原子较少的低级酯都是有芳香气味的液体，存在于各种水果和花草中，酯类可用作香料。白酒越陈越香就是因为酒中的乙醇在细菌和空气的作用下生成了少量醋酸（乙酸），乙醇和醋酸作用生成乙酸乙酯的缘故。

在有酸或碱存在的条件下，酯类与水作用能发生水解反应，生成相应的醇和酸。酯的水解反应是酯化反应的逆反应。

# 第五节 苯 酚

苯酚是苯的衍生物，是常见的、重要的芳香族化合物，在有机合成工业中有着广泛的应用。

羟基与苯环直接相连的化合物叫做酚。苯酚是最重要的酚。

苯酚的分子式是 $C_6H_6O$，它的结构式是：

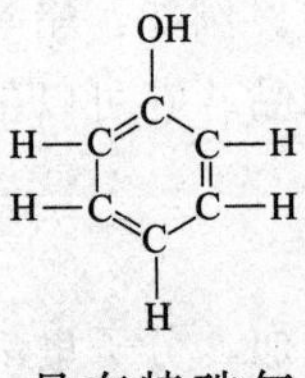

$$\begin{array}{c} \text{OH} \\ | \\ H-C \overset{\diagup}{\phantom{x}} \overset{\diagdown}{\phantom{x}} C-H \\ \| \quad \quad \| \\ H-C \underset{\diagdown}{\phantom{x}} \underset{\diagup}{\phantom{x}} C-H \\ | \\ H \end{array}$$ 简写为 [苯环-OH] 或 $C_6H_5OH$

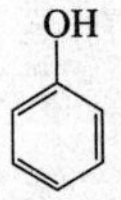

纯净的苯酚是无色、具有特殊气味的晶体，放在空气中会部分氧化而呈粉红色。常温时，苯酚在水中溶解度不大，当温度高于70℃时，能与水互溶。苯酚易溶于乙醇、乙醚等有机溶剂，苯酚有毒，可作环境消毒剂，药皂中含有少量苯酚。苯酚可配制软膏，有杀菌和防病作用。苯酚浓溶液对皮肤有强烈腐蚀性，使用时要小心，若不慎溅到皮肤上，应立即用酒精洗涤。

苯酚中的羟基，因受苯环影响，能微弱地电离出 $H^+$，具有弱酸性，所以苯酚又名石炭酸，可与强碱发生中和反应，用此性质可从煤焦油中提取苯酚。但苯酚不能使常用的酸碱指示剂变色，其酸性比碳酸更弱。

苯酚结构中的苯环，因受羟基的影响，较苯更易发生苯环上的取代反应，它在常温下，与溴水作用会产生三溴苯酚的白色沉淀，该反应灵敏，可作为苯酚的定性和定量分析。也可与硝酸作用生成三硝基苯酚，俗名苦味酸，又名黄色炸药。

苯酚遇三氯化铁溶液显紫色，利用这一反应也可检验苯酚的存在。

苯酚是重要的化工原料，可以用来制造酚醛塑料（俗名电木）、合成纤维（如绵纶）、医药、染料、农药等。

## 第六节 硝基苯 苯胺

硝基苯和苯胺都是重要的芳香族含氮化合物，在有机化学工业中都有重要应用。

### 一、硝基苯

分子中含有官能团硝基（—$NO_2$）的化合物称为硝基化合物，按烃基结构不同，硝基化合物分为脂肪族硝基化合物和芳香族硝基化合物。硝基苯是最重要的芳香族硝基化合物。硝基苯的构造简式为：⌬—$NO_2$，或简写成 $C_6H_5NO_2$。

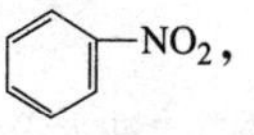

硝基苯为无色或浅黄色油状液体，熔点 5.7℃，沸点 210.8℃，比水重，具有苦杏仁气味，有毒，不溶于水，而易溶于乙醇、乙醚等有机溶剂。硝基苯可通过苯的硝化反应制得。硝基苯是生产苯胺及制备染料和药物的重要原料。此外，它还可用作溶剂和缓和的氧化剂。

### 二、苯胺

分子中有氨基（—$NH_2$）的化合物属于胺类化合物，苯胺是最重要的芳香胺。

苯胺的分子结构是：⌬—$NH_2$，由于官能团是氨基，故苯胺具有碱性，但碱性比氨（$NH_3$）要弱，利用这个性质，可以用酸分离或提纯苯胺。在常温下，苯胺也可与溴水作用产生三溴苯胺的白色沉淀，该反应非常灵敏，可用于鉴别苯胺。

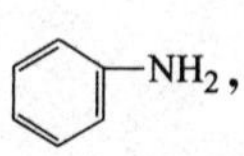

苯胺为无色液体，由于易被氧化，久置于空气中会变为红棕色。沸点 184℃，微溶于水，易溶于乙醚、汽油、苯等有机溶剂，有臭味，有毒。

苯胺是重要的有机合成原料。是制备橡胶促进剂、磺胺药物、染料及助剂的重要中间体。

## 第七节 杂环化合物

在有机化合物中大约有三分之一属于杂环化合物。所谓杂环化合物，是指分子中具有类似苯环，但形成环的除了碳原子外还有其他元素的原子的环状化合物。参与形成杂环的其他原子主要是：氧（O）、氮（N）、硫（S）。如：

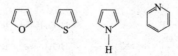

### 一、杂环化合物的分类

按照成环原子的多少，常见的杂环化合物分为五元环和六元环，如上例；按照环的数目和联结方式，分为单环和稠环。稠环如：

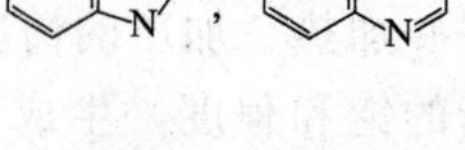

### 二、杂环化合物的命名

杂环化合物一般采用译音命名法：根据其英文读音，配以相应的口字旁的汉语同音字。举例如下：

呋喃　　噻吩　　吡咯　　吡啶　　喹啉

杂环化合物的种类和数目繁多，在自然界分布极广。如植物中的叶绿素和动物中的血红素都含有杂环结构，它们具有特殊的生理作用，中草药的有效成分生物碱绝大多数是复杂的含氮杂环化合物，杂环化合物与药物关系极为密切，几乎有约三分之一的药物属于杂环化合物。此外，杂环化合物也是合成许多药物、染料、塑料和合成纤维的原料。

## 第八节　油脂　尿素

**一、油脂**

油脂是人类的重要食物之一，是人体健康所需的营养物质。"油脂"是油和脂肪的简称，它存在于动、植物体内。常见的有豆油、花生油、猪油、牛油等，一般把室温下呈液态的称为油，呈固态或半固态的称为脂（肪）。天然油脂中大都是混合高级脂肪酸的甘油酯。

1. 油脂的组成和结构

油脂的主要成分一般是含偶数碳原子的直链高级脂肪酸的甘油酯。它们的结构可以表示如下：

$$\begin{array}{l} CH_2O-\overset{O}{\overset{\|}{C}}-R \\ CHO-\overset{O}{\overset{\|}{C}}-R' \\ CH_2O-\overset{O}{\overset{\|}{C}}-R'' \end{array}$$

式中，R、R′、R″代表饱和烃基或不饱和烃基，它们可以相同，也可以不同。

2. 油脂的性质

油脂的密度比水小，为 $0.9\sim0.95\ g\cdot cm^{-3}$。油脂不溶于水，易溶于有机溶剂。由于油脂都是混合物，因此没有恒定的熔点和沸点。

油脂具有酯的一般性质，但也有一些特有的反应。

（1）水解

在酸或碱的存在下，油脂与水能够发生水解反应，生成甘油和相应的高级脂肪酸。油脂在碱性条件下的水解反应也叫皂化反应。工业上就是利用皂化反应来制取肥皂的。

$$\begin{array}{l} CH_2O-\overset{O}{\overset{\|}{C}}-R \\ CHO-\overset{O}{\overset{\|}{C}}-R' \\ CH_2O-\overset{O}{\overset{\|}{C}}-R'' \end{array} + 3NaOH \xrightarrow{\Delta} \begin{array}{l} CH_2OH \\ CHOH \\ CH_2OH \end{array} + \begin{array}{l} RCOONa \\ R'COONa \\ R''COONa \end{array}$$

动物油脂　　　　　　　　　甘油　高级脂肪酸钠盐（肥皂）

（2）加成

液态油在有催化剂（如镍）存在并加热、加压的情况下，可以与氢气发生加成反应，使碳链中碳碳双键变成单键，提高油脂的饱和程度，生成固态油脂。这个反应叫油脂的氢化，也叫油脂的硬化。食品工业利用油脂硬化的原理来生产人造奶油。

（3）干化

有些油脂（如桐油）涂成薄层，在空气中很快就会结成薄膜，这种性质称为油脂的干化或干性。一般地说，油脂的不饱和程度愈大，油的干性也愈大。

(4) 油脂的酸败

油脂长期暴露在空气中会发生氧化和水解作用而产生酸臭和"哈喇味"，这种现象称为油脂的酸败。油脂的酸败是因为油脂受各种因素影响而分解产生一些醛、酮、羧酸等有特殊气味的物质所致。

受热、光照以及空气、重金属离子、微生物、水等影响因素，都可能加快油脂的酸败，因此不宜使用铁器或其他金属容器来储存油脂，放置时应选择避光、干燥处。酸败的油脂不能食用。

## 二、尿素

尿素或脲 [$CO(NH_2)_2$] 是哺乳动物体内蛋白质分解代谢的排泄物，它是人工合成的第一个有机化合物。在结构上，尿素可以看成是碳酸 $\left(\begin{array}{c}HOCOH\\ \|\\ O\end{array}\right)$ 分子中两个羟基被氨基（—$NH_2$）取代后的衍生物：

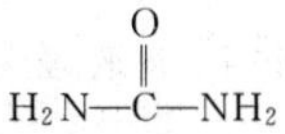

$$\begin{array}{c}O\\ \|\\ H_2N-C-NH_2\end{array}$$

但碳酸不稳定，尿素不是由碳酸直接制备的。工业上尿素是用二氧化碳和过量的氨气在加压、加热下直接合成的。

脲在酸、碱或尿素酶（存在于人尿中）的存在下，可水解生成氨或铵盐。因此，在农业生产中，尿素不能与碱性肥料（如草木灰）及酸性肥料（如氯化铵）混施。

尿素的用途很广，它不仅是目前含氮量最高的固体氮肥，而且还是重要的有机合成原料，尿素可用来合成脲醛树脂（俗称电玉）、药物、发泡剂等。

# 本 章 小 结

(1) 氯乙烷和氯乙烯

① 氯乙烷和氯乙烯都属卤代烃。卤原子是卤代烃的官能团。氯乙烷与氢氧化钠的水溶液作用发生取代反应生成乙醇，在氢氧化钠的醇溶液作用下，氯乙烷发生消除反应，脱去氯化氢生成乙烯。

② 氯乙烯分子中含不饱和键，可以发生聚合反应生成聚氯乙烯。

(2) 乙醇和乙醚

① 乙醇是醇类中最重要、最常见的化合物。醇是链烃基和羟基结合而成的化合物。羟基是醇的官能团。

② 乙醇氧化得到乙醛。乙醇在不同的条件下脱水可以得到乙醚或乙烯。

③ 乙醚是最常见的醚类化合物，乙醚是常用的低沸点有机溶剂。分子量相同的醇和醚互为同分异构体。

(3) 乙醛和丙酮

① 乙醛是醛类化合物的代表。醛是烃基与醛基相连而构成的化合物。醛基是醛的官能团。

② 乙醛经催化加氢还原得到乙醇。乙醛能与硝酸银的氨溶液发生银镜反应，也能与费林试剂作用。这是两种检验醛基的方法。

③ 丙酮是最简单、最常见的酮类化合物。酮是羰基直接与两个烃基相连的化合物，不

能发生银镜反应，酮可以在催化剂作用下与氢气发生加成反应。分子量相同的醛、酮互为同分异构体。

(4) 乙酸和乙酸乙酯

① 乙酸俗称醋酸，是羧酸中最常见、最重要的化合物。羧酸是烃基与羧基相连而构成的化合物。

② 乙酸是一种弱酸，具有酸的通性。乙酸与乙醇在浓硫酸的催化下发生酯化反应生成乙酸乙酯和水。

③ 乙酸乙酯是最常见的酯类化合物。酯类化合物是根据生成酯的酸和醇的名称称为某酸某酯。酯类化合物具有特殊的香味，常用作香料。酯类化合物在酸或碱的催化下可以发生水解反应生成相应的酸和醇。酯类的碱性水解反应叫做皂化反应。

(5) 苯酚

① 苯酚又名石炭酸，是最重要的酚类化合物。酚是羟基与苯环直接相连的芳烃的衍生物。苯酚具有酸性，但酸性比碳酸更弱，不能使酸碱指示剂变色。

② 苯酚易发生苯环上的取代反应，如与溴水作用生成三溴苯酚白色沉淀，此反应可用于苯酚的定性和定量分析。苯酚遇三氯化铁溶液显紫色，此反应也可检验苯酚的存在。

(6) 硝基苯和苯胺

① 硝基苯属于含氮化合物，是最重要的芳香族硝基化合物。硝基苯是生产苯胺及制备染料和药物的重要原料。

② 苯胺是最重要的芳香胺，具有碱性，易氧化。苯胺是重要的有机合成中间体

(7) 杂环化合物

分子中含有碳原子和其他原子参与形成且与苯环类似的环状结构的化合物称为杂环化合物。杂环化合物的种类和数目繁多。杂环化合物命名采用译音法。杂环化合物与药物关系极为密切，几乎有约三分之一的药物属于杂环化合物，杂环化合物也是合成许多药物、染料、塑料和合成纤维的原料。

(8) 油脂和尿素

① 油脂是含偶数碳原子的直链高级脂肪酸的甘油酯。"油脂"是油和脂肪的统称，常温下呈液态的为油，常温下呈固态的为脂肪。

② 油脂具有酯的一般性质，也有一些特性。油脂为人类食物中的三大营养物之一，也是工业上的重要原料。

③ 尿素也称脲，是哺乳动物体内蛋白质分解代谢的产物。尿素是最重要的氮肥，也是重要的有机合成原料。

## 思考与练习

1. 填空题

(1) 下列物质中，与钠反应放出氢气的是_____，能使蓝色石蕊试纸变红的是_____，能作为预防流行性感冒的消毒剂是_____。

① 乙酸    ② 乙醛    ③ 乙醇    ④ 苯酚

(2) 以下是一些物质的分子式或结构式

① HCHO    ② $CCl_4$    ③ $C_{17}H_{35}COONa$

④ CH₂—OH
　　|
　　CH—OH
　　|
　　CH₂—OH

⑤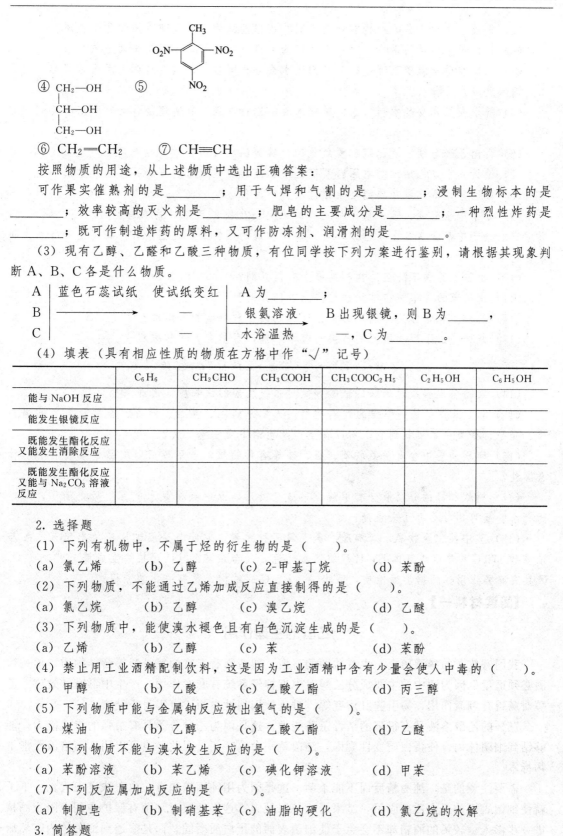

⑥ CH₂=CH₂　　⑦ CH≡CH

按照物质的用途，从上述物质中选出正确答案：

可作果实催熟剂的是_____；用于气焊和气割的是_____；浸制生物标本的是_____；效率较高的灭火剂是_____；肥皂的主要成分是_____；一种烈性炸药是_____；既可作制造炸药的原料，又可作防冻剂、润滑剂的是_____。

(3) 现有乙醇、乙醛和乙酸三种物质，有位同学按下列方案进行鉴别，请根据其现象判断 A、B、C 各是什么物质。

| A | 蓝色石蕊试纸 | 使试纸变红 | A 为_____； |
| B | → | — | 银氨溶液　B 出现银镜，则 B 为_____， |
| C |   | — | 水浴温热　—，C 为_____。 |

(4) 填表（具有相应性质的物质在方格中作"√"记号）

|  | $C_6H_6$ | $CH_3CHO$ | $CH_3COOH$ | $CH_3COOC_2H_5$ | $C_2H_5OH$ | $C_6H_5OH$ |
|---|---|---|---|---|---|---|
| 能与 NaOH 反应 |  |  |  |  |  |  |
| 能发生银镜反应 |  |  |  |  |  |  |
| 既能发生酯化反应又能发生消除反应 |  |  |  |  |  |  |
| 既能发生酯化反应又能与 $Na_2CO_3$ 溶液反应 |  |  |  |  |  |  |

2. 选择题

(1) 下列有机物中，不属于烃的衍生物的是（　　）。
(a) 氯乙烯　　(b) 乙醇　　(c) 2-甲基丁烷　　(d) 苯酚

(2) 下列物质，不能通过乙烯加成反应直接制得的是（　　）。
(a) 氯乙烷　　(b) 乙醇　　(c) 溴乙烷　　(d) 乙醚

(3) 下列物质中，能使溴水褪色且有白色沉淀生成的是（　　）。
(a) 乙烯　　(b) 乙醇　　(c) 苯　　(d) 苯酚

(4) 禁止用工业酒精配制饮料，这是因为工业酒精中含有少量会使人中毒的（　　）。
(a) 甲醇　　(b) 乙酸　　(c) 乙酸乙酯　　(d) 丙三醇

(5) 下列物质中能与金属钠反应放出氢气的是（　　）。
(a) 煤油　　(b) 乙醇　　(c) 乙酸乙酯　　(d) 乙醚

(6) 下列物质不能与溴水发生反应的是（　　）。
(a) 苯酚溶液　　(b) 苯乙烯　　(c) 碘化钾溶液　　(d) 甲苯

(7) 下列反应属加成反应的是（　　）。
(a) 制肥皂　　(b) 制硝基苯　　(c) 油脂的硬化　　(d) 氯乙烷的水解

3. 简答题

(1) 什么叫烃的衍生物？什么叫做官能团？举例说明。

(2) 比较乙烷和乙醇的结构有什么不同？指出乙醇的主要物理性质和化学性质。

(3) 举例说明酒精的用途。为什么酒密封后存放在地窖里年限越长酒越香？

(4) 乙醇在适当温度下可进行分子内脱水或分子间脱水，这两种脱水反应是否都可以看作是消除反应？为什么？

(5) 暖水瓶里容易积水垢，人们常倒入食醋进行洗涤，其道理是什么？写出有关化学方程式。

(6) 写出乙酸与镁、氧化铜、氢氧化钠、碳酸钠反应的化学方程式。

(7) 设计一个以乙烯为基本原料制取乙酸乙酯的过程（可用方块关系图表示）。

(8) 你已学过哪几种物质能发生银镜反应？为什么？

(9) 分子中含有碳、氢、氧三种元素的烃类衍生物，已学过的有醇、酸、醛、酮等类，假定它们分子中都含有3个碳原子，写出各类物质的结构式，说出名称，并指出哪些互为同分异构体。

(10) 比较乙醇和苯酚在结构和性质上有何异同？

(11) 比较苯酚和苯胺在结构和性质上有何异同？

(12) 怎样用化学方法区别乙醇、乙醛和乙酸三种物质的水溶液？

(13) 怎样完成下列物质间的转换？各举一例，写出有关化学方程式。

$$乙醚 \underset{③}{\overset{①}{\rightleftharpoons}} 乙醇 \underset{}{\overset{②}{\rightleftharpoons}} 乙醛 \overset{④}{\longrightarrow} 乙酸 \underset{⑥}{\overset{⑤}{\rightleftharpoons}} 乙酸乙酯$$

(14) 实验室里盛放过苯酚的试管和做过银镜反应的试管应如何洗涤？为什么？

(15) 3,4-苯并芘是一种强的致癌物质，人们从煤烟、焦油、沥青、香烟及烧焦的蛋白质、脂肪、糖类中都可找到它。所以在生产及生活中应注意什么？

(16) 印刷油墨中含有多氯联苯、铅、砷等有毒物质，若用废旧印刷品包装食物会有什么害处？

(17) 蚂蚁和蜂的分泌液含有甲酸。当被叮咬后，涂一点稀氨水就可止痒止痛了，这是为什么？还可用什么办法来止痛？

(18) 某中性化合物 A，含有碳、氢、氧三种元素。它能与金属钠反应放出氢气。A 与浓硫酸170℃共热生成气体 B；B 可使溴水褪色。A 与浓硫酸140℃共热生成液态化合物 C，C 具有麻醉作用。根据上述性质，写出 A、B、C 的结构式及有关化学方程式。

**【阅读材料一】**

## 乙醇的生理作用

我国有悠久的酿酒历史，也有饮酒的习俗。酿造酒有丰富的氨基酸等营养物质。但是饮酒必须适量。因为酒中的主要成分乙醇对中枢神经系统有麻痹作用，产生中毒麻醉效应。乙醇对肠胃有刺激作用，易引起肝病变等。过度饮用烈性白酒，有害身心健康。

75%的乙醇溶液具有很强的消毒杀菌能力。这是因为乙醇分子具有很强的渗透能力，能够钻到细菌体内，使蛋白质变性凝固，细菌就一命呜呼了。因此，也可以用乙醇溶液浸泡生物标本。

需要注意的是，纯酒精反而不能杀菌。这是因为用纯酒精消毒，由于浓度太大，一下子就使细菌表面的蛋白质凝固了，结果形成一层硬膜。这层硬膜对细菌有保护作用，阻止酒精进一步渗入。较稀的酒精却不会急于使细菌表面的蛋白质凝固，而是渗透到细菌体内，然后把整个细菌体内的蛋白质统统凝固起来。这样就达到了良好的消毒目的。

**【阅读材料二】**

## 肥皂和合成洗涤剂

  肥皂是广泛使用的洗涤剂，具有去污作用。肥皂之所以能够去污，是因为肥皂分子有两种基团：一种是亲水（水溶性）的羧基，另一种是憎水（亲油）的长链烃基。洗涤时，肥皂分子中的长链烃基可伸入到被洗物（织物）上的油污内，羧基则在水中，油滴被肥皂分子包围起来，使油污微粒乳化，并分散悬浮于水中，形成乳浊液。此外，由于肥皂分子的亲水基团插入水中而憎水基团又伸出在水面外，削弱了水分子间的引力，使水的表面张力降低，油污易被润湿渗透，从而使油污与它的附着物（纤维）逐渐松开，经揉、搓及机械摩擦而脱离附着物，并分散成细小的乳浊液，再经水漂洗而去。由于分子组成的原因（高级脂肪酸的钠盐或钾盐），肥皂在使用上存在着一些缺点，如在酸性水或硬水中就不宜使用。因为在酸性溶液中肥皂能生成不溶于水的脂肪酸析出，在硬水中使用则因生成不溶于水的脂肪酸钙盐和镁盐而失去了去污作用。近年来，以石油加工产品为原料，合成了多种洗涤剂。而合成洗涤剂的显著优点，就是在硬水及酸性水中均可使用。

  合成洗涤剂是具有去污作用的化学合成制品，是一种表面活性剂，在水溶液中能降低水的表面张力。其去污原理和肥皂相似，它们分子结构中同样具有亲水（溶于水）基团和憎水（不溶于水）基团。合成洗涤剂种类很多，根据结构特点分为离子型和非离子型两大类。离子型又包括阴离子型和阳离子型两种。阴离子型应用最广泛，常见有烷基磺酸钠 R—$SO_3$Na 和烷基苯磺酸钠 R—〈苯环〉—$SO_3$Na 两种。目前市售洗衣粉主要是烷基苯磺酸钠。可在酸性溶液及硬水中使用。阳离子型的如"新洁尔灭"，主要成分是溴化二甲基苄基十二烷基铵，去污能力较差，但有灭菌作用。非离子型如"洗净剂"，结构式为 R—〈苯环〉—O$(CH_2CH_2—O)_n$H，$n$ = 6～12，R 为 $C_8$～$C_{10}$ 的烷基，是一种黏稠的液体，易溶于水，洗涤效果良好。除用于家庭洗涤外，广泛用于纺织、印染、选矿、制革、化妆品、金属加工等行业。

  日用洗涤剂中一般加有辅助剂（如磷酸盐），辅助剂的加入能改善洗涤剂的功能。洗涤剂使用后的洗涤污水会给环境带来影响甚至危害。特别是含量高（可达洗涤剂质量的 50% 左右）的辅助剂磷酸盐随着洗涤污水汇同人类尿等生活污水中的 N、C 等一起排入水域中，使水中浮游生物繁殖所需的 N、P 等营养元素增加，造成水体富营养化现象，使水区环境退化。减少洗涤剂中的含磷量是防止水体发生富营养化、保护水质的重要举措，应大力提倡使用无磷洗涤剂。

# 第十四章 其他常见有机物

> 【学习目标】
> 　　了解重要糖的主要化学性质；了解蛋白质的组成、性质；了解高分子化合物的一般概念；了解合成材料的基本性能和用途；*了解一些新型高分子材料的性能和用途。

　　在日常生活中人们所熟悉的葡萄糖、蔗糖、淀粉、蛋白质、塑料、橡胶等都是重要的有机物。它们与人们生活有着密切的关系，在国民经济发展中具有重要作用。为了进一步了解这些有机物，本章将学习糖类、蛋白质和高分子化合物。

## 第一节　糖　类

　　糖类是自然界中分布极广的一类重要的有机化合物。糖类是绿色植物光合作用的主要产物，它把来自太阳的能量储存起来，是动、植物生命活动所需能量的重要来源。

　　从化学结构上看，糖类是一类多羟基醛或多羟基酮，或者水解后可以生成多羟基醛或多羟基酮的化合物。

　　根据能否水解及水解产物的不同糖类可分为单糖、低聚糖和多糖。

### 一、单糖

　　单糖是指不能发生水解的糖。单糖根据其分子中含有醛基或酮基而分为醛糖和酮糖。单糖中较为重要的是葡萄糖和果糖。

　　1. 葡萄糖

　　葡萄糖是白色晶体，易溶于水，有甜味，它广泛存在于生物体中，在成熟的葡萄和甜味果实的汁液中含量较为丰富，在人体与动物组织中也含有葡萄糖，存在于血液中的葡萄糖在医学上称为血糖。

　　葡萄糖的分子式为 $C_6H_{12}O_6$，结构简式是 $CH_2OH-CHOH-CHOH-CHOH-CHOH-CHO$。

　　葡萄糖是一种多羟基醛。分子中的醛基易被氧化成为羧基，因此，它具有还原性，能发生银镜反应，也能与费林试剂作用。

　　葡萄糖是人体必需的营养物质，它是人类生命活动所需能量的重要来源之一，它在人体组织中发生氧化还原反应，放出热量，供人们活动所需。葡萄糖在医疗上用作营养剂，并兼有强心、利尿、解毒等作用，5%～10%的葡萄糖溶液可用于病人输液以补充营养。葡萄糖还是制取维生素C、$B_2$和葡萄糖酸钙等药物的原料。葡萄糖也用于糖果制造业和制镜工业，热水瓶胆镀银常用葡萄糖作还原剂。

　　2. 果糖

　　果糖存在于水果及蜂蜜中，果糖是白色结晶，易溶于水。它是最甜的一种糖。果糖具有供给热能、补充体液及营养全身的作用。

果糖和葡萄糖互为同分异构体。果糖的结构简式是 $CH_2OH—CHOH—CHOH—CHOH—CO—CH_2OH$。

果糖是一种多羟基酮，果糖分子中含有酮基，没有醛基，但在碱性条件下，可以转变为醛基。所以，果糖也具有还原性，葡萄糖和果糖都称为还原糖。

## 二、低聚糖

低聚糖是指能水解成几个分子单糖的糖。在低聚糖中以二糖最为重要，常见的二糖是蔗糖和麦芽糖。

### 1. 蔗糖

蔗糖主要存在于甘蔗和甜菜中，蔗糖是白色晶体，易溶于水，甜味仅次于果糖。食用的红糖、白糖、冰糖主要成分都是蔗糖，它是重要的甜味食物。

蔗糖的分子式是 $C_{12}H_{22}O_{11}$。蔗糖的分子结构中不含有醛基，蔗糖不显还原性，是一种非还原糖。

蔗糖在硫酸或酶的催化作用下，水解生成一分子葡萄糖和一分子果糖。

我国南方各省盛产甘蔗，华北及东北地区，是甜菜的产地，这都为蔗糖的生产提供了丰富的资源。

### 2. 麦芽糖

麦芽糖主要存在于麦芽中，故称为麦芽糖。饴糖就是麦芽糖的粗制品。

麦芽糖是白色晶体（常见的麦芽糖是没有结晶的糖膏），易溶于水，有甜味，但不如蔗糖甜。

麦芽糖在硫酸或酶的催化作用下，水解生成两分子葡萄糖。

蔗糖和麦芽糖互为同分异构体。麦芽糖的分子结构中含有醛基，因此具有还原性，也属于还原糖。

麦芽糖可用含淀粉较多的农产品如大米、玉米、薯类等作为原料，在淀粉酶（大麦芽产生的酶）的作用下，发生水解反应而生成。

## 三、多糖

多糖是指水解后能生成许多单糖分子的糖。自然界中常见的多糖有淀粉和纤维素，它们的通式为 $(C_6H_{10}O_5)_n$。由于 $n$ 值的不同，所以淀粉和纤维素不是同分异构体，它们是天然高分子化合物。

多糖没有甜味，没有还原性，是非还原糖。

### 1. 淀粉

淀粉是绿色植物进行光合作用的产物，是人类的主要食物。淀粉主要存在于植物的种子或块根中，例如大米约含淀粉 80%，小麦约含 70%，马铃薯约含 20% 等。

淀粉是白色粉末，它不溶于冷水，在热水中淀粉颗粒会膨胀破裂，有一部分淀粉会溶解在水中，另一部分悬浮在水中，形成胶状淀粉糊。

淀粉是由成百上千个葡萄糖单元构成的高分子化合物。它在稀酸或酶的催化作用下，可以水解生成一系列的中间产物，最后得到葡萄糖。人们在吃饭时多加咀嚼，会感到有些甜味，就是因为部分淀粉水解产生葡萄糖的缘故。

【演示实验 14-1】 在试管里加入 0.5g 淀粉和 4mL 水，加热 3~4min，冷却后滴入碘水，观察发生的现象。

淀粉遇碘发生颜色反应，呈现蓝色，反应非常灵敏。常用此法检验淀粉或碘。

淀粉是一种工业原料，可以用来制葡萄糖和酒精等。

#### 2. 纤维素

纤维素是自然界中分布最广的一种多糖。它存在于一切植物体内，是构成植物细胞壁的主要成分。棉花、木材及大麻等，其主要成分均为纤维素，蔬菜中也含有较多的纤维素。

纤维素是白色、无臭、无味的物质，不溶于水，也不溶于一般的有机溶剂，性质较为稳定。

纤维素可以发生水解，但要比淀粉困难。一般在浓酸中或用稀酸在一定压强下长时间加热进行，水解的最后产物也是葡萄糖。

纤维素分子中大约含有几千个葡萄糖单元。它的相对分子质量约为几十万。纤维素分子中葡萄糖单元之间的结合方式与淀粉不同。人和大多数哺乳动物体内缺乏纤维素酶，不能消化纤维素，但在食物中配以适量的纤维素（蔬菜）能促进消化液的分泌，刺激肠道蠕动，减少胆固醇的吸收和肠道疾病。在牛、马、羊等食草动物的肠胃消化液中有纤维素酶，能使纤维素水解生成葡萄糖，所以纤维素是这些动物的食物。

纤维素常用于制造纤维素硝酸酯、纤维素乙酸酯、粘胶纤维和纸等。纤维素硝酸酯（俗称硝酸纤维）可用于制无烟火药、喷漆和塑料（如赛璐珞）。纤维素乙酸酯俗名醋酸纤维，多用于制电影胶片片基。粘胶纤维可用作纺织原料（如人造丝、人造棉）和制玻璃纸。造纸一般先把植物纤维制成纸浆，然后加工成纸张。

## 第二节 蛋白质

蛋白质是组成细胞的基本物质，存在于一切生物体中。从高等植物到低等的微生物，从人类到最简单的生物——病毒，都含有蛋白质，并以蛋白质为主要的组成成分。生物所特有的生长、繁殖、运动、消化、分泌、免疫、遗传和变异等一切活动都与蛋白质密切相关。酶是一种具有催化作用的蛋白质，生物体内一刻不停地进行着的各种化学反应都离不开酶的作用。因此，蛋白质是生命的物质基础，生命是蛋白质的存在形式，没有蛋白质就没有生命。

### 一、蛋白质的组成

所有的蛋白质都含有碳、氢、氧、氮四种元素，多数含有硫元素，某些蛋白质还含有磷、碘或金属元素如铁、铜、锌等。蛋白质是天然高分子，它们的相对分子质量很大。多数蛋白质的相对分子质量范围在1.2万至100万间。例如，牛奶里所含的各种蛋白质的相对分子质量小的为75000，相对分子质量最大的可达375000左右。各种蛋白质在催化剂的作用下都可发生水解，水解的最终产物是 $\alpha$-氨基酸。因此 $\alpha$-氨基酸是组成蛋白质的基本单元。$\alpha$-氨基酸是氨基（—$NH_2$）与羧基连接在同一个碳原子上的氨基酸。其结构通式如下：

$$R-\underset{NH_2}{\overset{H}{C}}-COOH$$

$\alpha$-氨基酸中的 R 基侧链是各种氨基酸的特征基团。最简单的 $\alpha$-氨基酸是甘氨酸，其中的 R 是一个氢原子，即 $H_2N-CH_2-COOH$ 。

蛋白质是由许多 $\alpha$-氨基酸脱水缩合而成的具有复杂空间结构的高分子化合物。由于 $\alpha$-氨基酸的种类很多，组成蛋白质时 $\alpha$-氨基酸的种类、数量和排列顺序各不相同，所以蛋白质的分子结构很复杂，种类繁多。研究蛋白质的结构和组成，进一步探索生命现象，是科学研究中的重要课题。1965年我国科学家在世界上首次用人工方法合成了具有生命活力的蛋白质——结晶牛胰岛素。1971年又完成对猪胰岛素结构的测定工作，这些都标志着我国在当时的生命科学方面已处于世界先进水平。而目前，我国在以克隆技术、基因工程为主要标志的生命科学研究领域依然处于世界先进水平。

## 二、蛋白质的性质

1. 水解

蛋白质在酸、碱或酶的作用下，逐步水解成分子量较小的化合物，最后得到各种α-氨基酸。

食物中的蛋白质在人体里各种蛋白酶的作用下水解成各种氨基酸，然后被肠壁吸收进入血液，再在体内重新合成人体所需要的蛋白质。

2. 盐析

少量的盐（如硫酸铵、硫酸钠、氯化钠等）能促进蛋白质溶解。但如果向蛋白质溶液中加入浓的盐溶液，反而使蛋白质的溶解度降低而从溶液中析出，这种作用叫做盐析。这样析出的蛋白质在继续加水时仍能溶解，并不影响原来蛋白质的性质。采用多次盐析和溶解，可以分离或提纯蛋白质。

3. 变性

蛋白质在某些物理及化学因素作用下，改变其原有的某些性质叫做蛋白质的变性。能使蛋白质变性的物理因素有加热、加压、紫外线、X射线、超声波等；化学因素有强酸、强碱、酒精、重金属盐类等。变性后的蛋白质溶解度降低，甚至凝结或产生沉淀，同时也失去原有的生理活性。蛋白质的变性有许多实际应用，如解救重金属盐（铜盐、铅盐、汞盐等）中毒的病人时，服用大量含蛋白质丰富的生鸡蛋、牛奶或豆浆使重金属盐与之结合而生成变性蛋白质，减少了人体蛋白质的受损，以达到解毒的目的。在临床上用酒精、蒸煮、高压和紫外线等方法进行消毒杀菌；在食品加工中腌制松花蛋等等，都是利用蛋白质变性作用。

4. 颜色反应

蛋白质能与许多试剂发生颜色反应。

（1）缩二脲反应

蛋白质在浓碱（如NaOH）溶液中与硫酸铜溶液反应呈现紫色或红色。蛋白质的含量越多，产生的颜色也越深。

（2）黄蛋白反应

在蛋白质溶液中加入浓硝酸有白色沉淀产生，加热，沉淀变黄色，冷却后加氨水，沉淀变橙色，含有苯基的蛋白质能发生这个反应。皮肤、指甲等不慎沾上浓硝酸后，出现黄色就是这个缘故。

# 第三节　高分子化合物

有机高分子化合物分为天然有机高分子化合物和合成有机高分子化合物两大类。淀粉、纤维素、蛋白质等都是天然有机高分子化合物。塑料、合成纤维、合成橡胶等是人工合成的高分子化合物。这里，主要了解合成有机高分子化合物的性能和用途。

## 一、高分子化合物的基本概念

高分子化合物简称高分子或高聚物，是成千上万个原子彼此以共价键连接的大分子化合物。它们具有较大的相对分子质量，一般为几万到几十万，甚至达数百万。但化学组成比较简单，都是由简单的结构单元以重复的方式构成的。例如聚氯乙烯分子是由许多氯乙烯结构单元重复连接而成：

$$\begin{array}{c}\text{H H H H H H H H}\\|\ |\ |\ |\ |\ |\ |\ |\\-C-C-C-C-C-C-C-C-\\|\ |\ |\ |\ |\ |\ |\ |\\\text{H Cl H Cl H Cl H Cl}\end{array}$$

为方便起见，常将上式缩写成：

$$\begin{bmatrix}\text{H H}\\|\ |\\ \text{C}-\text{C}\\|\ |\\\text{H Cl}\end{bmatrix}_n \quad \text{或} \quad +\text{CH}_2-\text{CHCl}\!\!+_n$$

其中 $+\text{CH}_2-\text{CHCl}+$ 是重复结构单元，叫做链节。形成结构单元的化合物（如氯乙烯）叫做单体。$n$ 是重复结构单元数，叫做聚合度。

$$n\text{CH}_2\!\!=\!\!\text{CHCl} \longrightarrow +\text{CH}_2-\text{CHCl}+_n$$
$$\quad\ \ \text{单体}\qquad\qquad\ \ \text{链节}\quad\text{聚合度}$$

天然或合成的高分子化合物实际上是由许多链节结构相同，而聚合度不同的化合物组成的混合物，因此高分子化合物的相对分子质量只是平均相对分子质量。

根据高分子化合物分子的形状不同，它们又可以分为"线型"和"体型"（网状）两种结构。线型结构是许多链节连成一个长链（包括有支链的），它是卷曲呈不规则的线团状。体型结构是带有支链的线型高分子之间互相交联成立体网状结构。体型结构中，有的交联多，有的交联少，如图14-1所示。

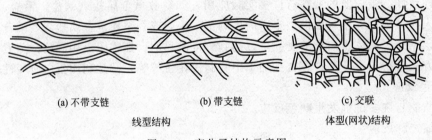

(a) 不带支链　　　　　(b) 带支链　　　　　　(c) 交联
　　　线型结构　　　　　　　　　　　体型(网状)结构

图 14-1　高分子结构示意图

合成高分子化合物的命名，一种是在单体前加"聚"字。如聚乙烯、聚氯乙烯；另一种是在简化的单体名称后面加上"树脂"二字，如酚醛树脂（它是由甲醛和苯酚缩聚得到的），环氧树脂，脲醛树脂等。商业上多用商品名称。表14-1列出一些高分子化合物的商品名称（表中的"纶"是指由该聚合物制成的合成纤维，有机玻璃、电木、电玉是指由该树脂制成的塑料）。

表 14-1　一些高分子化合物的商品名称

| 聚合物 | 商品名称 | 聚合物 | 商品名称 |
|---|---|---|---|
| 聚氯乙烯 | 氯纶 | 聚甲基丙烯酸甲酯 | 有机玻璃 |
| 聚乙酸乙烯酯 | 维尼纶 | 聚对苯二甲酸乙二酯 | 的确良、涤纶 |
| 聚丙烯 | 丙纶 | 聚乙烯 | 乙纶 |
| 聚丙烯腈 | 腈纶 | 聚四氟乙烯 | 氟纶 |
| 聚己内酰胺 | 尼龙（或锦纶）-6 | 酚醛树脂 | 电木 |
| 聚酰胺-66 | 尼龙（或锦纶）-66 | 脲醛树脂 | 电玉 |

## 二、高分子化合物的特性

由于高分子化合物的（平均）相对分子质量和结构与小分子化合物有很大区别，所以高分子化合物的性质与小分子化合物也有很大不同。高分子具有如下特殊性能：热塑性、热固性、绝缘性、稳定性、弹性、塑性，相对密度小，机械强度高等。

1. 热塑性和热固性

线型结构的高分子化合物在一定的温度范围内，受热会软化，软化后，熔化成流动的液体，冷却后变成固体，再加热又软化。线型高分子的这种性质叫做热塑性。这不但使高分子材料便于加工，还可以多次重复操作，加热软化后，可以加工成为各种形状的塑料制品，也可制成纤维。

体型结构的高分子加热后不会熔化、流动。当加热到一定温度时结构遭到破坏，这种性质叫做热固性。因此体型高分子一旦加工成型后，不能通过加热重新回到原来的状态。所以它的硬度较大，脆性较大，难溶解和熔化。

2. 良好的绝缘性能

高分子化合物中的原子是以共价键结合起来的，分子既不能电离，也不能在结构中传递电子，所以高分子化合物具有良好的绝缘性能。电线的包皮、电插座等都是用塑料制成。此外，高分子化合物对多种射线如 $\alpha$，$\beta$，$\gamma$ 和 X 射线有抵抗能力，可以抗辐射。

3. 化学稳定性

高分子化合物的分子链缠绕在一起，活泼性基团少，活泼的官能团又包在里面，不易与化学试剂反应，化学性质通常很稳定。高分子化合物具有耐酸、耐碱、耐腐蚀等特性，著名的"塑料王"聚四氟乙烯，即使把它放在王水中也不会变质，是优异的耐酸、耐腐蚀材料。

4. 弹性与塑性

具有一定柔顺性的线型高聚物分子，在通常情况下呈卷曲状。当受到外力作用时，会发生较大的形变，当外力去掉后，能迅速恢复其原来的形状，这种性质叫做弹性。生胶是一种线型高分子物，它有较大的弹性。体型高分子化合物如交联程度不大的硫化橡胶（橡皮），其变形量可达 500%～1000%，但如果是交联程度很大的体型分子就失去了弹性，如硬橡胶。

在一定条件下，高分子物有良好可塑性，便于加工，能拉成丝、吹成薄膜、

5. 密度和机械强度

合成高分子化合物一般比金属材料轻得多，高分子相对密度通常在 1～2 之间，聚丙烯塑料的相对密度是 0.91，泡沫塑料的相对密度只有 0.01，比水轻 100 倍，是非常好的救生材料。高分子材料相对密度小，但强度高，有的工程塑料的强度超过钢铁和其他金属材料。如玻璃钢的强度比合金钢大 1.7 倍，比钛钢大 1 倍。由于质轻、强度高、耐腐蚀、价廉，所以高分子材料在不少场合已逐步取代金属材料，全塑汽车的问世是典型的例子。

高分子化合物有越来越广泛的用途。合成高分子的消费量也在迅速增加，据统计 1976 年合成高分子材料的世界产量按体积计算已超过金属材料。20 世纪末 21 世纪初按质量计算也已超过金属材料。

高分子材料也有缺点，它们一般不耐高温，容易燃烧。不易分解，如废弃的快餐盒和塑料袋等对环境已构成特殊污染，称为"白色污染"。高分子材料容易老化，所谓老化就是高分子材料受到光、热、空气、潮湿、腐蚀性气体等综合因素的影响，逐步失去原有的优良性能，以至最后不能使用。所以减少或延迟老化，提高高分子的耐热性能等，都成为高分子材料的重要研究课题。

**三、常见高分子材料**

按照应用，通常把高分子材料分为塑料、合成纤维和合成橡胶，称为三大有机合成材料。

1. 塑料

塑料是指在一定的温度和压强下可塑制成型的合成高分子材料。工业上以合成树脂为基本原料，加上适量的添加剂和填充料以改善某些性能，在一定的温度、压强下加工处理获得各种塑料制品。

塑料可分为热塑性塑料和热固性塑料。热塑性塑料一般是线型高分子，热固性塑料为体型高分子。按塑料的用途又可分为通用塑料、工程塑料、增强塑料和特种塑料。常见塑料的分类、品种和代号如图 14-2。

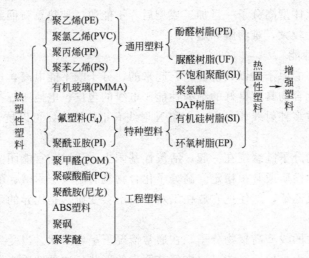

图 14-2　常见塑料的分类

几种主要塑料以及它们的性质和用途，见表 14-2。

表 14-2　几种常见塑料的性质和用途

| 名　称 | 性　能 | 用　途 |
|---|---|---|
| 聚乙烯 | 耐寒、耐化学腐蚀、电绝缘性好，无毒<br>耐热性差，容易老化<br>不宜接触汽油、煤油。制成的器皿不宜长时间存放食油、饮料 | 制成薄膜，可作食品、药物的包装材料；可制日常用品管道、绝缘材料、辐射保护衣等 |
| 聚氯乙烯 | 耐有机溶剂，耐化学腐蚀，电绝缘性能好，耐磨、抗水性好<br>热稳定性差，遇冷变硬，透气性差<br>制成的薄膜不宜用来包装食品 | 硬聚氯乙烯：作管道、绝缘材料等<br>软聚氯乙烯：制薄膜、电线外皮、软管、日用品等<br>聚氯乙烯泡沫塑料：制建筑材料、日常用品等 |
| 聚苯乙烯 | 电绝缘性好，透明度高，室温下硬、脆，温度较高时变软，染色后色泽鲜艳<br>耐溶剂性差 | 制高频绝缘材料，电视雷达部件，汽车、飞机零件，医疗卫生用品以及离子交换树脂等 |
| 聚四氟乙烯 | 耐低温(−100℃)，高温(350℃)，耐化学腐蚀，耐溶剂好，电绝缘性好 | 制电气、航空、化学、冷冻、医药工业耐腐蚀、耐高温、耐低温的制品 |
| 聚甲基丙烯酸甲酯 | 透光性好，质轻、耐水，容易加工，不易碎裂；耐磨性较差，能溶于有机溶剂，易受强酸、强碱侵蚀 | 制飞机、汽车用玻璃，光学仪器，日常用品等 |
| 环氧树脂 | 高度粘合力，加工工艺性好，耐化学腐蚀，电绝缘性好，机械强度高，耐热性好 | 广泛用作黏合剂，作层压材料、机械零件，与玻璃纤维复合制成的增强塑料用于宇航等领域 |

2. 合成纤维

纤维可分为天然纤维白化学纤维两大类。化学纤维又可分为人造纤维和合成纤维。人造纤维是利用不能直接纺织的天然纤维（如木材、棉短线）作原料经化学处理制成。合成纤维是利用石油、煤、天然气等为原料，经过化学合成和机械物理加工制成的一种人造纤维。

在合成纤维中最重要的是聚酰胺纤维（锦纶）、聚酯纤维（涤纶）和聚丙烯腈纤维（腈纶），被称为三大合成纤维。这三种合成纤维总产量占全部合成纤维产量的90%左右。表14-3列出几种主要合成纤维的性质和用途。

表14-3　几种主要合成纤维的性质和用途

| 名　称 | 商品名 | 性　能 | 用　途 |
| --- | --- | --- | --- |
| 聚己内酰胺 | 锦纶 | 比棉花轻，强度高，弹性、耐磨性、耐碱性和染色性都好　耐光性差，不能长期曝晒，保型性、吸水性差 | 制绳索、渔网、轮胎帘子线，降落伞以及衣料织品、袜子等 |
| 聚丙烯腈 | 腈纶（人造羊毛） | 比羊毛轻而结实，保暖性、耐光性、弹性都好　不容易染色，不耐碱 | 制衣料织品、毛毯、工业用布、滤布、幕布等 |
| 聚对苯二甲酸乙二醇酯 | 涤纶或的确良 | 易洗，易干，保型性好抗折皱性强。耐碱、耐磨、耐氧化　不耐浓碱，染色性较差 | 制衣料织品、电绝缘材料、渔网绳索、运输带、人造血管、轮胎帘子线 |
| 聚氯乙烯 | 氯纶 | 保暖性、耐腐蚀性、电绝缘性好　耐热性、耐光性、染色性差 | 制针织品、工作服、绒线、毛毯棉絮、渔网、滤布、帆布和电绝缘材料等 |
| 聚丙烯 | 丙纶 | 机械强度高，耐磨性、耐化学腐蚀性、电绝缘性好　耐光性和染色性差 | 制降落伞、绳索、滤布、网具、工作服、帆布、地毯等 |
| 聚乙烯醇缩甲醛 | 维尼纶（人造棉） | 柔软，吸湿性和棉花类似，耐光性、耐磨性和保暖性都好　耐热水性和染色性较差 | 制衣料、窗帘、滤布、炮衣、桌布、粮食袋等 |

3. 合成橡胶

橡胶可根据原料来源分为天然橡胶和合成橡胶两种。天然橡胶是由橡胶树或橡胶草中的胶乳加工而制得的。合成橡胶是以石油、天然气或煤等为原料生产出的二烯烃作为单体，再使它们聚合而制成的。

合成橡胶在某些性能上比天然橡胶好。合成橡胶的品种很多，常见的有丁苯橡胶、顺丁橡胶、氯丁橡胶、硅橡胶等。表14-4列出几种主要合成橡胶以及它们的性质和用途。

表14-4　常见合成橡胶的性质和用途

| 名　称 | 性　能 | 用　途 |
| --- | --- | --- |
| 丁苯橡胶 | 热稳定性、电绝缘性和抗老化性好 | 制轮胎、电绝缘材料、一般橡胶制品等 |
| 异戊橡胶 | 和天然橡胶相似，黏结性良好 | 制汽车轮胎，各种橡胶制品 |
| 氯丁橡胶 | 耐油性好，耐磨、耐酸、耐碱、耐老化，不燃烧。弹性和耐寒性较差 | 制电线包皮，运输带、化工设备的防腐蚀衬里，防毒面具、胶黏剂等 |
| 丁腈橡胶 | 耐油性和抗老化性好，耐高温。弹性和耐寒性较差 | 制耐油、耐热的橡胶制品，飞机油箱衬里等 |
| 硅橡胶 | 耐低温（-100℃）和高温（300℃），抗老化和抗臭氧性好，电绝缘性好　机械性能差，耐化学腐蚀性差 | 制绝缘材料、医疗器械、人造关节以及各种在高温、低温下使用的衬里等 |

目前，世界上高分子的研究工作不断加强和深入。一方面，对重要的通用高分子不断地改进和推广，使高分子材料的性能不断提高，应用范围不断扩大。另一方面，对特殊功能、仿生高分子的研究也在进一步加强，并且已经取得了显著进展，使高分子材料从目前功能简单的结构材料向具有各种特殊物理、化学功能的新型高分子材料发展。

\*四、新型高分子材料

材料可分为传统材料和新型材料，传统材料是指生产工艺已经成熟，并已投入工业生产的材料。新型材料是指新发展或正在发展的具有特殊功能的材料,如高温超导材料、功能高分子材料、工程陶瓷等等。目前传统材料有几十万种,而新合成的材料每年大约以 5% 的速度在增加。

在合成有机高分子的主链或支链上接上显示某种功能的官能团,使高分子具有特殊的功能,满足光、电、磁、化学、生物、医学等方面的要求,这类高分子通称为功能高分子。功能高分子材料作为新型高分子材料,其发展已有近 30 年的历史,它可以制成各种质轻柔顺的纤维或薄膜,在许多领域中得以成功的应用,它已成为合成高分子材料中很有发展前途的一个分支。

功能高分子的品种很多,如高分子吸附剂、高分子膜、医用高分子、超导高分子、光致变色高分子等等。以它们做成的材料用途十分广泛。

1. 高吸水性高分子

市场上的"尿不湿"纸尿片,就是用高吸水性高分子做成的。有的高吸水性高分子可吸收超过自重几百倍甚至上千倍的水,体积虽然膨胀,但加压却挤不出水来。这类奇特的高分子材料可用淀粉、纤维素等天然高分子与丙烯酸、苯乙烯磺酸进行接枝共聚得到,或用聚乙烯醇与聚丙烯酸盐交联得到。高吸水性高分子是一种很好的保鲜包装材料,也适宜做人造皮肤的材料。

2. 医用高分子

高分子材料应用于医学已有 40 多年历史。由于某些合成高分子与人体器官组织的天然高分子有着极其相似的化学结构和物理性能,因此用高分子材料做成的人工器官具有很好的生物相容性,不会因与人体接触而产生排斥和其他作用。目前已知可用于制作人造器官的合成高分子材料有:尼龙、环氧树脂、聚乙烯、聚四氟乙烯、硅橡胶等。除了脑、胃和部分内分泌器官外,人体中几乎所有器官都可用高分子材料制造。

3. 可降解高分子

塑料制品的大量使用,给人们生活带来方便。但由于合成高分子材料特殊的化学稳定性,废弃的塑料已经成为严重的公害,形成"白色污染"。如果包装食品的塑料袋和泡沫塑料饭盒用可降解高分子材料来做,那么废弃的塑料将在一定条件下自行分解成为粉末。化学家提出生物降解、化学降解和光照降解等三种方法,目前已合成了生物降解塑料、化学降解塑料和光照降解塑料,这类可降解高分子将在解决环境污染方面起到重要的作用。

## 本 章 小 结

(1) 糖类

①糖类根据它们能否水解以及水解后的产物分为单糖、低聚糖和多糖。

②单糖是不能水解的多羟基醛如葡萄糖或多羟基酮如果糖,单糖具有还原性。葡萄糖是重要的营养物质。

③低聚糖水解后能生成两个或几个分子的单糖。低聚糖中重要的是二糖,如蔗糖、麦芽糖等。蔗糖不具有还原性,它是重要的甜味食物。

④多糖是单糖的高聚物。多糖水解最后的产物是单糖。多糖如淀粉、纤维素等,不具有还原性,无甜味,淀粉遇碘呈蓝色。多糖在生活、生产上都有重要用途。

(2) 蛋白质

①蛋白质是由 $\alpha$-氨基酸基本单元构成的高分子化合物。它是生命最基本的物质基础,没

有蛋白质就没有生命。

②蛋白质的主要化学性质：水解、盐析、变性、颜色反应等。蛋白质在日常生活中具有广泛的用途。

(3) 高分子化合物

①高分子化合物是由链节相同而聚合度不同的化合物组成的混合物。按高分子的结构特点分为线型高聚物和体型高聚物。

②高分子化合物的结构特点决定它具有特殊的性能，如热塑性、热固性、绝缘性、相对密度小和机械强度高等。

③高分子合成材料按应用分为塑料、合成纤维、合成橡胶等。它们各有不同的性质和用途。

## 思考与练习

1. 什么叫糖类？根据糖类水解情况，它可以分为哪几类？
2. 怎样用化学方法鉴别葡萄糖和蔗糖？
3. 在以淀粉为原料生产葡萄糖的水解过程中，用什么方法来检验淀粉已开始水解？用什么方法来检验淀粉已完全水解？
4. 什么叫 α-氨基酸？α-氨基酸和蛋白质有什么关系？
5. 什么叫蛋白质的盐析作用？
6. 哪些因素可使蛋白质变性？误服重金属后，为什么要立即服用生鸡蛋、牛奶或豆浆？
7. 什么叫做高分子化合物？举出日常生活中熟悉的三大合成材料各一例来叙述它们的主要性能和用途。
8. 什么叫做功能高分子材料？你知道哪些功能高分子材料？
9. 线型高分子与体型高分子化合物在结构和性能上有什么区别？
10. 试推测下列高聚物的单体和写出由单体聚合成高聚物的化学方程式。

(1) $-[CH_2-CH]_n-$ (2) $-[CF_2-CF_2]_n-$ (3) $-[CH_2-CH]_n-$
　　　　$|$　　　　　　　　　　　　　　　　　　　　　$|$
　　　　$CH_3$　　　　　　　　　　　　　　　　　　　$CN$

11. 什么是白色污染？用什么方法能根治白色污染？
12. 天然橡胶与合成橡胶有什么区别？
13. 什么是热塑性塑料，什么是热固性塑料？
14. 某种聚乙烯的聚合度是 20000，计算它的平均分子质量。
15. 高分子化合物是高分子材料的原料，你认为高分子材料与金属材料和无机非金属材料相比有何优势或不足？

**【阅读材料】**

### 食品添加剂

食品添加剂（food additive）在国外已成为食品生产中最有创造力的领域，发展非常迅速。近年来随着我国人民生活水平的提高，对食品要求方便化、营养化、风味化、高级化，要实现这些目标，食品添加剂是必不可少的。

定义：食品添加剂是为改善食品品质和色香味，确保一定时间内不变质、不腐败或满足加工工艺而加入的天然的或化学合成的物质。

分类：按来源，食品添加剂分为天然的（可以从动物、植物和微生物中提取）和合成的。

按功能食品添加剂可分：酸度调节、抗结剂、消泡剂、抗氧化、漂白、蓬松、着色、乳化、增稠、防腐、凝固、甜味、养分强化、增香等。

下面介绍几种食品添加剂。

1. 防腐剂

防腐剂是防止微生物引起食品变质而加入的一种食品添加剂，常用的有苯甲酸及其盐、山梨酸及其盐、丙酸及其盐、对羟基苯甲酸酯等四大类。亚硝酸盐也有相当用量，美国20世纪80年代新开发了富马酸二甲酯，目前防腐剂的发展趋势是天然和复配型溶加剂。

2. 甜味剂

甜味剂是能够增加食品甜味的食品添加剂。按照在人体内代谢形态分为以下几种。

(1) 参与代谢（营养型）

①天然糖类：蔗糖、葡萄糖、果糖、果葡糖、乳糖和麦芽糖（有些国家不作为食品添加剂而作为营养素）。

②合成糖醇类：木糖醇、山梨糖醇、甘露糖醇、乳糖醇和麦芽糖醇。

(2) 代谢与胰岛素无关（非营养型，适用于糖尿病等患者使用，低热量，高甜度）

①合成类：糖精、甜味素、天冬氨酰苯丙氨酸甲酯（APM），乙酰磺胺酸钾等。

②天然类：甜叶菊、甘草甜素、罗汉果苷等

目前，全世界甜味剂产量超过1亿吨，人均消费20kg，其中发达国家60～70kg，发展中国家10～15kg，中国5～7kg。

3. 食用色素

用以使食品着色的添加剂为食用色素。食用色素可分为天然色素和合成色素。前者具有安全、营养、来源丰富（动物、植物、微生物）的优点，缺点是色泽较差，含量低，价格贵。后者具有鲜艳、着色力强、稳定的特点，缺点是有致癌和诱发染色体变异的可能。

常见的食用色素有：胭脂虫色素、甜菜红、红曲色素、虫胶色素、红甘蓝色素、紫苏色素、辣椒色素、$\beta$-胡萝卜素、焦糖色素、可可色素等。

# 第四篇　环境和能源

## *第十五章　化学与环境

【学习目标】
了解环境、环境污染及其综合治理的有关知识。

几百年来，化学以其理论和实验促进了其他学科的发展。化学工业的发展，更是推动了人类社会的进步和生活的改善。曾几何时，化学和化学家们不得不面对一个新的任务，那就是如何减轻和解决日益严重的环境污染问题。

化学与环境有直接的、密切的关系，在大多数情况下，环境污染主要是由化学污染物造成的，因此，环境问题的解决，更多的还是要依靠化学的方法。

### 第一节　环境和环境问题

《中华人民共和国环境保护法》对环境的定义是：影响人类生存和发展的条件中天然的和经过人工改造的自然因素的总体，包括大气、水、海洋、土地、矿藏、森林、草原、野生生物、自然遗迹、人文遗迹、自然保护区、风景名胜区、城市和乡村等。

环境是当前世界各国人民共同关心的问题。以人为中心的环境既是人类生存与发展的终极物质来源，又同时承受着人类活动产生的废弃物的各种作用。人们通常所说的环境问题主要是指由于人类不合理地开发、利用自然资源而造成的生态环境的破坏，以及工农业生产发展和人类活动所造成的环境污染问题。这两类环境问题常常交织在一起，相互影响，相互作用，使问题进一步加剧。

气候变暖，臭氧层破坏，酸雨，沙漠化，森林减少，物种大量灭绝，水土流失严重，淡水不足和污染，海水污染等是人类面临的共同的环境问题，这些问题威胁着人类的生存和发展。

环境的污染和破坏，向人们敲起了警钟，人们认识到："我们只有一个地球"，"今天的人类不应以牺牲今后几代人的幸福而满足其需要"。人类必须共同关心和解决全球性的环境问题。保护环境，维护生态平衡，走可持续发展之路——实现经济和环境的协调发展。

保护环境，就是保护人类赖以生存的物质基础。

### 第二节　环境污染

人类在生产和生活活动中，不断地向环境排放污染物质，但由于大气、水、土壤等的扩散、稀释、氧化还原、生物降解等作用，污染物质的毒性和浓度会自然降低，这种现象叫做环境自净。一旦排放的物质超过了环境的自净能力，环境质量就发生不良变化，从而干扰了人类的正常生活，对人类健康产生直接或间接，抑或是潜在的不利影响，这就称为环境污染。

造成环境污染的人为因素主要可分为物理的（噪声、振动、热、光等）、生物的（微生物、寄生虫等）和化学的（有毒的无机物和有机物）三个方面。按照环境要素的不同，环境污染可分为大气污染、水体污染、土壤污染和其他污染等。

**一、大气污染**

大气污染是指由于人类活动和自然过程使某些污染物质进入大气，在污染物质性质、浓度和持续时间等因素综合影响下，降低了大气质量，危害人们的健康或舒适生活的现象。

大气污染物的种类多达 1500 种以上，其中排放量大、对人体和环境影响较大、已经受到人们注意的约有 100 余种。最主要的有：粉尘、二氧化硫、一氧化碳、氮氧化物和有机化合物（如烃）等。直接排放的烟尘和二氧化硫是产生硫酸烟雾的原料和催化剂；氮氧化物、一氧化碳和有机化合物等在阳光下可形成光化学烟雾，它们均具有刺激性和腐蚀性，对呼吸系统和心血管系统有不良影响。有机化合物中还有一些致癌物质。二氧化硫和氮氧化物等酸性物质还会使雨水的 pH 降低，形成酸雨。

1. 粉尘

粉尘是大气中危害最久、最严重的一种污染物。主要来自工业生产及人民生活中煤和石油燃烧时所产生的烟尘以及开矿选矿、金属冶炼、固体粉碎（如水泥、石料加工等）所造成的各种粉尘。粉尘以颗粒大小不同，又可分为落尘和飘尘两种。

大气中粉尘的含量，因地区而异。一般城市的空气中含有粉尘 $2 mg \cdot m^{-3}$。但在工业区，粉尘含量可达 $1000 mg \cdot m^{-3}$。由于粉尘的比表面积大，可以吸附其他物质，所以可为其他污染物质提供催化作用的表面，而引起二次污染。

大气中的粉尘对金属的腐蚀不可忽视。当粉尘落在金属表面上时，因为粉尘具有毛细管凝聚作用，在有粉尘的地方，特别容易结露，创造了电化学腐蚀条件，使得金属容易受到腐蚀。

2. 光化学烟雾

光化学烟雾是一种带刺激性的淡蓝色烟雾。属于大气中二次污染物。这种烟雾因最早发生于美国洛杉矶又称为洛杉矶烟雾。光化学烟雾的形成，主要是大气污染物二氧化氮，在太阳光的紫外线照射下，释放出高能量的氧原子与大气污染物——烃类化合物反应形成一系列新的化合物。其中主要有过氧乙酰基硝酸酯（PAN）、臭氧、高活性游离基、醛（甲醛、丙烯醛等）和酮类化合物等。光化学烟雾具有很强的氧化能力，属于氧化型烟雾。造成光化学烟雾的主要原因是大量汽车废气或某些化学工业废气。多发生于阳光充足而温暖的夏、秋季节。

1946 年，美国西部洛杉矶出现了一种奇怪的现象，人们感到眼涩发红，喉痛胸闷，咳嗽不止。这就是洛杉矶光化学烟雾事件。这种烟雾事件除了在美国、日本多次发生外，前苏联、欧洲、加拿大、墨西哥等许多国家都曾发生过。1974 年我国兰州地区也曾出现过这种光化学烟雾。

光化学烟雾对人、牲畜、农作物和工业产品、建筑物等，都有危害作用。这种烟雾可使人眼、鼻、气管、肺黏膜受到反复刺激，出现流眼泪、眼发红、气喘咳嗽等。受害严重者，呼吸困难、头晕、发烧、恶心、呕吐、颜面潮红、手足抽搐，以致血压下降，昏迷不醒。长期慢性伤害，可引起肺机能衰退，支气管发炎，肺癌等。光化学烟雾对农作物的危害也很严重。它能使植物叶片褪绿或产生病斑和叶面坏死等症状，进而使植物组织机能衰退，出现不正常的落叶、落花、落果。对果树、蔬菜、烟草的危害也很大，一夜之间可使一个城区的菠菜全部变色。光化学烟雾有特殊的臭味，可使环境的能见度降低。在夏季光照强烈、气候炎热时，光化学烟雾一般比冬季重。

3. 酸雨

顾名思义，酸雨就是雨水显酸性。目前，一般把 pH 小于 5.6 的雨水称作酸雨。

在一些大气污染严重的国家，每当雾雨交加时，人们觉得眼睛好像洒了肥皂水那样地难受，鼻子和喉咙也感到不适，甚至尼龙衣袜也会被雨水淋出一个个窟窿来。雨水中为什么会有酸？原来城市和工矿区燃烧的各种燃料，如煤和油，除含有大量二氧化硫、氮氧化物外，还含有相当数量的未燃尽的碳、硅和金属微粒，如钙、铁、钒等金属离子。它们在大气层里，由于水蒸气的存在并经氧化作用，使硫氧化物、氮氧化物生成硫酸、硝酸和盐酸液沫，在特定的条件下，随同雨水降落下来而成为人们所说的酸雨。

酸雨成分比较复杂，国外把酸雨称为"空中死神"。它使土壤酸化，植被破坏。酸雨还使地面水和地下水酸化，影响水生生物的生长，严重的会使水体"死亡"，水生生物绝迹。酸雨对人体健康也有危害，酸雨特别是形成硫酸雾的情况下，其微粒侵入人体肺部，可引起肺水肿和肺硬化等疾病而导致死亡。很多国家由于酸雨的影响，地下水中的铅、铜、锌、镉的浓度已上升到正常值的 10～20 倍。酸雨的腐蚀力很强，大大加速了建筑物、金属、纺织品、皮革、纸张、油漆、橡胶等物质的腐蚀速度。不少无价之宝的艺术珍品被腐蚀得面目全非，在地中海沿岸的历史名城雅典，保存着许多古希腊时代遗留下来的金属和石雕像，近年来已被慢慢腐蚀。

## 二、水体污染

水是不可替代的自然资源，它不仅是自然环境的重要组成部分，也是经济建设、社会发展和人民生活不可缺少的物质。水是一切生命机体的组成物质，并且是含量最多的一种物质，是生命发生、发育和繁衍的源泉。没有水就没有生命。

生产和生活用水，基本上都是淡水。地球上全部地面和地下的淡水量总和仅占总水量（约 $1.36\times10^9\,km^3$）的 0.63%。随着社会发展和人民生活水平的提高，用水量迅速增加，淡水资源日趋紧张。全球约有 60% 的陆地面积淡水供应不足，拥有世界人口 40% 的约 80 个国家正面临水源不足，使其生产和人民健康受到威胁。同时，由于污染，使可用水量减少，这就更激化了水源短缺的矛盾。

天然水体对排入其中的某些物质有一定的容纳限度。在这限度内，它通过物理的、化学的和生物的作用过程，使外部进入的杂质浓度自然下降，最终恢复到原来的洁净状态，这叫做水体的自净作用，是水的一种重要机能。不过，天然水体的自净作用过程相当缓慢，水体的自净能力是有限的。当进入水体中的污染物含量超过了水体的自净能力，就会使水质变坏，降低水体的使用价值，这种现象称为水体污染。水体污染会严重危害人体健康，据世界卫生组织报道，全世界 75% 左右的疾病与水有关。常见的伤寒、霍乱、胃炎、痢疾和传染性肝炎等疾病的发生与传播都和直接饮用污染水有关。

水体污染有两类：一类是自然污染，另一类是人为污染，而后者是主要的。自然污染主要是自然因素所造成，如特殊地质条件使某些地区有某些或某种化学元素的大量富集，天然植物在腐烂过程中产生某种毒物，以及降雨淋洗大气和地面后挟带各种物质流入水体，都会影响该地区的水质。人为污染是人类生活和生产活动中产生的废污水对水体的污染，包括工业废水、生活污水、农田排水和矿山排水等。

排入水体的污染物种类繁多，分类方法各异。一般可按污染物组成分为以下几类。

(1) 酸、碱、盐等无机物污染　水体中酸、碱、盐等无机物的污染，主要来自冶金、人造纤维、造纸、印染、制药、炼油、农药等工业废水和酸雨。水体的 pH 小于 6.5 或大于 8.5，都会使水生生物受到不良影响，严重时造成鱼虾绝迹。水体含盐量增高，会影响工农业及生活用水的水质，用其灌溉农田会破坏土壤的性质，影响农作物的生长。

(2) 有毒无机物和重金属污染　污染水体的重金属有汞、镉、铅、铬、钡等。其中汞的毒性最大；镉、铅、铬也有较大危害。有毒无机物主要指砷的化合物、氰化物、亚硝酸盐等。重金属在工厂、矿山生产过程中随废水排出，进入水体后不能被微生物降解，经食物链的富集作用，能逐级在较高级生物体内千百倍地增加含量，最终进入人体，引起慢性中毒。例如众所周知的水俣病就是由所食鱼中含有甲基汞引起的，骨痛病则是由镉污染引起的。砷的毒性与重金属相似。氰化物主要来自各种含氰化物的工业废水，如电镀废水、煤气厂废水、炼焦炼油厂和有色金属冶炼厂等的废水。氰化物以各种形式存在水中，人中毒后，会造成呼吸困难，全身细胞缺氧，导致窒息死亡。

(3) 有毒有机物污染　主要包括有机氯农药（我国从 1983 年起已停止生产和限制使用）、多氯联苯、多环芳烃、高分子聚合物（塑料、人造纤维、合成橡胶）、染料等类有机化合物。它们的共同特点是大多数为难降解有机物，或持久性有机物。它们在水中含量虽不高，但因在水体中残留时间长，有蓄积性，可造成人体慢性中毒、致癌、致畸等生理危害。

(4) 耗氧有机物污染　生活污水、食品加工和造纸等工业废水，含有大量碳水化合物、蛋白质、油脂、纤维素等有机物质，本身无毒性，但在分解时需消耗水中溶解氧，称为耗氧有机物。这类污染物造成水中溶解氧减少，影响鱼类和其他水生生物的生长。水中溶解氧耗尽后，有机物将进行厌氧分解，产生硫化氢、氨和一些有难闻气味的有机物，使水质进一步恶化。

(5) 水体富营养化　生活污水、某些工业废水、施用化肥的农田水和含洗涤剂的废水，经常含有一定量的氮和磷等植物营养物质，它们是植物生长、发育的养料。过多的植物营养素进入水体后，使得水中微生物和藻类迅速繁殖，藻类的繁殖、生长、腐败，引起水中氧气大量减少，导致鱼虾等水生生物死亡，使水质恶化。这种由于水体中植物营养物质过多蓄积，水体过分肥沃而引起的污染，叫做水体的富营养化。水体出现富营养化时，浮游生物大量繁殖，因占优势的浮游生物的颜色不同，水面往往呈现蓝色、红色、棕色等。这种现象在江河、湖泊中称为水华，在海洋上则称为赤潮。

### 三、其他污染

大气污染、水污染是最常见的环境污染，已引起人们的普遍关注。在生活中，在城市、在乡村，还有一些其他形式的环境污染，应当引起人们的重视。

#### 1. 食品污染

食品是人类生活环境的一部分。人体正是从环境中摄取空气、水和食物，经过消化、吸收、合成，组成人体的细胞和组织的各种成分并产生能量，维持着生命活动。食品的质量直接影响人体健康。

食品从作物栽培、收获、储存、加工、运输、销售、烹调直至食用，经过的环节多，周期长，在此过程中有害于人体健康的化学物质和病菌都有可能污染食品。按污染物的性质分类，食品污染可分两大类：生物性污染，即由致病微生物和寄生虫造成的污染；化学性污染，指有毒化学物质对食品的污染。在农田里大量使用化学农药，是造成粮食、蔬菜、果品化学污染的主要原因。这些污染物还可以随雨水进入水体，最后进入鱼虾体内。造成食品污染的途径是多方面的，例如，用装化肥的口袋盛装粮食，容易使粮食沾染残余的化肥；在公路上晾晒粮食、油菜籽、芝麻等,很容易造成沥青挥发物的污染;在受到污染的水域养殖水产品,会使水产品受到污染;大气中含铅粉尘、废气、受铅污染的水源、剥落的油漆都会直接或间接污染食品。

为提高食品的色、香、味和营养成分或满足工艺要求及延长食品保存期等的需要,有目的地在食品中添加一些人工合成的化学物质或天然物质,这些物质被称为食品添加剂。如防腐剂、甜味剂、调味剂、着色剂、抗氧化剂等。食品添加剂在食品加工过程中有很重要的作用。但是,在这些添加剂中,有很多具有一定的毒性,长期过量食用,毒素会在体内积累,对人体健康产生不利的影响。因此,必须加强对食品添加剂的使用管理。

2. 固体废弃物对环境的污染

固体废弃物就是一般所说的垃圾。垃圾是人类生产和生活中必然产生的废弃物品。

垃圾对土壤、水体和大气均会造成严重的污染。垃圾中的化学污染物和生物病原体,如致病菌和寄生虫,会污染农田和土壤;垃圾经过雨水淋沥,流入河流或渗入地下,将使地表水和地下水受到污染;垃圾中有机物的腐败、分解产生恶臭,细颗粒随风飘扬,会污染大气和环境;而焚烧处理时的烟尘也会污染大气。因此,对垃圾若不做及时的、正确的处理,对环境污染是很严重的。

目前,对有害废物的处置普遍采用的方法有以下几种。

填埋法:这是最常用的方法,但必须选择适当的场地,以不产生二次污染为原则。

焚化法:主要适用于可燃有机危险废物。它通过焚烧炉焚化处理,占地少,效果好,但设备复杂,费用大,还必须处理好焚烧时产生的有害废气和剩余灰分。

化学法:利用酸碱中和法、氧化还原法、化学沉淀法等各种化学反应,将危险废物转化为无害、无毒物质。

固化法:利用物理的或化学的固化剂,使有害废弃物形成基本不溶解或溶解度较低的物质。常用的固化剂有水泥和沥青。

近 10 多年来,我国固体废物已从简单的堆放处置,逐步转向减量化、资源化、无害化综合治理。随着科学技术的发展,人类一定能够把固体废物变为造福人类的新资源。

## 第三节 "三废"处理

工业生产产生的有害于环境的废弃物按其物理状态可分为废气、废液和废渣,统称"三废"。半个世纪以来,多次触目惊心的环境公害事件和随处可见的环境污染现象使人们认识到人类的环境资源、环境容量是有限的,因此必须十分重视环境问题。我国政府把环境保护作为一项基本国策。"全面规划,合理布局,综合利用,化害为利,依靠群众,大家动手,保护环境,造福人民"的中国环境保护方针,明确了环境污染的综合防治思想,是将环境作为一个有机整体,根据当地的自然条件,按照污染物产生、变化的各个环节,采取法律、行政、经济和工程技术相结合的措施,防治结合,以防为主,以期最大限度地合理利用资源,减少污染物的产生和排放,用最经济的方法获取最佳的防治效果,以实现资源、环境与发展的良性循环。

环境治理的核心问题是"三废"治理。

**一、废气的处理**

大气污染物绝大部分是由化石燃料燃烧和工业生产过程产生的,一般可通过下列措施防止或减少污染物的排放。①改革能源结构,积极开发无污染能源(太阳能、地热能、海洋能、风能等），或采用相对低污染能源（天然气、沼气等）；②改进燃煤技术和能源供应办法，逐步采取区域采暖、集中供热的方法，这样既能提高燃烧效率，又能降低有害气体排放量；③采用无污染或低污染的工业生产工艺；④及时清理和合理处置工业、生活和建筑废渣，减少地面扬尘；⑤加强企业管理，注意节约能源和开展资源综合利用，并要减少事故性排放和逸散；⑥植树造林，这是治理大气污染、绿化环境的重要途径。

即使采取上述措施，仍会有污染物排入大气，因此，对各种污染源要进行治理，控制其排放浓度和排放总量，使其不致超过该地区的环境容量。

## 二、废水的处理

污染水体的污染物主要来自城市生活污水和工业废水。这些废污水若不经处理就排入地面水体，会使河流、湖泊受到严重污染。因此必须先将其输送至污水处理厂进行处理后排放。但这些污水水量非常大，若全部经污水处理厂进行处理，投资极大，因此应尽量减少污水和污物的排放量。如在工业生产中尽可能采用无毒原料，可杜绝有毒废水的产生；若使用有毒原料，则应采用合理的工艺流程和设备，消除逸漏，以减少有毒原料的流失量；重金属废水，放射性废水，无机毒物废水和难以降解的有机毒物废水，应与其他量大而污染轻的废水如冷却水等分流；剧毒废水要进行适当预处理，达到排放标准后才能排入下水道；冷却水等相对清洁的废水，则在经过简单处理后循环使用。这样既可减少工业废水排放量，减轻污水处理厂的负荷，又可达到废水回用、节省水资源的目的。

排放到污水处理厂的污水及工业废水，可利用多种分离和转化方法进行无害化处理，按其作用原理可分为物理法、化学法、物理化学法和生物法。各种方法的简要基本原理和单元技术列入表15-1。

表15-1　污水处理方法分类

| 基本方法 | 基本原理 | 单元技术 |
| --- | --- | --- |
| 物理法 | 物理或机械的分离过程 | 过滤、沉淀、离心分离、上浮等 |
| 化学法 | 加入化学物质与污水中有害物质发生化学反应的转化过程 | 中和、氧化、还原、分解、混凝、化学沉淀等 |
| 物理化学法 | 物理化学的分离过程 | 汽提、吹脱、吸附、萃取、离子交换、电解电渗析、反渗透等 |
| 生物法 | 微生物在污水中对有机物进行氧化、分解的新陈代谢过程 | 活性污泥、生物滤池、生物转盘、氧化塘、厌气消化等 |

## 三、废渣的处理

废渣亦即垃圾不是完全不可以利用的，通过各种加工处理可以把垃圾转化为有用的物质或能量，所以人们把垃圾看成一种资源。面对垃圾资源与日俱增自然资源日渐枯竭的严峻现实，人类已开始投入垃圾处理技术的研究。许多国家根据本国的垃圾有机成分含量高的特点，用垃圾生产高能燃料、复合肥料，制造沼气和发电，并将沼气最终用于城市管道燃气、汽车燃料、工业燃料。

在采用各种合理方法处理垃圾的同时，更有价值的是对垃圾进行回收，这种回收包括材料和能源的回收。其中材料回收主要是根据垃圾的物理性能，研究和发展机械化、自动化分选垃圾技术。如利用磁吸法回收废铁；利用振动弹跳法分选软、硬物质；利用旋风分离法，分离密度不同的物质等。随着可燃性垃圾不断增加，不少国家把它作为能源性资源。一般是通过三种途径利用：①作为辅助燃料代替低硫煤使用；②在焚化炉内焚化，利用其热能生产蒸汽和发电；③高温干馏产生气体和残渣，气体可作燃料，残渣冷却后形成玻璃体，可做原料利用。这种方法比高温焚化垃圾，产生可供利用的能源更多，回收的材料更多，也不污染空气，这种方法会得到发展。因此，目前在开展科学合理使用填埋法和焚烧法的同时，应树立垃圾资源化利用意识，积极研究无害化、最小量化、综合开发利用的垃圾处理方法。

## 第四节 绿 色 化 学

### 一、绿色化学的提出

化学科学的研究成果和化学知识的应用为人类进步做出了卓越的贡献，化学在保证和提高人类生活质量、保护自然环境以及增强化学工业的竞争力方面均起着关键作用。1997 年，原美国化学会主席 R. Breslow 在《化学的今天和明天——一门中心的实用的和创造性的科学》一书中叙述如下。

从早晨开始，我们在用化学品建造的住宅中醒来，家具是部分地用化学工业生产的现代材料制作的，我们使用化学家们设计的肥皂和牙膏并穿上由合成纤维和合成染料制成的衣服，即使天然纤维（如羊毛或棉花）也是经化学品处理过并染色的。这样可以改进它们的性能。

为了保鲜起见，食品要被包装和冷藏起来，而这些食品要么用化肥、除草剂和农药使之生长；要么家畜类需兽医药来防病；要么需加入维生素后食用；甚至我们购买的天然食品，如牛奶，也必须经过化学检验后方可食用。

我们的交通工具——汽车、火车、飞机——在很大程度上依靠化学工业的产品；晨报是用化学家们制造的油墨在用化学方法制造的纸上印刷的；用于说明事物的照片要用化学家们制造的胶卷和胶片；日常生活中的金属制品都是用经过以化学为基础的冶炼转化为金属或合金后制造的，为了保护它们还要涂上油漆。

化妆品是由化学家制造和检验过的；警察和军人用的武器也都依靠化学。事实上，在我们的日常生活中很难找出一种不依靠化学和化学家帮助而制造出来的产品。

但是随着化学品的大量生产和广泛应用，它却给人类的健康和生存带来了威胁，有毒有害化学物质的排放造成了环境污染和生态破坏。人类燃烧煤、石油和天然气，消耗了大量的不可再生资源，排放大量 $CO_2$ 等温室气体，导致全球变暖。20 世纪 80 年代，人类注意到氟利昂是破坏大气臭氧层的元凶，在南极上空已造成至少 2000 万平方公里的大空洞。众多事实表明化工产品的生产限制了化学工业的持续发展。可以说绿色化学在这一背景下应运而生。

### 二、绿色化学的定义

绿色化学是针对传统化学提出来的一个新概念。绿色化学又称环境无害化学、环境友好化学、清洁化学。绿色化学是用化学的原理和方法去预防污染。虽然世界上没有一个化学物质是完全良性的，或多或少都有副作用，但绿色化学要求尽可能小的副作用。

### 三、绿色化学的特点

绿色化学涵盖了化学反应的原料绿色化、化学反应的绿色化、催化剂的绿色化、溶剂的绿色化和产品的绿色化等多方面无环境污染的要求。其特点如下。

① 采用无毒、无害的原料。
② 反应在无毒、无害条件下进行。
③ 化学产品应具有高度选择性，反应副产品极少，甚至实现零排放。
④ 产品既满足物美价廉的传统标准，又对环境有益。

绿色化学是对传统化学思维方式的创新和发展，它从源头就采用实现污染预防的科学手段，从根本上减少及至杜绝污染源。

绿色化学为我们提供了合理利用资源和能源、降低生产成本、符合经济持续发展的原理和方法。与绿色化学相对应的技术称为绿色技术、环境友好技术。理想的绿色技术应采用具有一定转化率的高选择性化学反应来生产目的产品，不生成或很少生成副产品或废物，实现或接近废物的"零排放"过程。化学工艺过程中使用无毒无害原料、溶剂和催化剂。显然，绿色化学技术不是去对终端或生产过程的污染进行控制或处理。所以绿色化学技术根本区别于"三废"处理，后者是终端污染控制而不是始端污染的预防。

### 四、绿色化学的十二项原则

绿色化学研究的问题当然应该着眼于当前和发展未来并重，就目前来说，主要研究问题共有十二个方面（又称十二项原则）。

① 从源头制止污染，而不是在末端治理污染。
② 合成方法应具备"原子经济性"原则，即尽量使参加反应过程的原子都进入最终产物。
③ 在合成方法中尽量不使用和不产生对人类健康和环境有毒有害的物质。
④ 设计具有高使用效益低环境毒性的化学产品。
⑤ 尽量不用溶剂等辅助物质，不得已使用时它们必须是无害的。
⑥ 生产过程应该在温和的温度和压力下进行，而且能耗最低。
⑦ 尽量采用可再生的原料，特别是用生物质代替石油和煤等矿物原料。
⑧ 尽量减少副产品。
⑨ 使用高选择性的催化剂。
⑩ 化学产品在使用完后能降解成无害的物质并且能进入自然生态循环。
⑪ 发展适时分析技术以便监控有害物质的形成。
⑫ 选择参加化学过程的物质，尽量减少发生意外事故的风险。

由于当今世界主要的环境问题大部分直接与化学反应、化工生产过程及它们的产物有关，因此绿色化学便自然而然地成为绿色科技的重要组成部分。

### 五、当前绿色化学的研究重点

目前绿色化学的研究重点是：①设计或重新设计对人类健康和环境更安全的化合物，这是绿色化学的关键部分；②探求新的、更安全的、对环境更友好的化学合成路线和生产工艺，这可从研究、变换基本原料和起始化合物以及引入新试剂入手；③改善化学反应条件，降低对人类健康和环境的危害，减少废弃物的生产和排放。绿色化学着重于"更安全"这个概念，不仅针对人类的健康，还包括整个生命周期中对生态环境、动物、水生生物和植物的影响；而且除了直接影响之外，还要考虑间接影响，如转化产物或代谢物的毒性等。

绿色化学体现了化学科学、技术与社会的相互联系和相互作用，是化学科学高度发展以及社会对化学科学发展的作用的产物，对化学本身而言是一个新阶段的到来。作为新世纪的一代，不但要有能力去发展新的、对环境更友好的化学，以防止化学污染，而且要让年轻的一代了解绿色化学、接受绿色化学，为绿色化学作出应有的贡献。

## 本 章 小 结

（1）环境和环境问题

① 环境是自然因素的总和。环境问题是指生态环境的破坏和环境污染。

② 全球气温变暖、臭氧层破坏和酸雨是三大环境问题。

(2) 环境污染

① 环境污染是指人类活动产生的污染物质进入环境，超过了环境的自净能力，环境质量发生不良变化，危害了人类健康和生存的现象。

② 环境污染形式多样。如大气污染、水污染、食品污染、固体废弃物污染等。

(3) "三废"处理

① "三废"是指废气、废水、废渣。生产和生活产生的三废是环境污染的主要原因。

② 环境保护的核心问题是三废处理。环境保护，除了通过教育使全民树立保护环境的意识之外，还需要采取法律、行政、经济和技术相结合的措施，防治结合，以防为主。

③ 实现可持续发展战略是人类进步的必由之路：在经济发展的同时，注意保护资源和改善环境，实现经济和环境的协调发展。

保护环境，就是保护人类赖以生存的物质基础。

(4) 绿色化学

绿色化学是针对传统化学提出来的一个新概念。绿色化学又称环境无害化学、环境友好化学、清洁化学。绿色化学是用化学的原理和方法去预防污染。其特点为：采用无毒、无害的原料；反应在无毒、无害条件下进行；化学产品应具有高度选择性，反应副产品极少，甚至实现零排放；产品既满足物美价廉的传统标准，又对环境有益。

就目前来说，绿色化学主要研究问题共有十二个方面（又称十二项原则）。

## 思 考 与 练 习

1. 选择题

(1) 下列气体不会对大气造成污染的是_____。

(a) $SO_2$  (b) $NO_2$  (c) CO  (d) $N_2$

(2) 下列做法不会造成大气污染的是_____。

(a) 煤的燃烧  (b) 燃放烟花爆竹
(c) 燃烧氢气  (d) 焚烧垃圾

(3) 地球上可供人类直接利用的淡水质量占总水量的_____。

(a) 1%以下  (b) 2%  (c) 10%  (d) 20%

2. 问答题

(1) 什么是环境？环境问题是指什么？

(2) 什么是环境污染？你知道哪些环境污染现象？

(3) 什么是酸雨？主要的大气污染物有哪些，它们的主要来源是什么？

(4) 举例说明酸雨的危害。

(5) 举例说明水体中的主要化学污染物及其对人体健康的危害。

(6) 如何才能防止食品被污染？

(7) 为什么说水体的富营养化现象会严重影响水体的质量？

(8) 治理污染、保护环境的主要方针是什么？

(9) 举例说明化学在保护环境中的作用。

(10) 结合你周围环境谈谈环境问题的严重性。

(11) 垃圾处理的发展方向是什么？
(12) 什么是可持续发展战略？谈谈你的认识。
(13) 什么叫"绿色化学"？其特点是什么？
(14) 绿色化学的十二条原则是什么？

**【阅读材料】**

## 有机农业与有机食品

近年来，随着人们对食品安全问题的日益重视和对安全食品需求的不断增长，人们开始了解和关注有机农业和有机食品，而且在一些大中城市市场也开始涌现有机食品。

### 1. 有机农业与有机食品的概念

从食品安全的角度讲，我国目前的安全食品有三种：无公害食品、绿色食品和有机食品。前两种食品是为了适应我国消费者对安全食品的基本需求而发展起来的，是我国特有的。有机食品则是一种由发达国家首先兴起，近年来在我国迅速发展的，到目前为止要求最为严格的安全健康食品。生产有机食品不仅可以保障我国人民的食品安全，而且还可以打破对外贸易中的"绿色壁垒"，促进我国食品（包括农产品）的出口。

有机农业、有机食品和有机产品是三个既有区别又有联系的概念。

有机农业是指在植物和动物产品的生产过程中不使用化学合成的农药、化肥、生长调节剂、饲料添加剂等物质，不使用离子辐射技术，也不使用基因工程技术及其产物，而是采取一系列可持续发展的农业生产技术，协调种植业和养殖业的平衡，维持农业生态系统持续发展的一种农业生产方式。

有机食品是指原料来自有机农业生产体系或野生生态系统，根据有机认证标准生产、加工，而且经过了有资质的认证机构认证的可食用农产品、野生产品及其加工产品。

有机食品需要满足以下 5 个基本要求。

①原料必须来自已经或正在建立的有机农业生产体系，或是采用有机方式采集的野生天然产品；②在整个生产过程中必须严格遵循有机食品加工、包装、储存运输标准；③必须有完善的全过程质量控制和跟踪审核体系，并有完整的记录档案；④其生产过程不应污染环境和破坏生态，而应有利于环境与生态的持续发展；⑤必须获得独立的有资质的认证机构的认证。

有机产品是指包括有机食品在内的所有以有机方式生产，符合相关的有机标准的产品。目前世界上比较普遍的有机产品有：有机食品、有机纺织品、有机化妆品、有机木制品、有机花卉、有机肥料、生物农药等等，甚至还有集有机食品、有机纺织品、有机木制品和有机化妆品以及优良的生态环境于一体的有机旅馆和有机庄园等。

### 2. 全球有机食品的发展情况

(1) 起源与发展

有机农业于 20 世纪 20 年代发源于德国和瑞士，这是相对于当时的石油农业而提出的一种生态和环境保护理念，并不是一种实际的行动。至 20 世纪 40~50 年代，由于发达国家石油农业的高速发展，环境污染日趋严重，人体健康受到了严重威胁，因此有志于有机农业的一部分先驱者开始了有机农业的实践。如世界上最早的有机农场是由美国的罗代尔（RODALE）先生于 20 世纪 40 年代建立的"罗代尔农场"。随着现代石油农业对环境、生态和人类健康影响的日益加剧，至 20 世纪 60 和 70 年代发达国家纷纷自发建立有机农场，有机食品市场也初步形成。1972 年，全球性非政府组织——国际有机农业运动联合会（IFOAM）

在欧洲的成立,成为有机农业运动发展的里程碑。现在,IFOAM 已经成为全世界有机农业和有机食品领域内公认的联络与协调中心,拥有分布在全世界 100 个国家的 730 个会员机构。

随着发达国家对有机食品进口需求的急剧增加,不少发展中国家纷纷加入有机食品生产和出口的行列。据联合国国际贸易中心(ITC)统计,到 2002 年,全世界不同程度从事有机农业生产的国家已经多达 130 多个。亚洲、非洲和拉丁美洲各约有 30 个国家,其余为欧洲、北美和澳洲国家。进入 21 世纪后,随着包括中国在内的部分发展中国家经济的发展,它们的国内有机食品市场也开始呈现明显的增长势头。

(2)推动因素

推动有机食品事业发展的主要因素是:①消费者的健康和环保意识日益加强,对食品健康、安全和营养问题非常关注;②国际市场对有机食品的需求不断增长;③中国加入 WTO 给中国有机产品的出口提供了机遇;④食品安全事故(丑闻)的接连发生;⑤新闻媒体的大力宣传;⑥有机食品超市销售网络的快速发展;⑦政府的优惠鼓励政策;⑧有机产品标识方面的规定增加了有机产品的可信度。此外,还有一些由于各地不同背景和条件而产生的推动因素。

3. 中国有机食品的兴起和发展

中国是一个拥有几千年历史的传统农业大国,在 20 世纪 50 年代之前,农业生产几乎不依靠农用化学品,而且积累了丰富的传统农业经验,其中包括当今人们还在大量采用的病虫草害的物理和生物防治措施。

从 20 世纪 80 年代开始,在众多研究机构、大学和地方政府的帮助和参与下,我国各地启动并组织了生态农业运动,在全国各地建立了数千个生态农业示范村和数十个生态县,研究并推广了形式多样的生态农业建设技术,这些都为我国的有机农业发展奠定了十分坚实的基础。

1992 年,农业部批准组建了"中国绿色食品发展中心",到 2003 年底,全国有效使用绿色食品标志的企业总数达到 1929 家,获得绿色食品认证的产品总数为 3427 个,其中"AA 级绿色食品证书"60 多个。绿色食品,特别是 AA 级绿色食品基地的建立,为我国有机农业生产基地的建立和发展打下了良好的基础。

为了推动有机食品生产基地的规范化建设,国家环保总局正在着手建立一批"国家有机食品生产基地",并制订了《国家有机食品生产基地考核管理规定(试行)》。目前,已有十多个基础较好的有机食品生产基地提出申报国家基地的申请。

4. 展望

全世界的人们都在关心食品安全问题,包括转基因食品的安全问题。对有机食品市场的需求不只是在发达国家呈现快速增长的趋势,即使是像中国这样的一些发展中国家,有机食品市场也正在悄然发展。中国地域辽阔,人口众多,传统农业基础好,又有生态农业、生态建设的基础,目前又正值我国加入 WTO 后的关键时期,农业生产面临着严峻的挑战,发展有机农业和有机食品是一个很好的切入点,市场潜力和发展空间巨大。如果发展顺利,预计在今后 10 年,我国的有机食品占国内食品市场的比例有望达到 1.0%~1.5%,中国出口的有机食品占全球有机食品国际贸易的份额则有望达到 3.0%,甚至更高。毫无疑问,开发有机食品是实现我国农业可持续发展的战略选择。

# *第十六章 能 源

> 【学习目标】
> 了解能源的分类和能量的转化，煤炭及其综合利用；了解石油和天然气的一般知识和重要性；了解核能、化学电源等新能源的开发和利用的有关知识。

## 第一节 能源的分类和能量的转化

能源是指提供能量的自然资源。自古以来人类所使用的能源主要经历了从柴草到煤炭再到如今的石油时期。

### 一、能源的分类

能源的种类繁多，如我们所熟悉的热能、机械能、电能、光能、化学能、原子能、生物能等都是能源。从不同的角度，可将能源大致分成以下几类。

① 按能源的形成　按能源的形成分为一次能源（也称天然能源）和二次能源（又称人工能源）。一次能源是指存在于自然界中，可直接使用的能源，例如煤炭、石油、天然气、太阳能、地热能、潮汐能、风能、水能等；二次能源是指由一次能源经加工、转化或改质成的能源，例如氢能、电能、煤油、汽油、柴油、沼气等。

② 按能源是否再生　按能源是否再生可分为再生能源和非再生能源。再生能源是指不随人类的使用而减少的能源，例如风能、水能、太阳能、生物质能等；非再生能源是指随人类的使用而逐渐减少的能源，例如煤炭、石油、天然气等。

③ 按使用后是否造成环境污染　根据使用后是否造成环境污染可分为污染型能源和清洁型能源，煤、石油属于污染型能源；风能、氢能、太阳能属于清洁型能源。

④ 按能源使用的成熟程度　按能源使用的成熟程度可分为常规能源（传统能源）和新型能源。常规能源是指人们已经大规模生产并广泛开发利用的能源，例如煤炭、石油等；新型能源是指以新技术为基础、正在研究之中，以便系统开发利用的能源，如太阳能、氢能、生物质能、风能、地热能等。

### 二、能量的转化

各种形式的能量可以互相转化。大家所熟知的动能和势能可互相转化；柴草、煤炭、石油、天然气等燃烧放热使蒸气温度升高的过程就是化学能转化为蒸气热力学的过程；高温蒸气推动蒸气发电机发电的过程是热力学能转化为电能的过程；电能通过电动机可转化为机械能；电能通过灯泡可转化为光能；电能通过电解槽可转化为化学能等。在能量转化过程中必须遵循热力学第一定律——能量守恒定律。

## 第二节 煤炭的综合利用

煤是地球上储量最多的化石燃料，全世界的总储量估计有 13 万亿吨。

煤是由远古时代的植物残骸累积随地层变动埋入地下，经过漫长时间复杂的生物化学、物理化学和地球化学的作用转变而成的固体可燃物。植物演变成煤的过程是非常复杂的，现代的成煤理论认为煤化过程是：植物→泥炭→褐煤→烟煤→无烟煤，随着煤转化程度的提高，各类产物中的含碳量依次增高，其热值也逐渐升高。它们的含碳量分别是：泥炭60%~70%，褐煤70%~80%，烟煤80%~90%，无烟煤90%~98%左右。

构成煤的主要元素除碳外，还含有氢、氧、氮、磷、硫等。其可燃的成分主要是碳和氢。煤是由有机物和少量无机物所组成的复杂的混合物。

煤炭一直是我国的主要能源，煤的年消费量在10亿吨以上，其中的大部分是直接燃烧掉的。在燃烧过程中，煤中的C、S及N分别变成$CO_2$、$SO_2$及$NO_x$（NO和$NO_2$）。这样的热效率利用并不高，只有30%左右。而且直接烧煤对环境污染造成恶劣影响。如$CO_2$的产生使全球气温变暖；$SO_2$和$NO_x$等则造成酸雨。此外，还有煤灰和煤渣等固体垃圾的处理和利用问题等。为了解决这些问题，且充分利用煤资源，人们一直致力于如何使煤转化为清洁的能源，如何提取分离煤中所含宝贵的化工原料。目前已有实用价值的办法是煤的焦化、煤的气化和煤的液化。

## 一、煤的焦化

将煤隔绝空气加强热，使它分解的过程叫做煤的焦化，也叫"煤的干馏"，工业上叫做炼焦。煤经过干馏能得到固体的焦炭、液态的煤焦油和气态的焦炉气等。

焦炭是黑色坚硬多孔性固体，主要成分是碳。它主要用于冶金工业，其中又以炼钢为主，也可应用于化工生产，如以焦炭与水蒸气和空气作用制成半水煤气（主要成分为：$H_2$和CO），制成合成氨。还可用于制造电石、电极等。

煤焦油是黑褐色、油状黏稠液体，成分十分复杂，目前以验明的有约500多种，其中有苯、酚、萘、蒽、菲等含芳香环的化合物和吡啶、喹啉、噻吩等含杂环的化合物，它们是医药、农药、染料、炸药、合成材料等工业的重要原料。

焦炉气的主要成分是$H_2$、$CH_4$、CO等热值高的可燃性气体，它们燃烧方便，可用于冶金工业燃料和城市居民生活煤气，而且用煤气做燃料要比直接烧煤干净得多。此外，焦炉气中还含有乙烯、苯、氮等。焦炉气可用来合成氨、甲醇、塑料、合成纤维等。

## 二、煤的气化

煤在氧气不足的情况下进行部分氧化，使煤中的有机物转化为可燃气体称为煤的气化。此可燃气体经管道输送主要用作生活燃料，也可用作某些化工产品的原料气。

将空气通过装有灼热焦炭的塔柱，会发生放热反应，主要反应为：

$$C(s) + O_2(g) = CO_2(g) \qquad \Delta_r H_m^\ominus = -393.51 \text{kJ} \cdot \text{mol}^{-1}$$

放出的大量热可使焦炭的温度上升到约1773K。切断空气，将水蒸气通过热焦炭，发生下列反应：

$$C(s) + H_2O(g) = CO(g) + H_2(g) \qquad \Delta_r H_m^\ominus = 131.3 \text{kJ} \cdot \text{mol}^{-1}$$

生成的产物$CO+H_2$称为水煤气，含有40%CO、50%$H_2$，其他是$CO_2$、$N_2$、$CH_4$等。由于这一反应是吸热的，焦炭的温度将逐渐降低。为了提高炉温保持赤热的焦炭层温度，每次通蒸气后需向炉内送入一些空气。

水煤气中的CO和$H_2$燃烧时可放出大量的热。它的最大缺点是CO有毒。另外，这一制备方法不够方便，还有待改进工作。

## 三、煤的液化

煤炭液化油也叫人造石油。煤的液化是指煤催化加氢液化，提高煤中的含氢量，使燃烧时放出的热量大大增加且减少煤直接利用所造成的环境污染问题。目前煤的液化法有两种，即直接液化法和间接液化法。直接液化法是将煤先裂解成较小的分子，再催化氢化而得到煤炭液化油的方法。从煤直接液化得到的合成石油，可精制成汽油、柴油等产品；间接液化法是将煤先气化得到 CO、$H_2$ 等气体小分子，然后在一定温度、压力和催化剂作用下合成多种直链的烷烃、烯烃等，从而制得汽油、柴油和液化石油气的方法。

我国拥有丰富的煤资源。煤的品种很多，质地优良，是我国社会主义建设的重要工业资源。

## 第三节　石油和天然气

### 一、石油

石油，人们称其为"工业的血液"，它是一种重要的能源。自 50 年代以来，石油跃居世界能源消费结构中的首位，目前世界上使用的总能量中约有一半是来自石油。石油产品的种类已超过几千种。石油已成为国际资本激烈竞争的目标，许多国际争端往往与石油有关。石油也是现代化学必不可少的基本原料，利用石油产品和石油气可以制造合成纤维、合成橡胶、合成树脂、塑料以及农药、化肥、炸药、医药、染料、油漆、合成洗涤剂等产品。

1. 石油的性质和成分

石油是远古时代海洋或湖泊中的动植物的遗体在海洋条件作用下经过漫长的复杂变化而逐步分解而产生的。从油井中刚开采出的石油是一种黑褐色的、黏稠的油状液体，称为原油。它有特殊气味，比水轻，不溶于水。石油的成分中含 84%～86% 的碳，12%～14% 的氢，还有少量的氧、硫、氮等元素。它的组成很复杂，主要是各种烃类的混合物（其中包括烷烃、环烷烃和芳香烃）。石油的成分根据产地不同而不一致。我国开采的石油主要含烷烃。

2. 石油的炼制

石油中所含的化合物种类繁多。在炼油厂中，原油必须经过炼制才能使用。主要过程有分馏、裂化、重整、精制等。

（1）石油的分馏　石油主要含有各种烃的混合物，大多数组分的相对分子质量差别很小，沸点接近，要完全分离较为困难。通常将原油用蒸馏的方法分离成为不同沸点范围的油品的过程称为石油的分馏。石油分馏产品及主要用途见表 16-1。

表 16-1　石油分馏的产品及用途

| 分馏产品名称 | | 烃的碳原子数 | 沸点范围/℃ | 用途 |
| --- | --- | --- | --- | --- |
| 气体 | 石油气 | $C_1 \sim C_4$ | | 气体燃料、化工原料 |
| 轻油 | 溶剂油 | $C_5 \sim C_6$ | 30～180℃ | 在油脂、橡胶、油漆生产中作溶剂 |
| | 汽油 | $C_6 \sim C_{10}$ | | 飞机、汽车用液体燃料 |
| | 煤油 | $C_{10} \sim C_{16}$ | 180～280℃ | 液体燃料、工业洗涤剂 |
| | 柴油 | $C_{17} \sim C_{18}$ | 280～350℃ | 重型汽车、军舰、轮船、坦克、拖拉机、各种柴油机燃料 |
| 重油 | 润滑油 | $C_{18} \sim C_{30}$ | 350～500℃ | 机械、纺织等工业用的各种润滑剂 |
| | 凡士林 | | | 制药、防锈、涂料 |
| | 石蜡 | $C_{20} \sim C_{30}$ | | 制蜡纸、绝缘材料、肥皂 |
| | 沥青 | $C_{30} \sim C_{40}$ | | 铺路、建筑材料、防腐涂剂 |
| | 渣油 | $>C_{40}$ | $>500℃$ | 制电极、生产 SiC 等 |

(2) 石油的裂化　随着国民经济各部门的发展，对汽油、煤油、柴油等轻质油的需求量越来越高。而从石油中分馏得到的轻质油一般仅占石油总量的 25% 左右。为了从石油中获得更多质量较高的汽油等产品，可将石油进行裂化。裂化是将碳链较长的重质油在高温和隔绝空气加强热的条件下发生分解而成为碳原子数较少的轻质油的过程。裂化分成热裂化和催化裂化两种。热裂化是将重质油在 500～600℃ 左右和一定的压力下进行裂化的方法；催化裂化是指将重质油在热（450～500℃）和催化剂（常用硅酸铝）的作用下进行裂化的方法。利用这两种方法除能获得较好的汽油外，还能从重质油中获得更多乙烯、丙烯、丁烯等化工原料。

(3) 催化重整　为了有效地提高汽油燃烧时的抗爆震性能，同时还能得到化工生产中的重要原料——芳香烃，将汽油通过催化剂，在一定的温度和压力下进行结构的重新调整，其直链烃转化为带支链的异构体的过程称催化重整。使用的催化剂是铂、铱、铼等贵金属。它们的价格相当的昂贵，故选用便宜的多孔性氧化铝或氧化硅作为载体，在其表面上浸渍 0.1% 的贵金属从而达到催化作用。

我国大型石油化工联合企业已有大庆，燕山，齐鲁，扬子，上海，吉林等，能够向世界上许多国家和地区出口石油产品和石油化工产品。

### 二、天然气

天然气是蕴藏在地层中的可燃性气体，它的形成与石油相同，二者可能同时生成，但一般埋藏较深。在煤田附近往往也有天然气存在。

天然气的主要成分是甲烷，其含量可达 80%～90%，另外还含有少量的乙烷和丙烷。

天然气是最"清洁"的燃料，燃烧产物为无毒的二氧化碳和水，而且燃烧值和发热量高，约为煤的两倍，再加上管道输送也很便利。因此要大力推广使用天然气能源。

天然气除了用作燃料外，也是制造炭黑、合成氨、甲醇等化工产品的重要原料。我国四川、新疆是世界上著名的天然气产地之一。

### 三、原油和天然气储量

随着全球经济快速发展，原油和天然气需求不断增长，国际上原油和天然气价格持续攀升并屡创新高，这些刺激了国际石油公司不断加大勘探开发的力度，大油田不断发现，世界石油正进入一个储量增长的高峰期。2007 年以来，世界各地先后发现储量比较大的油田。例如，西班牙石油企业雷普索尔公司在北非产油国利比亚发现了一个总储量达 16.21 亿桶的大油田；伊朗在西南部的胡其斯坦省新发现储量高达 20 亿桶的大型油田；挪威海德鲁石油在利比亚 Murzuq（迈尔祖格）盆地发现大型石油储备，初步预测可采储量为 4.74 亿桶；巴西在大西洋发现石油蕴藏量达 80 亿桶的大油田。中国石油在渤海湾滩海地区发现储量规模较大的油田——冀东南堡油田。该油田的原油和天然气储量超过 10 亿吨，合 73.3 亿桶，其中约 4 亿吨为探明储量。

1. 原油储量

全球原油储量连年小幅攀升，2007 年增幅 1.08% 至 1824.24 亿吨，而 2006 年增幅为 1.96%，2005 年增幅为 1.16%。从地区看，西半球原油储量增长 1.57%，达 439.82 亿吨，西欧地区储量下滑严重，原油储量降幅 10.5%，挪威原油储量下滑超过 12%，英国原油储量下降 7%。亚太地区原油储量增长 3%，主要归功于马来西亚和泰国的储量增长。石油输出国组织（Organization of Petroleum Exporting Countries，即 OPEC，简称欧佩克）原油储量继续攀升 2.7%，达到 1270.52 亿吨，占全球总储量的 69.5%，略高于上年。欧佩克成员国中，安哥拉原油储量增幅高达 12.94%，委内瑞拉原油储量大幅增长 8.78%，沙特阿拉伯、伊朗、科威特和印度尼西亚有2%左右的小幅增长，其他成员国中除阿尔及利亚略有下降外基本与上年持平。

2. 天然气储量

全球天然气储量2006年增长1.15%，2007年基本与上年持平，为175.16万亿立方米。

欧佩克天然气储量为89.25万亿立方米，仍占全球总储量的50.9%。各国天然气储量变化总体上不大。马来西亚、委内瑞拉、沙特阿拉伯和美国增幅较大，分别为10.67%、9.11%、5.47%和3.28%。其中美国天然气储量持续增长，2006年增幅6.17%。天然气储量降幅较大的有伊朗、挪威和印度尼西亚，分别为2.65%、3.88%和3.97%。2006年天然气储量有巨幅增长的包括哈萨克斯坦（53.85%）、中国（50.02%）和土库曼斯坦（40.85%），2007年也均稍有增长。从地区看，西半球天然气储量增长5.27%，达15.43万亿立方米。西欧地区天然气储量下降5%，其中英国天然气储量下降14%。

作为传统能源的石油和天然气，终究有一天会枯竭和耗尽，即便是富油大国也会"坐吃山空"。近年来，随着全球能源需求的迅速增长和石油价格的大幅提升，世界各国都在加大力度制定和研发新能源战略。面对传统能源危机，越来越多的国家开始将能源政策的支点转向新能源的开发与利用，石油和天然气以外替代能源的开发成为人们日益关注的重点。新能源在未来能源市场占有重要的位置，发展新能源已是不可扭转的趋势。

## 第四节 核 能

普通的化学反应的热效应来源于外层电子的重排时键能的变化，这样的反应过程中没有涉及原子核。还有一类反应要涉及原子核的变化，这种能实现原子核转变的反应叫做核反应。核反应过程中由于原子核的变化，会伴随着巨大的能量变化，这就是核能。又称原子能。

核能是近年来迅速发展的能源。从核能得到能源有两种方法，核裂变和核聚变。核裂变又称重核分裂，它是将某些较重的原子核在中子的轰击下分裂成两个差不多大小的较轻原子核的反应。在裂变过程中，每消耗一个中子，能再产生几个中子，它又能使其他重核发生裂变，同时再产生几个中子……这就形成了链式反应。铀的同位素$^{235}_{92}U$的裂变产物中大约有30多种元素。连续核裂变释放出巨大的核能，每1g$^{235}_{92}U$裂变所放出的能量相当于3吨煤燃烧所放出的能量。若人工控制使链式反应在一定程度上连续进行，产生的能量能加热水蒸气，推动发电机，这就是核能发电的原理。核电的生产和核电站的运行，事实上是清洁和安全的。我国目前有大亚湾和秦山两个核电站；若使裂变释放出来的能量不断积累，最后则可以在瞬间酿成巨大的爆炸，这就是制造原子弹的原理。

核聚变，又称轻核合成，它是使很轻的原子核在异常高的温度下合成较重原子核的反应。氢弹爆炸就是属于这种反应。核聚变进行过程中也能释放出巨大的能量，如氢的两个同位素氘与氚聚变时，每克核燃料聚变时所产生的能量约为$3×10^8$ kJ，即千倍于核裂变所释放的能量。但目前人们尚无法使这一超高温下的热核反应成为可控能量来加以利用，我们还只能以"未来能源"来对待，这需要我们的科学家在物理学、核工程和材料科学方面深入研究和创新突破，可望在21世纪能使可控核聚变领域有新的发展。

## 第五节 化 学 电 源

化学电源是通过氧化还原反应将化学能转变为电能的装置，简称电池。如收音机、手电筒、照相机、电动玩具上用的干电池，汽车发动机用的蓄电池，钟表、计算器上用的纽扣电池等都是化学电源。下面介绍几种电池。

## 一、锌-锰干电池

它是常见的原电池的一种，其电压为1.5V，电容量随体积大小而异（分1号，2号，3号，4号和5号等）。为了便于携带允许倒置，把电池中的电解液调成"糨糊状"，离子仍可自由移动，保证电流畅通，干电池便因此而得名。日常用的收音机，手电筒里使用的都是干电池。

干电池的结构如图16-1所示。外壳用锌皮作负极；中心为正极，是一根导电性能良好的石墨棒，裹上了一层由$MnO_2$、炭黑及$NH_4Cl$溶液混合压紧的团块。两极之间充满以$ZnCl_2$、$NH_4Cl$、淀粉和一定量水等调制的糊状物作电解质。锌筒上加沥青密封，防止电解液渗出。

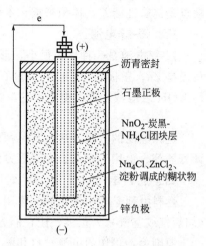

图16-1　锌-锰干电池

当接通干电池的正、负极时，发生如下电极反应：

负极　　　　　　　　　　$Zn-2e \longrightarrow Zn^{2+}$　　　　　　　　　　（氧化反应）

正极　　　　　$2MnO_2+2NH_4^+ +2e \longrightarrow Mn_2O_3+2NH_3+H_2O$　　（还原反应）

正极上生成的$NH_3$与负极上产生的$Zn^{2+}$反应生成$[Zn(NH_3)_2]^{2+}$，从而能够维持电池的正常工作。

总的电池反应为　　$Zn+2NH_4Cl+2MnO_2 \longrightarrow [Zn(NH_3)_2]Cl_2+Mn_2O_3+H_2O$

这种电池在使用了一段时间以后，锌皮不断被消耗，二氧化锰也不断被还原，电压慢慢降低，最后电池失效。这种电池属于一次性电池，但锌皮不可能完全消耗掉，所以旧电池可回收锌。既然锌是消耗性的外壳，在使用过程中就会变薄以致穿孔，这就要求在锌皮外加有密封包装。但有些干电池在使用过程中发生"渗漏"现象，即是没有按要求做的缘故，属于劣质产品。

## 二、铅蓄电池

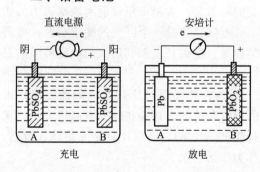

图16-2　铅蓄电池充电放电示意图

凡能用充电的方法使反应物复原，重新放电，并能反复使用的电池，称为蓄电池或二次性电池。它可以把电能变成化学能储蓄起来，待用时，再把化学能转变为电能。汽车启动电源常用铅蓄电池，其结构如图16-2所示。它的两个电极都是用由栅状铅板制成的。负极填有海绵状的Pb，正极填有疏松的$PbO_2$。其电解质溶液是30%的$H_2SO_4$。因此，这类电池也叫酸性蓄电池。

放电时的电池反应为：

$$PbO_2+Pb+2H_2SO_4 \longrightarrow 2PbSO_4+2H_2O$$

充电时的电池反应为：

$$2PbSO_4+2H_2O \longrightarrow PbO_2+Pb+2H_2SO_4$$

铅蓄电池的优点是价格低廉，它是二次电池中成本最低的，它的电动势和工作电压高，放电稳定，输出功率高，在汽车工业、通讯业、飞机、船舶、矿山、军工等方面广泛应用。

缺点是抗震性能差，体积笨重，不便携带等。

### 三、银-锌电池

银-锌电池是一种体积很小，形状像纽扣的微型电池，又称为"纽扣电池"。其电极材料负极是 Zn，正极是 $Ag_2O$ 和少量石墨的混合物，石墨的作用是作为导电剂。电解质溶液采用 KOH 浓溶液。该微型电池的电池反应为：

$$Zn+Ag_2O =\!\!=\!\!= ZnO+2Ag$$

这种电池的电压可达 1.6V，具有质量轻、体积小、能量大的等优点。常用于电子手表、计算器等，也用于宇航、火箭等方面。

### 四、燃料电池

燃料电池是利用催化剂的作用，以燃料（如氢气、甲烷、乙醇等物质）为负极，氧化剂（如氧气或空气）为正极，让它们分别在两极发生氧化还原反应而产生电流的装置。

原则上，可作为电池燃料和氧化剂的化学物质很多，但目前得到实际应用的只有氢-氧燃料电池。按照所用电解质的不同，氢-氧燃料电池又分为碱性电解质燃料电池、酸性电解质燃料电池、熔融碳酸盐燃料电池、固体电解质燃料电池。其中碱性电解质燃料电池已成功地应用于阿波罗登月宇宙飞船和航天飞机作为动力电源。在将来燃料电池会在汽车、军舰、通讯电源等方面得到实际应用。

此外，一些高效、安全、价廉的电池都在研究和开发之中。如锂-碘电池、锂-锰电池、太阳能电池等。

## 第六节　新能源的开发

现代社会是一个耗能的社会，没有相当数量的能源是谈不上现代化的。当前，全世界都在共同努力，积极进行各种新能源的研究和开发。在目前一些尚不成熟的新能源也可能在不久的将来成为主要的能源。这个新能源一般就是指太阳能、生物质能、风能、地热能、海洋能、氢能等。它们的共同特点是资源丰富，可以再生，没有污染。

### 一、太阳能

太阳能是指由太阳发射出来并由地球表面接受的辐射能。太阳每年辐射到地球表面的能量为 $50×10^{18}$ kJ，相当于目前全世界能量消费的 1.3 万倍。这是一个巨大的能量资源，可谓取之不尽用之不竭，而且太阳能是洁净、无污染的能源。所以开发和利用太阳能资源的前景十分广阔。

太阳能的利用方式是光-热转化和光-电转化。光-热转化是通过集热器（即太阳能热水器）进行的。集热器的板芯是由吸热涂层所覆盖的铜片制成的，封装在既要有高透光率，又要有良好绝热性的玻璃缸外壳中。吸热涂层是进行光-热转化的，而铜片只是导热体。目前，我国城市居民的一些住宅已安装了太阳能热水器作为生活热水。

光-电转化是通过太阳能电池进行的。多晶硅、单晶硅（掺入少量硼、砷）、碲化镉（CdTe）等是制造太阳能电池的半导体材料。它们能吸收太阳光中的光子使电子按一定方向流动而形成电流。太阳能电池的应用范围很广，如可用于卫星地面站、微波中继站、电话、农村和偏远地区的供电系统以及手表，太阳能计算器，太阳能充电器等。

### 二、生物质能

生物质能是指由太阳能转化并以化学能形式储藏在生物质中的能量。生物质本质上是由绿色植物通过光合作用将水和二氧化碳转化成糖类而形成的。一般地说，绿色植物只吸收了照射到地球表面的辐射能的 0.5%～3.5%。即使如此，全部绿色植物每年所吸收的二氧化碳约 $7\times10^{11}$ 吨，合成有机物约 $5\times10^{11}$ 吨。因此生物质能是一种极为丰富的能量资源，也是太阳能的最好储存方式。

直接燃烧是生物质能最普通的转化技术。如柴草、秸秆等的燃烧能放出大量的热，这样可将化学能转变为热能。但这样的燃料直接燃烧时，热量利用率很低，并且对环境有较大的污染。目前把生物质能作为新能源来考虑，并不是再去烧固态的柴草等，而是将它们转化为可燃性的液体或气态化合物，即把生物质能转化为化学能，然后再利用燃烧来放热。生物质能把生物质能转化为化学能，然后再利用燃烧来放热。生物质能利用的最佳途径之一是人工制取沼气。它是动物的人畜粪便、动物的遗体等在厌氧的条件下有机质进行分解代谢的产物，其主要成分是甲烷。我国农村已大力推广小型沼气池作为家用能源。另外农牧业废料、高产作物（如甘蔗、甘薯、高粱等），纤维素原料（如木屑、锯末等）经过高温热分解或发酵等方法可以制造甲醇、乙醇等干净的液体燃料。大规模采用甲醇、乙醇来作为汽车燃料是近年来生物质能应用的一大进展。这可以减小对石油能源的依赖，还可减轻汽车尾气的污染。如巴西 90% 的小汽车就使用酒精燃料。

人类开发和利用生物质能的历史悠久。由于资源量大，可再生性强，随着科学技术的发展，人们不断发现和培育出高效能源植物和生物质能转化技术，生物质能的合理开发和综合利用必将提高人类生活水平，为改善全球生态平衡和人类生存环境作出巨大贡献。

### 三、氢能

在新能源的探索中，氢气被认为是理想的二次能源。氢气作为动力燃料有很多优点。如其资源丰富，它可以从水分解制得，而地球上有取之不尽的水资源；燃烧热值大，每千克氢燃烧能释放出 $7.09\times10^4$ kJ 的热量，远大于煤、石油、天然气等能源，而且燃烧的温度可以在 200～2000℃ 之间选择，可满足热机对燃料的使用要求；氢燃烧后惟一产物是水，无环境污染问题，堪称清洁能源。

目前绝大多数是从石油、煤炭和天然气中制取氢。以水电解制氢消耗电能太多，在经济上不合算。对化学家来说研究新的经济上合理的制氢方法是必要的。当前最有前途的是通过光解水制氢，即利用太阳能电池电解水制氢。另外以过渡元素的配合物作为催化剂，利用太阳能来分解水也引人注目。

氢气的储存和输送技术，基本上与储存和输送天然气的技术大致相同，它也可以像天然气一样通过管道输送。

氢能源的应用很广泛，在航天方面，液态氢可用作火箭发动机燃料；在航空方面，氢可作为动力燃料；另外，它还可以用来制造燃料电池直接发电。

此外，风能、地热能、海洋能等也是值得我们关注的新能源。

当前，新能源的开发已受到世界各国的高度重视。尼日利亚计划建设 15 家生物乙醇工厂，莫桑比克启动非洲最大的乙醇生产项目，瑞典建立 100 多个生物沼气站，巴西以甘蔗为原料大力发展乙醇燃料，美国能源部制定了风力、太阳能、生物质能发电的发展计划。

世界能源委员会的报告中称，到 2020 年全球新能源市场的商机将达 2 万亿美元，很多国际机构预计，未来的 3 至 5 年，绿色能源产业每年将有 20% 的持续增长力。

国外开发利用新能源给我们带来了这样的启示，虽然各国的情况不同，但面对传统能源危机，一定要有研发新能源的战略眼光和紧迫感，努力做到未雨绸缪。但是研究和开发新能源基金投资较高，技术难度较大，有些已建成的装置效能虽好，因成本过高而不易推广。但新能源的开发迫在眉睫，世界能源结构必定朝着多元化的方向发展。

## 本 章 小 结

(1) 能源

能源是指提供能量的自然资源。能源的种类繁多。从不同的角度,可将能源大致分成以下几类。

按能源的形成可分为:一次能源(也称天然能源)和二次能源(又称人工能源);

按能源是否再生可分为:再生能源和非再生能源;

根据使用后是否造成环境污染可分为:污染型能源和清洁型能源;

按能源使用的成熟程度可分为:常规能源(传统能源)和新型能源。

各种形式的能量可以互相转化,在能量转化过程中都必须遵循热力学第一定律——能量守恒定律。

(2) 煤炭的综合利用

煤是由远古时代的植物残骸累积随地层变动埋入地下,经过漫长时间复杂的生物化学、物理化学和地球化学的作用转变而成的固体可燃物。构成煤的主要元素除碳外,还含有氢、氧、氮、磷、硫等。其可燃的成分主要是碳和氢。煤是由有机物和少量无机物所组成的复杂的混合物。

为了充分利用煤资源,人们一直致力于如何使煤转化为清洁的能源,如何提取分离煤中所含宝贵的化工原料。目前已有实用价值的办法是煤的焦化、煤的气化和煤的液化。

(3) 石油和天然气

石油是远古时代海洋或湖泊中的动植物的遗体在海洋条件作用下经过漫长的复杂变化而逐步分解而产生的。石油的主要成分是碳和氢,还有少量的氧、硫、氮等元素。它的组成很复杂,主要是各种烃类的混合物(其中包括烷烃、环烷烃和芳香烃)。

石油中所含的化合物种类繁多。在炼油厂中,原油必须经过炼制才能使用。主要过程有分馏、裂化、重整、精制等。

天然气是蕴藏在地层中的可燃性气体,其主要成分是甲烷,其含量可达 $80\%\sim 90\%$,另外还含有少量的乙烷和丙烷。天然气是最"清洁"的燃料,燃烧产物为无毒的二氧化碳和水,而且燃烧值和发热量高。

(4) 核能

能实现原子核转变的反应叫做核反应。核反应过程中由于原子核的变化,会伴随着巨大的能量变化,这就是核能。又称原子能。从核能得到能源有两种方法,核裂变和核聚变。

(5) 化学电源

化学电源是通过氧化还原反应将化学能转变为电能的装置,简称电池。主要有锌-锰干电池、铅蓄电池、银-锌电池和燃料电池等。

(6) 新能源的开发

新能源一般是指太阳能、生物质能、风能、地热能、海洋能和氢能等。它们的共同特点是资源丰富,可以再生,没有污染。当前,对新能源进行开发已经迫在眉睫。

## 思 考 与 练 习

1. 填空题

(1) 能源是指_____的自然资源。

(2) 一次能源是指＿＿＿＿＿＿的能源。如＿＿、＿＿。
(3) 二次能源是指＿＿＿＿＿＿的能源。如＿＿、＿＿。
(4) 常规能源是指＿＿＿＿＿＿的能源。如＿＿＿、＿＿＿。
(5) 能源的利用，就是＿＿＿＿的转化过程。
(6) 组成煤的主要元素是＿＿＿，还含有＿＿＿、＿＿＿、＿＿＿、＿＿＿等元素。
(7) ＿＿＿＿＿＿＿＿＿称煤的焦化或煤的干馏。煤焦化后可得＿＿＿、＿＿＿、＿＿＿三大类物质。
(8) ＿＿＿＿＿＿＿称为原油。
(9) 天然气的主要成分是＿＿。
(10) 核能也叫＿＿＿能，它是＿＿＿＿＿＿＿＿＿。
(11) 核裂变是＿＿＿＿＿＿＿＿＿＿＿＿＿；核聚变是＿＿＿＿＿＿＿＿＿＿＿＿＿＿。
(12) 化学电源是＿＿＿＿＿＿＿＿＿＿。
(13) 蓄电池充电是＿＿能转化为＿＿能，反应方程式为：＿＿＿＿＿＿＿；而放电时＿＿＿能转化为＿＿能，反应方程式为：＿＿＿＿＿＿＿＿。
(14) 太阳能的利用方式，目前有＿＿＿转化和＿＿＿转化。太阳能热水器是＿＿＿转化，太阳能电池是＿＿＿转化。

2. 问答题

(1) 什么是再生能源和非再生能源？试举例说明。
(2) 煤的直接燃烧存在哪些问题？煤的间接利用主要有哪些途径？
(3) 煤焦油、焦炉气中的主要成分各是什么？有何重要用途？
(4) 石油炼制工业主要包括哪些过程？其主要作用是什么？
(5) 什么是燃料电池？
(6) 原煤、石油气（液化气）、天然气、柴草都是我国的家用能源。试比较它们的优缺点？
(7) 当前有实效而又有前景的新能源指哪些？各有何特点？

# 学生实验

## 实验一 配制一定物质的量浓度的溶液（2课时）

一、实验目的

1. 学会配制一定物质的量浓度溶液的方法；
2. 初步学会托盘天平和量筒的使用；
3. 初步学会容量瓶的使用方法。

二、实验仪器和药品

1. 实验仪器

托盘天平，量筒（100mL），容量瓶（250mL），烧杯，滴管，药匙，玻璃棒，酒精灯

2. 实验药品

NaOH（固体），NaCl（晶体），蒸馏水

三、实验内容和步骤

1. 10％NaOH溶液的配制

（1）计算溶质的质量

计算配制50g质量分数为10％的NaOH溶液所需固体NaOH的质量和水的质量。

（2）称量

用托盘天平（见图1）称取所需的NaOH，倒入烧杯中。

图1 托盘天平

（3）配制溶液

用量筒量取所需的蒸馏水，倒入同一烧杯中，搅拌使其溶解。注意玻璃棒搅拌时要均匀转动，不要碰触到烧杯。

将冷却至室温的NaOH溶液倒入试剂瓶中，贴上标签备用。

2. 配制100mL 2mol·L$^{-1}$的NaCl溶液

（1）计算溶质的质量

计算配制100mL 2.0mol/LNaCl溶液所需NaCl固体的质量。（$m=n \times M = c \cdot V \cdot M$）

（2）称量

在托盘天平上称量出所需质量的NaCl固体。

（3）配制溶液

把称好的NaCl固体放入烧杯中，再向烧杯中加入40mL蒸馏水，用玻璃棒搅拌，使NaCl固体完全溶解，冷却。

将烧杯中的溶液沿玻璃棒转移到250mL容量瓶中，用少量蒸馏水洗涤烧杯2～3次，并将洗涤液也全部转移到容量瓶中。

继续向容量瓶中加入蒸馏水，直到液面在刻度线以下1～2cm时，改用胶头滴管逐滴加水，使溶液凹面恰好与刻度相切。盖好容量瓶瓶塞，反复颠倒、摇匀。

将配制好的溶液倒入试剂瓶中，贴好标签，待用。

四、问题和讨论

1. 称量固体NaOH为什么不能用纸或在托盘上直接称量？
2. 将烧杯里的溶液转移到容量瓶中以后，为什么要用蒸馏水洗涤烧杯2～3次，并将洗

涤液也全部转移到容量瓶中？

3. 在用容量瓶配制溶液时，如果加水超过了刻度线，倒出一些溶液，再重新加水到刻度线。这种做法对吗？

## 实验二　化学反应速率和化学平衡（2课时）

一、实验目的

1. 了解浓度、温度和催化剂对化学反应速率的影响；
2. 了解浓度和温度对化学平衡的影响；
3. 练习在水浴中保持恒稳的操作。

二、本实验有关反应和现象

1. $$2KIO_3 + 5NaHSO_3 == Na_2SO_4 + 3NaHSO_4 + K_2SO_4 + I_2 + H_2O$$

亚硫酸氢钠（$NaHSO_3$）与碘酸钾（$KIO_3$）反应析出单质碘（$I_2$），而 $I_2$ 遇淀粉变蓝，因此可以根据淀粉变蓝所需时间的长短，来判断反应速率的快慢。

2. $$2H_2O_2 == 2H_2O + O_2\uparrow$$

该反应可用 $MnO_2$ 作催化剂，它可以加快化学反应速率。

3. $$Fe^{3+} + 6SCN^- == [Fe(SCN)_6]^{3-}$$
（血红色）

$$2NO_2(g) \rightleftharpoons N_2O_4(g)\text{（放热反应）}$$
红棕色　　　无色

在可逆反应中，达到平衡状态以后，改变浓度和温度等外界条件，引起可逆反应，平衡发生移动。上面两个反应通过颜色的变化可以得到证明。

三、仪器和药品

1. 仪器

量筒（10mL、25mL、50mL），烧杯（100mL 3个），秒表，水浴锅，温度计（100℃），酒精灯，$NO_2$ 平衡仪。

2. 药品

$KIO_3$（$0.05mol·L^{-1}$），$NaHSO_3$ [$0.05mol·L^{-1}$（带有淀粉）]，$MnO_2$（粉末），$H_2O_2$（3%），$FeCl_3$（$0.01mol·L^{-1}$），$KSCN$（$0.01mol·L^{-1}$）。

四、实验内容

1. 浓度对反应速率的影响

用 10mL 量筒（量筒要专用，切勿混用）量取 $10mL\ 0.05mol·L^{-1}\ NaHSO_3$ 溶液，倒入小烧杯中，用 50mL 量筒量取 35mL 蒸馏水也倒入小烧杯中。用 25mL 量筒量取 $5mL\ 0.05mol·L^{-1}\ KIO_3$ 溶液。准备好秒表和玻璃棒，将量筒中的 $KIO_3$ 溶液迅速倒入盛有 $NaHSO_3$ 溶液的小烧杯中，立即看秒表计时，并加以搅拌，记下溶液变蓝所需时间。并将数据填入下表中。

用同样方法依次按下表进行实验。

| 实验序号 | $NaHSO_3$ 的体积 $V_1$/mL | $H_2O$ 的体积 $V_2$/mL | $KIO_3$ 的体积 $V_3$/mL | 溶液变蓝时间 $t$/s |
| --- | --- | --- | --- | --- |
| 1 | 10 | 35 | 5 | |
| 2 | 10 | 30 | 10 | |
| 3 | 10 | 20 | 20 | |

根据实验结果，说明浓度对反应速率的影响。

## 2. 温度对反应速率的影响

取 10mL NaHSO₃ 溶液和 30mL 水加入小烧杯中，另用 10mL 量筒取 10mL KIO₃ 溶液加入试管中，将小烧杯和试管同时放在水浴中加热到比室温高 10K 左右时，记下精确温度，取出。将 KIO₃ 溶液倒入 NaHSO₃ 溶液中，立即开始计时并搅动，记下溶液变蓝所需时间，并填入下表中。

按同样的方法在比室温高 20K 左右的条件下进行实验，将结果填入表内。

| 实验序号 | NaHSO₃ 的体积 $V_1$/mL | H₂O 的体积 $V_2$/mL | KIO₃ 的体积 $V_3$/Ml | 实验温度 T/K | 溶液变蓝时间 t/s |
|---|---|---|---|---|---|
| 1 | 10 | 30 | 10 | | |
| 2 | 10 | 30 | 10 | | |
| 3 | 10 | 30 | 10 | | |

根据实验结果，说明温度对反应速率的影响。

## 3. 催化剂对反应速率的影响

在试管中加入 3mL 3% H₂O₂，观察有无气泡产生。然后加入少量 MnO₂ 粉末，观察有无气泡产生，并用带火星的木条检验产生的气体。写出反应方程式，说明 MnO₂ 在反应中的作用。

## 4.

在小烧杯中加入 0.01mol·L⁻¹ FeCl₃ 溶液和 0.01mol·L⁻¹ KSCN 溶液各 10mL，混合得到深红色溶液。把这溶液平均地倒入三支试管中。向第一支试管中加入 FeCl₃ 溶液；向第二支试管中加入 KSCN 溶液。分别将上述两支试管与第三支试管比较，观察溶液颜色变化。根据溶液颜色的变化，说明浓度对化学平衡的影响。

## 5. 温度对化学平衡的影响

将充有 NO₂ 气体的平衡仪两球分别置于盛有冷水和热水的烧杯中，如图 2 所示。观察平衡仪两球颜色的变化。说明温度对化学平衡的影响。

图 2 NO₂ 气体平衡仪

## 五、思考题

1. 影响化学反应速率的因素有哪些？
2. 根据 NO₂ 转化为 N₂O₄ 反应的特点，分析在其他条件不变的情况下，将混合气体体积压缩时，颜色将如何变化？
3. 化学平衡在什么情况下发生移动？如何判断平衡移动的方向？
4. 在测定溶液变蓝所需时间的实验中，加入 KIO₃ 溶液为什么要迅速并立即计时？

## 实验三 电解质溶液（2 课时）

### 一、实验目的

1. 掌握强电解质与弱电解质的区别，以及弱电解质的电离平衡移动；
2. 巩固 pH 的概念，学会使用酸碱指示剂和 pH 试纸；
3. 掌握离子反应发生的条件；
4. 熟悉盐类的水解；
5. 了解溶度积规则。

### 二、药品

CH₃COOH（0.1mol·L⁻¹、2mol·L⁻¹），HCl（0.1mol·L⁻¹、1mol·L⁻¹、2mol·L⁻¹），NaOH（0.1mol·L⁻¹），NH₃·H₂O（0.1mol·L⁻¹），NaCl（0.1mol·L⁻¹），

$CH_3COONa$（固体、0.1mol·L$^{-1}$），$NH_4Cl$（固体、0.1mol·L$^{-1}$），$CH_3COONH_4$（0.1mol·L$^{-1}$），$Pb(NO_3)_2$（0.1mol·L$^{-1}$），$KI$（0.1mol·L$^{-1}$），$Al_2(SO_4)_3$（饱和溶液），$Na_2CO_3$（饱和溶液），$CaCO_3$（固体），锌粒，甲基橙试液，酚酞试液，pH试纸。

三、实验内容

1. 比较$CH_3COOH$溶液和HCl溶液的酸性

（1）在两支试管中，分别加入1mL 0.1mol·L$^{-1}$ $CH_3COOH$溶液和1mL 0.1mol·L$^{-1}$ HCl溶液，再在每支试管中各加入1滴甲基橙和1mL水，比较两支试管中的颜色。

（2）在两支试管中，分别加2mL 2mol·L$^{-1}$ $CH_3COOH$溶液和2mL 2mol·L$^{-1}$ HCl溶液，再在每支试管中各加入两颗锌粒，比较两支试管中的反应情况。写出反应方程式。

通过上述实验，说明$CH_3COOH$溶液和HCl溶液的酸性强弱。

2. 溶液pH的测定

用pH试纸测定浓度均为0.1mol·L$^{-1}$的下列溶液的pH，并与计算值进行比较。

| pH \ 物质 | HCl | $CH_3COOH$ | NaOH | $NH_3·H_2O$ |
|---|---|---|---|---|
| 计算值 | | | | |
| 测定值 | | | | |

根据测得的数据，将上述溶液pH由小到大排列。

3. 弱电解质的电离平衡

（1）在试管中加入1mL 0.1mol·L$^{-1}$ $CH_3COOH$溶液，加入1滴甲基橙，观察溶液的颜色，再加入少量固体$CH_3COONa$，观察溶液颜色的变化。

（2）在试管中加入1mL 0.1mol·L$^{-1}$ $NH_3·H_2O$溶液，加入1滴酚酞，观察溶液的颜色，再加入少量固体$NH_4Cl$，观察溶液颜色的变化。

分别解释上述现象。

4. 盐类的水解

（1）用pH试纸测定0.1mol·L$^{-1}$的下列溶液的pH，并解释各种盐溶液的pH为何不同。

| 物质 | NaCl | $NH_4Cl$ | $CH_3COONa$ | $CH_3COONH_4$ |
|---|---|---|---|---|
| pH | | | | |

（2）在试管中加入2mL 0.1mol·L$^{-1}$ $CH_3COONa$溶液和1滴酚酞试液，观察溶液的颜色；再用小火加热溶液，观察溶液颜色有何变化。写出水解的离子方程式，并简单解释。

（3）在一支大试管中，将5mL饱和$Al_2(SO_4)_3$溶液与5mL饱和$Na_2CO_3$溶液混合。观察反应现象。写出反应方程式和离子方程式。

5. 沉淀溶解平衡

（1）沉淀的生成

在试管中加入1mL 0.1mol·L$^{-1}$ $Pb(NO_3)_2$溶液，再滴加0.1mol·L$^{-1}$ KI溶液，观察黄色沉淀的产生。写出离子反应方程式。将试管静置一会儿，待沉淀沉降后，在上层清液中继续滴加0.1mol·L$^{-1}$ KI溶液，观察并说明所产生的现象。

（2）沉淀的溶解

取黄豆粒大的固体$CaCO_3$，放入试管中，加入约2mL水，$CaCO_3$是否溶解？再向其中滴加1mol·L$^{-1}$ HCl溶液，振荡试管，观察现象。写出离子方程式。

四、思考题

1. 使用 pH 试纸时，可否把试纸投入待测溶液中？用胶头滴管直接把待测液点碰在 pH 试纸上行吗？

2. 实验室配制 $FeCl_3$ 溶液和 $SnCl_2$ 溶液时，为什么不是直接将它们的晶体溶于水，而是将它们的晶体溶于盐酸中？

## 实验四　氧化还原反应和电化学（2课时）

一、实验目的

1. 掌握电极电势与氧化还原反应的关系；
2. 了解浓度、酸度、介质对氧化还原反应的影响；
3. 熟悉原电池的工作原理；
4. 了解电解原理和电解产物的判断。

二、仪器和药品

1. 仪器

伏特计，铜片，锌片，碳棒，盐桥，烧杯（100mL3个）

2. 药品

$H_2SO_4$(2mol·$L^{-1}$)，$CH_3COOH$(2mol·$L^{-1}$)，NaOH(2mol·$L^{-1}$)，KI(0.1mol·$L^{-1}$)，KBr(0.1mol·$L^{-1}$)，$FeCl_3$(0.1mol·$L^{-1}$)，$Pb(NO_3)_2$(0.5mol·$L^{-1}$)，$CuSO_4$(0.5mol·$L^{-1}$)，$ZnSO_4$(0.5mol·$L^{-1}$)，$KMnO_4$(0.01mol·$L^{-1}$)，$Na_2SO_4$(0.5mol·$L^{-1}$)，溴水，碘水，$CCl_4$，锌粒，铅粒，$(NH_4)_2Fe(SO_4)_2·6H_2O$（晶体），$Na_2SO_3$（固体），酚酞试液

三、实验内容

1. 电极电势与氧化还原反应的关系

（1）在试管中加入 1mL0.1mol·$L^{-1}$KI 溶液和 5 滴 0.1mol·$L^{-1}$$FeCl_3$ 溶液，摇匀后注入 0.5mL$CCl_4$，充分振荡，观察 $CCl_4$ 层和水层颜色的变化。

用 0.1mol·$L^{-1}$KBr 溶液代替 KI 溶液，做同样的实验，观察现象。

（2）在两支试管中加入少许 $(NH_4)_2Fe(SO_4)_2·6H_2O$ 晶体，用 2mL 水溶解，然后分别加入 2～3 滴溴水和碘水，再加少量 $CCl_4$ 充分振荡，判断反应能否进行？

写出（1）（2）有关反应的离子方程式。根据实验结果，定性地比较 $Br_2/Br^-$、$I_2/I^-$、$Fe^{3+}/Fe^{2+}$ 三个电对电极电势的相对高低，并指出哪种物质是最强的氧化剂，哪种物质是最强的还原剂。

（3）在分别盛有 2mL0.5mol·$L^{-1}$$Pb(NO_3)_2$ 和 0.5mol·$L^{-1}$$CuSO_4$ 溶液的试管中，各放入一小块表面擦净的锌粒，观察锌粒表面和溶液颜色有无变化。

（4）用表面擦净的铅粒分别与 0.5mol·$L^{-1}$$ZnSO_4$ 溶液和 0.5mol·$L^{-1}$$CuSO_4$ 溶液反应，观察有无变化。

写出（3）、（4）有关反应的离子方程式。根据实验结果，定性比较 $Pb^{2+}/Pb$、$Cu^{2+}/Cu$、$Zn^{2+}/Zn$ 三个电对电极电势的相对高低，确定 Pb、Cu、Zn 的还原性次序。

根据上述四个实验结果说明电极电势与氧化还原反应方向的关系。

2. 酸度对氧化还原反应的影响

在两支试管中各加入 1mL0.1mol·$L^{-1}$KBr 溶液，再分别加入 2 滴 2mol·$L^{-1}$$H_2SO_4$ 溶液和 3 滴 2mol·$L^{-1}$$CH_3COOH$ 溶液；然后再各加入 1 滴 0.01mol·$L^{-1}$$KMnO_4$ 溶液。观察和比较两反应的情况，并加以说明。

3. 介质对氧化还原反应的影响

取三支试管，均加入 1mL0.01mol·L⁻¹ KMnO₄ 溶液，再分别加入 2mol·L⁻¹ H₂SO₄ 溶液、2mol·L⁻¹ NaOH 溶液及水各 1mL，然后，各加入少许固体 Na₂SO₃，振荡试管。观察反应现象。其离子方程式为：

$$2MnO_4^- + 5SO_3^{2-} + 6H^+ = 2Mn^{2+} + 5SO_4^{2-} + 3H_2O$$

$$2MnO_4^- + SO_3^{2-} + 2OH^- = 2MnO_4^{2-} + SO_4^{2-} + H_2O$$

$$2MnO_4^- + 3SO_3^{2-} + H_2O = 2MnO_2\downarrow + 3SO_4^{2-} + 2OH^-$$

说明介质对氧化剂 KMnO₄ 的还原产物的影响。

4. 浓度对电极电势的影响

(1) 在两个 100mL 烧杯中，分别注入 30mL0.5mol·L⁻¹ ZnSO₄ 溶液和 0.5mol·L⁻¹ CuSO₄ 溶液。在 ZnSO₄ 溶液中插入锌片，CuSO₄ 溶液中插入铜片组成两个电极，中间以盐桥相通。用导线将锌片和铜片分别与伏特计的负极和正极相接。测定两极之间的电势。

(2) 在装有 CuSO₄ 溶液的烧杯中，滴加 2mol·L⁻¹ NaOH 溶液，使 $Cu^{2+}$ 逐渐沉淀，观察伏特计读数如何变化。再在装有 ZnSO₄ 溶液的烧杯中，滴加 2mol·L⁻¹ NaOH 溶液（注意控制量），使 $Zn^{2+}$ 逐渐沉淀，观察伏特计读数有如何变化。并予以解释。

5. 电解 Na₂SO₄ 溶液

两个实验小组一起，将两个小组的实验 4.(1) 组成的 Cu-Zn 原电池串联起来作为电源，以碳棒作电极，插入装有 50mL0.5mol·L⁻¹ Na₂SO₄ 溶液和 3 滴酚酞试液的烧杯中，观察现象，写出电极反应方程式和总反应方程式。

四、思考题

1. 在实验内容 1.(2) 中，溴水为什么不能多加？碘水可否多加？
2. 写出实验 4.(1) 中 Cu-Zn 原电池的原电池符号，两极反应式和电池反应式。
3. 电解 Na₂SO₄ 溶液的实验中，插入 Na₂SO₄ 溶液中的碳棒相距太近，会对实验现象造成何种影响？
4. 电解 Na₂SO₄ 溶液时，阴极为什么没有单质 Na 析出？

## 实验五　配位化合物（1课时）

一、实验目的

1. 了解 $[Cu(NH_3)_4]^{2+}$ 与简单 $Cu^{2+}$ 的区别；
2. 了解配位平衡与沉淀平衡的关系。

二、药品

CuSO₄(0.1mol·L⁻¹)，NaOH(1mol·L⁻¹)，NH₃·H₂O(6mol·L⁻¹)，NaCl (0.1mol·L⁻¹)，AgNO₃(0.1mol·L⁻¹)，KI(0.1mol·L⁻¹)

三、实验内容

1. $[Cu(NH_3)_4]^{2+}$ 的生成及与简单 $Cu^{2+}$ 的区别

取两支试管分别加入 4mL0.1mol·L⁻¹ CuSO₄ 溶液，然后各加入 1mL1mol·L⁻¹ NaOH 溶液，观察现象。在第二支试管里，滴加 6mol·L⁻¹ NH₃·H₂O，直到溶液变为深蓝色，然后再在这支试管中滴加几滴 1mol·L⁻¹ NaOH 溶液，观察现象。写出相关反应方程式。

2. 配位平衡与沉淀反应的关系

取两支试管分别加入 1mL0.1mol·L⁻¹ NaCl 溶液，然后各逐滴加入 0.1mol·L⁻¹ AgNO₃ 溶液至产生白色沉淀。再分别加入 6mol·L⁻¹ NH₃·H₂O，直到白色沉淀完全溶解 (NH₃·H₂O 可稍加过量一点点)。向其中一支试管中逐滴加入 0.1mol·L⁻¹ KI 溶液。观察现象。写出相关反应方程式和离子方程式。

四、思考题

1. 为什么往 $CuSO_4$ 溶液中加入几滴 NaOH 溶液会有浅蓝色沉淀生成,而往 $[Cu(NH_3)_4]SO_4$ 溶液中加入几滴 NaOH 溶液却没有沉淀生成?

2. 试解释为什么往 $[Ag(NH_3)_2]Cl$ 溶液中加入 KI 溶液会有黄色沉淀生成?

## 实验六  卤素、氧、硫及其重要化合物(2课时)

一、实验目的

1. 了解卤素单质间的置换反应,了解次氯酸盐的氧化性;
2. 了解 $H_2O_2$ 的氧化性和还原性,了解 $H_2S$ 的实验室制备和性质;
3. 掌握浓硫酸的特性;
4. 掌握卤离子和硫酸根离子的检验。

二、仪器和药品

1. 仪器

带塞导气管,启普发生器,瓷坩埚盖

2. 药品

$KBr(0.1mol \cdot L^{-1})$,$KI(0.1mol \cdot L^{-1})$,$NaOH(2mol \cdot L^{-1})$,$HCl(2mol \cdot L^{-1})$,$H_2SO_4(0.1mol \cdot L^{-1}$、$2mol \cdot L^{-1}$、浓),$H_2O_2(3\%)$,$KMnO_4(0.01mol \cdot L^{-1})$,$NaCl(0.1mol \cdot L^{-1})$,$AgNO_3(0.1mol \cdot L^{-1})$,$HNO_3(3mol \cdot L^{-1})$,$Na_2SO_4(0.1mol \cdot L^{-1})$,$Na_2CO_3(0.1mol \cdot L^{-1})$,$BaCl_2(0.1mol \cdot L^{-1})$,氯水,溴水,$CCl_4$,淀粉溶液,pH试纸,淀粉-KI试纸,品红溶液,蓝色石蕊试纸,FeS(固),铜片,小木条

三、实验内容

1. 卤素间的置换反应

(1) 在试管中加入 2 滴 $0.1mol \cdot L^{-1}$ KBr 溶液和 5 滴 $CCl_4$,然后滴加氯水,边加边振荡试管。观察 $CCl_4$ 层中的颜色。写出反应方程式。

(2) 在试管中加入 2 滴 $0.1mol \cdot L^{-1}$ KI 溶液和 5 滴 $CCl_4$,然后滴加氯水,边加边振荡试管。观察 $CCl_4$ 层中的颜色。写出反应方程式。

(3) 在试管中加入 5 滴 $0.1mol \cdot L^{-1}$ KI 溶液,再加入 1~2 滴淀粉溶液,然后滴加溴水,振荡试管。观察 $CCl_4$ 层中的颜色。写出反应方程式。

根据以上结果,说明卤素的置换次序。

2. 次氯酸钠的氧化性

往试管中加入20滴氯水,然后逐滴加入 $2mol \cdot L^{-1}$ NaOH 溶液,直至溶液呈碱性(用pH试纸检验)。将溶液分成两份:一份滴加 $2mol \cdot L^{-1}$ 的 HCl 溶液,用淀粉-KI试纸检验生成的气体;另一份加入数滴品红溶液,观察品红溶液颜色的变化。写出有关的化学方程式。

3. $H_2O_2$ 的氧化性和还原性

(1) 在试管中加入 $1mL 0.1mol \cdot L^{-1}$ KI 溶液,$1mL 2mol \cdot L^{-1}$ $H_2SO_4$ 溶液和 3~5 滴淀粉溶液,然后滴加 $3\%$ $H_2O_2$ 溶液,观察溶液颜色的变化。写出反应方程式。

(2) 在试管中加入 $1mL 2mol \cdot L^{-1}$ $H_2SO_4$ 溶液和 $1mL 0.01mol \cdot L^{-1}$ $KMnO_4$ 溶液,然后滴加 $3\%$ $H_2O_2$ 溶液,观察溶液颜色的变化。写出反应方程式。

4. $H_2S$ 的制备和性质

(1) 在启普发生器中装入块状 FeS,于通风橱内装配好启普发生器,加入 $2mol \cdot L^{-1}$

$H_2SO_4$ 溶液,使其与 FeS 反应,观察气体的产生。写出反应方程式。待装置中的空气排尽后❶,在导气管尖嘴处点燃 $H_2S$ 气体,观察火焰颜色。取一干燥烧杯罩在火焰上,观察烧杯内壁上水珠的产生,同时将湿润的蓝色石蕊试纸置于火焰上方,观察试纸颜色的变化。写出反应方程式。

将一冷的瓷坩埚盖置于火焰的上方,观察瓷坩埚盖上硫黄的生成。写出反应方程式。

(2) 将 $H_2S$ 气体通入约 15mL 水中,制成 $H_2S$ 水溶液待用。

(3) 用 pH 试纸测定 $H_2S$ 水溶液的酸碱性。

(4) 在试管中注入上述 $H_2S$ 水溶液 1mL,然后滴加溴水,观察溶液颜色的变化。写出反应方程式。

5. 浓硫酸的特性

(1) 在试管中放入一小块铜片,加入 2~3mL 浓硫酸,加热,观察现象。用湿润的蓝色石蕊试纸检验试管口放出的气体。写出反应方程式。溶液稍冷后用水稀释,观察溶液的颜色。

(2) 在试管中加入少许浓硫酸,然后投入如火柴杆大小的小木条,观察现象。

6. 卤离子和硫酸根离子的检验

(1) 取三支试管分别加入 $1mL 0.1mol \cdot L^{-1}$ NaCl 溶液、$1mL 0.1mol \cdot L^{-1}$ KBr 溶液、$1mL 0.1mol \cdot L^{-1}$ KI 溶液,然后在这三支试管中分别加入 2 滴 $0.1mol \cdot L^{-1}$ $AgNO_3$ 溶液,观察沉淀的颜色。分别弃去上层清液,在这三种沉淀中分别加入 5 滴 $3mol \cdot L^{-1}$ $HNO_3$ 溶液,振荡试管,观察沉淀是否溶解。写出有关反应方程式。

(2) 取三支试管分别加入 $2mL 0.1mol \cdot L^{-1}$ $H_2SO_4$ 溶液、$2mL 0.1mol \cdot L^{-1}$ $Na_2SO_4$ 溶液、$2mL 0.1mol \cdot L^{-1}$ $Na_2CO_3$ 溶液,再各加入 $1mL 0.1mol \cdot L^{-1}$ $BaCl_2$ 溶液,观察白色沉淀的生成。写成反应方程式。然后向每支试管中滴加 $3mol \cdot L^{-1}$ $HNO_3$ 溶液,振荡试管,观察沉淀是否溶解。写出有关反应方程式。

四、思考题

1. 卤素单质的氧化能力有何递变规律?
2. 今有 KCl、KBr、KI 三种固体,如何将它们检验出来?
3. 说明 $H_2O_2$ 既具有氧化性,又具有还原性。
4. $H_2S$ 在充足空气中和不充足空气中燃烧时产物有何不同?
5. 如何区别 $Na_2SO_4$ 固体和 $Na_2CO_3$ 固体

## 实验七 氮、碳、硅的重要化合物(2课时)

一、实验目的

1. 掌握 $NH_3$ 的实验室制备和性质;
2. 了解铵盐、硝酸及其盐的性质和 $NH_4^+$ 检验;
3. 了解碳酸盐和酸式碳酸盐的热稳定性和硅酸水凝胶的生成。

二、仪器和药品

1. 仪器
带塞直角玻璃导管,大试管,坩埚,台秤,胶塞,酒精灯

2. 药品
$Ca(OH)_2$(固体),$NH_4Cl$(固体),$NH_4NO_3$(固体),$(NH_4)_2SO_4$(固体),

---

❶ $H_2S$ 与空气的混合气体遇明火容易发生爆炸,实验时要注意排尽气体发生装置中的空气。

$(NH_4)_2CO_3$(固体),$NaHCO_3$(固体),$KNO_3$(固体),$Na_2CO_3$(固体),$MgCO_3$(固体),$NH_3 \cdot H_2O$(浓),HCl(浓、$6mol \cdot L^{-1}$),$HNO_3$(浓),NaOH($6mol \cdot L^{-1}$),$Na_2SiO_3$(20%),木炭,铜片,石蕊试纸,pH试纸

### 三、实验内容

**1. 氨的制备和性质**

(1) 称取 $3gCa(OH)_2$ 和 $3gNH_4Cl$ 固体,混合均匀并研细,装入一支干燥的大试管中,按图3装置好。加热,用向下排空气法收集一试管 $NH_3$,塞好塞子,待用。写出制备 $NH_3$ 的反应方程式。

(2) 将盛有 $NH_3$ 的试管倒置于盛有水的大烧杯中,在水下打开塞子,观察现象,并加以说明。写出反应方程式。用手指堵住试管口,将试管从水中取出,用pH试纸测定其中溶液的酸碱性。

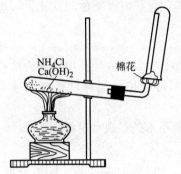

图3 氨的制备装置图

(3) 在坩埚中滴入几滴浓氨水,在小烧杯中沿壁滴入几滴浓盐酸,然后将烧杯倒扣在坩埚上,观察现象并加以说明。写出反应方程式。

**2. 铵盐的性质及 $NH_4^+$ 鉴定**

(1) 在三支试管中,分别加入黄豆粒大的 $NH_4NO_3$、$(NH_4)_2SO_4$、$(NH_4)_2CO_3$ 固体,再各加入 2mL 水,振荡试管。观察铵盐溶解的情况,用pH试纸测定它们的酸碱性并加以说明。

(2) 在试管中加入1g左右的 $NH_4Cl$ 固体,管口朝上,将其固定在铁架台上,加热试管底部。用湿润的石蕊试纸(应用什么颜色的?)在试管口检验产生的气体。观察石蕊试纸的颜色变化和试管上部白霜状物质的生成。写出反应方程式。

(3) 在试管中放入一药匙 $(NH_4)_2SO_4$ 固体,在加入 $2mL 6mol \cdot L^{-1}$ NaOH 溶液,用湿润的红色石蕊试纸检验放出的气体。写出反应方程式。

**3. $HNO_3$ 及其盐的性质**

(1) 在试管中,放入一小块铜片,加入约 1mL 浓 $HNO_3$,观察产生的气体和溶液的颜色。再向试管中加入约 5mL 水,观察气体颜色的变化。写出铜与浓 $HNO_3$、稀 $HNO_3$ 的反应方程式。

(2) 在试管中加入约1g左右的 $KNO_3$ 固体,加热至熔化并有气体产生时,移开火焰,迅速向试管中投入一小块木炭,观察现象。写出反应方程式。

**4. 碳酸盐和酸式碳酸盐的热稳定性**

取一药匙 $NaHCO_3$ 固体于试管中,加热,在试管口用湿润的蓝色石蕊试纸检验放出的气体。写出反应方程式。

用无水 $Na_2CO_3$ 和固体 $MgCO_3$ 分别代替 $NaHCO_3$,做同样的实验。比较它们的热稳定性大小。

**5. 硅酸水凝胶的生成**

在试管中加入质量分数为 20% $Na_2SiO_3$ 溶液,逐滴加入 $6mol \cdot L^{-1}$ HCl 溶液(每加一滴 HCl 溶液,摇匀稍停,再继续滴加)至乳白色沉淀出现,稍停即可生成凝胶。

### 四、思考题

1. 怎样收集氨气,能否用排水集气法收集氨气,为什么?

2. 铜与浓 $HNO_3$、稀 $HNO_3$ 分别作用时,其现象有什么不同?

3. 如何用化学方法鉴别 $Na_2CO_3$ 和 $NaHCO_3$ 固体。

## 实验八 钠、镁、钙、铝及其重要化合物（2课时）

一、实验目的

1. 了解钠、镁、铝的活泼性，了解过氧化钠的性质；
2. 实验并比较镁、钙的氢氧化物、碳酸盐的溶解性；
3. 了解铝和氢氧化铝的两性，了解铝盐的水解。

二、仪器和药品

1. 仪器

镊子，小刀，坩埚，砂纸，滤纸，钴玻璃片，铂丝或镍丝，酒精灯

2. 药品

钠，镁条，铝片，$HCl(2mol·L^{-1})$，$NaOH(2mol·L^{-1}、30\%)$，$CH_3COOH(2mol·L^{-1})$，$NH_3·H_2O(6mol·L^{-1})$，$Al_2(SO_4)_3(0.5mol·L^{-1})$，$CaCl_2(0.5mol·L^{-1})$，$MgCl_2(0.5mol·L^{-1})$，$Na_2CO_3(0.5mol·L^{-1})$，$NaCl(0.5mol·L^{-1})$，$KCl(0.5mol·L^{-1})$，$SrCl_2(0.5mol·L^{-1})$，$BaCl_2(0.5mol·L^{-1})$，pH 试纸，酚酞试液

三、实验内容

1. 钠的性质

(1) 钠与氧的作用

用镊子夹取一小块金属钠[1]，用滤纸吸干其表面的煤油，用小刀切开，观察新断面的颜色，并继续观察新断面颜色的变化。写出反应方程式。

除去金属钠表面的氧化层，立即放入坩埚中加热。当钠开始燃烧时，停止加热。观察反应情况和产物的颜色、状态。写出反应方程式。产物保留供实验二用。

(2) 取绿豆粒大小的金属钠用滤纸吸干表面的煤油，再分别放入盛有水的小烧杯中（事先滴入1滴酚酞），观察现象。写出反应方程式。

2. 过氧化钠的性质

将实验1.中的反应产物转入干燥的试管中，加入少量水（反应放热，需将试管放在冷水中）。怎样检验试管口有氧气放出？以酚酞检验水溶液是否呈碱性。写出反应方程式。

3. 镁的性质

(1) 镁在空气中燃烧

取一小段镁条，用砂纸擦去表面的氧化膜，点燃，观察燃烧的情况和产物的颜色、状态。将燃烧产物收集于试管中，试验其在水中和在 $2mol·L^{-1}HCl$ 溶液中的溶解性。写出有关反应方程式。

(2) 镁与水的反应

取一小段镁条，用砂纸擦去表面的氧化膜，放入试管中，加入少量冷水，观察反应情况。然后将试管加热，观察镁条在沸水中的反应情况。写出反应方程式。

4. 钙、镁氢氧化物的生成和性质

在两支试管中分别加入 $1mL 0.5mol·L^{-1} CaCl_2$、$0.5mol·L^{-1} MgCl_2$ 溶液。然后各加入 1mL 新配制的 $2mol·L^{-1} NaOH$ 溶液。观察产物的颜色和状态。根据两支试管中生成沉淀的量，比较二种氢氧化物溶解度的相对大小。

---

[1] 金属钠通常储存于煤油中，由于氧化作用，外表往往覆盖一层氧化物，使用时应予以切去，露出金属光泽，再擦干煤油使用。

弃去上述试管中的上层清液，分别检验沉淀与 $2mol·L^{-1}$ NaOH 溶液、$2mol·L^{-1}$ HCl 溶液的作用。写出有关的反应方程式。

5. 钙、镁难溶盐的生成和性质

取两支试管分别加入 $0.5mL 0.5mol·L^{-1}$ $CaCl_2$、$0.5mol·L^{-1}$ $MgCl_2$ 溶液，再各加入 $0.5mL 0.5mol·L^{-1}$ $Na_2CO_3$ 溶液，观察现象。产物与 $2mol·L^{-1}$ $CH_3COOH$ 溶液的作用，写出反应方程式。

6. 铝的性质

(1) 铝的两性

在两支试管中，各放入一小块铝片，然后分别加入 $2mL 2mol·L^{-1}$ $CH_3COOH$ 溶液和 30% 的 NaOH 溶液，观察现象。写出反应方程式。

(2) 铝与水的作用

取一小块铝片，用砂纸擦去表面的氧化膜后放入试管中，加少量水，微热，观察现象。写出反应方程式。

综合的 1.、3.、6. 的结果，比较钠、镁、铝的活泼性。

7. 氢氧化铝的两性

在两支试管中，各加入 $2mL 0.5mol·L^{-1}$ $Al_2(SO_4)_3$ 溶液，并逐滴加入 $6mol·L^{-1}$ $NH_3·H_2O$，观察白色胶状沉淀的产生。然后在一支试管中滴加 $2mol·L^{-1}$ HCl 溶液，在另一支试管中滴加 30% 的 NaOH 溶液，观察沉淀是否溶解。写出反应方程式。

8. 铝盐的水解

用 pH 试纸测定 $0.5mol·L^{-1}$ $Al_2(SO_4)_3$ 溶液的酸碱性，并加以说明。

9. 焰色反应

取一根顶端弯成小圈的铂丝或镍丝，蘸以浓盐酸，在灯上灼烧至无色；然后分别蘸以 $0.5mol·L^{-1}$ NaCl、KCl、$CaCl_2$、$SrCl_2$ 和 $BaCl_2$ 溶液，放在氧化焰中燃烧。观察和比较它们焰色的有何不同。观察钾盐火焰时，应该借助于钴玻璃片。

四、思考题

1. 金属钠为什么要保存在煤油中？若钠不慎失火，应如何扑灭？
2. $Na_2O_2$ 与水作用的实验为什么必须在冷却条件下进行？
3. 制取钙、镁的氢氧化物时，为什么要使用新配制的 NaOH 溶液？
4. 在 $2mL 0.5mol·L^{-1}$ $Al_2(SO_4)_3$ 溶液中逐滴加入 $0.5mol·L^{-1}$ NaOH 溶液，和在 $2mL 0.5mol·L^{-1}$ NaOH 溶液中逐滴加入 $0.5mol·L^{-1}$ $Al_2(SO_4)_3$ 溶液的现象是否会相同？为什么？

## 实验九 铬、锰、铁的重要化合物（2课时）

一、实验目的

1. 熟悉 $K_2Cr_2O_7$ 的强氧化性；
2. 熟悉 $KMnO_4$ 在氧化还原反应中的还原产物和介质的关系；
3. 学会鉴别 $Fe^{3+}$。

二、药品

$K_2Cr_2O_7$（$0.1mol·L^{-1}$），$H_2SO_4$（$2mol·L^{-1}$），$H_2O_2$（3%），HCl（浓），$KMnO_4$（$0.01mol·L^{-1}$），$FeCl_3$（$0.1mol·L^{-1}$），KI（$0.1mol·L^{-1}$），NaOH（$2mol·L^{-1}$、$6mol·L^{-1}$），KSCN（$0.1mol·L^{-1}$），$CCl_4$，$Na_2SO_3$（固体），$MnO_2$（固体），$(NH_4)_2Fe(SO_4)_2·6H_2O$（晶体）

## 三、实验内容

### 1. 重铬酸钾的性质

（1）在试管中加入 10 滴 $0.1\text{mol}\cdot\text{L}^{-1}\text{K}_2\text{Cr}_2\text{O}_7$ 溶液和 1mL $2\text{mol}\cdot\text{L}^{-1}\text{H}_2\text{SO}_4$ 溶液，然后滴加 $3\%\text{H}_2\text{O}_2$ 溶液，振荡试管，观察现象。反应方程式为：

$$\text{K}_2\text{Cr}_2\text{O}_7+3\text{H}_2\text{O}_2+4\text{H}_2\text{SO}_4 =\!=\!= \text{Cr}_2(\text{SO}_4)_3+3\text{O}_2\uparrow+7\text{H}_2\text{O}+\text{K}_2\text{SO}_4$$

指出哪种物质是还原剂，哪种物质是氧化剂。

（2）在试管中加入 10 滴 $0.1\text{mol}\cdot\text{L}^{-1}\text{K}_2\text{Cr}_2\text{O}_7$ 溶液和 1mL $2\text{mol}\cdot\text{L}^{-1}\text{H}_2\text{SO}_4$ 溶液，然后加入黄豆粒大小的亚硫酸钠固体，振荡试管，观察溶液颜色的变化。反应方程式为：

$$\text{K}_2\text{Cr}_2\text{O}_7+3\text{Na}_2\text{SO}_3+4\text{H}_2\text{SO}_4 =\!=\!= \text{Cr}_2(\text{SO}_4)_3+3\text{Na}_2\text{SO}_4+\text{K}_2\text{SO}_4+4\text{H}_2\text{O}$$

指出哪种物质是还原剂，哪种物质是氧化剂。

### 2. 二氧化锰的性质

在试管中加入黄豆粒大小的 $\text{MnO}_2$ 和 2mL 浓盐酸，加热，观察 $\text{MnO}_2$ 颜色的变化。写出反应方程式，并说明该反应中 $\text{MnO}_2$ 起的作用。（本实验应在通风橱中进行）

### 3. 高锰酸钾的性质

取三支试管，均加入 1mL $0.01\text{mol}\cdot\text{L}^{-1}\text{KMnO}_4$ 溶液，再分别加入 $2\text{mol}\cdot\text{L}^{-1}\text{H}_2\text{SO}_4$ 溶液、$6\text{mol}\cdot\text{L}^{-1}\text{NaOH}$ 溶液及水各 1mL，然后均加入少许 $\text{Na}_2\text{SO}_3$ 固体，振荡试管，观察反应现象。写出有关的离子方程式，并说明介质对 $\text{KMnO}_4$ 还原产物的影响。

### 4. $\text{Fe}^{2+}$ 的还原性和 $\text{Fe}^{3+}$ 的氧化性

（1）在试管中加入 1mL $0.01\text{mol}\cdot\text{L}^{-1}\text{KMnO}_4$ 溶液，用 1mL $2\text{mol}\cdot\text{L}^{-1}\text{H}_2\text{SO}_4$ 溶液酸化，然后加入黄豆大小 $(\text{NH}_4)_2\text{Fe}(\text{SO}_4)_2\cdot6\text{H}_2\text{O}$ 的晶体，振荡试管，观察 $\text{KMnO}_4$ 溶液颜色的变化，写出反应方程式。

（2）在试管中加入 1mL $0.1\text{mol}\cdot\text{L}^{-1}\text{FeCl}_3$ 溶液，滴加 $0.1\text{mol}\cdot\text{L}^{-1}\text{KI}$ 溶液至红棕色。加入 5 滴 $\text{CCl}_4$，振荡试管，观察 $\text{CCl}_4$ 层碘的颜色。写出反应方程式。

### 5. 氢氧化铁的生成

在试管中加入 1mL $0.1\text{mol}\cdot\text{L}^{-1}\text{FeCl}_3$ 溶液，滴加 $2\text{mol}\cdot\text{L}^{-1}\text{NaOH}$ 溶液，观察现象。写出反应方程式。

### 6. $\text{Fe}^{3+}$ 的检验

在试管中加入 1mL $0.1\text{mol}\cdot\text{L}^{-1}\text{FeCl}_3$ 溶液，滴加 $0.1\text{mol}\cdot\text{L}^{-1}\text{KSCN}$ 溶液，观察现象。写出反应方程式。

## 四、思考题

1. $\text{K}_2\text{Cr}_2\text{O}_7$ 饱和溶液和浓硫酸的混合液常用作实验室的"洗液"。当洗液呈现何种颜色时，则说明洗液失效了？
2. $\text{KMnO}_4$ 在氧化还原反应中的还原产物与介质有何关系？
3. 由实验总结 $\text{Fe}^{2+}$ 还原性和 $\text{Fe}^{3+}$ 的氧化性。
4. 如何检验 $\text{Fe}^{3+}$？

# 实验十 铜、银、锌、汞的重要化合物（2 课时）

## 一、实验目的

1. 了解 $\text{Cu}^{2+}$、$\text{Ag}^+$、$\text{Zn}^{2+}$、$\text{Hg}^{2+}$ 与氢氧化钠、氨水、硫化氢的反应；
2. 了解 $\text{Ag}^+$、$\text{Hg}^{2+}$ 与碘化钾的反应。

## 二、药品

$\text{CuSO}_4(0.1\text{mol}\cdot\text{L}^{-1})$，$\text{ZnSO}_4(0.1\text{mol}\cdot\text{L}^{-1})$，$\text{AgNO}_3(0.1\text{mol}\cdot\text{L}^{-1})$，NaCl

（0.1mol·L$^{-1}$），Hg(NO$_3$)$_2$（0.1mol·L$^{-1}$），KI（0.1mol·L$^{-1}$），NaOH（2mol·L$^{-1}$、30％），H$_2$SO$_4$（2mol·L$^{-1}$），HCl（2mol·L$^{-1}$、6mol·L$^{-1}$），HNO$_3$（6mol·L$^{-1}$），NH$_3$·H$_2$O（2mol·L$^{-1}$、6mol·L$^{-1}$），H$_2$S（饱和水溶液）

### 三、实验内容

1. $Cu^{2+}$、$Ag^+$、$Zn^{2+}$、$Hg^{2+}$与NaOH溶液的反应

（1）取三支试管均加入1mL 0.1mol·L$^{-1}$ CuSO$_4$溶液，并滴加2mol·L$^{-1}$ NaOH溶液，观察沉淀的颜色。然后进行下列实验：

第一支试管中滴加2mol·L$^{-1}$ H$_2$SO$_4$溶液，观察现象。写出反应方程式。

第二支试管中加入过量的30％ NaOH溶液，振荡试管，观察现象。写出反应方程式。

给第三试管加热，观察现象。写出反应方程式。

（2）在两支试管中均加入1mL 0.1mol·L$^{-1}$ ZnSO$_4$溶液，分别滴加2mol·L$^{-1}$ NaOH溶液（不要过量），观察沉淀的颜色。然后在一支试管中滴加2mol·L$^{-1}$ HCl溶液，在另一支试管中滴加2mol·L$^{-1}$ NaOH溶液，观察现象。写出反应方程式。

比较Cu(OH)$_2$和Zn(OH)$_2$的两性。

（3）在试管中加入10滴0.1mol·L$^{-1}$ AgNO$_3$溶液，然后逐滴加入新配制的2mol·L$^{-1}$ NaOH溶液，观察产物的状态和颜色。写出反应方程式。

（4）在试管中加入10滴0.1mol·L$^{-1}$ Hg(NO$_3$)$_2$溶液，然后逐滴加入2mol·L$^{-1}$ NaOH溶液，观察产物的状态和颜色。写出反应方程式。

2. $Cu^{2+}$、$Ag^+$、$Zn^{2+}$、$Hg^{2+}$与NH$_3$·H$_2$O的反应

（1）在试管中加入1mL 0.1mol·L$^{-1}$ CuSO$_4$溶液，并滴加2mol·L$^{-1}$ NH$_3$·H$_2$O，观察沉淀的颜色。继续滴加NH$_3$·H$_2$O至沉淀溶解。写出反应方程式。

（2）在试管中加入1mL 0.1mol·L$^{-1}$ ZnSO$_4$溶液，并滴加2mol·L$^{-1}$ NH$_3$·H$_2$O，观察沉淀的产生。继续滴加NH$_3$·H$_2$O至沉淀溶解。写出反应方程式。

（3）在试管中加入10滴0.1mol·L$^{-1}$ AgNO$_3$溶液，再滴加10滴0.1mol·L$^{-1}$ NaCl溶液，观察白色沉淀的产生。然后滴加6mol·L$^{-1}$ NH$_3$·H$_2$O至沉淀溶解。写出反应方程式。

（4）在试管中加入10滴0.1mol·L$^{-1}$ Hg(NO$_3$)$_2$溶液，滴加2mol·L$^{-1}$ NH$_3$·H$_2$O，观察沉淀的产生。加入过量的NH$_3$·H$_2$O，沉淀是否溶解？

3. $Cu^{2+}$、$Ag^+$、$Zn^{2+}$、$Hg^{2+}$与硫化氢水溶液的反应

取四支试管分别加入0.5mL 0.1mol·L$^{-1}$ CuSO$_4$、ZnSO$_4$、AgNO$_3$、Hg(NO$_3$)$_2$溶液，再各滴加饱和H$_2$S水溶液，观察它们反应后生成沉淀的颜色，然后依次取少量沉淀与6mol·L$^{-1}$ HCl溶液和6mol·L$^{-1}$ HNO$_3$溶液作用，观察沉淀是否溶解？

4. $Ag^+$、$Hg^{2+}$与KI溶液的反应

（1）在试管中加入3~5滴0.1mol·L$^{-1}$ AgNO$_3$溶液，滴加0.1mol·L$^{-1}$ KI溶液，观察现象。写出反应方程式。

（2）在试管中加入5滴0.1mol·L$^{-1}$ Hg(NO$_3$)$_2$溶液，逐滴加入0.1mol·L$^{-1}$ KI溶液，观察沉淀的产生。继续滴加KI溶液至沉淀溶解。写出反应方程式。

### 四、思考题

1. Cu(OH)$_2$和Zn(OH)$_2$的两性有何差别？

2. $Ag^+$、$Hg^{2+}$与NaOH溶液反应的产物为什么不是氢氧化物？

3. CuS、Ag$_2$S、ZnS、HgS溶解性有何差别？

4. $Ag^+$、$Hg^{2+}$ 与 KI 溶液反应有何不同？

## 实验十一　乙烯、乙炔的制备和性质（2课时）

### 一、实验目的
1. 学习乙烯、乙炔的实验室制法；
2. 验证乙烯、乙炔的主要性质，掌握它们的鉴别方法。

### 二、仪器和药品
1. 仪器

蒸馏烧瓶（50mL、100mL），滴液漏斗，支管试管，导气管，尖嘴玻管，温度计，酒精灯

2. 药品

乙醇（95％），浓硫酸（96％～98％），NaOH（10％），稀溴水（2％），高锰酸钾溶液（0.1％），电石，饱和食盐水溶液，碎瓷片

### 三、实验内容
1. 乙烯的制备

在一个 50mL 的蒸馏烧瓶中加入 6mL 95％的乙醇，在振摇下分批加入 8mL 浓硫酸，并放入几片碎瓷片，以免混合液在受热沸腾时剧烈跳动。温度计的水银球应浸入反应液中❶。蒸馏烧瓶的支管通过橡皮管和导气管与装有 10％NaOH 溶液的支管试管相连❷。如图 4 所示。检查装置的气密性后，先用强火加热，使反应温度迅速升至 160℃，再调节热源，使温度维持在 165～175℃，即有乙烯气体产生。用排水集气法收集乙烯，并观察乙烯的颜色和状态。

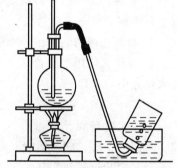

图 4　制备乙烯的装置

2. 乙烯的性质

（1）将乙烯气体通入盛有 2mL 稀溴水的试管中，观察溴水的颜色变化。发生了什么反应？

（2）将乙烯气体通入盛有 2mL 高锰酸钾溶液和 2 滴浓硫酸的试管中，观察溶液颜色的变化。发生了什么反应？

（3）在做完上述试验以后❸，将尖嘴玻璃管口向上转，点燃乙烯气体，观察火焰的明亮程度。发生了什么反应？

写出以上所发生反应的化学方程式。

实验完毕后，应先拆除蒸馏烧瓶与支管的联系后，才停火。否则，碱液倒吸热的浓硫酸中会发生事故。

3. 乙炔的制备

在干燥的 100mL 蒸馏瓶中，放入 7g 小块电石，将烧瓶固定在铁架台上。瓶口安装滴液

---

❶ 这里是测反应温度，温度计的水银球必须插入反应液，但不能接触瓶底，以免过热和撞破瓶底。

❷ 浓硫酸是一种强氧化剂，在反应过程中，能使乙醇氧化成 CO、$CO_2$ 等，硫酸本则被还原成 $SO_2$。为防止这些气体干扰乙烯的性质检验，将生成的混合气体通过一个盛有 10％ NaOH 溶液的洗气装置（支管试管）。支管试管中的稀碱溶液不要过多，插入的导管只要浸入 1cm 左右即可，不要过深以免增加液压。

❸ 这里把乙烯、乙炔的燃烧试验放在最后，是避免其中混有空气引起爆炸。乙烯在空气中的爆炸极限为 2.75％～28.6％，乙炔在空气中的爆炸极限为 2.5％～80％。

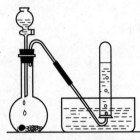

图 5　制备乙炔的装置

漏斗。蒸馏烧瓶的支管用橡皮管与导气管相连。装置如图 5 所示。将 15mL 饱和食盐水❶加入到滴液漏斗中，缓慢旋开漏斗的旋塞，滴几滴到烧瓶中去。再加盐水时，应注意使气体均匀地产生，产生的速度以能够数出气泡的数目为度。用排水集气法收集乙炔，并观察乙炔的颜色和状态。

4. 乙炔的性质

（1）将乙炔气体通入盛有 2mL 稀溴水的试管中，观察溴水的颜色变化。发生了什么反应？

（2）将乙炔气体通入盛有 2mL 高锰酸钾溶液和 2 滴浓硫酸的试管中，观察溶液颜色的变化。发生了什么反应？

（3）在做完上述试验以后❷，将尖嘴管口向上转，点燃乙炔气体，观察火焰的明亮程度。发生了什么反应？

写出以上所发生反应的化学方程式。

四、思考题

1. 制备乙烯时，加入浓硫酸起什么作用？浓硫酸为什么要在冷却下分批加入？

2. 制备乙烯的反应，温度计为什么要插入液面下？为什么要使反应温度迅速升至 160℃ 以上？否则有什么不良后果？

3. 制备乙烯的装置中，支管试管起什么作用？

4. 为什么使用饱和食盐水来代替水与电石反应？若不用滴液漏斗而直接将饱和食盐水加入烧瓶中，可以吗？为什么？

## 实验十二　乙醇、乙醛、乙酸、苯酚的性质（4 课时）

一、实验目的

巩固醇、醛、酮、羧酸、酚性质的知识。

二、实验仪器和药品

1. 仪器

试管，酒精灯，玻璃棒，大烧杯，铁架台，铁夹，滤纸，温度计

2. 药品

乙醇（无水、95%），钠，铜丝，$AgNO_3$（2%），$NH_3 \cdot H_2O$（2%），乙醛（40%），斐林试剂 A 和斐林试剂 B❸，乙酸，$Na_2CO_3$（粉末），苯酚，饱和溴水，NaOH（10%），$FeCl_3$（1%），pH 试纸

三、实验内容

1. 乙醇的性质

（1）乙醇与钠的反应

在一支干燥试管中加入 1mL 无水乙醇，切取绿豆粒大小的一小块金属钠，用滤纸擦干附着的煤油，然后投入到乙醇中。观察现象。写出反应方程式。用大拇指按住试管口片刻，再用点燃的火柴接近试管口，有什么情况发生？

---

❶ 用食盐水代替水，能使产生的乙炔气流平稳均匀。
❷ 把乙烯、乙炔的燃烧试验放在最后，避免其中混有空气引起爆炸。
❸ 斐林试剂 A 的制备：称取 $7gCuSO_4 \cdot 5H_2O$ 晶体，溶解与 100mL 水中，得淡蓝色溶液。
斐林试剂 B 的制备：称取 34.5g 酒石酸钾钠和 14gNaOH，溶解于 100mL 水中。

(2) 乙醇氧化生成乙醛

在试管中加入 1mL 95％乙醇。把一端弯成螺旋状的铜丝放在酒精灯火焰上加热，使铜丝表面生成一薄层黑色的氧化铜，立即把它插入乙醇中，这样反复操作几次，注意闻生成的乙醛气味，并注意观察铜丝表面的变化。写出反应方程式。

2. 乙醛的性质

(1) 银镜反应

在一支干净的试管中加入 1mL 2％ $AgNO_3$ 溶液，逐滴加入 2％氨水，边加边振荡，直到最初生成的沉淀刚好溶解为止。然后，沿试管壁滴入 3 滴 40％乙醛溶液，把试管放入事先已准备好的 60~70℃的水浴中，加热后取出，观察有无银镜生成。写出反应方程式。

(2) 与斐林试剂反应

在试管中加入斐林试剂 A 和斐林试剂 B 各 0.5mL，混匀后加入 5 滴 40％乙醛溶液，置于沸水浴中加热数分钟，取出观察现象。写出反应方程式。

3. 乙酸的性质

(1) 乙酸的溶解性

在两支试管中分别注入 1mL 乙酸，闻其气味。然后，在一支试管中注入 1mL 水，另一支试管中注入 1mL 95％乙醇。振荡试管，观察现象。

乙酸的水溶液留作后面实验用。

(2) 乙酸的酸性

用干净的玻璃棒蘸取乙酸溶液，在 pH 广泛试纸上，测出 pH，并确定它的酸碱性。

在一支试管中放入 1g $Na_2CO_3$ 粉末，加入乙酸溶液到不再有气体发生为止。观察气体的放出和 $Na_2CO_3$ 的溶解。这是什么气体？溶液里生成的是什么物质？写出反应方程式。

4. 苯酚的性质

(1) 弱酸性

在试管中放入约 0.3g 苯酚[❶]和 1mL 水，振摇并观察其溶解性。将试管在水浴中加热数分钟，取出，观察其中的变化。将热的液体冷却，观察有什么现象发生？向其中滴加 10％的 NaOH 溶液并振摇，发生了什么变化？写出化学反应式。

(2) 与溴水作用

在试管中放入约 0.1g 苯酚和 2mL 水，振荡使其溶解制成澄清透明的苯酚溶液，向其中滴加饱和溴水，观察现象。所发生反应的化学方程式为：

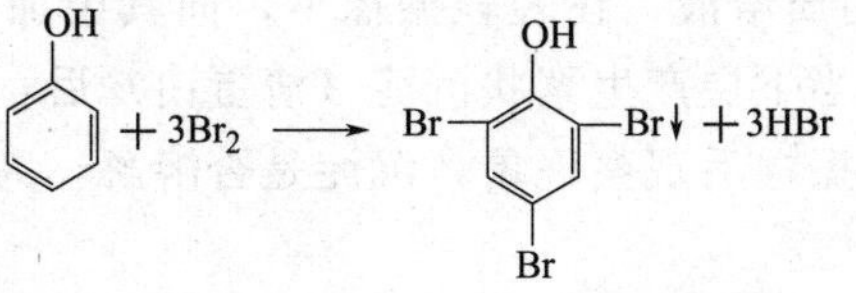

$$\text{C}_6\text{H}_5\text{OH} + 3Br_2 \longrightarrow \text{Br}_3\text{C}_6\text{H}_2\text{OH} \downarrow + 3HBr$$

(3) 与 $FeCl_3$ 溶液的作用

在试管中放入少量苯酚，加入 2mL 水，振摇使其溶解，再向试管中逐滴加入 1％ $FeCl_3$ 溶液，观察有何现象发生？

---

[❶] 苯酚对皮肤有很强的腐蚀性，如不慎沾到皮肤上应先用水冲洗，再用酒精擦洗，直至灼伤部位白色消失，然后涂上甘油。

四、思考题

1. 请你用两种方法来区分乙醇溶液和苯酚溶液。
2. 在三支试管里，分别盛有乙醇、乙醛和乙酸，怎样用化学方法来鉴别出它们？
3. 如何证明苯酚具有弱酸性？为什么苯酚不溶于 $NaHCO_3$ 溶液，却能溶在 NaOH 溶液？

## 实验十三　碳水化合物和蛋白质的性质（2课时）

一、实验目的

巩固葡萄糖、果糖、蔗糖、淀粉、蛋白质重要性质的知识。

二、实验仪器和药品

1. 仪器

试管，酒精灯，烧杯，三脚架，石棉网

2. 药品

$AgNO_3$（2%），$NH_3 \cdot H_2O$（2%、浓），葡萄糖溶液（5%），果糖溶液（5%），蔗糖溶液（5%），斐林试剂 A，斐林试剂 B，淀粉（2%），碘水溶液（0.1%），蛋白质溶液，$(NH_4)_2SO_4$（粉末），醋酸，$H_2SO_4$（浓），NaOH（10%），$CuSO_4$（1%），$HNO_3$（浓）

三、实验内容

1. 碳水化合物的性质

（1）与银氨溶液的反应

在洁净的试管中加入 4mL2% 的 $AgNO_3$ 溶液，逐滴加入 2% 氨水，边加边振荡，直到最初生成的沉淀刚好溶解为止。将制得的银氨溶液分装在 3 支洁净的试管中，再分别加入 5 滴 5% 葡萄糖溶液、果糖溶液、蔗糖溶液。摇匀后放入约 60℃ 水浴中温热 5min。取出观察是否有银镜产生？

（2）与斐林试剂的反应

在 4 支试管中，各加入 1mL 斐林溶液 A 和 1mL 斐林溶液 B，混匀后再分别加入 5 滴 5% 葡萄糖溶液、果糖溶液、蔗糖溶液。摇匀后放入沸水中加热 2～3min。取出观察是否有砖红色沉淀生成？

（3）淀粉与碘的反应

在试管中加入 0.5mL2% 淀粉溶液和 2mL 水，再滴加 1 滴 0.1% 碘水溶液，观察现象。将溶液加热，有什么变化？冷却溶液，又有何变化？解释所发生的现象？

2. 蛋白质的性质

（1）蛋白质的盐析作用

在试管中加入 4mL 蛋白质溶液，在轻轻振摇下，向其中加入硫酸铵粉末，直至硫酸铵不再溶解为止。静置观察，当下层产生絮状沉淀（清蛋白）后，小心吸出上层清液，再向试管中加入等体积的蒸馏水，振摇后观察现象，沉淀是否溶解，为什么？

（2）蛋白质的受热凝结

在试管中加入 2mL 蛋白质溶液，在灯焰上煮沸 0.5～1min，观察现象。稍冷后，分成两份，在其中一份中加入 1～2 滴醋酸，另一份中加入 1～2 滴浓硫酸，重新加热两份混合物至沸腾，观察这两份混合液中所凝结的蛋白质是否增加？

（3）蛋白质的颜色反应

① 缩二脲反应

在试管中加入 2mL 蛋白质溶液和 2mL 10% NaOH 溶液，再滴加 2 滴 1% $CuSO_4$ 溶液，振摇后观察,有什么现象发生?

② 黄蛋白反应

在试管中加入 2mL 蛋白质溶液和 0.5mL 浓硝酸,振摇后加热煮沸,注意观察生成沉淀的颜色,再滴加浓氨水,发生了什么变化?

四、思考题

1. 如何检验葡萄糖和蔗糖?
2. 可用哪些简便的方法来鉴别蛋白质?

# 附　录

## 附录一　国际单位制（SI）

摘自中华人民共和国国家标准 GB 3100—93《量和单位》

**1. 国际单位制的基本单位**

| 量的名称 | 单位名称 | 单位符号 | 量的名称 | 单位名称 | 单位符号 |
|---|---|---|---|---|---|
| 长度 | 米 | m | 热力学温度 | 开[尔文] | K |
| 质量 | 千克或公斤 | kg | 物质的量 | 摩[尔] | Mol |
| 时间 | 秒 | S | 发光强度 | 坎[德拉] | Cd |
| 电流 | 安[培] | A | | | |

注：方括号中的字可以省略。去掉方括号中的字即为其名称的简称。下同。

**2. 本书用到的国际单位制的导出单位**

| 量的名称 | 单位名称 | 单位符号 | 量的名称 | 单位名称 | 单位符号 |
|---|---|---|---|---|---|
| 能[量]、功、热量 | 焦[尔] | J | 电量 | 库[仑] | C |
| 电压、电动势、电势 | 伏[特] | V | 频率 | 赫[兹] | Hz |
| 压力 | 帕[斯卡] | Pa | 力 | 牛[顿] | N |

**3. 习惯中用到的可与国际单位制并用的我国法定计量单位**

| 量的名称 | 单位名称 | 单位符号 | 与SI单位的关系 |
|---|---|---|---|
| 时间 | 分 | min | 1min=60s |
| | [小]时 | h | 1h=60min=3600s |
| 摄氏温度 | 度 | ℃ | 273.15+℃=K |
| 质量 | 吨 | t | $1t=10^3 kg$ |
| 体积 | 升 | L | $1L=10^{-3} m^3$ |

**4. 国际单位制的词冠**

| 倍数与分数 | 名称 | 符号 | 例 | 倍数与分数 | 名称 | 符号 | 例 |
|---|---|---|---|---|---|---|---|
| $10^3$ | 千 | k | $1kJ=10^3 J$ | $10^{-9}$ | 纳 | N | $1nm=10^{-9} m$ |
| $10^{-3}$ | 毫 | M | $1mm=10^{-3} m$ | $10^{-12}$ | 皮 | P | $1pm=10^{-12} m$ |
| $10^{-6}$ | 微 | μ | $1μm=10^{-6} m$ | | | | |

## 附录二　一些弱酸、弱碱的解离常数（298K）

| 弱电解质 | 化学式 | 解离常数 | 弱电解质 | 化学式 | 解离常数 |
|---|---|---|---|---|---|
| 次氯酸 | HClO | $3.2×10^{-8}$ | 乙酸 | $CH_3COOH$ | $1.8×10^{-5}$ |
| 氢氰酸 | HCN | $6.2×10^{-10}$ | 草酸 | $(COOH)_2$ | $K_1=5.4×10^{-2}$ |
| 氢氟酸 | HF | $6.6×10^{-4}$ | | | $K_2=5.4×10^{-5}$ |
| 碳酸 | $H_2CO_3$ | $K_1=4.2×10^{-7}$ | 氯乙酸 | $ClCH_2COOH$ | $1.40×10^{-3}$ |
| | | $K_2=5.61×10^{-11}$ | 苯甲酸 | $C_6H_5COOH$ | $6.46×10^{-5}$ |
| 氢硫酸 | $H_2S$ | $K_1=5.70×10^{-8}$ | 氨水 | $NH_3·H_2O$ | $1.8×10^{-5}$ |
| | | $K_2=7.10×10^{-15}$ | 羟氨 | $NH_2OH$ | $9.12×10^{-9}$ |
| 亚硫酸 | $H_2SO_3$ | $K_1=1.26×10^{-2}$ | 苯胺 | $C_6H_5NH_2$ | $4.27×10^{-10}$ |
| | | $K_2=6.3×10^{-8}$ | | | |
| 甲酸 | HCOOH | $1.77×10^{-4}$ | | | |

## 附录三 酸、碱、盐溶解性表 (293K)

| 阳离子＼阴离子 | $OH^-$ | $NO_3^-$ | $Cl^-$ | $SO_4^{2-}$ | $S^{2-}$ | $SO_3^{2-}$ | $CO_3^{2-}$ | $SiO_3^{2-}$ | $PO_4^{3-}$ |
|---|---|---|---|---|---|---|---|---|---|
| $H^+$ |  | 溶、挥 | 溶、挥 | 溶 | 溶、挥 | 溶、挥 | 溶、挥 | 微 | 溶 |
| $NH_4^+$ | 溶、挥 | 溶 | 溶 | 溶 | 溶 | 溶 | 溶 | 溶 | 溶 |
| $K^+$ | 溶 | 溶 | 溶 | 溶 | 溶 | 溶 | 溶 | 溶 | 溶 |
| $Na^+$ | 溶 | 溶 | 溶 | 溶 | 溶 | 溶 | 溶 | 溶 | 溶 |
| $Ba^{2+}$ | 溶 | 溶 | 溶 | 不 | — | 不 | 不 | 不 | 不 |
| $Ca^{2+}$ | 微 | 溶 | 溶 | 微 | — | 不 | 不 | 不 | 不 |
| $Mg^{2+}$ | 不 | 溶 | 溶 | 溶 | — | 微 | 微 | 不 | 不 |
| $Al^{3+}$ | 不 | 溶 | 溶 | 溶 | — | — | — | 不 | 不 |
| $Mn^{2+}$ | 不 | 溶 | 溶 | 溶 | 不 | 不 | 不 | — | 不 |
| $Zn^{2+}$ | 不 | 溶 | 溶 | 溶 | 不 | 不 | 不 | 不 | 不 |
| $Cr^{3+}$ | 不 | 溶 | 溶 | 溶 | — | — | — | — | 不 |
| $Fe^{2+}$ | 不 | 溶 | 溶 | 溶 | 不 | 不 | 不 | — | 不 |
| $Fe^{3+}$ | 不 | 溶 | 溶 | 溶 | — | — | — | 不 | 不 |
| $Sn^{2+}$ | 不 | 溶 | 溶 | 溶 | 不 | 溶 | — | — | 不 |
| $Pb^{2+}$ | 不 | 溶 | 微 | 不 | 不 | 不 | 不 | — | 不 |
| $Bi^{3+}$ | 不 | 溶 | — | 溶 | 不 | — | 不 | — | 不 |
| $Cu^{2+}$ | 不 | 溶 | 溶 | 溶 | 不 | — | — | — | 不 |
| $Hg^+$ | — | 溶 | 不 | 微 | 不 | 不 | 不 | — | 不 |
| $Hg^{2+}$ | — | 溶 | 溶 | 溶 | 不 | — | — | — | 不 |
| $Ag^+$ | — | 溶 | 不 | 微 | 不 | 不 | 不 | — | 不 |

说明:"溶"表示那种物质可溶于水,"不"表示不溶于水,"微"表示微溶于水,"挥"表示挥发性,"—"表示那种物质不存在或遇到水就分解了。

## 附录四 一些难溶电解质的溶度积常数 (298K)

| 化合物 | $K_{sp}^{\ominus}$ | 化合物 | $K_{sp}^{\ominus}$ | 化合物 | $K_{sp}^{\ominus}$ |
|---|---|---|---|---|---|
| AgBr | $5.35 \times 10^{-13}$ | $Ca(OH)_2$ | $5.02 \times 10^{-6}$ | $MnCO_3$ | $2.24 \times 10^{-11}$ |
| AgCl | $1.77 \times 10^{-10}$ | $CaSO_4$ | $4.93 \times 10^{-5}$ | $Mn(OH)_2$ | $1.90 \times 10^{-13}$ |
| $Ag_2CO_3$ | $8.46 \times 10^{-12}$ | CdS | $8.0 \times 10^{-27}$ | MnS(无定形) | $2.5 \times 10^{-10}$ |
| $Ag_2CrO_4$ | $1.12 \times 10^{-12}$ | $Cu(OH)_2$ | $2.2 \times 10^{-20}$ | MnS(结晶) | $2.5 \times 10^{-13}$ |
| AgI | $8.52 \times 10^{-17}$ | CuS | $6.3 \times 10^{-36}$ | $PbCl_2$ | $1.70 \times 10^{-5}$ |
| $Ag_2S$ | $6.3 \times 10^{-50}$ | $Fe(OH)_2$ | $4.87 \times 10^{-17}$ | $PbCO_3$ | $7.4 \times 10^{-14}$ |
| $Ag_2SO_4$ | $1.20 \times 10^{-5}$ | $Fe(OH)_3$ | $2.79 \times 10^{-39}$ | $PbCrO_4$ | $2.8 \times 10^{-13}$ |
| $Al(OH)_3$ | $1.3 \times 10^{-33}$ | FeS | $6.3 \times 10^{-18}$ | $PbI_2$ | $9.8 \times 10^{-9}$ |
| $BaCO_3$ | $2.58 \times 10^{-9}$ | $Hg_2Cl_2$ | $1.43 \times 10^{-18}$ | PbS | $8.0 \times 10^{-28}$ |
| $BaCrO_4$ | $1.17 \times 10^{-10}$ | $Hg_2S$ | $1.0 \times 10^{-47}$ | $PbSO_4$ | $2.53 \times 10^{-8}$ |
| $BaSO_4$ | $1.08 \times 10^{-10}$ | HgS(红) | $4.0 \times 10^{-53}$ | $Sn(OH)_2$ | $1.4 \times 10^{-28}$ |
| $CaCO_3$ | $3.36 \times 10^{-9}$ | HgS(黑) | $1.6 \times 10^{-52}$ | $Sn(OH)_4$ | $1 \times 10^{-56}$ |
| $CaCrO_4$ | $7.1 \times 10^{-4}$ | $MgCO_3$ | $6.82 \times 10^{-6}$ | $ZnCO_3$ | $1.46 \times 10^{-10}$ |
| $CaF_2$ | $3.45 \times 10^{-11}$ | $Mg(OH)_2$ | $5.61 \times 10^{-12}$ | $Zn(OH)_2$ | $3.0 \times 10^{-17}$ |

## 附录五  一些有机物的标准摩尔燃烧焓（298K）

| 物　质 | $\Delta_f H_c^\ominus/\text{kJ}\cdot\text{mol}^{-1}$ | 物　质 | $\Delta_f H_c^\ominus/\text{kJ}\cdot\text{mol}^{-1}$ |
|---|---|---|---|
| $CH_4(g)$ 甲烷 | 890.31 | $HCHO(g)$ 甲醛 | 563.6 |
| $C_2H_6(g)$ 乙烷 | 1559.88 | $CH_3CHO(g)$ 乙醛 | 1192.4 |
| $C_3H_8(g)$ 丙烷 | 2220.07 | $CH_3COCH_3(l)$ 丙酮 | 1802.9 |
| $C_2H_4(g)$ 乙烯 | 1410.97 | $(C_2H_5)_2O(l)$ 乙醚 | 2730.9 |
| $C_3H_6(g)$ 丙烯 | 2058.49 | $HCOOH(l)$ 甲酸 | 269.9 |
| $C_2H_2(g)$ 乙炔 | 1299.63 | $CH_3COOH(l)$ 乙酸 | 871.5 |
| $C_6H_{12}(l)$ 环己烷 | 3919.91 | $(COO)_2(s)$ 草酸 | 246.0 |
| $C_6H_6(l)$ 苯 | 3267.62 | $C_6H_5COOH(s)$ 苯甲酸 | 3227.5 |
| $C_7H_8(l)$ 甲苯 | 3909.95 | $C_6H_5OH(s)$ 苯酚 | 3063 |
| $C_{10}H_8(s)$ 萘 | 5153.9 | $CH_3COOC_2H_5(l)$ 乙酸乙酯 | 2254.21 |
| $CH_3OH(l)$ 甲醇 | 726.64 | $CO(NH_2)_2(s)$ 尿素 | 631.99 |
| $C_2H_5OH(l)$ 乙醇 | 1366.75 | $C_6H_5NO_2(l)$ 硝基苯 | 3097.8 |
| $C_3H_8O_3(l)$ 甘油 | 1664.4 | $C_{12}H_{22}O_{11}(s)$ 蔗糖 | 5648 |

## 附录六  一些物质的标准热力学数据（298K）

标准摩尔生成焓（$\Delta_f H_m^\ominus/\text{kJ}\cdot\text{mol}^{-1}$），标准摩尔生成吉布斯函数（$\Delta_f G_m^\ominus/\text{kJ}\cdot\text{mol}^{-1}$），

标准摩尔熵（$S_m^\ominus/\text{J}\cdot\text{mol}^{-1}\cdot\text{K}^{-1}$）

| 物质 | $\Delta_f H_m^\ominus$ | $\Delta_f G_m^\ominus$ | $S_m^\ominus$ | 物质 | $\Delta_f H_m^\ominus$ | $\Delta_f G_m^\ominus$ | $S_m^\ominus$ |
|---|---|---|---|---|---|---|---|
| $Ag(s)$ | 0 | 0 | 42.72 | $Cr_2O_3(s)$ | −1139.72 | −1058.13 | 81.17 |
| $AgBr(s)$ | −99.5 | −95.94 | 107.11 | $Cu(s)$ | 0 | 0 | 33.30 |
| $AgCl(s)$ | −127.03 | −109.68 | 96.11 | $CuCl_2(s)$ | −206 | −162 | 108.1 |
| $Al(s)$ | 0 | 0 | 28.3 | $CuO(s)$ | −155.2 | −127.2 | 43.5 |
| $AlCl_3(s)$ | −695.38 | −636.75 | 167.36 | $CuS(s)$ | −48.5 | −48.9 | 66.5 |
| $Al_2O_3(s)$ | −1669.79 | −1576.36 | 51.00 | $CuSO_4(s)$ | −769.86 | −661.9 | 113.4 |
| $Al(OH)_3(s)$ | −1272 | −1306 | 71 | $F_2(g)$ | 0 | 0 | 202.81 |
| $B(s)$ | 0 | 0 | 6.52 | $Fe(s)$ | 0 | 0 | 27.1 |
| $B_2O_3(s)$ | −1263.4 | −1184.1 | 54.0 | $FeCl_2(s)$ | −341.0 | −302.1 | 119.7 |
| $Ba(s)$ | 0 | 0 | 67 | $Fe_2O_3(s)$ | −822.2 | −741.0 | 90.0 |
| $BaCO_3(s)$ | −1218.8 | −1138.9 | 112.1 | $Fe_3O_4(s)$ | −117.1 | −1014.0 | 146.4 |
| $BaSO_4(s)$ | −1465.2 | −1353.1 | 132.2 | $H_2(g)$ | 0 | 0 | 130.70 |
| $Br_2(g)$ | 30.71 | 3.14 | 245.46 | $HBr(g)$ | −36.23 | −53.28 | 198.6 |
| $Br_2(l)$ | 0 | 0 | 152.23 | $HCl(g)$ | −92.30 | −95.27 | 186.8 |
| $C(金刚石)$ | 1.88 | 2.89 | 2.43 | $HF(g)$ | −271.12 | −273.22 | 173.79 |
| $C(石墨)$ | 0 | 0 | 5.69 | $HI(g)$ | 26.36 | 1.57 | 206.59 |
| $CO(g)$ | −110.54 | −137.30 | 198.01 | $H_2O(g)$ | −241.84 | −228.59 | 188.85 |
| $CO_2(g)$ | −393.51 | −394.38 | 213.79 | $H_2O(l)$ | −285.85 | −237.14 | 69.96 |
| $Ca(s)$ | 0 | 0 | 41.6 | $H_2S(g)$ | −20.17 | −33.05 | 205.88 |
| $CaCl_2(s)$ | −759.0 | −750.2 | 113.8 | $Hg(g)$ | 60.83 | 31.76 | 175.0 |
| $CaCO_3(s)$ | −1206.87 | −1128.71 | 92.9 | $Hg(l)$ | 0 | 0 | 77.4 |
| $CaO(s)$ | −635.5 | −604.2 | 39.7 | $I_2(g)$ | 62.26 | 19.37 | 260.69 |
| $Ca(OH)_2(s)$ | −986.59 | −896.69 | 76.1 | $I_2(s)$ | 0 | 0 | 116.14 |
| $Cl_2(g)$ | 0 | 0 | 223.07 | $K(s)$ | 0 | 0 | 63.6 |
| $Cr(s)$ | 0 | 0 | 23.77 | $KCl(s)$ | −435.89 | −408.28 | 82.68 |

续表

| 物质 | $\Delta_f H_m^\ominus$ | $\Delta_f G_m^\ominus$ | $S_m^\ominus$ | 物质 | $\Delta_f H_m^\ominus$ | $\Delta_f G_m^\ominus$ | $S_m^\ominus$ |
|---|---|---|---|---|---|---|---|
| $KNO_3(s)$ | −492.71 | −393.06 | 132.93 | $PbS(s)$ | −94.31 | −92.67 | 91.2 |
| $Mg(s)$ | 0 | 0 | 32.51 | $S(s)$ | 0 | 0 | 31.93 |
| $MgO(s)$ | −601.83 | −569.55 | 26.8 | $SO_2(g)$ | −296.85 | −300.16 | 248.22 |
| $MgCl_2(s)$ | −641.82 | −592.83 | 89.54 | $SO_3(g)$ | −395.26 | −370.35 | 256.13 |
| $MgCO_3(s)$ | −1112.9 | −1012 | 65.7 | $Zn(s)$ | 0 | 0 | 41.6 |
| $MnO_2(s)$ | −520.9 | −466.1 | 53.1 | $ZnO(s)$ | −347.98 | −318.17 | 43.93 |
| $N_2(g)$ | 0 | 0 | 191.60 | $ZnCO_3(s)$ | −812.78 | −731.57 | 82.42 |
| $NH_3(g)$ | −45.96 | −16.12 | 192.70 | $ZnS(s)$ | −202.9 | −198.3 | 57.7 |
| $NH_4Cl(s)$ | −315.39 | −203.79 | 94.56 | $ZnSO_4(s)$ | −978.55 | −871.50 | 124.7 |
| $NO(g)$ | 90.37 | 86.69 | 210.77 | $CH_4(g)$ | −74.85 | −50.81 | 186.38 |
| $NO_2(g)$ | 33.85 | 51.99 | 240.06 | $C_2H_6(g)$ | −84.68 | −32.86 | 229.6 |
| $Na(s)$ | 0 | 0 | 51.0 | $C_3H_8(g)$ | −103.85 | −23.37 | 270.02 |
| $NaCl(s)$ | −410.99 | −384.03 | 72.38 | $C_2H_4(g)$ | 52.30 | 68.15 | 219.56 |
| $NaHCO_3(s)$ | −947.7 | −851.9 | 102.1 | $C_3H_6(g)$ | 20.42 | 62.79 | 267.05 |
| $Na_2CO_3(s)$ | −1130.9 | −1047.7 | 136.0 | $C_2H_2(g)$ | 226.73 | 209.20 | 200.94 |
| $NaOH(s)$ | −426.8 | −380.7 | 64.18 | $C_6H_6(l)$ | 49.04 | 124.45 | 173.26 |
| $O_2(g)$ | 0 | 0 | 205.14 | $CH_3OH(l)$ | −238.57 | −166.15 | 126.8 |
| $O_3(g)$ | 142.26 | 162.82 | 238.81 | $C_2H_5OH(l)$ | −276.98 | −174.03 | 160.67 |
| $PCl_3(g)$ | −306.35 | −286.25 | 311.4 | $CH_3COOH(l)$ | −484.09 | −389.26 | 159.83 |
| $PCl_5(g)$ | −398.94 | −324.59 | 352.82 | $C_6H_5OH(s)$ | −165.02 | −50.31 | 144.01 |
| $Pb(g)$ | 0 | 0 | 64.89 | $CCl_4(l)$ | −132.84 | −62.56 | 216.19 |
| $PbCl_2(s)$ | −359.20 | −313.94 | 136.4 | $CHCl_3(l)$ | −132.2 | −71.77 | 202.9 |

## 附录七 标准电极电势（298K）

| 电对 | 电极反应 | $\varphi^\ominus/V$ |
|---|---|---|
| $Li^+/Li$ | $Li^+ + e \rightleftharpoons Li$ | −3.045 |
| $K^+/K$ | $K^+ + e \rightleftharpoons K$ | −2.925 |
| $Ba^{2+}/Ba$ | $Ba^{2+} + 2e \rightleftharpoons Ba$ | −2.91 |
| $Ca^{2+}/Ca$ | $Ca^{2+} + 2e \rightleftharpoons Ca$ | −2.87 |
| $Na^+/Na$ | $Na^+ + e \rightleftharpoons Na$ | −2.714 |
| $Mg^{2+}/Mg$ | $Mg^{2+} + 2e \rightleftharpoons Mg$ | −2.37 |
| $Al^{3+}/Al$ | $Al^{3+} + 3e \rightleftharpoons Al$ | −1.66 |
| $Mn^{2+}/Mn$ | $Mn^{2+} + 2e \rightleftharpoons Mn$ | −1.17 |
| $Zn^{2+}/Zn$ | $Zn^{2+} + 2e \rightleftharpoons Zn$ | −0.763 |
| $Cr^{3+}/Cr$ | $Cr^{3+} + 3e \rightleftharpoons Cr$ | −0.74 |
| $Fe^{2+}/Fe$ | $Fe^{2+} + 2e \rightleftharpoons Fe$ | −0.44 |
| $Cd^{2+}/Cd$ | $Cd^{2+} + 2e \rightleftharpoons Cd$ | −0.403 |
| $PbSO_4/Pb$ | $PbSO_4 + 2e \rightleftharpoons Pb + SO_4^{2-}$ | −0.356 |
| $Co^{2+}/Co$ | $Co^{2+} + 2e \rightleftharpoons Co$ | −0.29 |
| $Ni^{2+}/Ni$ | $Ni^{2+} + 2e \rightleftharpoons Ni$ | −0.25 |
| $Sn^{2+}/Sn$ | $Sn^{2+} + 2e \rightleftharpoons Sn$ | −0.136 |
| $Pb^{2+}/Pb$ | $Pb^{2+} + 2e \rightleftharpoons Pb$ | −0.126 |
| $Fe^{3+}/Fe$ | $Fe^{3+} + 3e \rightleftharpoons Fe$ | −0.037 |
| $H^+/H_2$ | $2H^+ + 2e \rightleftharpoons H_2$ | 0.000 |
| $Sn^{4+}/Sn^{2+}$ | $Sn^{4+} + 2e \rightleftharpoons Sn^{2+}$ | 0.154 |
| $Cu^{2+}/Cu^+$ | $Cu^{2+} + e \rightleftharpoons Cu^+$ | 0.17 |
| $Cu^{2+}/Cu$ | $Cu^{2+} + 2e \rightleftharpoons Cu$ | 0.34 |
| $O_2/OH^-$ | $O_2 + 2H_2O + 4e \rightleftharpoons 4OH^-$ | 0.401 |

续表

| 电对 | 电极反应 | $\varphi^{\ominus}/V$ |
|---|---|---|
| $Cu^+/Cu$ | $Cu^+ + e \rightleftharpoons Cu$ | 0.52 |
| $I_2/I^-$ | $I_2 + 2e \rightleftharpoons 2I^-$ | 0.535 |
| $Fe^{3+}/Fe^{2+}$ | $Fe^{3+} + e \rightleftharpoons Fe^{2+}$ | 0.771 |
| $Ag^+/Ag$ | $Ag^+ + e \rightleftharpoons Ag$ | 0.799 |
| $Hg^{2+}/Hg$ | $Hg^{2+} + 2e \rightleftharpoons Hg$ | 0.854 |
| $Br_2/Br^-$ | $Br_2 + 2e \rightleftharpoons 2Br^-$ | 1.065 |
| $O_2/H_2O$ | $O_2 + 4H^+ + 4e \rightleftharpoons 2H_2O$ | 1.229 |
| $MnO_2/Mn^{2+}$ | $MnO_2 + 4H^+ + 2e \rightleftharpoons Mn^{2+} + 2H_2O$ | 1.23 |
| $Cr_2O_7^{2-}/Cr^{3+}$ | $Cr_2O_7^{2-} + 14H^+ + 6e \rightleftharpoons 2Cr^{3+} + 7H_2O$ | 1.33 |
| $Cl_2/Cl^-$ | $Cl_2 + 2e \rightleftharpoons 2Cl^-$ | 1.36 |
| $PbO_2/Pb^{2+}$ | $PbO_2 + 4H^+ + 2e \rightleftharpoons Pb^{2+} + 2H_2O$ | 1.455 |
| $MnO_4^-/Mn^{2+}$ | $MnO_4^- + 8H^+ + 5e \rightleftharpoons Mn^{2+} + 4H_2O$ | 1.51 |
| $MnO_4^-/MnO_2$ | $MnO_4^- + 4H^+ + 3e \rightleftharpoons MnO_2 + 2H_2O$ | 1.68 |
| $PbO_2/PbSO_4$ | $PbO_2 + SO_4^{2-} + 4H^+ + 2e \rightleftharpoons PbSO_4 + 2H_2O$ | 1.69 |
| $H_2O_2/H_2O$ | $H_2O_2 + 2H^+ + 2e \rightleftharpoons 2H_2O$ | 1.77 |
| $Co^{3+}/Co^{2+}$ | $Co^{3+} + e \rightleftharpoons Co^{2+}$ | 1.80 |
| $O_3/O_2$ | $O_3 + 2H^+ + 2e \rightleftharpoons O_2 + H_2O$ | 2.07 |

## 附录八 常见配离子的稳定常数（298K）

| 配离子 | $K_{稳}^{\ominus}$ | 配离子 | $K_{稳}^{\ominus}$ |
|---|---|---|---|
| $[Ag(CN)_2]^-$ | $1.3 \times 10^{21}$ | $[Zn(En)_3]^{2+}$ | $1.29 \times 10^{14}$ |
| $[Cd(CN)_4]^{2-}$ | $6.02 \times 10^{18}$ | $[FeF_6]^{3-}$ | $1.0 \times 10^{16}$ |
| $[Fe(CN)_6]^{4-}$ | $1.0 \times 10^{35}$ | $[Ag(NH_3)_2]^+$ | $1.12 \times 10^7$ |
| $[Fe(CN)_6]^{3-}$ | $1.0 \times 10^{42}$ | $[Co(NH_3)_6]^{3+}$ | $1.58 \times 10^{35}$ |
| $[Hg(CN)_4]^{2-}$ | $2.5 \times 10^{41}$ | $[Cu(NH_3)_4]^{2+}$ | $2.09 \times 10^{13}$ |
| $[Zn(CN)_4]^{2-}$ | $5.0 \times 10^{16}$ | $[Fe(NH_3)_2]^{2+}$ | $1.6 \times 10^2$ |
| $[CuEDTA]^{2-}$ | $5.0 \times 10^{18}$ | $[Ni(NH_3)_6]^{2+}$ | $5.49 \times 10^8$ |
| $[ZnEDTA]^{2-}$ | $2.5 \times 10^{16}$ | $[Zn(NH_3)_4]^{2+}$ | $2.88 \times 10^9$ |
| $[Ag(En)_2]^+$ | $5.00 \times 10^7$ | $[Ag(S_2O_3)_2]^{3-}$ | $2.88 \times 10^{13}$ |

注：注意配位体的简写符号为En，乙二胺（$NH_2CH_2-CH_2NH_2$）；EDTA，乙二胺四乙酸根离子。

# 参 考 文 献

[1] 董敬芳主编. 无机化学. 第4版. 北京: 化学工业出版社, 2007.
[2] 大连理工大学无机化学教研室编. 无机化学. 第4版. 北京: 高等教育出版社, 2001.
[3] 北京师范大学等三校编. 无机化学. 第4版. 上、下册. 北京: 高等教育出版社, 2002.
[4] 王宝仁主编. 无机化学. 北京: 化学工业出版社, 1999.
[5] 朱裕贞, 顾达, 黑恩成编. 现代基础化学. 第2版. 北京: 化学工业出版社, 2004.
[6] 西安交通大学, 何倍之, 王世驹, 李续娥编. 普通化学. 北京: 科学出版社, 2001.
[7] 浙江大学普通化学教研组编. 普通化学. 第5版. 北京: 高等教育出版社, 2002.
[8] 劳动和社会保障部教材办公室组织编写. 化学. 第三版. 北京: 中国劳动出版社, 1999.
[9] 全国职业高中化学教材编写组. 化学. 北京: 人民教育出版社, 1997.
[10] 工科中专化学教材写组编. 化学. 第三版. 北京: 高等教育出版社, 1990.
[11] 俞国祯主编. 化学. 北京: 高等教育出版社, 1993.
[12] 唐有祺, 王夔主编. 化学与社会. 北京: 高等教育出版社, 1997.
[13] 黎春南. 有机化学. 北京: 化学工业出版社, 2002.
[14] 孙桂玉编. 物理化学. 北京: 化学工业出版社, 1997.
[15] 傅献彩 陈瑞华编. 物理化学. 上、下册. 北京: 人民教育出版社, 1982.
[16] 罗义贤主编. 物理化学. 北京: 冶金工业出版社, 1979.
[17] 高职高专化学教材编写组编. 物理化学. 第二版. 北京: 高等教育出版社, 2000.
[18] 天津大学物理化学教研室编. 物理化学. 第4版. 北京: 高等教育出版社, 2004.
[19] 林俊杰主编. 无机化学实验. 第2版. 北京: 化学工业出版社, 2007.
[20] 初玉霞主编. 有机化学实验. 北京: 化学工业出版社, 2000.
[21] 邓文剑等编. 环境教育. 上海科技教育出版社, 2000.
[22] 曾少潜主编. 世界著名科学家简介. 北京: 科学技术文献出版社, 1983.
[23] 何晓春主编. 化学与生活. 北京: 化学工业出版社, 2007.

# 元素周期表